卓越工程师培养计划系列教材·探测制导与控制技术

军事通信网络技术

穆成坡　龚　鹏　张睿恒　编著

北京理工大学出版社
BEIJING INSTITUTE OF TECHNOLOGY PRESS

内 容 简 介

本书是一本针对武器类相关各专业编写的计算机网络与通信技术教材。全书一共 7 章：第 1 章介绍了军事信息网络与通信的特点和发展史，并讲述了武器系统、通信系统的基本概念以及二者的联系；第 2 章介绍了通信的基本概念和基本原理；第 3 章讲述了计算机局域网技术，并介绍了局域网技术在武器系统中的应用；第 4 章介绍了互联网从初始军事通信需求出发的演进过程，讲述了互联网核心协议族 TCP/IP 各个协议主要技术以及应用情况；第 5 章介绍了武器系统数据链技术，给出了数据链在军事上的应用实例；第 6 章介绍了各种类型的广域军事通信网络以及具有军事特色的各类兵种通信技术；第 7 章讲述了通信安全所涉及的认证、保密传输和抗干扰等技术，介绍了网络安全防护和网络管理等内容。

本书可作为军事、军工类院校非计算机和通信专业高年级学生的专业基础教材，也可作为此类专业研究生教学的参考文献。

图书在版编目（CIP）数据

军事通信网络技术 / 穆成坡，龚鹏，张睿恒编著. —北京：北京理工大学出版社，2018.1（2018.2 重印）

ISBN 978-7-5682-3093-3

Ⅰ. ①军…　Ⅱ. ①穆…　②龚…　③张…　Ⅲ. ①军事通信–通信网–高等学校–教材　Ⅳ. ①TN915.851

中国版本图书馆 CIP 数据核字（2016）第 212809 号

出版发行 / 北京理工大学出版社有限责任公司
社　　址 / 北京市海淀区中关村南大街 5 号
邮　　编 / 100081
电　　话 /（010）68914775（总编室）
（010）82562903（教材售后服务热线）
（010）68948351（其他图书服务热线）
网　　址 / http://www.bitpress.com.cn
经　　销 / 全国各地新华书店
印　　刷 / 北京国马印刷厂
开　　本 / 787 毫米×1092 毫米　1/16
印　　张 / 17.5
字　　数 / 412 千字
版　　次 / 2018 年 1 月第 1 版　2018 年 2 月第 2 次印刷
定　　价 / 48.00 元

责任编辑 / 刘永兵
文案编辑 / 刘永兵
责任校对 / 孟祥敬
责任印制 / 李志强

前 言

各类军事信息网络与通信系统是军队的神经网络，是其现代化武器系统作战效能的倍增器。无论是基于现在以及将来的战争模式（联合作战、空海一体、网络中心战等），还是基于武器系统的研发需求，信息网络与通信都是其中的一项核心技术。各类军事、军工类院校从培养复合型人才需求出发，要求非计算机和通信类专业的学生也必须掌握计算机网络和通信方面的知识和技术。这些正是推动编写一本具有军事和武器系统特色的网络与通信专业基础教材的动力。

作为一本针对武器类相关各专业（例如兵器科学与技术专业）的教材，本书的编写宗旨是：在介绍通用的计算机网络以及通信技术的基础上，围绕武器类专业对网络与通信技术的知识要求，阐述与武器系统相关的网络通信技术以及其他相关的军事通信技术，满足相关学科在网络和通信领域的教学需求。

全书一共 7 章，第 1 章介绍了军事信息网络与军事通信的特点和发展史，阐述了武器系统和通信系统的基本概念以及二者的相互联系；第 2 章阐述了通信的基本概念和基本原理，概括介绍了通信传输、信道、多路复用、数据交换等基本通信技术；第 3 章对计算机局域网特点、分类、标准、体系结构进行了讲述，详细阐述了以太网、无线局域网、令牌环网和 FDDI 等局域网技术，并介绍了局域网技术在武器系统中的应用；第 4 章介绍了互联网从初始军事通信需求出发的演进过程，讲述了互联网核心协议族 TCP/IP 在网络层、传输层与应用层的主要技术以及应用情况，简述了 IPv6 及其在军事通信方面的优势；第 5 章介绍了武器系统数据链的概念、特点、分类与发展历程，讲述了数据链参考模型、标准体系和典型武器系统数据链等内容，给出了数据链在军事上的应用实例；第 6 章介绍了各种类型的广域军事通信网络以及具有军事特色的各类兵种通信技术；第 7 章讲述了通信安全所涉及的认证、保密传输和抗干扰等技术，介绍了网络安全防护和网络管理等内容。

本书可作为军事、军工类院校非计算机和通信专业高年级学生的专业基础教材，也可作为此类专业研究生教学的参考文献。

本书由穆成坡担任主编，龚鹏编写了第 5 章的部分内容，张睿恒、彭明松、高翔和马英寸编写了第 6 章的部分内容，李志红进行了部分资料的整理工作。全书由穆成坡修改定稿。

由于计算机网络与通信技术发展迅速，加之编写一本适合武器类专业的计算机网络与通信教材是一个较新的尝试，同时作者水平有限，书中难免有缺点和错误，欢迎读者批评指正。

作 者

2016 年 4 月于北京理工大学

目　录

第 1 章

引　　论

通信是军队的神经，指挥员的耳目。通信自诞生那天起，就与战争与武器装备结下了不解之缘。在古代战争中，人们就发明了各种通信方法和手段。距离较远时，会使用烽火台、消息树以及驿传等方式进行通信；距离较近时，则使用旗、鼓、角、金等目视和音响通信工具。从一定意义上讲，一部人类的战争史，也是一部军事通信发展史。

在现代战争中，随着信息技术渗透到各类武器系统，并广泛应用于战场各个领域，通信在战争中的地位以及在武器装备使用过程中的作用日益突出，已经成为敌对双方争夺的焦点。各类有线和无线通信手段将指挥员、指挥机关、指挥对象和指挥手段这四个指挥系统要素紧密联系起来，使整个军队形成了一个整体，以此来发挥战争机器的最大效能；而各类武器装备之间要相互补充、协同和配合也必须通过各类通信手段才能实现。可以说现代军事通信是军队与武器装备形成整体合力的“聚合剂”，是提高整体作战效能的“倍增器”。

1.1　军事通信网络

1.1.1　军事通信网概念与地位

通信网是由一系列设备、信道和规章（则）组成的有机系统，使与之相连的用户终端设备可以进行有意义的信息交流。简单地说，通信网是能够在多个用户间相互传递信息的系统，如电话通信网、计算机网等，邮政系统实际上也是一种通信网。由电磁设备系统组成的通信网，称为电信网。通信系统和通信网是一个相近的概念，但国防通信系统可由多个不同的通信网组成。现代通信网是由用户终端、节点和传输链路按一定的拓扑结构互联组成的。

军事通信网是用于军事目的、保障作战指挥的通信网，它由国家的防务政策和军事理论决定，基本要求是能够保障作战指挥、协同动作、情报、武器系统控制、警报报知、后勤支持和日常管理等信息的准确传递。

在战争信息化的今天，随着军事需求的变化，军事通信网络的地位与作用也在不断演化和发展。在如图 1–1 所示的军队综合电子信息系统中，军事信息网络承担了所有系统间（指挥控制、信息感知、信息对抗、综合信息保障以及信息化武器平台）信息传输的任务，将各个系统联系在一起，形成了一个完整、统一的军事体系。可以说军事网络在战争中占据了“军队神经”和“战斗诸因素的黏合剂”的重要地位。

近代军事通信网络不再是多个独立网络系统的简单组合，而是由不同层次、不同使命的多个要素构成的一个完整系统。因此，近年来有了“军事信息系统网”或者“军事信息网络”这些称谓，其中的军事信息系统包括军队指挥自动化、电信业务、武器平台电子信息系统以及其他军事电子信息系统，通信网络不仅支撑了其中的信息传输与交换，并且与各个军事应用系统联系紧密，还能提供多种信息服务。“军事信息系统网”恰当地表明了新时代军事通信装备作为“网”的本质属性和为军事服务的使命。

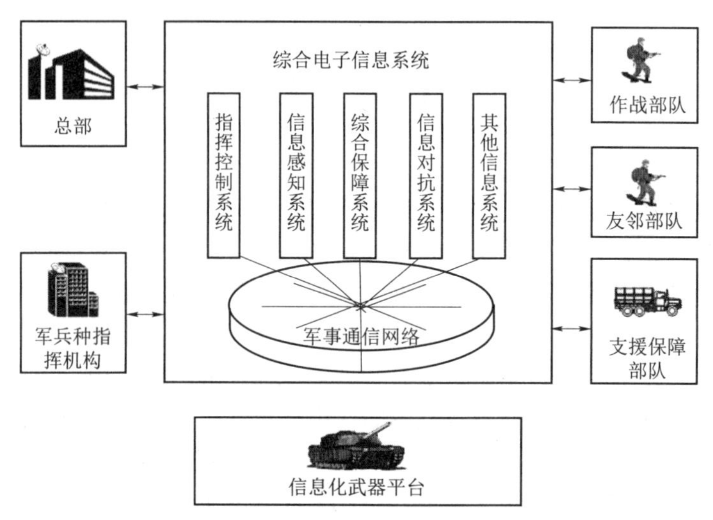

图 1–1　军事通信网络的地位

1.1.2　军事通信网特点

军事通信网和民用通信网技术两者相互推动，有时军用通信技术会利用民用通信技术，有时军用通信技术会转化为民用通信技术，可以说两者联系紧密，没有一个明确的界限。但由于用户需求和使用环境不同，两者又有着很多的区别，这些区别正体现了军事通信网的特点。军事通信网一开始就是围绕战争这个特殊的环境和任务发展的，军事通信要求迅速、准确、保密和不间断。军事通信网主要解决如何充分保障战争条件下的指挥通畅问题，而民用通信网则更多地考虑如何为更多用户服务和获取更大的商业利益；军事通信网需要灵活抗毁的网络结构，而民用通信网通常建立以城市为中心的固定的等级网络结构；军事战术（役）通信网是以地域通信网为主干的结构和机动无线电通信，而民用移动通信网是区域蜂窝结构。军事通信网和民用通信网相比更突出实时性、机动灵活性、安全保密性、通信电子防御能力、抗毁性顽存能力和互通互联能力。

1）实时性

随着军事技术和军事装备的发展，战争模式和理念也在不断演化和发展，部队和武器反应的速度很大程度上取决于信息的传递速度。在信息化条件下的现代战争中，作战双方都力图通过高技术手段和兵力的快速机动赢得作战的主动权，战场呈现出瞬息万变、战机稍纵即逝的特征，时间的军事价值明显上升了，这对通信的实时性提出越来越高的要求。没有通信的及时性，指挥员难以及时掌握战场瞬息万变的情况，难以及时展开军事行动，就会贻误战机，造成严重的后果；在信息化的武器装备中，探测部分传输目标信息到识别决策部分，再由识别决策传输指令到武器执行攻击部分，这一通信过程要求实时性非常高，稍有延迟，就会失去攻击的机会。例如，以一个水面拦截防空武器系统而言，当其最大拦截距离为 10 km 时，如果一枚以亚音速 0.8 马赫（大约 250 m/s）飞行的反舰导弹来袭，整个拦截系统的反应时间最多只有 40 s。因此，要求军事通信网络要具备防止通信阻塞的能力，能够赋予不同部分不同的通信优先权，保障武器系统的快速反应能力和实时性。

2）机动性

现代战争空间广阔，体现出协同合成作战样式的多元化，陆、海、空、天、电的各类武器装备平台都具备很高的机动性，这种作战方式的空间性和动态性，决定着军事通信网应具有高度机动性和应变能力。军事通信网配置较多的移动通信设备，如移动卫星地球站、无线接力设备、散射通信设备、节点交换设备、双工无线电电台和飞机中继通信设备等。无论是战略通信网还是战术（役）通信网，在网络的结构形式上，都要根据战场情况的发展变化，用辐射式、地域栅格式和分布式等不同结构灵活组网；在通信组织形式上，把逐级保障、越级保障、区域保障和机动保障等方法有机结合起来使用。军事通信网的机动性在技术上要解决在野战复杂地形情况下，部队高速运动中的通信问题，合同作战中协同单位的互通问题，通信设备快速拆装、开通和转移问题，以及机动的战术（役）通信网与相对固定的战略通信网、国家信息基础设施的互联问题。

3）安全保密性

信息对抗是现代战争的一种新的作战形式。在信息对抗中，敌对双方都在进行着信息的侦收与反侦收、信息的截获与反截获以及信息的破译与反破译等信息对抗活动。通信的安全保密技术措施是信息对抗过程中的利器之一。由于现代通信网基本由计算机系统组成，作战中敌方情报机关和军事信息侦察人员通过信息网络、电子侦察等各种渠道收集、窃取秘密信息，如截取破译传输中的机密信息，靠近通信枢纽，截收分析计算机、交换机和其他终端设备辐射出的电磁信号，获取机密信息，反复测试获取军事信息网入网口令，统计分析通信线路的通信流量、分组包，判断军事企图和指挥机关位置，所以通信网的安全保密不仅是对传输中军事通信内容的安全保护，而且还包括对军事通信网内部信息（网络配置信息和设备技术信息）、通信设施和军事通信组织的安全保护。后者甚至比通信内容安全更重要：通信设施位置和军事通信组织反映军队指挥关系、军事部署和战争（役）企图；通信网设施被破坏将导致彻底丧失对作战的指挥控制。军事通信网安全主要依靠严格的保密制度、密码技术和严密的通信组织管理。建立完善的通信和密码一体化保密通信网体系、安全完整的密钥产生分发管理体系，是现代军事通信网实现安全传递信息的基础。安全的军事通信网应解决信息传输保密、用户鉴别、访问控制、入侵检测和计算机病毒防治等主要安全问题。

4）通信电子对抗能力

电子对抗是敌对双方为削弱、破坏对方电子设备的使用效能、保障己方电子设备发挥效能而采取的各种电子方法和行动，又称电子战。它是现代战争的又一种新型作战形式，成为影响战争进程乃至战争胜负的重要因素。由于战时主要依赖无线电通信系统，通信电子防御主要指电磁频谱反截收、反侦察和反干扰，这是所有通信电子设备的共同任务。随着现代电子技术的发展，电子侦察卫星、飞机、船、地面侦听站、投掷式侦察设备、个人侦察窃听设备构成立体化、大区域、全天候和高精度的侦察能力，电子干扰威力空前提高，干扰频率已可覆盖通信全部频段，干扰对象从通信系统扩大到整个指挥、通信、计算、控制和情报系统的电子设备，干扰功率强度可达几十千瓦，干扰跟踪速度为毫秒级，干扰精度达千赫。这些都将使未来战争中军事通信网的抗干扰面临十分复杂的局面。

军事通信电子防御涉及通信组织管理和通信技术，管理的原则通常有：在保障正常通信的前提下，严格控制电磁辐射，减少通信设备开机的数量、种类、次数和时间，必要时实施无线电静默；隐蔽频率，控制发射方向和尽量减小辐射功率；采用通信辐射欺骗，随机改变呼号，布置电子反射物和假通信目标等反侦察措施；将不同种类的通信设备混合编制成网，增加通信网整体抗干扰能力；设置备用（隐蔽）通信网（台站），增强最坏条件下应急通信能力；积极主动摧毁和压制敌干扰设备。

在技术措施上，采用抗干扰能力强的通信技术体制、抗干扰电路设计，以加强通信设备的自身抗干扰性能。如采用扩频通信、猝发通信，减小信号被截获概率；采用快速跳频电台、多频分集接收、自适应天线和增加发射功率等方法，增强通信抗干扰能力；研制使用新频段通信装备。

5）抗毁顽存能力

军事通信网的抗毁顽存能力主要是指通信网对抗摧毁性攻击或永久性破坏的能力。西方国家作战条令规定，战前首先实施干扰，破坏敌方通信设施的 50%～70%，第一次火力打击要摧毁敌方通信设施的 40%。目前，对通信网的主动性攻击主要有火力摧毁打击、高能量激光和电磁脉冲攻击、计算机病毒攻击和人为的破坏；通信网被动性破坏主要是自然灾害、系统和设备故障。通信网火力摧毁是武器能量对通信枢纽、网络节点和通信设施的物理破坏；高能量激光和电磁脉冲攻击，是通过高能量激光和电磁脉冲在电路中产生强电流，烧毁设备芯片和器件；计算机病毒攻击是向敌方的计算机系统传播病毒，摧毁其计算机系统软件和各种信息。

通信网的抗毁性不但依赖通信技术，也与通信的组织管理密切相关。通信网抗毁的技术手段主要有：采用有较强抗毁能力的通信网络结构设计，通信机房电磁屏蔽和热辐射屏蔽，使用有源无源诱饵干扰敌精确攻击，反侦察天线技术，计算机防病毒技术，通信网部分被毁下自动重组技术，故障检测和诊断技术等。抗毁的通信组织管理措施有：隐蔽通信网主要枢纽、通信节点和设备，以防止侦察，隐蔽求存；把通信网主要枢纽、通信节点和设备部署在坚固工事之中，实行中心机房和发射系统分离，以保护通信网主要设施；移动通信设施机动配置，变换阵地机动求存；部署假通信网台站和辐射源，以假护真；增加通信节点、传输信道的备份和冗余，提高抗毁性；加强内部各个环节的安全管理，防止敌特破坏；主动先敌打击敌人侦察、控制和火力目标。

6）互通互联能力

军事通信网的互通性是指不同通信网或通信设施之间的互通互联能力，这一能力是部队整体作战能力的保障。其主要包含战略、战术（役）通信网和国家信息基础设施的互通能力，C^4I 系统的各部分的互通能力，合成部队中各军兵种和友军的互通能力，以及作战部队和后勤支援系统的互通能力。

现代战争是一体化多兵种的立体战争，信息战涉及 C^4I 的各部分，如果各自的通信网和信息处理系统不能有效地解决互通互联问题，就不能把各军兵种、各武器装备凝结成一个整体，实现协调一致的行动，难以形成强大的战斗力，甚至贻误战机。美军在 20 世纪 70 年代以前，各军种独立建设各自的通信指挥系统，使用的设备和技术解决方案各自为政，如计算机语言、报文格式、数据交换、通信协议等均不统一，造成各系统不能互通，严重地妨碍全军指挥自动化的发展，以致在 70 年代以后不得不花大气力整顿解决。

解决通信网的互通性，首先要求国家和军队建立权威的统一的管理协调机构，统一规划国家信息基础设施和军队的建设，实现军地通信网的融合及和平时期和战时功能相互转化；统一全军的通信体制，实现通信装备的系列化和通用化；制定有关军事通信设备、计算机和通信网的接口、协议和规程等标准；解决通信网互通前提下情报信息的共享问题；完善通信网互通互联的技术组织和管理。

1.1.3 军事通信网分类

根据不同的分类标准，可以对通信网进行不同的分类。通常按业务类型可分为电话网、电报网、电视网、数据网和综合业务数字网等；按照地域范围可以分为局域网、城域网和广域网；按通信传输手段可分为长波通信网、载波通信网、光纤通信网、无线电通信网、卫星通信网、微波接力网和散射通信网等；按区域可分为农话网、市话网、长话网和国际网；按服务对象可分为公用网、专用网和军用网；按信号形式可分为模拟网和数字网；按活动方式可分为固定网和移动网等。

军事通信网除了按照上述标准分类外，从军事应用的角度，还有如下分类：

1）按照通信任务分类

按照通信在军事行动中所执行的任务，军事通信网有如图 1–2 所示的分类。

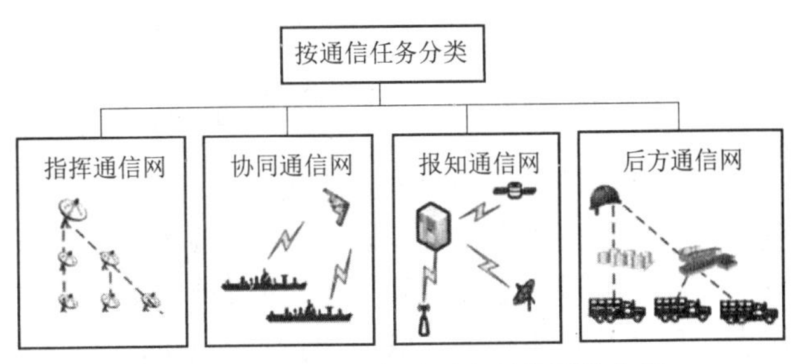

图 1–2 按通信任务对军事通信网的分类

（1）指挥通信网。指挥通信网按照指挥关系来进行构建，实现部队作战指挥的层次化通信。此类通信按照部队编成、组织和作战计划，可以实现逐级或者越级的上下级之间的通信联络。

（2）协同通信网。此类网络是执行共同任务并有协同关系的各个兵种部队之间、友邻部队之间以及配合作战的其他部队之间，按照协同关系建立起来的通信网络。协同通信由协同作战的司令部统一组织，或者上级从参与协同作战的诸方中指定一方负责组织。

（3）报知通信网。此类网络主要实现对各类警报（战略级、战役级）和各类情报（空情、海情、气象和水文）的报知。

（4）后方通信网。此类网络是为军队后方勤务指挥和战场技术保障勤务指挥，按照后方勤务部署、供应关系以及技术保障关系所建立的通信网络，可以通过战略网、战役网及战术网来实施。

2）按照通信保障范围分类

根据通信保障范围，军事通信网可以按照图 1–3 所示的情况进行划分。

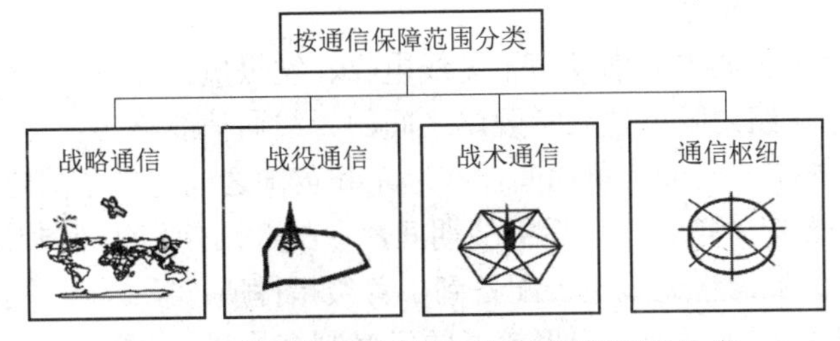

图 1–3 按通信保障范围对军事通信网的分类

（1）战略通信网。此类通信网要保障战略指挥的实施，以统帅部指挥所通信枢纽为中心，以固定通信设施为主体，运用大、中功率无线电台、地下（海底）电缆（光缆）、卫星、架空明线、微波接力和散射等传输信道，形成连通全军军以上指挥所通信枢纽的干线通信网络。

（2）战役通信网。其使命是在作战地区（地域、海域、空域）保障战役指挥，通常要保障师以上部队执行战役作战。战役通信网以固定通信设施为主体，结合机动通信装备组成。

（3）战术通信网。这类通信网是为保障战斗指挥在战斗地区建立的不同规模（师、旅、团、营）的通信网。它主要由无线电台、有线通信网、无线接力通信和野战光缆通信设备组成。

（4）通信枢纽。通信枢纽是汇接、调度通信线路和传递、交换信息的中心。它是配置在某一地区的多种通信设备、通信人员的有机集合体，是军事通信网重要组成部分，是通信兵执行任务中的一种基本编组形式。根据保障任务的不同，通信枢纽可以分为指挥通信枢纽、干线通信枢纽和辅助通信枢纽等。

上述分类并非严格意义上的系统分类，是从分类的角度展示了通信在军事中的应用。因此，还可以根据军事应用或需求情况进行很多其他分类。例如，根据武器系统平台情况，可以将武器系统通信分为陆军机动车辆通信网络、海军舰船通信网络和空军飞行通信网络等。

1.1.4 军事通信发展历程与发展方向

军事通信的发展与科学技术的发展密不可分，一方面科学技术的发展会推动军事通信的变革，另一方面军事通信需求也在牵引科学技术的研究。如无线电电报的发明，马上投入军事应用；又如潜艇这一武器平台对隐蔽性的要求促进了瞬间快速通信技术的发展。军事通信作为一项涉及国家经济、政治和技术等方面的庞大系统工程，其发展历程是复杂和渐进的。

军事通信伴随着人类军事活动和战争而生，即使在古代通信形式也是多种多样的，包括了语音口令、号角、旗帜、信鸽、信使和烽火台等简易的方法。中国三千多年前甲骨文中就记载了有关运动通信报警的内容。在西汉，卫青、霍去病与匈奴作战时，以烽火为进军号令，仅一昼夜，烽火台信号就从河西传到了数千里之外的辽东。以下主要讲述以电磁信号通信为主的现代军事通信发展历程，主要分为四个阶段。

1）军事通信网发展的第一阶段

第一阶段军事通信的主要特征是实现了电磁信号形式的远距离通信，具体表现为电话、电报的军事通信，这一阶段是从19世纪中期到20世纪40年代。这一时期的典型事件包括：

- 1844年有线电报的发明人莫尔斯亲自从华盛顿向他的大学发出第一份电报；
- 1854年美国军队在克里米亚战争中，建立了从司令部到下属部队的电报通信网；
- 1876年贝尔发明了电话；
- 1895年马可尼和波波夫分别发明了无线电收、发报机；
- 1899美国陆军在纽约附近建立了舰岸之间的无线通信线路；
- 1904年到1905年的日俄战争期间，在远东和英国之间建立了战略无线电通信；
- 1914年到1918年的第一次世界大战期间，参战大国使用了埋地电缆与被覆线路传输电报电话信号，有的参战国将无线电台配备到了营级指挥所；
- 1932年瑞典人发明了类似继电器接通的纵横制交换机；
- 1939年到1945年的第二次世界大战，出现了短波、超短波无线电台，无线接力机，传真机和多路载波机等通信设备，大量装备到连或排，并开始产生保障军事通信的完整体制和编制。

在第一阶段中，军事通信网络主要传输的是模拟信号，并形成了以有线电话电报和无线电电台为主、简易信号和运动通信为辅的军事通信格局。

2）军事通信网发展的第二阶段

军事通信网发展的第二阶段的主要技术特征是自动交换、数字传输体系、卫星通信的军事应用和全军统一的综合通信网。这一阶段是从 20 世纪 50 年代到 70 年代，这期间推动军事通信发展的主要技术是晶体管、半导体、集成电路以及计算机技术，发生的主要事件有：

- 1951 年美国建成了第一条有中继站的微波接力通信线路；
- 1962 年美国发射了一颗 AT & T 通信卫星，第一次实现了跨越大西洋的电视转播；
- 1965 年第一颗地球同步通信卫星发射，并推出了第一个程控本地交换系统；
- 20 世纪 70 年代美国利用流星余迹进行通信来传输军事数据，同时移动用户设备组成的新型战役地域网系统投入使用。

在军事通信网发展的第二阶段中，数据网和计算机网用于军事，提高了通信保障的自动化水平与快速反应能力。在此期间，数字通信体制开始出现，由于其抗干扰能力强、便于计算机处理、高安全性加密，以及能很好地满足现代武器高精度自动化控制的要求，占绝对统治地位的传统模拟通信体制不可逆转地开始向数字体制过渡。

3）军事通信网发展的第三阶段

军事通信网发展的第三阶段的主要技术特征是数据网络，分组交换系统和大容量光纤，数字微波传输体系，军事信息中非话音内容显著增加，如有大量数字化图像的情报、武器的控制制导、导航、定位和计算机信息等。时间范围是 20 世纪 70—80 年代，主要事件有：

- 1971 年第一个分组交换实验网 Arpanet 开始投入实验运行；
- 1978 年国际标准化组织通过了“开放式系统互联”参考模型，对以后网络分层工作模式和通信协议的发展具有深刻的影响；
- 1980 年，DEC、Intel 和 Xerox 三家公司公布了以太网标准，这是最早的局域网标准之一；
- 1982 年 IEEE 的 802.3 以太网标准草案出台，并于 1985 年成为正式标准；
- 1982 年美国开始建设国防数据通信网，在 1990 年第二期工程结束时，建立了 500 多个分组交换节点，能连接 14 000 台各类计算机或数据终端设备，允许其中 6 400 台同时工作，并配置供机动部队使用的移动分组交换设备。
- 20 世纪 80 年代后期一些西方国家试验发展了以快速包分组交换为基础的战术（役）通信网，提供以数据通信为主、辅助话音通信的业务，支持围绕数字地图的指挥命令系统和数字化的武器控制系统。

这一阶段，大容量的光纤传输系统、数字微波系统开始形成，并取代电缆逐渐成为地面干线传输的主要手段。抗干扰通信如跳频、扩频、频率自适应、天线自适应调零和猝发通信，以及保密通信被普遍采用；战术（役）地域通信网开始进入实用阶段。军事通信网从过去的话音业务为主，开始形成话音和数据业务并重的局面。

4）军事通信网发展的第四阶段

军事通信网发展的第四阶段的主要技术特征是 ISDN 和互联网。此阶段开始于 20 世纪

80 年代中期，主要事件有：

- 1984 年通过了 ISDN 的 I 系列建议，被称为 ISDN 发展的第一个里程碑；
- 20 世纪 80 年代中后期，几乎所有技术发达国家的军队都在积极研究军事领域的 ISDN，提供电话、数据、文字、图像业务和线路承载（租用），美国 ISDN 通信设备陆续装备部队使用；
- 20 世纪 90 年代，美国构建战术互联网，大力发展和使用战术数据链，并研制软件无线电台。

这个阶段，计算机网，特别是互联网（Internet）及其网上应用系统的出现，极大地推动了军事多媒体通信的发展。国防通信网开始从原来的传输网向信息网转化，如美军原来的国防通信系统（Defence Communication System，DCS）开始转化为国防信息系统网（Defence information System Network，DISN）。通信网逐步形成信息传输和应用一体化的趋势。

无论是近几十年来的几场局部战争实践，还是当今所提出的“联合作战”“网络中心战”“空海一体战”“4D 计划”等军事理论中的作战模式，作为军队“神经网络”的军事通信网都发挥着至关重要的作用。为满足军队在信息化条件下进行军事行动的需要，军事通信网体现出来的发展趋势如下：

- 网络具有多层次、全方位、大纵深、立体覆盖能力。为了实现将军事通信网延伸到全球军事行动的每一个地区，不但要使用军事通信设施，还要能够充分利用民用和商业通信网络资源。
- 互联互通、互操作，多网络无缝连接。也就是说，不管有多少个网络（如陆军网、空军网、海军网和国防后勤网）、多少个系统（如侦察、火控、导航和定位等），它们之间必须具有互联性和互通性。
- 发展高速、宽带信息传输与交换能力，可以进行语音、数据、图形、图像多业务的一体化综合通信。

总之，发展中的军事通信网络将把陆、海、空、天、电各种力量连成一体，把情报信息、指挥信息、武器控制和部队行动连成一体，充分发挥综合技术的威力。所以在未来信息战、数字化战场上，宽带综合业务的数字化通信网络将是军事通信网的主体。

1.2 武器系统与通信

1.2.1 武器系统的概念与构成

武器，学术上多称为兵器，字面意思为“兵之器”，其基本定义为一种毁伤的工具。毁伤对象既包括敌方有生力量，也包括各种器材、设施等。武器系统是指能够独立实施作战的一整套兵器和技术器材，也称为一个作战使用的综合体。武器系统的根本作用在于完成包括杀伤人员、毁伤固定或活动目标、发布信号、施放烟幕、侦察、干扰、技术支援等在内的各种预定作战使用任务。

一个独立的武器系统由多个功能不同且存在有机联系的子系统构成，它可以在指挥、操作人员的使用、控制下完成特定的作战任务。从完成作战任务的过程和功能来考察武器系统组成，可将武器系统大致划分为侦察/探测系统、指挥/决策系统、控制/通信系统、火力/

攻击系统、技术支援系统以及动力系统等。

以舰载近防武器系统为例，其构成如图 1–4 所示。其中的搜索雷达、跟踪雷达和光电跟踪仪分别承担武器系统在不同阶段的侦察、探测、跟踪等任务；指挥控制部分接收各类探测设备经过通信网络传来的探测数据，并实施数据处理、决策和火控等功能；舰炮接收指挥控制系统传来的指令对作战目标实施火力攻击；综合导航和捷联垂直参考基准获取本舰航向航速、风向风速及纵横摇摆等参数，进行弹道和气象修正。这个武器系统的通信是以以太网形式连接搜索雷达、跟踪雷达、光电跟踪仪、捷联垂直参考基准和舰炮，对外通过作战系统网络连接作战指挥系统、综合导航系统、电磁兼容管理系统和火力兼容管理系统。

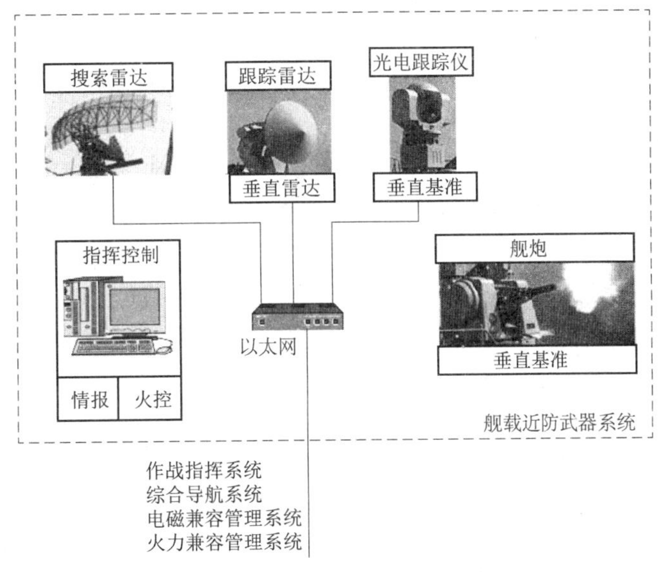

图 1–4 舰载近防武器系统示意图

1.2.2 武器系统分类与发展历史

按照不同的标准，武器系统有不同的分类。按照战术任务性质，武器系统可以分为 C^4ISR 系统、火力系统、平台系统、保障系统等； 按照技术领域特征，武器系统可以分为常规武器系统、核武器系统、生物武器系统和信息武器系统；按作战领域，武器系统可以分为陆基、海基、空基和天基等武器系统。图 1–5 为作战领域加上任务性质的复合作为标准进行的武器系统分类体系。

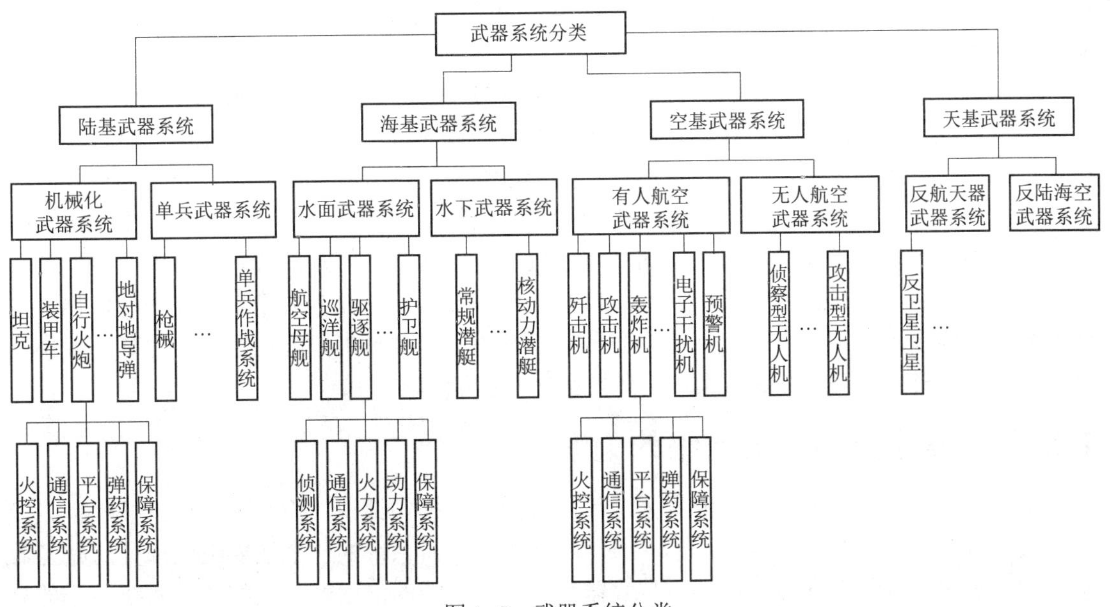

图 1–5 武器系统分类

武器（或兵器）起源于人类的敌对与战争。兵器的进步与发展与人类对自然世界认识的发展与进步同步，与生产力的进步与发展同步。兵器的进步与发展带动或促进了科学技术的进步与发展。兵器的进步与发展，主要以毁伤特征为代表，经历了冷兵器、热兵器和现代兵器时代。

1）冷兵器

冷兵器的特点是毁伤能量完全来自人体或其他方面的武力作用，大致归结于人肢体的延伸或防护。石器时代，生产力低下，到原始社会晚期由于部落间对土地等资源的争夺，才形成了不同于农业生产工具的兵器。春秋战国时期，产生了金属刀、剑、矛、矢等兵器，并出现了盔、甲、胄、盾等防护兵器，随后出现了战车、战船等。

2）热兵器

热兵器的显著特点是毁伤能量主要是来自化学能源，以能量集中、快速释放为主要特征。公元 800 年前后，中国炼丹家发明了火药。唐代末期，开始将火药用于制造兵器，到宋代出现了火枪，此后又出现了燃烧性兵器、爆炸性兵器，还发明了利用火药燃烧喷气推进的火箭雏形。明朝开始制造金属火铳，并大量使用而形成专门的兵种，创建了专门训练和作战的“神兵营”。15 世纪，火药、火箭技术由中国传入欧洲。19 世纪，欧洲出现了线膛火炮，大大提高了火炮的命中精度；20 世纪，TNT 炸药的出现，大大提高了火炮、弹药及其他兵器的性能。

3）现代兵器

以常规兵器而论，现代兵器的显著特点是在热兵器的基础上，结合通信、信息、控制等多种技术，使毁伤具有更大的效能。19 世纪中后期，有线电报、电话和无线电报先后出现，预示着信息时代的开端。信息技术应用于兵器科学技术，从根本上改变了作战方式，直接催生了现代兵器。第一次世界大战中飞机的参战使战争扩大到空中，潜艇则开辟了水下战场。战争形态已经发展成了海陆空全方位的立体战争。第二次世界大战中，生物、核等技术也应用于战争，火炮、坦克技术和作战理论得到极大的发展，导弹崭露头角，海空作战方式也得到大大的丰富和提高。

现代武器系统出现于第二次世界大战。在这次战争中，立体作战的形态已经十分普遍。为了达成一些作战目的，对侦察、探测、控制和毁伤等关键环节进行一体化的综合运用，形成了现代武器系统的雏形。例如，雷达这样一个远程空中探测系统的出现，结合通信系统、拦截飞机和地面防空火炮，形成了现代防空武器系统的基本体系。又如，在反潜中，声呐探测和深弹的应用形成了反潜武器系统的基本形式。现代武器系统是现代科学技术（包括计算机、通信、电磁、新材料、航天、航海、侦察、预警、制导、控制、隐形、夜视、核化、定向能和生物等技术）的综合应用，使之在战争中具备了精确打击、超视距攻击、高效毁伤、全天候作战、良好隐身、高速机动和有效防护等多种能力。

1.2.3 武器系统与通信网络的关系

信息技术（包括通信技术）催生了现代武器系统。换句话说，没有现代信息技术也就没有现代武器系统。在现代武器系统中，通信网络作为武器系统的一个重要组成部分，充当着整个武器系统“神经”网络的作用，是武器系统攻击效能的倍增器。它将武器系统各个部分联系在一起，从而形成了一个能够集侦测、控制（指挥）、攻击和评估于一体的有效战争武器。

此外，每一个武器系统作为整个战场信息化栅格中的一个节点，必须具备同整个军队通信网络交联的能力，才能够将武器系统整合到军事体系中去，从而形成体系对抗。武器系统的网络通信能力是保障其具备精确打击、远程作战、高效毁伤、全天候、隐身以及防护能力的基础。

以攻击型无人机武器系统为例。目前，攻击型无人机武器系统被美国广泛用于反恐战争，尽管由于情报不准等原因，屡受诟病，但美国在阿富汗、巴基斯坦以及也门等地区仍在继续使用。据报道，美军使用无人机攻击武器系统成功地猎杀了马哈苏德和侯赛因等塔利班领导人，而自己的损失几乎为零，避免了像苏联在阿富汗战争中那样陷入泥潭。这种无人机作战已经成为一种典型的反恐作战模式，包括美国在内的各军事强国都在大力发展和完善这一武器系统。

图 1–6 为无人机武器系统的大致组成情况。整个无人机武器系统借助于卫星通信网络和地面通信网络将相隔万里的无人机本身、各类侦察与探测系统、前线无人机基地、本土基地等部分紧密联系在一起，形成了一个远程、快速的打击力量。其中，本土情报分析部门将通信网络传来的各类信息（无人机本身侦测到的情报、侦察卫星情报、电子侦察机情报和人力情报等）进行综合分析，指挥部将根据情报分析结果决策军事行动，本土无人机操作员将会通过通信数据链，操作正在目标附近上空飞行的无人机（或从前线无人机基地起飞的无人机）前往目标查证，当目标得到确认时，无人机操作员就会通过通信数据链操作无人机发射导弹进行攻击，并实时将目标图像数据通过通信网络传回本土基地进行攻击效果评估。

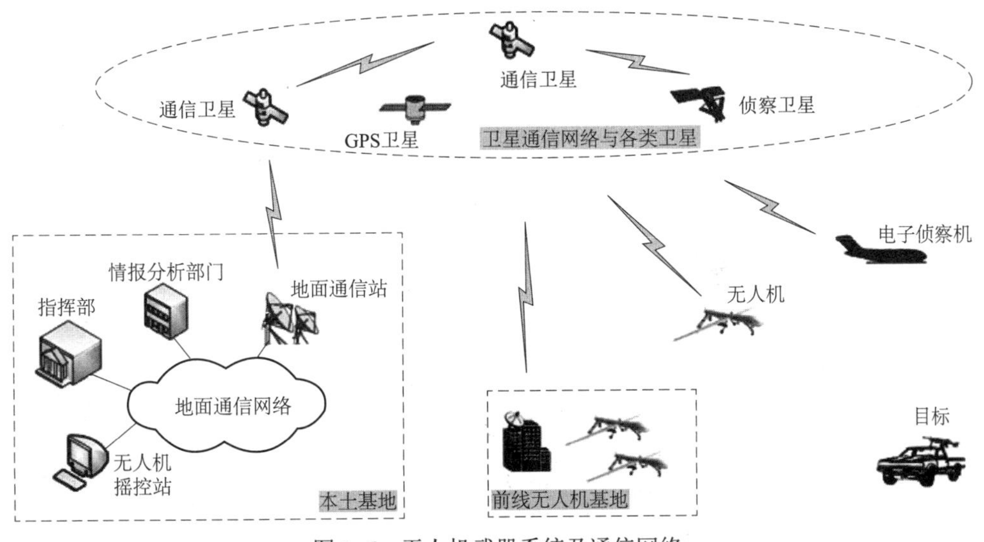

图 1–6 无人机武器系统及通信网络

从现代武器系统出现以来的几乎所有实战表明，武器系统作战效能的发挥，并不仅仅靠自身系统平台就能完成，需要依靠通信网络才能实现武器系统的互联、信息共享、跨军种协调应用。各个军事强国在其几乎所有的武器系统发展计划和战略中都突出了武器系统的通信能力的发展。

思考与练习

1. 什么是军事通信网络？军事通信网络是如何组成的？
2. 简述军事通信网络与民用通信网络的区别。
3. 简述军事通信网络在军队作战中的地位与作用。
4. 简述什么是武器系统以及武器系统与通信网络的关系。
5. 阐述军事通信网络与现代战争作战模式之间的相互作用关系。

第 2 章

通信技术基础

2.1 通信基本概念

2.1.1 通信与通信系统

通信（Communication），顾名思义，就是通达信息。比较严格的定义就是从一地通过信道向另外一地传递和交换信息。利用传输信道或通信网络，将发送信息的设备、接收信息的设备由信道连接起来，这些实施信息传输的设备与信道链路的集合，称为通信系统。其基本组成如图 2–1 所示。

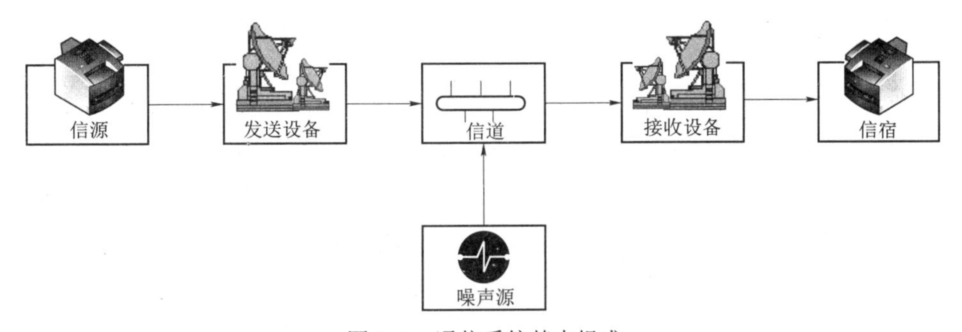

图 2–1　通信系统基本组成

信源是信息产生源，其作用是把各类信息转换成电信号，即消息信号。信源按照所产生的消息信号可以分为模拟信源和数字信源，模拟信源输出模拟信号，如传统电话机，数字信源输出离散信号，如计算机。

发送设备是将信源连接到信道上，将信源产生的信号转换为适合在信道上传输的信号，并发送到信道上进行传输。根据信源与信道的组合情况，这种转换是多种多样的，主要完成信号的编码和调制等处理。例如，当信源为数字信号，需要在模拟信道进行传输时，发送设备就需要将数字信号进行调制。

信道是传输信号的物理介质。信道可以分为有线信道和无线信道两种，无线信道可以是大气（自由空间）所提供的各种频段或波长的电磁波传播通道，有线信道可以是各类金属电缆或光纤。常用的信道有电话信道、光纤信道、移动无线信道和卫星信道等。由于介质对信号传输特性不同，对噪声的引入和抗干扰特性也不同。

噪声源是噪声的产生源，分为内部噪声和外部噪声。内部噪声（常被称为热噪声）是通信系统设备固有噪声，是设备中各类电子元器件的分子或电子的随机热运动产生的，对信道信号产生了加性干扰；而外部噪声是通信系统外部的噪声信号在通信过程中产生的噪声，这些外部噪声可能来源于其他无线电信号、工业电器设备产生的电磁信号或者自然界的天电信号（雷电、磁暴和宇宙射线等）。

接收设备基本完成发送设备的反变换，即进行解调、译码和解码等，通过这些操作正确地从带有干扰的接收信号中恢复出发送设备处理前的信号。对于多路复用信号，还要进行复用信号的正确分离。

信宿是传输信息的归宿，指将接收设备处理后的信号转换为信源所产生的原始信息。这些原始信息可以被进行更深入的处理，满足应用需求，但这些处理已经不是通信所关心的操作了。

2.1.2 电路与信道

电路是两点或多点之间的物理连接，其终端是一个光或电的接口，一般位于发送设备中。例如，电脑主机的网卡、复用器、交换机或其他设备中的有关部分。电路本身不限制所承载通信的数量。例如，电话电路上可以只承载一路语音通信，也可以同时承载一路语音和一路数据通信。

传统电路有两种类型：二线电路和四线电路。如图 2–2 所示，二线电路有两个独立的导体构成回路，一般用在模拟本地环路，用户或用户群与网络接入点间的最后 1 公里连接；四线电路由两对导线构成，具备两条单向传输的路径，每条路径对应一个方向并构成一个完整回路，如图 2–3 所示。四线一般用于信源与信宿之间距离较远且信号需要周期性放大的情况，例如公共电话交换网（PSTN）中局间连接主要由四线电路完成。

早期的信号放大器都是单向的，一个放大器只能放大一个回路的信号，这也就是为什么当电路较长且需要信号放大时，必须采用四线制的原因。此外，在数字通信中需要全双工通信时，四线制也是一个很好的电路解决方案。在用户接入的最后 1 公里，由于距离较近，不需要信号放大器，采用二线制就是一个性价比较好的解决方案。

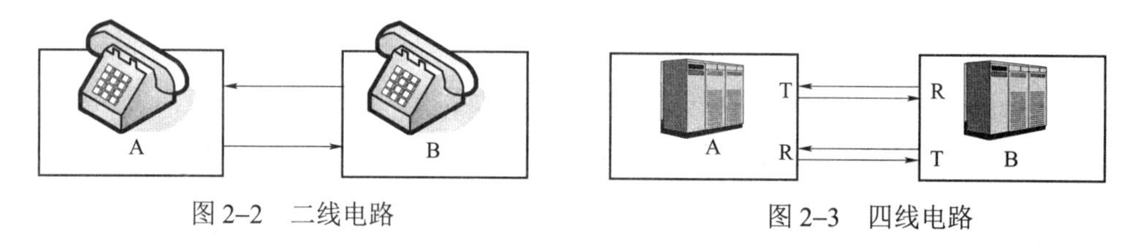

图 2–2　二线电路　　　　图 2–3　四线电路

信道一般是指在电路上所建立的逻辑会话通道，信道特征包括一次会话所使用的频带、时隙或者波长等。

2.1.3 电磁频谱与带宽

电磁波虽然在自然界早已存在，但真正被人类发现和认识是在 19 世纪初。1820 年，丹麦物理学家奥斯特首先发现在通电的导线周围会产生磁场，而使附近的磁针发生偏转；接着英国物理学家法拉第又发现了磁场变化会感应产生电流的现象。此后，英国著名科学家麦克斯韦通过艰苦的理论研究，预言了电磁波的存在。

电磁频谱是指按电磁波波长（或频率）连续排列的电磁波族。“频谱”（Spectrum）最初只限于光，物理学家在 17—19 世纪首先认识到白色光实际上是由红色到紫色各种不同颜色的光组成的。因此，白色光是不同颜色的频谱，光也具有波长和频率特征。电磁频谱可以从可见光向两个方向扩展，更高频率的“光”包括紫外线、X 射线以及宇宙射线；而更长的波长、更低频率的“光”则首先包括红外线，随着频率降低和波长越来越长就是无线电波。

一切现代通信都是通过利用和控制电磁频谱内的信号实现的。电磁频谱的范围从 30 Hz 声频（波长达 1 000 km），一直到 10^{24} Hz 的高频宇宙射线（波长比原子核还小）。尽管电磁频谱范围很广，但是并不是所有的频率都可以用于通信。在顶端的高频部分（10^{22} Hz 附近）的电磁波波形非常小，受环境影响大，易被干扰而产生失真。此外，高频部分的 X 射线、伽马射线以及宇宙射线对人类健康有害，因此这个频段不适合通信。一般使用电磁波中间范围的频率进行通信，包括无线电波、微波、红外线以及可见光频的一部分（如图 2–4 所示）。

目前，世界上一些军事强国认为，电磁频谱是唯一能支持机动作战、分散作战和高强度作战的重要媒体。外军评论认为，“频谱是一种无形的战斗力，并且是可与火力机械动力相提并论的新型战斗力”，甚至预言“21 世纪将是频谱战的时代”，“战时频率资源如同弹药、油料一样重要，是作战的必需物质基础”。因此，加强信息化建设，加强频谱管理，连着战斗力的全面提升，连着打赢未来信息化战争，必须予以高度重视。

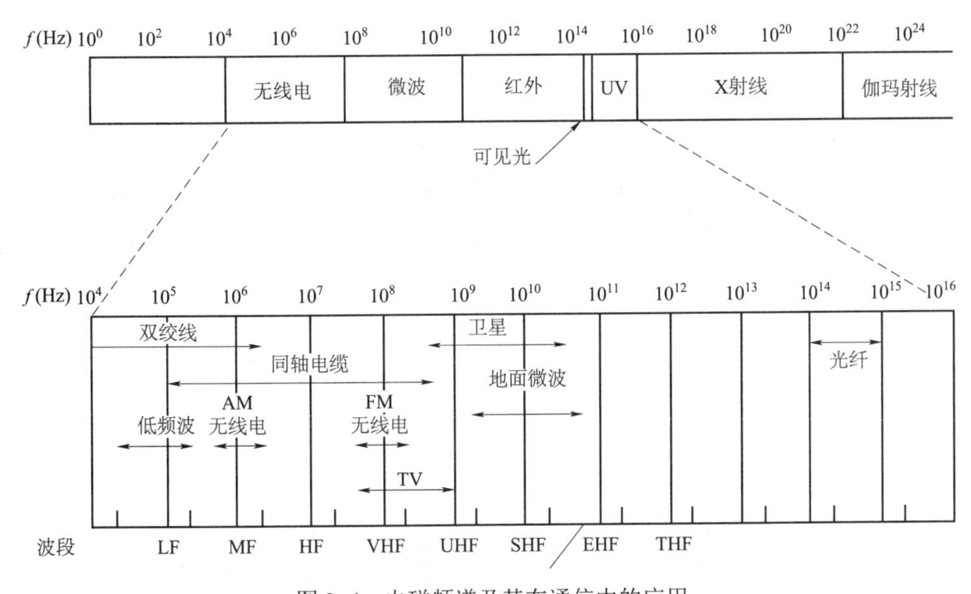

图 2–4　电磁频谱及其在通信中的应用

一般用于描述电磁波特性的参数有：

- 频率：电磁波每秒震动的次数，频率的计量单位为赫兹（Hz）；
- 波长：指两个连续的波峰或波谷的距离；
- 振幅：衡量波幅度的物理量，携带信号能量或者功率信息；
- 相位：描述周期性改变物理量的瞬时状态，具体说就是波与参考点之间的偏移量。

人们通常将带宽用于表示数据通信的速率，实际上在通信领域中，带宽指的是通信信号的频率范围，也就是通信的最高频率与最低频率之间的差值。在电信网络中带宽主要有三类：窄带、宽频带以及宽带。

窄带速率为 64 Kbit/s，也被称为 0 次群或 DS–0 信道，是构建数字网络的基本增量。这个度量标准最初是为了解决通过数字方式携带语音信号在网络上传输而提出的。

宽频带为 n×64 Kbit/s，也就是组合多个 64 Kbit/s 信道，可以到 45 Mbit/s。宽频带标准包括：T–1 标准——北美标准，速率为 1.544 Mbit/s，主要被美国、韩国和中国香港等国家和地区采用；E–1——国际电信联盟（International Telecommunication Union，ITU）标准，速率为 2.048 Mbit/s，被中国、欧洲、非洲、亚太大部分地区以及拉美地区采用；J–1——日本标准，速率为 1.544 Mbit/s。此外，更高的宽频带标准还有 T–3（45 Mbit/s）、E–3（34 Mbit/s）和 J–3（32 Mbit/s）。

ITU 规定当信道速率达到 2 Mbit/s，可以称之为宽带。但 ITU 的这个规定是在 20 世纪 70 年代提出的。随着时代的发展和技术的进步，宽带在不同场合下有着不同的定义。实质上，宽带也是一种多信道机制，相对于传统信道具有更大的传输容量。

2.2 模拟传输和数字传输

模拟传输与数字传输特点不同，模拟信号和数字信号根据传输方式不同经常需要相互转换。

2.2.1 模拟传输

振幅与频率连续变化的信号被称为模拟信号，如图 2–5 所示。模拟传输就是以模拟信号来传输消息的方式。模拟波形可以是非常简单的，也可以是非常复杂的。由单一钢琴定音器产生的一个声波仅仅包括一个单一频率。一个复杂波形——例如人类的声音或管风琴的声音都包含了许多不同频率的组合。

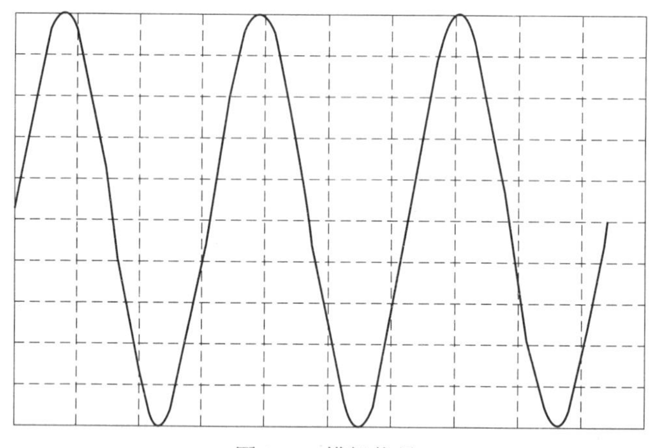

图 2–5 模拟信号

电话系统使用模拟交换线路来进行音频通信，其中的电话机是一个将模拟声波转变为相应电气信号的转换设备，然后在模拟通道中传输，在电话或音频系统的接收端将接收到的电气信号再转换为声音信号，其中信号的振幅和频率反映了说话人的音量和音调。

模拟信号在线路传输过程中会衰减，同时还会有噪声干扰。在传输一定距离的时候，必须对信号进行放大，模拟信号的放大器在放大通信信号的同时，也会将噪声信号放大，因此模拟传输过程噪声是积累的。这样，当信号到达信宿的时候，很难将信号与噪声分离，会导致较大的噪声和很高的差错率。

2.2.2　数字传输

数字信号为一系列代表 1 和 0 的离散脉冲信号，数字信号是非连续变化的波形，如图 2–6 所示。以数字信号进行消息传输的方式就称为数字传输。音频、视频、数据和其他“信息”，可以被编码成二进制数值，就可以被有效地传输，并且这些数值是以电脉冲的形式进行传输的。线缆中的电压是在高低状态之间进行变化的，因此二进制 1 是通过产生一个正电压来传输的，而二进制 0 是通过产生一个负电压来传输的。

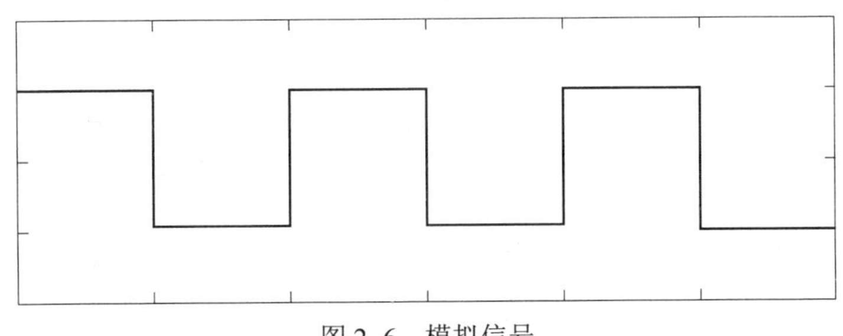

图 2–6　模拟信号

信号在传输过程中发生衰减时，数字通信网络采用再生中继器（也称为信号再生器）进行信号再生（能量放大）。由于再生中继器具有信号识别能力（可以判断 0、1 信号），它不像模拟信号放大器那样将信号和噪声同时放大，而只是对通信信号进行再生（放大），这样也就不会产生噪声积累，从根本上消除了噪声对通信质量的影响，改善了通信的误码性能。

2.2.3　模拟传输与数字传输比较

模拟传输与数字传输的比较如表 2–1 所示。

表 2–1　模拟传输与数字传输的比较

比较因素	模拟传输	数字传输
信号	采用振幅与频率连续变化的模拟信号	采用离散数字信号
容量单位	Hz	bit/s
带宽	低，数据传输速率最高到 33.6 Kbit/s，一般用于语音通信	高，可达 Mbit/s 或更高速率，支持视频等高速率多媒体数据传输
网络容量	低，每个语音通道只能容纳一路语音	大，使用多路复用技术可支持多路语音或其他数字信号，传输效率高
网管	差，不能进行远程控制，需要人力控制和维护网络	好，可实现性能、配置、计费、故障和安全的网络管理功能

续表

比较因素	模拟传输	数字传输
设备	非智能，不能处理信息流，无法分辨信号和噪声	可智能化，具有很好的处理信息流能力，可分辨信号和噪声
计费方式	一般采用时长进行计费	一般使用数据流量进行计费
安全特性	不安全，可以对模拟信道进行窃听，且不容易被发现	安全，可进行数字加密
误码率	高，达 10^{-5}	低，双绞线为 10^{-7}；卫星通信为 10^{-9}；光纤通信可达 10^{-11}～10^{-13}

2.2.4 信道通信方式

信源与信宿之间通过信道传递信息，根据信道工作特点可以分为多种方式。信道按照信号传递方向与时间关系，可分为单工通信、半双工通信、全双工通信；按照信号排列顺序，可分为并行传输和串行传输；按照是否进行了调制，可分为基带传输、频带传输。

1）按照传递方向与时间关系分

对于点与点之间的通信，按照信号传递方向与时间关系，可以分为单工、半双工和全双工通信三种方式。

在单工通信中，数据信号仅可以从一个站点传送到另一个站点，信息流仅沿单方向流动，发送站与接收站是固定的，如图 2–7（a）所示。例如，无线电广播、一些数据收集系统（气象数据的收集、电话费的集中计算等）都是单工通信。在数据通信系统中，接收方要对数据进行检验，发现错误后，要求发送方重传原信息，对于正确接收的信息，也要返回确认信息，这就要求有一条附加信道传送这些信息。图 2–7 中虚线所表示的反向信道就是用于传送确认信号、重传信号的控制信道。

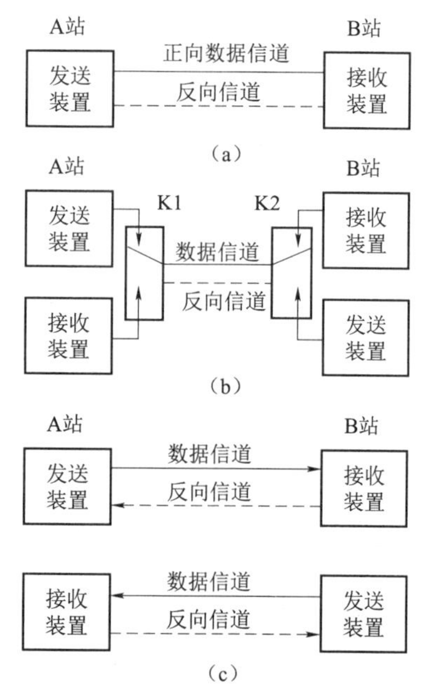

图 2–7　信号的单工、半双工、全双工通信方式

（a）单工；（b）半双工；（c）全双工

如图 2–7（b）所示，半双工通信的传输信道是双向的，并且每个设备同时具有发送装置和接收装置，它们之间通过开关（K1，K2）对信道进行切换，可以分时轮流进行双向数据传输，但在某一时刻只能沿一个方向传输数据。半双工操作模式一般用于通信设备或传输信道没有足够的带宽去支持同时双向通信的场合，或者通信双方的通信顺序需要交替进行的场合。例如，对讲机、共享式局域网等设备采用半双工操作方式。

在全双工操作模式中，传输信道是双向的，并且每个通信设备同时具有发送装置和接收器装置，它们之间可以同时进行双向数据传输，如图 2–7（c）所示。相对于单工和半双工，全双工通信方式吞吐量大，通信效率高，但要求传输信道应提供足够的带宽支持，且系统结构也较复杂，成本较高。例如，交换式网络等采用全双工操作方式。

2）按照信号排列顺序分

在数字通信中，按照数字信号代码排列顺序可分为并行通信方式和串行通行方式。

并行通信将代表信息数字的序列以成组的方式在两条或者两条以上的并行信道上同时传输，如图2–8（a）所示。并行通信的优点是节省传输时间，但需要的信道多、设备复杂、成本高，多用于计算机内部总线或者计算机与其他高速数字系统之间的连接上，适用于设备之间的近距离通信。

如图2–8（b）所示，串行通信是数字序列以串行方式一个接一个地在信道上传输，先由发送设备将几位并行数据经并—串转换硬件转换成串行方式，再逐位在信道上传输，在接收端将数据从串行方式重新转换成并行方式，以供接收方使用。串行数据传输的速度要比并行传输慢得多，但传输距离较远，多用于计算机与低速外部设备之间的连接。

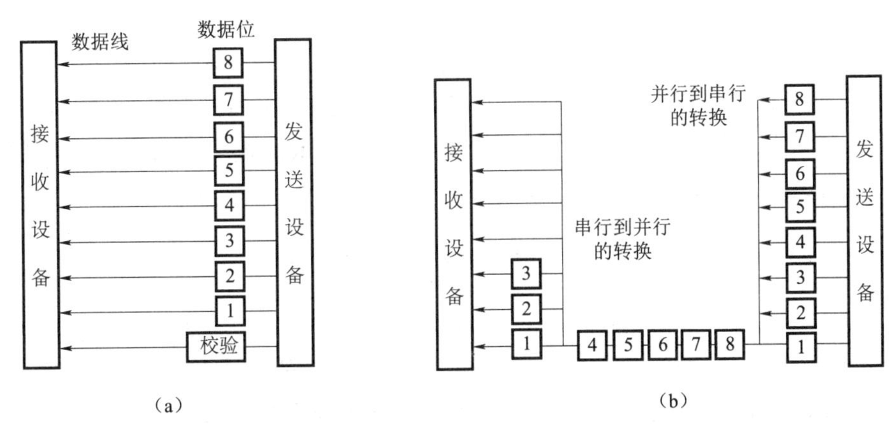

图2–8 并行数据通信与串行数据通信

（a）并行；（b）串行

3）按照是否进行了调制分

按照原始数字信号是否进行了调制，可以将通信方式分为基带传输和频带传输。

计算机等数字设备中，二进制数字序列最方便的信号形式为脉冲方波，即0和1分别用高低不同的电平来表示，人们把方波固有的频带称为基带，方波信号称为基带信号。在信道上直接传送数字基带信号的通信方式就是基带传输。一般来说，发送端使用编码器来将要传送的数据变换为可以在信道上传输的基带信号，接收端使用译码器将基带信号恢复成原始数据。由于线路上分布电容和电感的影响，基带信号容易发生畸变，所以其传输距离受到限制。

通信系统在发送端将数字信号调制成模拟信号，然后在信道上发送，到达接收端时再把模拟信号解调成原来的数字信号，这种通信方式称为频带传输。信号的调制、解调是由发送端和接收端的调制器和解调器完成的。如果是全双工通信，通信双方必须使用调制解调器同时实现调制和解调功能。频带传输解决了数字信号在模拟信道上传输的问题，而且可以通过多路复用，提高传输线路的利用率。

2.2.4 通信主要性能指标

通信的任务是快速、准确地通过信道传送信息，所以判断通信性能的好坏应该从两方面入手，一是通信过程是否可以在规定时间内完成所传送的信息量，衡量的指标是传输速度；二是从信源传送到信宿信息不能出现差错，通信系统要可靠地传送信息，其衡量指标是差错率。

反映通信系统传输速率的主要指标有码元传输速率、比特率、频带利用率和信道容量等。在信道中，携带数据信息的信号单元叫码元。码元传输速率 R_B，又称为波特率，是单位时间内传输码元的数目，单位是波特（Baud），记为 B。可以表示为：

$$R_B = \frac{1}{T_s} \tag{2-1}$$

式中，T_s 为传送一个码元所需要的时间，即码元长度。需要说明的是，波特率的单位“波特”本身已经代表每秒的传送码元数量，例如，信道在 1 s 中传送了 3 600 个码元，其码元传输速率表示为 3 600 B。以“波特每秒”（Baud per second）为单位是一种常见的错误。

信息传输速率 R_b，又称为比特率，是单位时间内传送信息的比特数，单位为 bit/s 或 b/s。数字信号有二进制和多进制，由于 M 进制的码元可以携带 $\log_2 M$ 二进制数，因此波特率与比特率两者存在如式 2–2 或式 2–3 的关系：

$$R_B = \frac{R_b}{\log_2 M} \tag{2-2}$$

或

$$R_b = R_B \log_2 M \tag{2-3}$$

信道容量 C 是一个通信系统可以无差错地传送信息的最大信息传输速率 Maximum（R_b）。信道容量表明了信道传输信息能力的极限值，主要受制于信道带宽和信道噪声等情况。奈奎斯特给出了理想信道情况下（无噪声），信道可以达到的容量，其公式为：

$$C = 2W \log_2 M \tag{2-4}$$

式中，W 为信道带宽。可以看出，在二进制的情况下 $C=2W$，即信道容量为二倍带宽。提高信道带宽 W 和进制数 M，都可以提高信道容量。但是提高 M，也就意味着要增加信道中的不同电平的个数。这样会增加接收机的负担，本来在二进制情况下，接收机只需要在每个信号周期中二取一，而现在必须在 M 种可能的信号中识别出一个来。此外，在信道可能的电平范围内，增加不同电平的个数，更容易受到噪声和损耗情况对信号的影响。因此，M 的增加是有限的。

信噪比 S/N 为有用信号功率（Power of Signal）与噪声功率（Power of Noise）的比，其单位为分贝（dB）。可表示为：

$$S/N = 10\log(P_{signal} / P_{noise}) \tag{2-5}$$

式中，P_{signal} 和 P_{noise} 分别是信号功率和噪声功率。信噪比越高意味着信号质量越高，同时在传输过程中所需要的中继放大器越少。

香农结合信道带宽和信噪比，给出了传输系统在热噪声存在的情况下可以达到的信道容量，表示为：

$$C = W\log_2(1 + S / N) \tag{2-6}$$

香农公式 2–6 证明了有噪声的情况下通信系统实际传输速率低于信道容量，也表明了传输系统传输容量、带宽和信噪比之间可以进行均衡和转换。例如，在保证传输容量一定的情况下，可以通过增大带宽的方法，降低对系统信噪比的要求，提高通信的可靠性、抗干扰能力和安全性。如无线扩频调制 CDMA，可以扩展带宽成百上千倍，在信噪比小于 1 的情况下，仍具有较强的抗干扰能力，并能正确接收信号；而在带宽一定的情况下，降低传输速率，也可以降低信噪比要求，提高通信可靠性；同理，在保持系统容量一定的情况下，增大信噪比（增大发射功率），可以降低对信道带宽的要求。

一般来说，在信道范围内，人们更关心编码，这时奈奎斯特公式就成为准则，而在整个通信系统中，涉及通信收发设备功率、各环节噪声以及信道带宽等情况，香农公式就变得很重要。图 2–7 给出了这两个公式的作用范围。

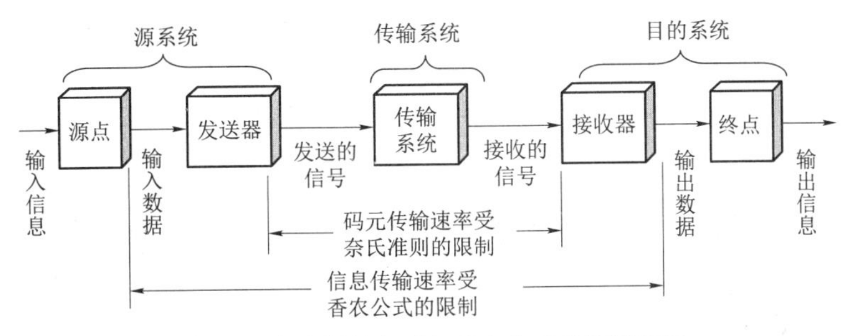

图 2–7　奈奎斯特公式与香农公式的作用范围

频带利用率η是单位频带码元传输速率，它反映了信道的传输效率，单位为 B/Hz。较高的频带利用率可以以较小的带宽传输较大的信息流，也有助于多路频分复用，避免失真。频带利用率可表示为：

$$\eta = \frac{R_B}{W} \tag{2-7}$$

为了比较不同系统的传输效率，频带利用率η又定义为：

$$\eta = \frac{R_b}{W} \tag{2-8}$$

单位为 bit/（s・Hz）。在这种情况下，

$$\eta = \frac{R_B \log_2 M}{W} \tag{2-9}$$

从式 2–9 可以看出，若码元速率相同，加大 M 或减少 W 都可使频带利用率提高。前者可采用多进制调制技术实现，后者可采用单边调制、部分响应等压缩发送信号频谱的方法。

衡量通信系统的可靠性常用误码率和误信率。误码率 P_{eB} 是发生差错的码元数在传输总码元数中所占的比例，或者说是码元在传输系统中被传错的概率，可表示为：

$$P_{eB} = \frac{N_{eB}}{N_B} \tag{2-10}$$

式中，N_{eB} 为错误码元数，N_B 为总码元数。

误信率 P_{eb} 为发生差错的比特数在传输总比特数中所占的比例，也就是信息比特在传输中被传错的概率，可表示为：

$$P_{eb}=\frac{N_{eb}}{N_b} \tag{2-11}$$

式中，N_{eb} 为错误比特数，N_b 为总比特数。

2.3 信道编码、调制与差错控制

目前，还没有完全的数字或模拟网络，实际的通信网络往往是二者的结合。模拟信道中不能传送数字信号，同样数字信道中也不能传输模拟信号。如果原始信号不经变换，即使是数字信号在数字信道上传输，或者模拟信号在模拟信道上传输，也很难实现有效通信。例如，理论与实践都表明，在无线电通信中天线长度是所发射信号波长的 1/4 时，天线发射和接收信号的转换效率是最高的，如果要在无线模拟信道中传输 1 000 Hz 的低频模拟信号，其波长约 300 km，建造 70 多千米的天线是很困难的事情。因此，需要在通信网络中不同的端点进行各类转换，以满足信道对信号的传输要求。如图 2–8 所示，不同类型的信号在不同类型的信道上传输有 4 种组合，要实现不同组合下的有效通信，就要进行编码与调制这两种变换。

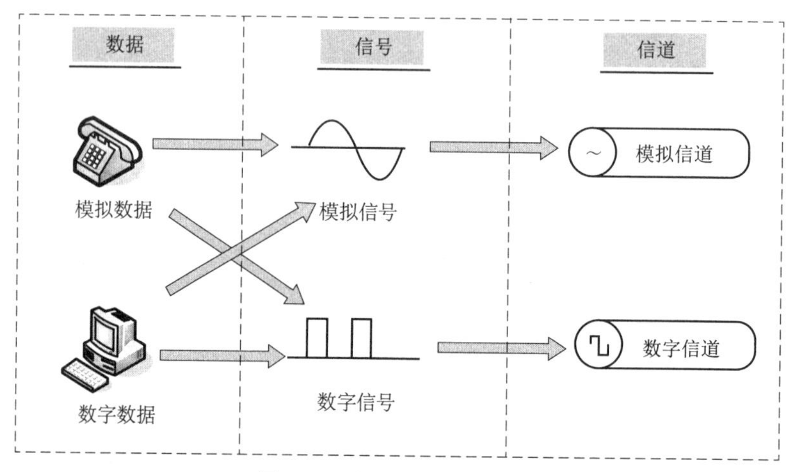

图 2–8 信号与信道的组合

如图 2–9 所示，用数字信道承载数字或模拟数据需要进行编码，而用模拟信道承载数字或模拟数据需要进行调制。

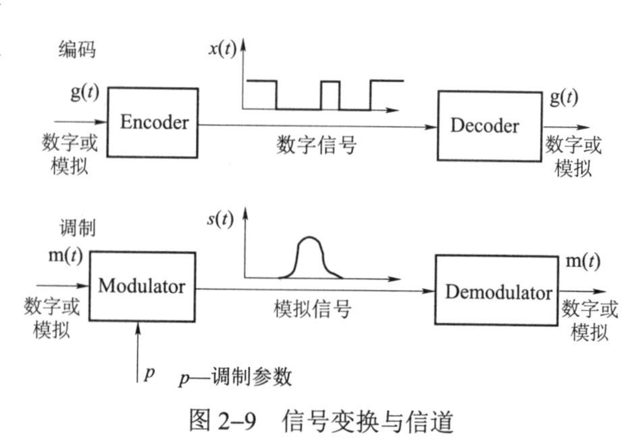

图 2–9 信号变换与信道

2.3.1 数字信号编码

编码就是将数据转换成可以在数字信道上传输的数字信号的过程。对于传输数字信号来说，最简单的办法是用两个电平来表示两个二进制数。例如，可以 0 电压用来表示数据 0，恒定的一个正电压表示 1。常见的数据编码方案有：单极性码、极性码、双极性码、归零制码、不归零制码、双相码、曼彻斯特编码、差分曼彻斯特编码、多电平编码等。

1）不归零制码

用两种不同的电平（不使用 0 电平）分别表示二进制的信息 0 和 1，低电平表示 0，高电平表示 1，如图 2–10 所示。不归零制码难以判别一位结束和另一位开始；不具备自同步机制，发送方和接收方需使用外同步信号；当信号中 0 或 1 连续出现时，信号直流分量将累加，这会导致不能使用变压器在通信设备与环境之间提供良好绝缘的交流耦合，同时直流分量可能会造成设备连接点电蚀或其他损坏。

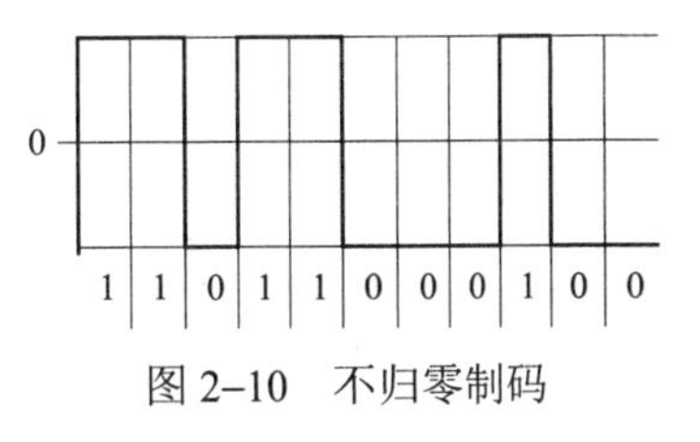

图 2–10　不归零制码

2）曼彻斯特编码

如图 2–11（a）所示，每一位中间有一个跳变，从高到低表示 1，从低到高表示 0。中间的这个跳变既作为同步时钟，也作为数据，克服了不归零制编码的不足。曼彻斯特编码主要应用在以太网中。

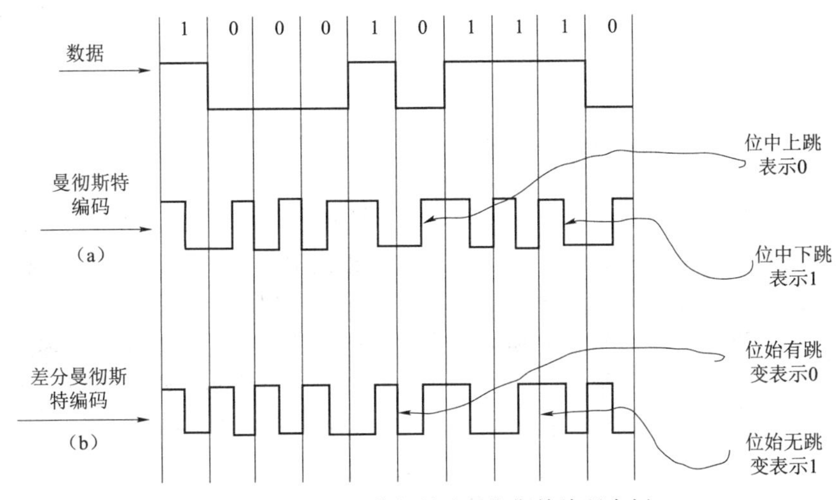

图 2–11　曼彻斯特与差分曼彻斯特编码实例

3）差分曼彻斯特编码

在差分曼彻斯特编码中，取值由每位开始边界是否存在跳变而定，一位的开始边界有跳变代表 0，无跳变代表 1，如图 2–11（b）所示。相对于曼彻斯特编码，差分曼彻斯特编码将时钟同步信号与数据分离，便于对数据进行提取。其主要应用场合是令牌环网。

从上可以看出，两种曼彻斯特编码是将时钟和数据包含在数据流中，在传输代码信息的同时，也将时钟同步信号一起传输到对方，每位编码中有一跳变，不存在直流分量，因此具有自同步能力和良好的抗干扰性能。但每一个码元都被调成两个电平，所以数据传输速率只有调制速率的 1/2。

2.3.2　数字数据调制

基带信号具有较低的频率分量，不宜通过无线信道传输。数字数据在模拟信道上传输时，需要对数字信号进行变换以满足模拟信道对信号的要求，这种变换就是调制。调制需要一种连续、恒定频率（通常位于信道中间）的载波信号，用 $A\cos(\omega t+\phi)$ 来表示，也就是使用这种载波信号来运载待传信号，通过载波信号的振幅 A、频率 ω、相位 ϕ 或者具有这些特性的某种组合进行变换，将数字数据调制到载波信号上去。具体调制方法如下。

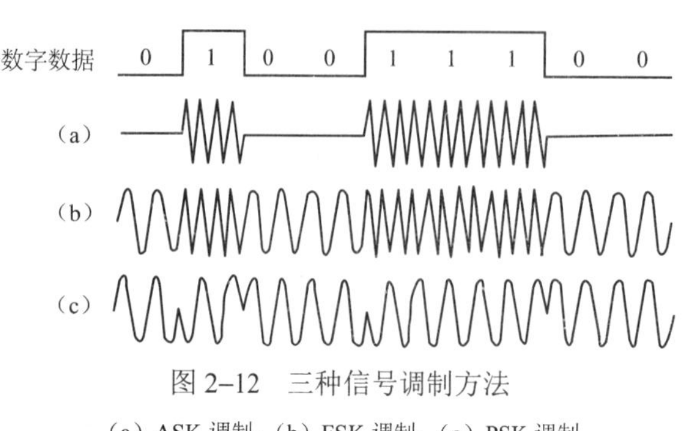

图 2-12　三种信号调制方法

（a）ASK 调制；（b）FSK 调制；（c）PSK 调制

1）幅移键控法（Amplitude-Shift Keying，ASK）

这种方法也称为调幅，用载波的两个不同的振幅来表示两个二进制数。例如用振幅 0 的载波表示数据 0，而振幅不为 0 的载波表示二进制数字 1。如图 2-12（a）所示。

2）频移键控法（Frequency-Shift Keying，FSK）

这种方法也称为调频，用载波的两个不同的频率来表示二进制数，如图 2-12（b）所示。在同轴电缆和高频无线电传输中都经常使用这种调制方法。

3）相移键控法（Phase-Shift Keying，PSK）

此种方法也称为调相。它是利用载波信号的相位偏移来表示数据。图 2-12（c）的例子是一个两相系统，用载波相位为 0 来表示数据 0，用相位 180° 表示 1。四相相移调制（Quadrature-Phase-Shift Keying，QPSK）是利用载波的四种不同相位差来表征输入的数字信息，是四进制相移键控。QPSK 是在 $M=4$ 时的调相技术，它规定了四种载波相位，分别为 45°、135°、225°、275°，调制器输入的数据是二进制数字序列，为了能和四进制的载波相位配合起来，则需要把二进制数据变换为四进制数据，这就是说需要把二进制数字序列中每两个比特分成一组，共有四种组合，即 00、01、10、11，其中每一组称为双比特码元。每一个双比特码元是由两位二进制信息比特组成，它们分别代表四进制四个符号中的一个符号。QPSK 中每次调制可传输 2 个信息比特，这些信息比特是通过载波的四种相位来传递的。相对于 ASK 和 FSK，PSK 具有较强的抗干扰能力。

上述的调制方法也可以组合起来使用，常见的组合是相移键控（PSK）与幅移键控（ASK）这两种调制方法组合，组合后的调制方法其抗干扰能力更强。

2.3.3　模拟数据的数字信号编码

模拟数据要在数字信道上传输也需要进行变换，才能满足数字信道的要求。脉冲编码调制（Pulse Code Modulation，PCM）用一组二进制数字代码来代替连续信号的抽样值，从而实现通信。通过这种将模拟信号数字化的编码过程，通信的干扰能力增强，被广泛用于光纤、数字微波和卫星通信中。

采样定理是模拟信号数字化的理论依据，它确定了采用什么样的采样频率才能确保接收端使用抽样值来重建模拟信号。采样定理可以表示为：

$$f_s \geqslant 2f_{max} \tag{2-12}$$

式 2-12 中的 f_s 是抽样频率，f_{max} 是模拟信号的最高频率。也就是说，当采样频率大于或等于被采样的模拟信号频率的两倍时，采样后的离散数字序列就能够无失真地恢复出原始的模拟信号。

PCM 是在信号的发送端进行的，其过程包括三个步骤：采样、量化和编码，如图 2–13 所示。

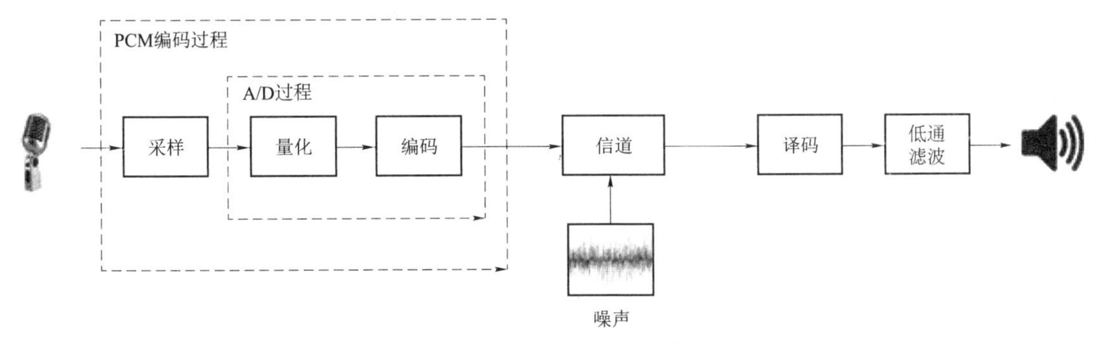

图 2–13　PCM 工作过程

采样就是每隔一定时间通过对连续模拟信号采样，将连续模拟信号变为离散的模拟信号。采样的频率既不能太低，也不能太高。其最低值要满足采样定理的要求，即 $f_s \geqslant 2f_{max}$；其值也不能过高，过高的采样频率可能会造成信息的计算量过大，而且对于接收端还原信号效果也不是很明显。

采样后的信号虽然是时间轴上离散的信号，但仍然是模拟信号，其样值在一定的取值范围内，可有无限多个值。显然，对无限个样值一一给出数字码组来对应是不可能的。为了实现以数字码表示样值，必须采用“四舍五入”的方法把样值分级“取整”，使一定取值范围内的样值由无限多变为有限。这一过程称为量化。量化后的抽样信号与量化前的抽样信号相比较，当然有所失真，且不再是模拟信号。这种量化失真在接收端还原模拟信号时表现为噪声，并称为量化噪声。量化噪声的大小取决于把样值分级“取整”的方式，分的级数越多，即量化级差或间隔越小，量化噪声也越小。

编码就是用一定位数的二进制码来表示采样序列量化后的量化幅度。如果有 N 个量化级，就应当有 $\log_2 N$ 位二进制数码。例如，在语音数字化脉冲调制系统中常使用 256 个量级，即用 8 位二进制数码表示，采样频率为 8 000 Hz，这样 PCM 码率为 64 Kbit/s。

经过发送端的 PCM 三个过程，数字化的信号既可以直接进行基带传输，也可以是对微波、光波等载波调制后的调制传输。在接收端首先经过 D/A 转换器译码，将二进制数码转换成代表模拟信号的幅度不等的量化脉冲，再经过低通滤波器即可还原出原始模拟信号。图 2–14 是 8 个量化级的 PCM 编码过程的例子。

2.3.4　差错控制及检错

由于信号的衰减、畸变和噪声的干扰等因素的影响，信息在传输过程中总会出现错误，也就是在接收端所接收到的数据与发送端的所发送的数据不一致。所以，通信系统必须具有差错检测及恢复机制，来保证通信的可靠性和准确性。

差错控制就是在数据通信过程中，检测差错并进行纠正，从而使差错被控制在可接受的范围内，以此实现可靠通信的一项技术。

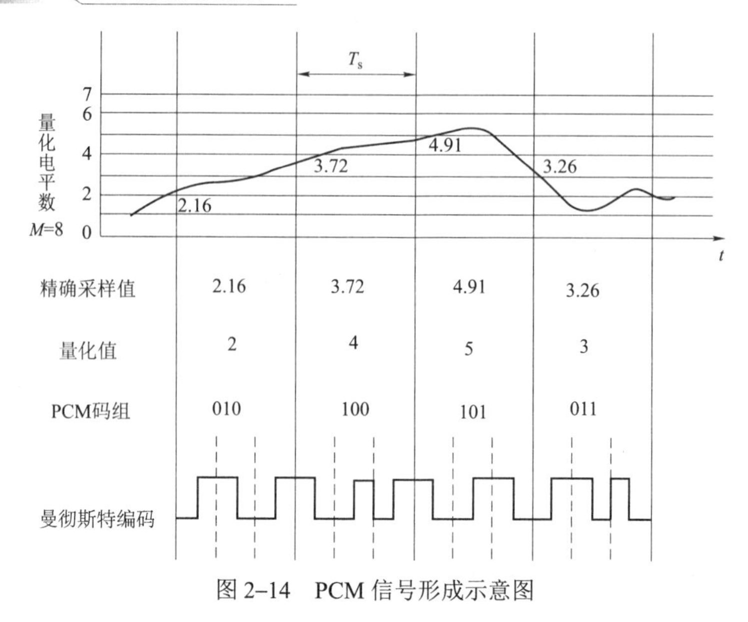

图 2-14　PCM 信号形成示意图

1）差错控制编码

能够实现差错控制的编码称为差错控制编码，其分为纠错码和检错码两种。纠错码让每个分组带上足够的冗余信息，以便在接收端能够发现并自动纠正传输错误；检错码让分组仅带有让接收端能够发现传输错误的冗余信息，但不能确定错误的位置，也不能自动进行纠正。

使用纠错码进行通信不需要反向信道，不需要重传，因此通信速度较快，但实现复杂，编码与解码速度较慢，系统造价高，在一般通信场合下不易使用。检错码通过重传机制达到纠错，原理简单，实现容易，编码与解码速度快，因此被广泛应用在网络通信中。

2）差错控制方法

差错控制方法主要有自动请求重发（Automatic Repeat Request，ARQ）和向前纠错（Forward Error Correction，FEC）。

自动请求重发是利用编码的方法在数据接收端检测差错，当发现差错后，通知发送方重新发送原来的数据，直到无差错为止。自动请求重发有如下几种方式：

（1）停等式 ARQ（Stop-and-Wait ARQ）。发送端每发送一个数据分组包就暂时停下来，等待接收端的确认信息。当数据包到达接收端时，对其进行检错，若接收正确，返回确认（ACK）信号，若接收错误则返回不确认（NACK）信号。当发端收到 ACK 信号时，就发送新的数据，否则重新发送上次传输的数据包。在等待确认信息期间，信道是空闲的，不发送任何数据。

这种方法由于收发双方在同一时间内仅对同一个数据包进行操作，因此实现起来比较简单，相应的信令开销小，收端的缓存容量要求低。但是由于在等待确认信号的过程中不发送数据，导致资源被浪费，尤其是当信道传输时延很大时。因此，停等式 ARQ 造成通信信道的利用率不高，系统的吞吐量较低。图 2-15 所示是停等式 ARQ 的一个简单示例。

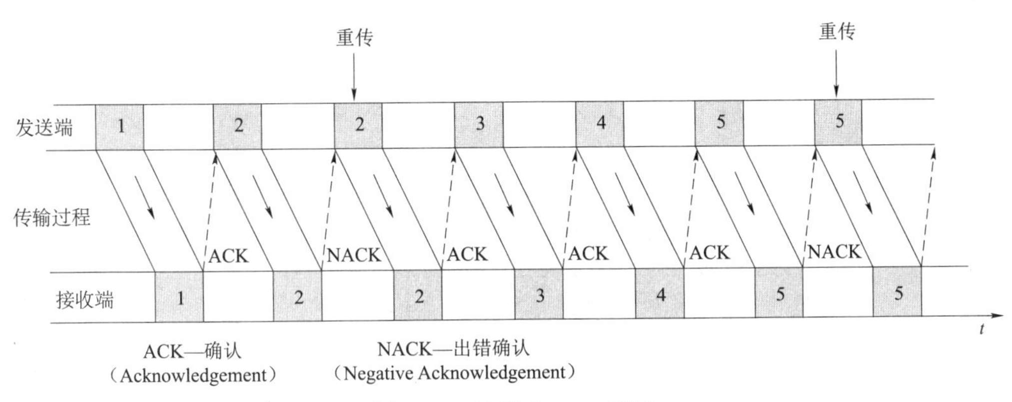

图 2–15　停等式 ARQ 示例

（2）后退 N 步重发 ARQ（Go-Back-N ARQ）。在采用后退 N 步式 ARQ 协议的传输系统中，发送端发送完一个数据分组后，并不停下来等待确认信息，而是连续发送若干个数据分组信息。接收端将每个数据包相应的 ACK 或 NACK 信息反馈回发送端，同时发送回的还有数据包分组号。当接收到一个 NACK 信号时，发送端就重新发送出错之后（包括错误数据）的 N 个数据包，如图 2–16 所示。接收端只需按序接收数据包，在接收到错误数据包后，即使又接收到正确的数据包，也必须将正确的数据包丢弃。

相比于停等式 ARQ，在信道比较好的情况下（不容易出错），由于采用该协议发端可以连续发送数据，提高了系统的吞吐量。但出现错误时，由于接收端仅按序接收数据，那么在重传时又必须把原来已正确传送过的数据进行重传（仅因为这些数据分组之前有一个数据分组出了错）。因此，在信道出错率比较高的情况下，这种方法反而会使信道利用率降低。

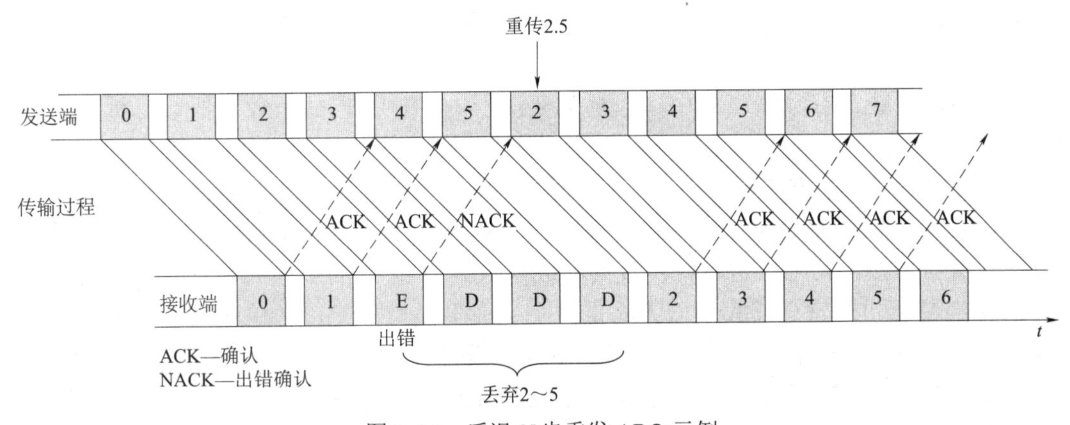

图 2–16　后退 N 步重发 ARQ 示例

（3）选择性重发 ARQ（Selective-Repeat ARQ）。为了进一步提高信道的利用率，选择重发式协议只重传出现差错的数据包，但是此时接收端不再按序接收数据分组信息，那么在收端则需要相当容量的缓存空间来存储已经成功译码但还没能按序输出的分组。同时收端在组合数据包前必须知道序列号，因此，序列号要和数据分别编码，而且序列号需要更可靠的编码以克服任何时候出现在数据里的错误，这样就增加了对信令的要求。所以，虽然选择重发信道利用率最高，但是要求的存储空间和信令开销也最大，选择重发 ARQ 协议的工作示例见图 2–17。

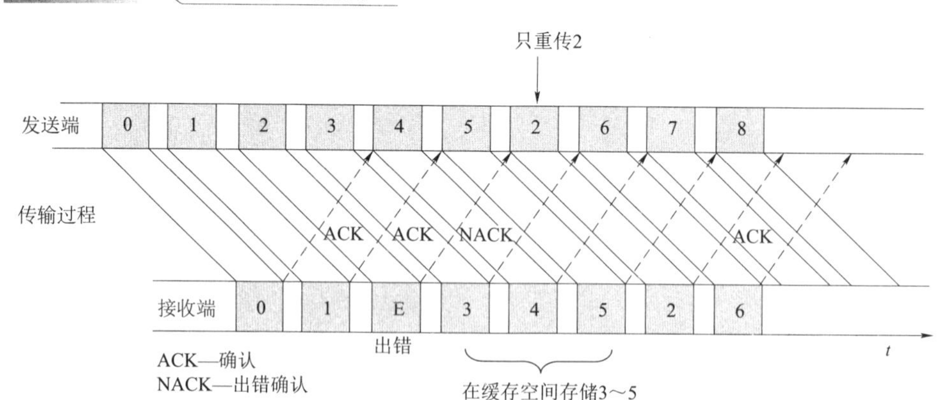

图 2-17　选择性重发 ARQ 示例

向前纠错是利用编码方法，接收端不仅对接收数据进行检测，而且当检测出错误时能够自动对错误进行纠正。由于实际使用较少，这里就不做进一步介绍了。

3）检错码工作原理

目前，常用的检错码有奇偶校验和循环冗余编码两类。

（1）奇偶校验码。奇偶校验是一种校验代码传输正确性的方法，根据被传输的一组二进制代码的数位中“1”的个数是奇数或偶数来进行校验。采用奇数的称为奇校验，反之，称为偶校验。采用何种校验是事先规定好的。通常专门设置一个奇偶校验位，用它使这组代码中“1”的个数为奇数或偶数。若用奇校验，则当接收端收到这组代码时，校验“1”的个数是否为奇数，从而确定传输代码的正确性。

奇校验就是让原有数据序列中（包括你要加上的一位）1 的个数为奇数。例如，对于 1000110（0），你必须添 0，这样原来有 3 个 1 已经是奇数了，所以你添上 0 之后 1 的个数还是奇数。

偶校验就是让原有数据序列中（包括你要加上的一位）1 的个数为偶数。例如，对于 1000110（1），就必须加 1 了，这样原来有 3 个 1，要想让 1 的个数为偶数就只能添 1 了。

可以看出奇偶校验方法比较简单，但检错能力差，一般只用于对通信要求较低的环境。

（2）循环冗余编码（Cyclic Redundancy Check，CRC）。循环冗余编码是一种通过多项式除法检错的方法。其思想是将待传数据看成系数为 0 或 1 的多项式。110001，表示成多项式 $M(x)=x^5+x^4+1$。发送前收发双方约定一个生成多项式 $G(x)$，并保证其最高价和最低价系数为 1，而且必须比传输信息对应的多项式短，发送方在数据位串的末尾加上校验和，使带有校验和的位串多项式能被 $G(x)$整除。接收方收到后，用 $G(x)$除多项式，若无余数，则传输正确。

校验和计算步骤如下：

- 设 $G(x)$为 r 阶，在 m 位的原始数据的末尾加 r 个 0，使其变为为 $m+r$ 位，相应多项式为 $x^rM(x)$；
- 按模 2 除法用对应于 $G(x)$的位串去除对应于 $x^rM(x)$的位串；
- 按模 2 加法把 $x^rM(x)$位串与余数相加，结果就是带校验和的数据多项式 $T(x)= x^rM(x)+[x^rM(x)\text{MOD2 } G(x)]$

例如，发送的原始数据为 1101011011，生成多项式为 10011，即 $G(x)=x^4+x+1$，则实际的

传输串为 $T(x)$=11010110111110，其中后四位为余数（计算过程如图 2–18 所示）。

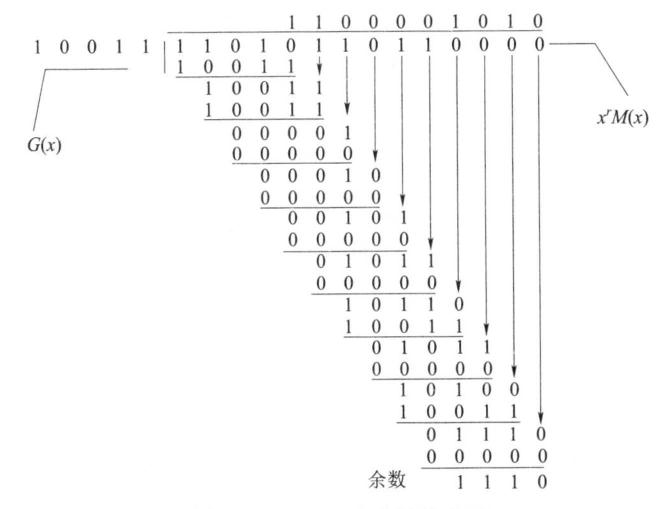

图 2–18　CRC 余数计算实例

需要说明的是，生成多项式 $G(x)$的结构及检错效果是经过严格的数学分析与实验后确定的，表 2–2 显示已经形成的标准及其应用情况。

表 2–2　CRC 标准

名称	生成多项式	简记式	应用举例
CRC–4	x^4+x+1	3	ITU G. 704
CRC–12	$x^{12}+x^{11}+x^3+x+1$		用于字符长度为 6 位的情况
CRC–16	$x^{16}+x^{15}+x^2+1$	8005	IBM SDLC
CRC–ITU**	$x^{16}+x^{12}+x^5+1$	1021	ISO HDLC，ITU X.25，V.34/V.41/V.42，PPP–FCS
CRC–32	$x^{32}+x^{26}+x^{23}+\cdots+x^2+x+1$	04C11DB7	ZIP，RAR，IEEE 802 LAN/FDDI，IEEE 1394，PPP–FCS
CRC–32c	$x^{32}+x^{28}+x^{27}+\cdots+x^8+x^6+1$	1EDC6F41	SCTP

上述 CRC 的整个原理过程如图 2–19 所示。采用循环冗余校验法，能检查出所有的单位错误和双位错误，以及所有具有奇数位的差错和所有长度小于等于校验位长度的突发错误，能检查出 99%以上比校验位长度稍长的突发性错误。其误码率比奇偶校验法可降低 1～3 个数量级，因而得到了广泛采用。

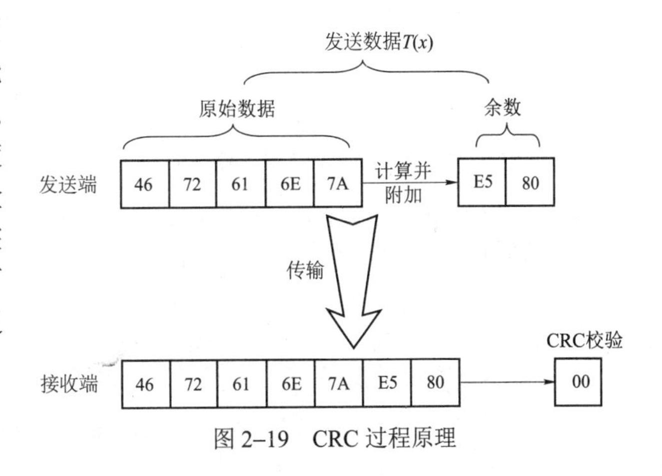

图 2–19　CRC 过程原理

2.4 多路复用技术

数据信息在网络通信线路中传输时，要占用通信信道。提高通信信道的利用率，尤其是在远程传输时提高通信信道的利用率是非常重要的。如果一条通信线路只能为一路信号所使用，那么这路信号要支付通信线路的全部费用，成本就比较高，其他用户也因为不能使用通信线路而不能得到服务。所以，在一条通信线路上如果能够同时传输若干路信号，则能降低成本，提高服务质量，增加经济收益。这种在一条物理通信线路上建立多条逻辑通信信道，同时传输若干路信号的技术就叫作多路复用技术。

2.4.1 频分多路复用（Frequency Division Multiplexing，FDM）

频分多路复用就是将用于传输信道的总带宽划分成若干个子频带（或称子信道），使用某种调制方式（ASK、FSK、PSK）把每路信息调制到不同的子信道的频率载波上，每一个子信道传输一路信号。频分多路复用要求总频率宽度大于各个子信道频率之和，同时为了保证各子信道中所传输的信号互不干扰，应在各子信道之间设立隔离带，这样就保证了各路信号互不干扰（条件之一），其工作过程如图 2–20 所示。

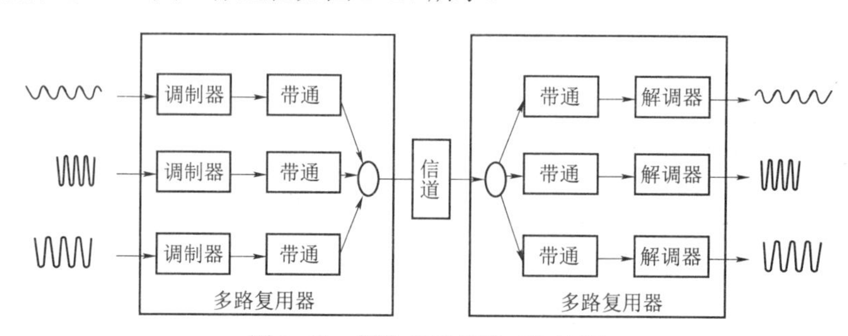

图 2–20　频分多路复用工作过程

频分多路复用技术的特点是所有子信道传输的信号以并行的方式工作，每一路信号传输时可不考虑传输时延，信道利用率高，分路方便。因此，频分多路复用是模拟通信中常采用的一种复用方式，特别是在有线和微波通信系统中应用十分广泛。

其存在的问题是保护频带占用了一定的信道带宽，降低了 FDM 的效率；当信道的非线性失真改变了它的实际频率特性时，易造成串音和互调噪声干扰；所需设备随输入路数增加而增多，不易小型化。此外，FDM 不提供差错控制技术，不便于性能监测。

2.4.2 时分多路复用（Time-Division Multiplexing，TDM）

时分多路复用是按传输信号的时间进行分割的，它使不同的信号在不同的时间内传送，将整个传输时间分为许多时间间隔（Slot time，ST，又称为时隙），每个时间片被一路信号占用。TDM 就是通过在时间上交叉发送每一路信号的一部分来实现一条电路传送多路信号的。电路上的每一短暂时刻只有一路信号存在。因数字信号是有限个离散值，所以 TDM 技术适用于包括计算机网络在内的数字通信系统，而 FDM 更适合模拟通信系统。

TDM 又分为同步时分多路复用（Synchronous Time Division Multiplexing，STDM）和异

步时分多路复用（Asynchronous Time Division Multiplexing，ATDM）。

同步时多路分复用采用固定时间片分配方式，即将传输信号的时间按特定长度连续地划分成特定时间段（一个周期），再将每个时间段划分成等长度的多个时隙，每个时隙以固定的方式分配给各路信号，各路信号在每一时间段都顺序分配到一个时隙。由于在同步时分多路复用方式中，时隙预先分配且固定不变，无论时隙拥有者是否传输数据都有一定时隙，这就造成时隙浪费，其时隙的利用率很低，为了克服 STDM 的缺点，引入了异步时分复用技术。

异步时分多路复用又称统计时分多路复用，它能动态地按需分配时隙，以避免每个时间段中出现空闲时隙，就是只有当某一路用户有数据要发送时才把时隙分配给它，当用户暂停发送数据时，则不给它分配时隙，电路的空闲可用于其他用户的数据传输。由于在接收端需要指明每个时隙所传送的数据属于哪个子通道，所以在每个时隙上加入一个控制域来携带子通道地址。这两种时分多路复用模式的原理如图 2–21 所示。

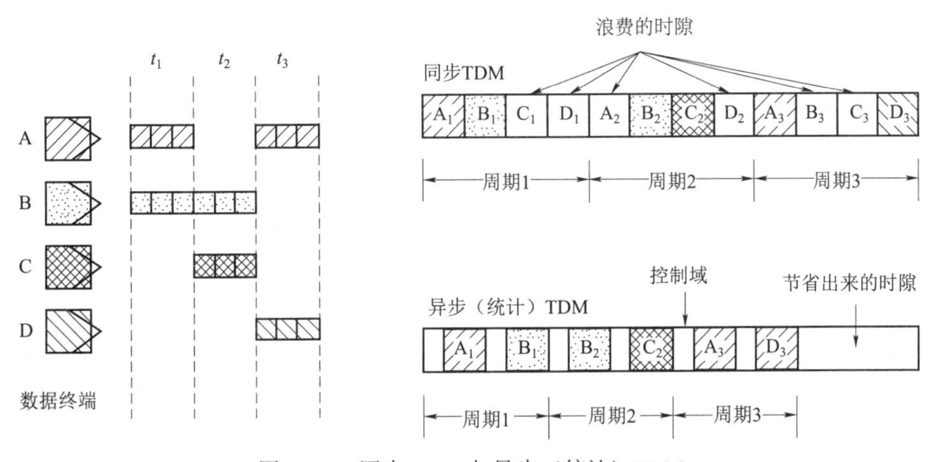

图 2–21　同步 TDM 与异步（统计）TDM

2.4.3　波分多路复用（Wave-Division Multiplexing，WDM）

波分多路复用是将两种或两种以上不同波长的光载波信号在发送端经复用器汇合在一起，并耦合到光线路的同一根光纤中进行传输的技术；在接收端，经解复用器将各种波长的光载波分离，然后由光接收机做进一步处理以恢复原信号，如图 2–22 所示。这种在同一根光纤中同时传输两个或多个不同波长的光信号的技术，称为波分复用。

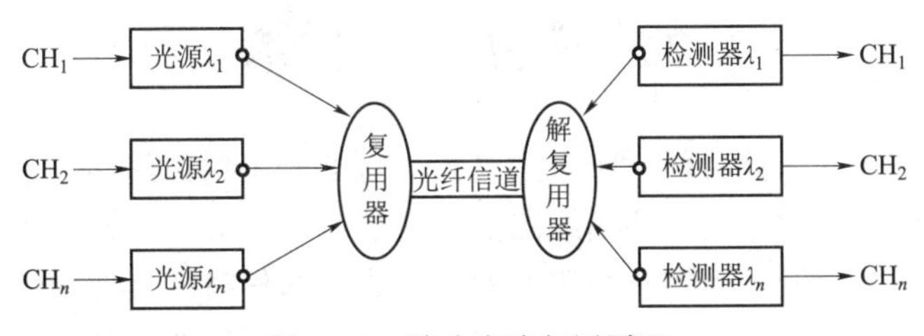

图 2–22　波分多路复用原理

波分多路复用的优势如下：

- 充分利用光纤的低损耗波段，增加光纤的传输容量。WDM 技术使得一根光纤传送信息的物理限度增加一倍至数倍。目前我们只是利用了光纤低损耗谱（1 310～1 550 nm）的极少一部分，波分多路复用可以充分利用单模光纤的巨大带宽约 25 THz，传输带宽充足。

- 不同类型的信号可同时传输，使用灵活方便。WDM 具有在同一根光纤中，传送 2 个或数个非同步信号的能力，有利于数字信号和模拟信号的兼容，与数据速率和调制方式无关，在线路中间可以灵活取出或加入信道。
- 扩展性好，可节约建设成本。对已建光纤系统，尤其早期铺设的芯数不多的光缆，只要原系统有功率余量，可进一步增容，实现多个单向信号或双向信号的传送，而不用对原系统做大的改动。由于大量减少了光纤的使用量以及有源光设备的共享性，降低了建设成本。
- 系统可靠性高，可维护性好。由于光纤数量少，当出现故障时，恢复起来也迅速、方便。同时，系统中有源设备得到大幅减少，也提高了系统的可靠性。

目前，多路载波的波分复用对光发射机、光接收机等设备要求较高，技术实施有一定难度。同时相对于铜缆，光缆本身的成本也比较高。随着技术的发展和制造成本的下降，波分多路复用技术具有很好的应用前景。

2.4.4 码分多路复用（Code-Division Multiplexing，CDM）

码分多路复用又称码分多址，CDM 与 FDM、TDM 不同，它既共享信道的频率，也共享时间，是一种真正的动态复用技术。其原理是每比特时间被分成 m 个更短的时间槽，称为码片（Chip），通常情况下每比特有 64 或 128 个码片，每个站点（通道）被指定一个唯一的 m 位的代码或码片序列。当发送 1 时站点就发送码片序列，发送 0 时就发送码片序列的反码。当两个或多个站点同时发送时，各路数据在信道中被线性相加。由于任意两个站点的码片序列是相互正交的（内积为 0），所以各站点使用同一频率也不会相互干扰，且目的站点能够从信道中分离出发给自己的信号。

例如，站点 A 要发送信息给站点 B，A 就用 B 的码片序列调制所发送的信息；B 在接收时，就计算自己的码片序列与收到的信号码片序列的内积；虽然 B 站点同时也会收到其他站点的信息，但只有 A 站发来信息的码片序列与本站码片序列的内积不为 0（其他站点均为 0），所以只有 B 收到并能分离出发自 A 站点的信息。

可以看出码分多路复用使得其所占用的带宽是原始信息带宽的 m 倍，实质上进行了通信的扩频，从而具有了抗干扰能力强、保密性好以及灵活机动等特点。联通 CDMA（Code Division Multiple Access）就是码分多路复用的一种方式。

2.5 数据交换技术

当信源和信宿进行通信的时候，可以通过点对点的专用通信线路，也可以通过由若干中间节点组成的网络通道。前者由于通信线路的专有性，通信的实时性和可靠性得到了保障，但是通信线路的利用率很低。当拥有线路的双方不进行通信时，其他通信终端无法利用这条通信线路。此外，当终端数目很多时，建立专用点对点的通信线路是不可能的。后者通过网络中间节点转接在信源与信宿之间建立起通信链路，这些实施线路转换的中间节点称为交换节点，通过这些节点众多的通信终端就可以共享通信线路，构成了交换网络，可以为通信双方建立临时或永久性的通信通道。这种由中间节点进行转接的通信方法称为交换。交换网络节省了建设投资，提高了线路利用率。

如何使通信的众多终端共享通信线路，同时还要尽力保障通信实时性和可靠性，就成为交换技术要解决的问题。目前，交换技术主要有三种，即电路交换、报文交换和分组交换。

2.5.1　电路交换

所谓电路交换就是通信的双方利用交换节点建立起一条临时专用线路，双方通信时独占这条线路，一直到通信的一方释放这条专用线路。专用线路可以是一条真正的物理线路，也可以是通过复用技术建立在物理线路之上的信道。电路交换需要经过三个阶段：建立连接、数据传输和拆除连接。

1）建立连接

在传输任何数据之前，要先经过呼叫过程建立一条端到端的电路。如图 2–23 所示，当 S1 用户与 S4 用户通信时，S1 通过呼叫交换机 SW1，SW1 呼叫交换机 SW2，SW2 呼叫用户 S4，建立起 S1 到 S4 的专用线路。

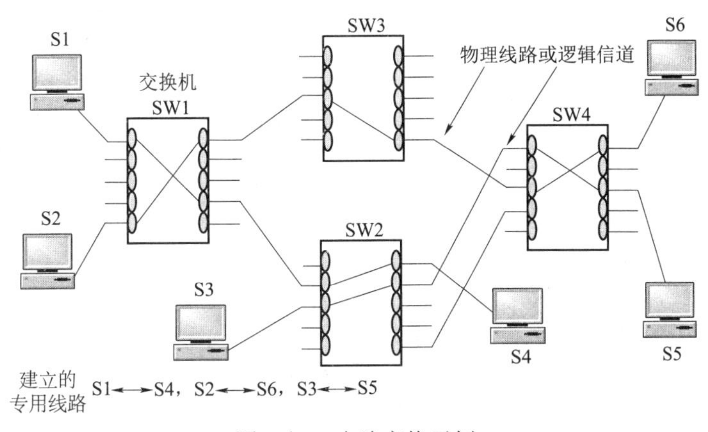

图 2–23　电路交换示例

2）数据传输

连接建立后，通信双方就可以进行数据传输了。在整个传输过程中，传输通道一直被独占。

3）拆除连接

通信结束后，可由通信的任何一方发出拆除请求，然后逐节拆除到对方节点。拆除节点的同时，这些线路资源得到释放，又可以被其他电路交换过程使用。

电路交换主要有两种实现方式，传统模拟电话交换机采用空分交换方式，而数字式交换机采用时分交换方式。由于电路交换所建立的通信线路是独占的，其优点表现为数据传输可靠、迅速，数据不会丢失且保持原来的序列；但在某些情况下，电路空闲时的信道容易被浪费、经济性不好，且在短时间数据传输时电路建立和拆除所用的时间得不偿失。因此，它适用于系统间要求高质量的大量数据传输的情况，而不适用于突发式的通信。

2.5.2　报文交换

报文就是要发送的整个数据块（例如，一个数据文件、一份新闻稿件或一幅图像），而不是数据的一部分。每个报文都包括报头、正文和报尾这三部分。其中报头中有报文号、源地址和目的地址；正文就是要发送的数据块；报尾含有报文校验信息，用来进行差错检查。

报文交换是以报文为单位进行的，根据报头中的目的地址，逐步进行寻径（路由）来传输报文。发送端先将报文传送至路由路线上的中间交换节点，这个交换节点将收到的信息存储起来，等待信道空闲时再通过寻径把报文发送给下一个节点，这样经过多个中转节点的存储转发（Store and Forward），最后到达目的节点。

如图 2–24 所示，当主机 H2 欲传送报文 A 给主机 H6 时，要经过中间交换节点 N2、N1、N5 和 N6 的存储、排队和转发过程；同理，主机 H1 传送报文 B 给主机 H5 时，要经过 N1、N5 和 N4 这三个中间交换节点。

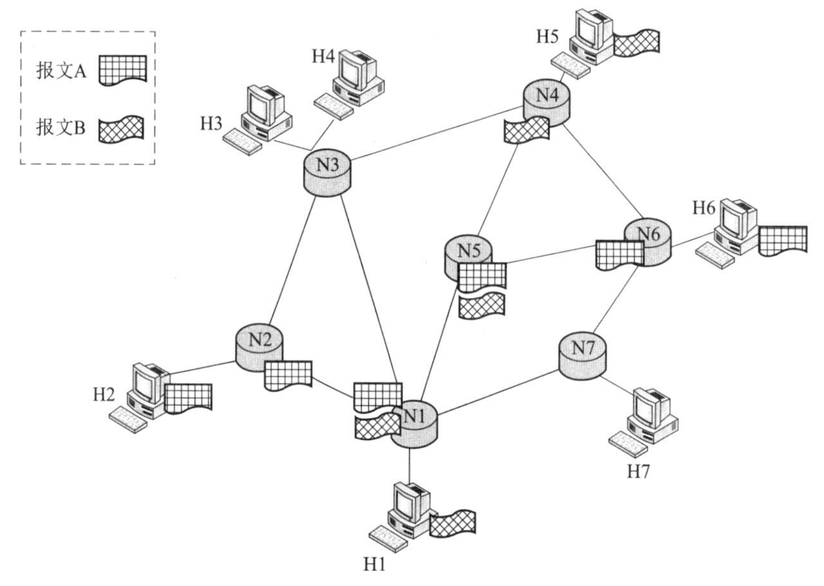

图 2–24　报文交换示例

报文交换的优点是中继电路利用率高，可以多个用户同时在一条线路上传送，可实现不同速率、不同规程的终端间互通；传输可靠性高，表现在两方面，一是具有差错检查和重发机制，二是在寻径过程中可以绕过故障节点；控制简单，没有报文的拆分和装配问题。

但它的缺点也是显而易见的。以报文为单位进行存储转发，网络传输时延大，不能满足对实时性要求高的用户；报文大小变化很大，使得交换机存储报文的缓存器空间分配困难。此外，当报文出错时，需要从头全部重发整个报文，影响传输效率。

鉴于报文交换的特点，这种交换方法适用于传输的报文较短、实时性要求较低的网络用户之间的通信（如公用电报网），不适用于实时性较强的交互式通信（如语音和视频等）。报文交换目前已经很少使用。

2.5.3　分组交换

分组交换仍采用存储转发传输方式，但将一个长报文先分割为若干个较短的分组，然后把这些分组（携带源、目的地址、编号信息以及分组正文数据）逐个地发送出去，目的节点按照分组的编号重组报文。

分组交换加速了数据在网络中的传输，减少了分组在中间交换节点排队等待时间，转发延时小；因为分组的长度固定，相应的缓存区的大小也固定，简化了交换节点的存储管理；分组较短，其出错概率必然小，每次重发的数据量也就大大减少，这样不仅提高了可靠性，也容易进行差错处理；同时，由于分组短小，更适合采用优先级策略，便于及时传送一些紧急数据，因此对于计算机之间的突发式的数据通信，分组交换显然更为适合些；此外，分组交换提高了整个网络的资源利用率，经济性好。但由于分组交换需要在目的站点对分组进行重新组装，因此增加了目的站点处理的时间和处理的复杂性。

分组交换有数据报（Data Gram）和虚电路（Virtual Circuit）这两种方式。

1）数据报方式

在数据报方式中，每个分组被称为一个数据报，若干个数据报构成一次要传送的报文或数据块。每个数据报自身携带有足够的信息，它的传送是被单独处理的。一个节点接收到一个数据报后，根据数据报中的地址信息和节点所存储的路由信息，找出一个合适的出路，把数据报原样发送到下一个节点。当端系统要发送一个报文时，将报文拆成若干个带有序号和地址信息的数据报，依次发给网络节点。此后，各个数据报所走的路径就可能不同了，因为各个节点在随时根据网络的流量、故障等情况选择路由。由于各行其道，各数据报不能保证按顺序到达目的节点，有些数据报甚至还可能中途丢失。目的节点需要对到达的分组按照编号重新排序和组装。

如图 2–25 所示，当 H2 要传送数据块给 H6 时，在 H2 上就将原始数据块拆分成若干适合在通信网络上传送的数据报，这些数据报在网络传输过程中独立路由寻径，可能会通过不同的路径到达目的地 H6，在 H6 上要进行重新排序，组装成原始的数据快。

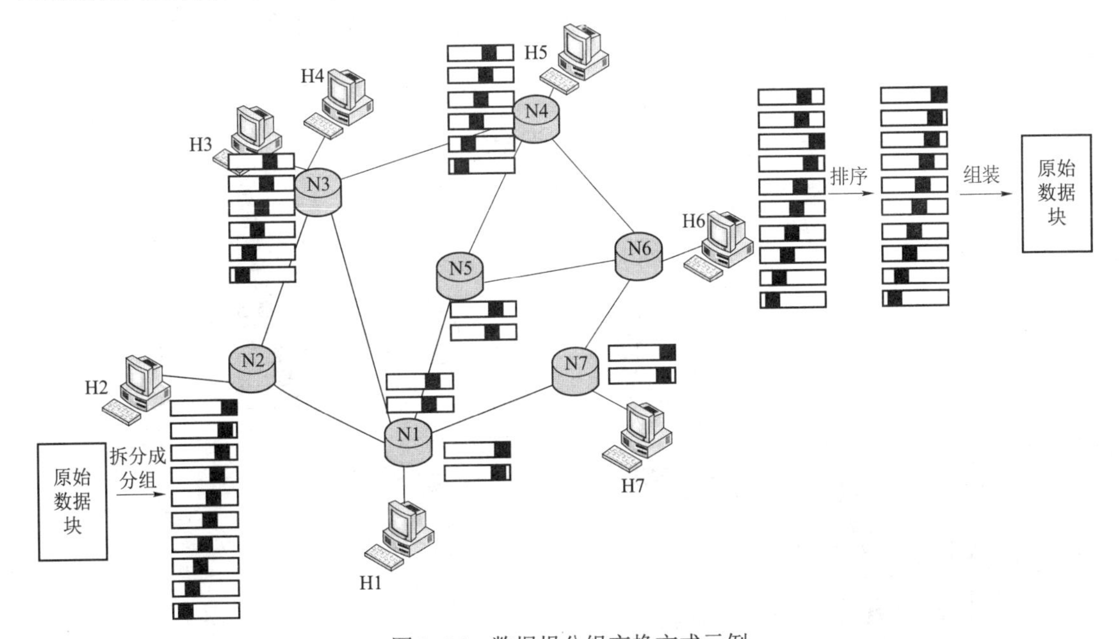

图 2–25　数据报分组交换方式示例

数据报方式优点体现在：对短报文传输效率高，通信开销小，每个分组（数据报）独立路由，对网络变化（例如网络故障）具有较强的适应能力。其缺点是分组传输延时相对于虚电路延时较大，易由于网络阻塞丢失分组，不能保证分组按序到达，增加了目的站点的处理时间。

2）虚电路方式

在虚电路分组交换就是在网络的源节点和目的节点之间要先建一条逻辑通路，每个分组除了包含数据之外还包含一个虚电路标识符，在预先建好的路径上的每个节点都知道把这些分组引导到哪里去，不再需要路由选择判定，当所有分组按序到达目的节点时，就可以组装成原始的数据块。

它之所以是“虚”的，是因为这条电路不是专用的，而是交换各个节点预先申请的资源，通信双方在通信期间并没有自始至终占用端到端的物理信道，只是断续占用传输路径上的链路段。此外，需要说明的是虚电路就像在源站点与目的站点之间建立的一条数字管道，分组依次排队传输，保证了分组在源站点的顺序与目的站点的顺序一致。

虚电路的传输过程包括虚电路建立、数据传输和虚电路释放这三个阶段。

- 在虚电路建立阶段，发送方发送含有地址信息的特定的控制信息块（如呼叫分组），该信息块途经的每个中间节点根据当前的逻辑信道（Logical Channel，LC）使用状况，分配LC，并建立输入和输出 LC 映射表，所有中间节点分配的 LC 的串接形成虚电路（VC）。
- 在数据传输阶段，站点发送的所有分组均沿着相同的 VC 传输，分组的发收顺序完全相同。
- 数据传输完毕，就进入虚电路释放阶段，采用特定的控制信息块（如拆除分组），释放该虚电路。通信的双方都可发起释放虚电路的动作。

如图 2–26 所示，通信双方首先建立起 H2—N2—N1—N5—N6—H6 这样一条虚电路，然后沿着这条虚电路路径按序传送数据分组，分组按序到达，组装后即完成本次数据块传送，最后可拆除此虚电路。

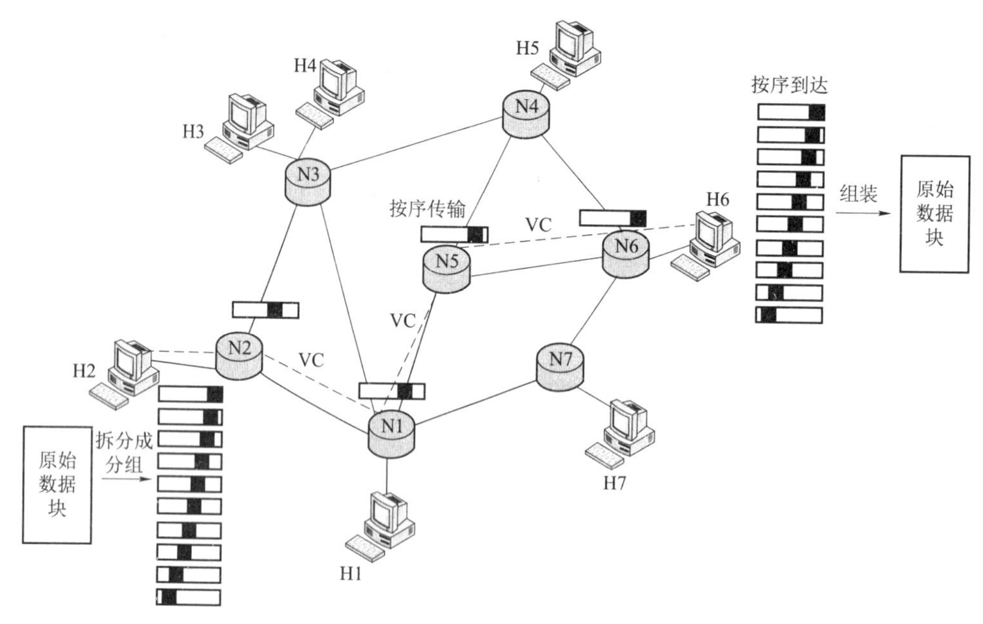

图 2–26　虚电路示例

虚电路有永久虚电路（Permanent Virtual Circuit，PVC）和交换虚电路（Switched Virtual Circuit，SVC）这两种类型。永久虚电路建立后长期存在，直到用户申请撤销为止，适用于长期频繁交换信息的站点之间建立信道；交换虚电路类似于电话的通话过程，需要时建立，用完后撤销，适用于站点之间的间歇性的数据通信。

虚电路方式的优点是能在保证分组不丢失的情况下，分组按序、按时到达。这样不但减轻了目的站点的负担，而且保证了通信质量。此外，虚电路对大量数据传输效率高，传输过程不会发生拥塞现象。

2.5.4 快速分组交换

快速分组交换包括帧中继（Frame Relay，FR）和异步传输模式（Asynchronous Transfer Mode，ATM）。前面所介绍的报文交换是以报文为单位进行交换，分组交换是以分组为单位进行交换，两者都运行在网络层上。FR 和 ATM 都属于快速分组交换技术，都运行在数据链路层，不同的是 FR 是以帧为单位进行交换，ATM 是以信元（Cell，固定长度为 53 B 的分组）为单位进行交换的。

1）帧中继

帧中继是从综合业务数字网中发展起来的，并在 1984 年被推荐为国际电话电报咨询委员会（CCITT）的一项标准，另外，由美国国家标准协会授权的美国 TIS 标准委员会也对帧中继做了一些初步工作。由于光纤网的误码率（小于 10^{-9}）比早期的电话网误码率（10^{-4}～10^{-5}）低得多，因此，可以减少 X.25 的某些差错控制过程，从而可以减少节点的处理时间，提高网络的吞吐量。帧中继就是在这种环境下产生的。帧中继提供的是数据链路层和物理层的协议规范，任何高层协议都独立于帧中继协议，因此，大大地简化了帧中继的实现。帧中继的主要应用之一是局域网互联，特别是在局域网通过广域网进行互联时，使用帧中继更能体现它的低网络时延、低设备费用、高带宽利用率等优点。帧中继是一种先进的广域网技术，实质上也是分组通信的一种形式，只不过它将 X.25 分组网中分组交换机之间的恢复差错、防止阻塞的处理过程进行了简化。帧中继的主要特点如下：

- 使用光纤作为传输介质，因此误码率极低，能实现近似无差错传输，减少了进行差错校验的开销，提高了网络的吞吐量，它的数据传输速率和传输时延比 X.25 网络要分别高和低至少一个数量级。
- 因为采用了基于变长帧的异步多路复用技术，帧中继主要用于数据传输，而不适合语音、视频或其他对时延时间敏感的信息传输。
- 仅提供面向连接的虚电路服务。
- 仅能检测到传输错误，而不试图纠正错误，只是简单地将错误帧丢弃。
- 帧长度可变，允许最大帧长度在 1 600 B 以上。
- 帧中继是一种宽带分组交换，使用复用技术时，其传输速率可高达 44.6 Mbit/s。

帧中继在数据链路层采用统计复用方式，采用虚电路机制为每一个帧提供地址信息。通过不同编号的 DLCI（Data Line Connection Identifier，数据链路连接识别符）建立逻辑电路。一般来讲，同一条物理链路层可以承载多条逻辑虚电路，而且网络可以根据实际流量动态调配虚电路的可用带宽，帧中继的每一个帧沿着各自的虚电路在网络内传送。

2）ATM

ATM 是实现 B-ISDN 的业务的核心技术之一。ATM 是以信元为基础的一种分组交换和复用技术。它是一种为多种业务设计的通用的面向连接的传输模式。它适用于局域网和广域网，它具有高速数据传输率和支持许多种类型，如声音、数据、传真、实时视频、CD 质量音频和图像的通信。ATM 采用面向连接的传输方式，将数据分割成固定长度的信元，通过虚连接进行交换。ATM 集交换、复用、传输为一体，在复用上采用的是异步时分多路复用方式，通过信息的首部或标头来区分不同信道。ATM 的基本技术特点可以归纳为：

- 面向连接；
- 固定信元长度；
- 星形拓扑结构；
- 统计复用；
- 提供多种类型服务。

作为一种快速分组交换技术，ATM 吸取电路交换实时性好，分组交换灵活性强的优点，采取定长分组作为传输和交换的单位，具有优秀的服务质量。目前，最高的速度为 10 Gbit/s，即将达到 40 Gbit/s。其缺点是信元首部开销太大，技术复杂且价格昂贵。

2.6 传输介质

传输介质是连接通信双方的物理通道，是传输信号的载体。传输介质是通信的最基础部分，属于物理层的范畴，传输介质的各类特性直接影响到通信质量和上层通信技术。这些特性包括：

- 物理特性。主要指传播介质的特征，如介质组成、结构和物理尺寸等。
- 传输特性。包括信号形式、调制技术、传输速度及频带宽度等内容。根据香农公式，信道的最大传输速率（信道容量）与带宽是成正比的，所以传输介质的工作频率范围对通信系统的传输容量至关重要。
- 连通性。介质的连通性决定了是采用点到点连接还是多点连接。与介质连通性密切相关的是介质的连接器，连接器是通信介质与通信设备连接的接口硬件。
- 介质传输范围。由于信号在介质中传播的衰减等因素，每种物理介质对信号的传播距离是有一定的范围的。
- 抗干扰性。不同介质的防噪声、防电磁干扰能力是不一样的，在同样的电磁环境下的传输误码率也是不同的。
- 安全保密性。信号在不同介质传输过程中，会产生不同大小的电磁泄漏。同时，不同的介质都具有一定程度的抗侵扰性，被侦听的难易程度也是不一样的。
- 介质成本。这是以线缆（相关接插件）购买、安装和维护的价格为基础。

传输介质可分为有线介质和无线介质，下面各节将会围绕介质的特性，分别介绍双绞线、同轴电缆和光纤这三种常用的有线介质情况，以及微波、卫星这两种无线介质的情况。

2.6.1 双绞线

如图 2–27（a）所示，双绞线是由铜线、铜线绝缘套、外部包裹屏蔽层（屏蔽类双绞线有）和橡胶护套构成，带有绝缘套的铜线两两双绞，一根电缆包含多对这样的双绞线，其对数根据需要从 2 对到 1 800 对，图 2–27（b）所示就是大对数双绞线。一般在计算机网络中普遍使用 4 对双绞线。为了便于安装和维护，双绞线对都按照一定的色彩进行标记。例如，常用的 4 对双绞线电缆色彩标记如表 2–3 所示。

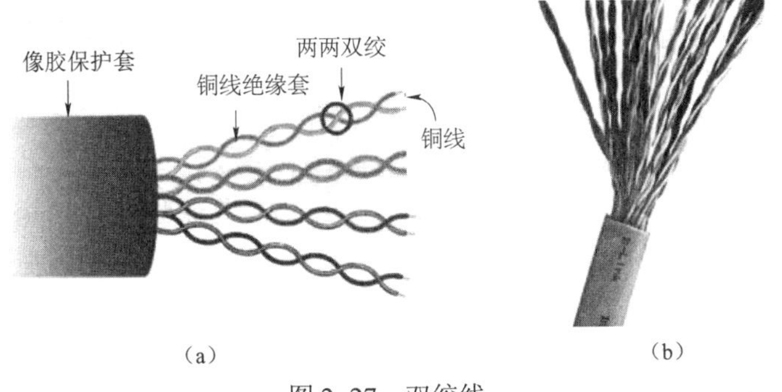

（a）　　（b）

图 2–27　双绞线

（a）双绞线结构；（b）大对数双绞线

表 2–3　4 对双绞线色彩标记

线　　对	色　彩　码
1	白蓝，蓝
2	白橙，橙
3	白绿，绿
4	白棕，棕

根据屏蔽特性，双绞线电缆分为屏蔽类双绞线（Shielded Twisted Pair，STP）和非屏蔽类双绞线（Unshielded Twisted Pair，UTP）。两者的区别就在于是否在橡胶保护套里加装金属屏蔽层，如图 2–28 所示。

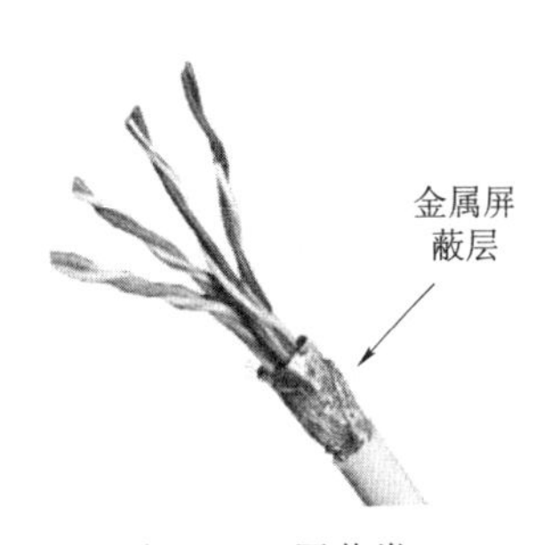

图 2–28　屏蔽类双绞线（STP）

表 2–4 是 ANSI/TIA/EIA 568–A 标准依据最大传输速率以及质量等对双绞线的一个分类情况。

在传输特性方面，电话用双绞线可用带宽为 1 MHz，可以提供 2～3 Mbit/s 的传输速率，计算机网络用的双绞线带宽最高可达 600 MHz，支持高达 10 Gbit/s 的速率。

表 2–4　ANSI/EIA/TIA 568–A 双绞线分类

类型	特　　性	应　　用
CAT1	传输速率可以达到 10 Mbit/s	主要用于语音传输
CAT2	带宽在 1 MHz 左右，支持 4 Mbit/s 速率	用于令牌环局域网，ISDN，T1/E1
CAT3	带宽可以达到 16 MHz，支持 10 Mbit/s 速率，有效距离 100 m，一般采用 UTP	10 Mbit/s 以太网，4 Mbit/s 令牌环网

续表

类型	特　性	应　用
CAT4	带宽在 20 MHz，支持 16 Mbit/s 速率，有效距离 100 m，采用 UTP	16 Mbit/s 令牌环网
CAT5	带宽可达 100 MHz，支持 100 Mbit/s 速率，有效距离 100 m，采用 UTP	100BASE–T，100BASE–TX，ATM，CDDI 等网络
CAT5e	带宽可达 100 MHz，支持 100 Mbit/s 速率，有效距离 100 m，采用 UTP	100BASE–T，100BASE–TX，ATM，CDDI 等网络
CAT6	带宽可达 400 MHz，支持 1 000 Mbit/s 速率，有效距离 100 m，兼容 CAT5 和 CAT5e	100BASE–T，100BASE–TX，1000BASE–T
CAT7	带宽可达 600 MHz，支持 10 000 Mbit/s 速率，有效距离 100 m，兼容 CAT5 和 CAT5e	万兆以太网

双绞线的传输距离与传输速度成反比（传输距离越长，差错率越高），同时与信号类型密切相关。传输模拟语音信号，中继距离约为 1.8 km；传输基带数字信号，一般都在 100 米或几百米。相对于同轴电缆和光纤，双绞线的传输距离比较短。

双绞线支持星形拓扑的模拟语音电话网络、以太网和令牌环网。双绞线的连接器多为水晶头和相应插孔。水晶头主要有 RJ11 和 RJ45 两种，两者在尺寸和标准上均不相同。RJ11 没有国际标准，有 4 针和 6 针两个版本，主要用于公共电话网（PSTN）中的用户端，RJ11 的水晶头和插座如图 2–29 所示；RJ45 是由 IEC（60）603–7 标准规定的 8 针插头和插孔，主要用于计算机网络中，RJ45 的水晶头和插座如图 3–30 所示。屏蔽式双绞线使用也带有屏蔽措施的特定连接器。

RJ11 水晶头

RJ11 插座

图 2–29　RJ11 水晶头和插座

RJ45 水晶头

RJ45 插座模块

图 2–30　RJ45 水晶头和插座

串扰（Crosstalk）是两条信号线之间的耦合、信号线之间的互感和互容引起线上的噪声。如果把电极相反的一根铜线相互绞在一起，可以减少串扰以及信号放射程度，每一根缠绕着的导线在导电时，发出的电磁辐射被绞合的另一根线上发出的电磁辐射所抵消，随着单位长度电缆中所缠绕的线的对数增加，防止串扰的能力也增加。非屏蔽双绞线通过严格控制导体和导体间非平衡电容来将串扰减至最小或消除；屏蔽双绞线的金属屏蔽层又增强了对外界电磁干扰的屏蔽作用。

双绞线是一种成本较低的传输介质，目前，被广泛应用于电话网用户接入和各类局域网当中。

2.6.2　同轴电缆

如图 2–31 所示，同轴电缆（Coaxial Cable）由中心铜芯、塑料绝缘体，铝箔屏蔽层（细缆没有）、网状回路导体和外保护层组成，中心铜芯和网状导体形成电流回路，因中心铜芯和网状导电层为同轴关系而得名。常用的同轴电缆有如表 2–5 所示。

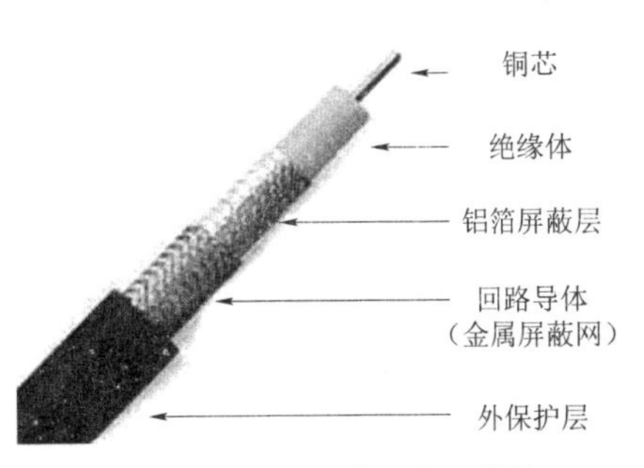

图 2–31　同轴电缆组成和结构

表 2–5　同轴电缆型号

型号	特　　性	应　　用
RG–8 或 RG–11	阻抗 50 Ω的粗缆，数据速率为 10 Mbit/s，无中继最大传输距离 500 m	基带传输，以太网络等
RG–58/U	阻抗 50 Ω的细缆，数据速率为 10 Mbit/s，无中继最大传输距离 185 m	基带传输，以太网络等
RG–59	阻抗 75 Ω CATV 电缆，传输带宽为 750 MHz	有线电视网络宽带传输，适用于多路复用传输模拟信号
RG–62	阻抗 93 Ω同轴电缆，传输速率为 2～20 Mbit/s	基带传输，用于 ARCnet 网络及 IBM3270 系统

同轴电缆的铜芯比双绞线的铜线要粗，其传输容量是非屏蔽独立双绞线的 370～1 000 倍，由于其工作带宽比较高，使得同轴电缆可以成为一种宽带传输通道，其传输性能好于双绞线。

同轴电缆支持点到点连接，也支持多点连接。在用于网络基带传输的时候，其所支持的网络多为总线型网络，网络的两端使用匹配电阻来削弱信号反射作用。总线式的结构带宽是接入终端共享的，在终端较多的情况下，容易产生网络拥塞；同时，网络中的任何一点出现故障，都会造成整个总线网络瘫痪，而且故障诊断和修复都很麻烦；此外，由于各个终端共享总线，所有终端都可以收到任何一个终端所发出的信号，所以容易被“窃听”，保密性不好。这些都是目前同轴电缆逐渐淡出局域网的重要原因。图 2–32 为同轴细缆所使用的 BNC 连接器、T 形头连接器和终端匹配器。

BNC 连接器

BNC T 形头

50 Ω终端匹配器

图 2–32 50 Ω细缆连接器

同轴电缆的外面金属屏蔽网不但作为回路导体使用，也能起到很好的电磁屏蔽作用，抗干扰性能比较好，同轴电缆的误码率仅为 10^{-9}，这也是同轴电缆传输距离比双绞线长的原因之一。

2.6.3 无线传输介质

可以在自由空间利用电磁波发送和接收信号进行通信就是无线传输。地球上的大气层为大部分无线传输提供了物理通道，就是常说的无线传输介质。无线传输所使用的频段很广，人们现在已经利用了好几个波段进行通信。紫外线和更高的波段目前还不能用于通信。利用无线电短波电台进行数据通信是可行的。但由于短波信号频率一般低于 100 MHz，主要靠电离层反射来实现通信，这样电离层不稳定和电离层反射多效应问题会使得通信质量变差，所以短波数据通信的速率较低，达到几千 bit/s 已经不错了。这里主要介绍被广泛使用的地面微波通信、卫星微波通信以及红外通信的有关情况。

1）地面微波通信

微波是指频率为 300 MHz～300 GHz 的电磁波，是无线电波中一个有限频带的简称，即波长在 1 m（不含 1 m）～1 mm 的电磁波，是分米波、厘米波、毫米波和亚毫米波的统称。微波频率比一般的无线电波频率高，通常也称为“超高频电磁波”。微波作为一种电磁波也具有波粒二象性。微波的基本性质通常表现为穿透、反射、吸收三个特性。对于玻璃、塑料和瓷器，微波几乎是穿越而不被吸收，水和食物等就会吸收微波而使自身发热，而金属则会反射微波。微波的实际应用很多（如微波加热、微波杀菌等），这一节主要阐述微波在地面通信领域中的应用。

无线传输有两种基本方法：定向和全定向。一般来说，使用较低频率传输信号是全向的，各个方向都可以收到信号；而信号频率越高，越有可能聚焦成定向电磁波束。微波就处在方向性很强的波段，微波不能绕过障碍物，甚至树叶也是微波信号传输的障碍，因此微波通信属于视距通信，也会受到地球曲率的限制（144 km）。微波接收天线大多数位于高处（城市的高层建筑顶端、铁搭以及高山上），就是为了避免障碍物遮挡，增加传输距离。发送与接收天线之间的最大距离按照式 2–12 来计算。

$$d_{\max} = 7.14\sqrt{\mathrm{K}h} \qquad (2\text{–}12)$$

式中，$d_{\max}$ 为最大传输距离（单位是 km），K 为调整因子（根据经验取 4/3），h 为天线高度（单位是 m）。例如，当两座微波天线为 100 m 高时，用式 2–12 计算的距离 d=82 km。

微波是一种无线介质，使用无线介质通信，发送天线所产生的信号带宽比介质特性更为重要，微波频段宽度是长波、中波、短波及特高频几个频段总和的 1 000 倍。微波通信传输工作频点范围在 2～40 GHz，带宽为 30～45 MHz。工作频率越高，传输速率就越高，但其传输耗损也越大。传输耗损是微波通信所面临的主要问题之一，其计算公式如 2–13：

$$D = 10\lg(4\pi d / \lambda)^2 (dB) \quad (2\text{–}13)$$

式中，D 为传输耗损，d 是通信距离，λ 为波长（d 和 λ 使用相同单位）。可以看出，传输耗损与传输距离和传输频率都是成正比的。为了克服耗损，实现远距离地面微波传输，需要在信源与信宿之间增加一些微波中继站，形成接力式的微波链路，如图 2–33 所示。

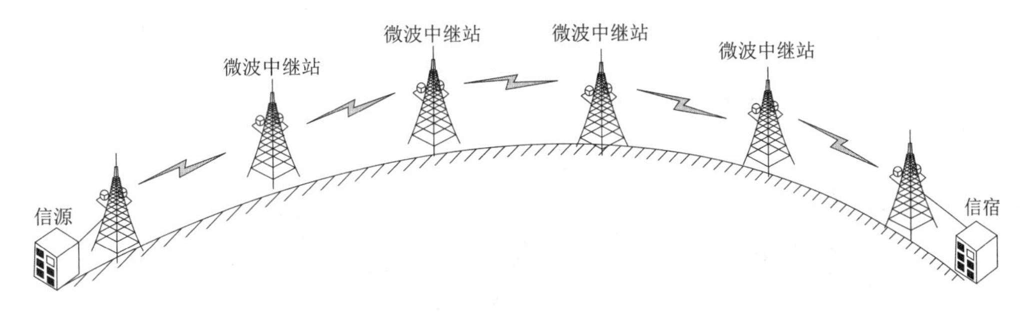

图 2–33　地面微波中继

一般来说，工作频率在 2 GHz、4 GHz 和 6 GHz（电信系统常用频率），中继塔的距离为 72 km；而高频段如 18 GHz、23 GHz 以及 45 GHz 的系统中继塔就应当低些，其通信距离在 1.6～8 km，适用于城市楼宇间短距离的点对点通信，如图 2–34 所示，实现了两个楼宇间局域网的互联。

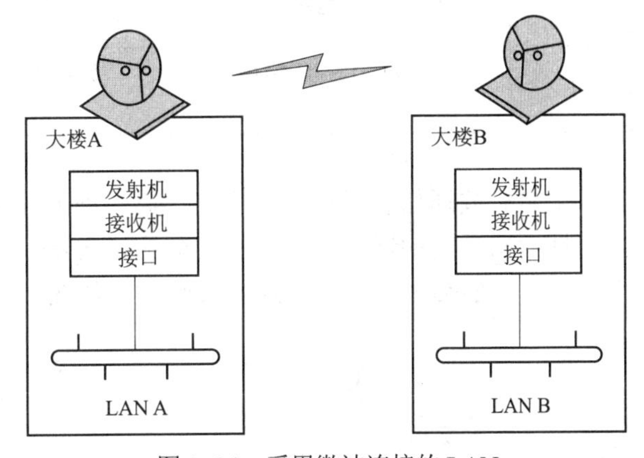

图 2–34　采用微波连接的 LAN

微波通信所面临的另一个问题的是干扰。由于微波波长很短，容易受到天气（雨、雾）等环境因素的影响，在高频段其波长会比雨滴还小，降雨会对微波产生散射作用，从而影响其通信质量。另一个产生耗损的原因是其他微波信号的干扰。随着微波应用的增加，传输区域重叠会造成严重干扰，所以频带的使用与分配要受到国家的严格控制。需要说明的是，较高频率的微波不易受天电、工业干扰及太阳黑子变化的影响，通信的可靠性较高。

因微波频率高，所以其天线尺寸较小，往往做成面式天线，其天线增益较高、方向性很强。但微波通信毕竟是无线传输的，容易受到“窃听”的威胁，所以传输保密数据时，必须采取数据加密措施。微波通信具有良好的抗灾性能，水灾、风灾以及地震等自然灾害，微波通信一般都不受其影响。此外，微波设备容易架设和安装，可作为一种应急通信手段。例如，在 1976 年的唐山大地震中，在京津之间的同轴电缆全部断裂的情况下，六个微波通道全部安然无恙。在 20 世纪 90 年代的长江中下游特大洪灾中，微波通信又一次显示了它的巨大威力。

由于微波的低成本、高带宽和传输速率以及适用于多路复用等优点，微波在通信领域获得了广泛的应用。发达国家的微波中继通信在长途通信网中所占的比例高达 50%以上。据统计，美国为 66%，日本为 50%，法国为 54%。

2）卫星微波通信

卫星微波通信是将地面微波通信中的中继站变为卫星，卫星被用来连接两个以上的微波地面站。卫星用一个频率（上行链路）接收地面站传输来的信号，将其放大或再生，再用另一个频率（下行链路）发送给其他地面站。卫星微波通信的主要波段为 C 波段、Ku 波段、Ka 波段以及 L 波段，详细情况如表 2–6 所示。

表 2–6　卫星频率分配

微波波段	工作频率特点	优　点	缺　点
C	上行频率 6 GHz，下行频率 4 GHz，属于较低频段	波长较长，受天气（雨、雾）影响小	与地面微波共用频段，易受到干扰
Ku	上行频率 14 GHz，下行频率 11 GHz，卫星专用微波频率	不受地面微波信号影响	较 C 波段微波易受天气影响
Ka	上行频率 30 GHz，下行频率 20 GHz，频率范围宽	带宽高，支持大数据流量（视频等）	较 C、Ku 波段微波更易受到雨、雾天气影响，终端需误码检测、修正
L	频带 390～1 550 MHz，工作频率低	受天气（雨、雾）影响最小	接近容易受到工业电磁干扰的频段

卫星微波通信有两种工作形式。第一种形式是用卫星作为中继来连接两个地面站，实现两个地面站之间的通信，如图 2–35（a）所示；第二种形式是卫星接收一个地面发送站传送来的信号，然后发送给多个地面接收站，如图 2–35（b）所示。

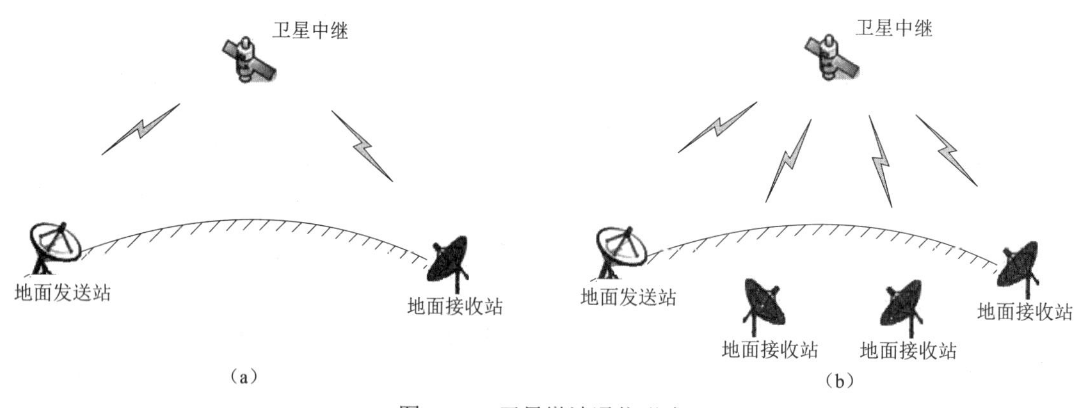

图 2–35　卫星微波通信形式

（a）经卫星中继的点对点通信；（b）经卫星中继的广播式通信

影响卫星微波通信的重要因素之一是卫星的运行轨道，卫星轨道主要分三种：同步轨道（Geosynchronous Earth Orbit，GEO）、中轨道（Middle Earth Orbit，MEO）和低轨道（Low Earth Orbit，LEO）。三种轨道卫星的微波通信情况如表 2–7 所示。

表 2–7　不同轨道卫星微波通信情况

名称	轨道高度/km	部署特点	通信特点	应用情况
GEO	36 000	仅需 3 颗就可覆盖全球	通信距离远，信号有较大延迟（单向大约 0.25 s），天线尺寸大	单向的电视转播，VSAT 系统等
MEO	10 000～15 000	覆盖全球需 5 倍于 GEO 卫星的数量	通信距离较 GEO 近，信号延迟较小（单向 0.05 s）	区域性网络，语音和低速数据传输
LEO	640～1 600	覆盖全球需 20 倍于 GEO 卫星的数量	通信距离最近，信号延迟较小（单向 0.025 s），天线尺寸小	交互式通信业务（网页访问、多媒体、语音通话）

由于卫星微波通信具覆盖区域广、带宽高等优点，被广泛应用于电视广播、长途电话转播以及专用商业通信网络中。特别是在人迹罕至的地方，卫星电话系统发挥了重要作用。由于各地都有可能接收到卫星的信号，所以通信保密也是微波卫星通信需要解决的问题。

3）红外线通信

利用红外线来传输信号的通信方式，叫红外线通信。红外线的频率范围在 300～300 000 GHz，红外线通信是利用 950 nm 近红外波段的红外线作为传递信息的媒体，即通信信道。发送端将基带二进制信号调制为一系列的脉冲串信号，通过红外发射管发射红外信号。接收端将接收到的光脉转换成电信号，再经过放大、滤波等处理后送给解调电路进行解调，还原为二进制数字信号后输出。常用的有通过脉冲宽度来实现信号调制的脉宽调制（PWM）和通过脉冲串之间的时间间隔来实现信号调制的脉时调制（PPM）两种方法。简言之，红外线通信的实质就是对二进制数字信号进行调制与解调，以便利用红外信道进行传输；红外线通信接口就是针对红外信道的调制解调器。其特点如下：

- 红外线通信的速率较高，4 M 速率的 FIR 技术已被广泛使用，16 M 速率的 VFIR 技术已经发布。
- 红外线通信的安全性好，保密性强。原因在于以下两方面：一是不透光材料对红外线的阻隔性，这样在一定物理空间里使用红外线进行通信，不会发生信号泄漏。二是通信的红外线像可见光一样集中成很窄的一束（30° 锥角以内），从发送端发射到接收端，通信方向性强，其他方向很难接收或截获信号。
- 抗干扰。由于红外线通信不占用无线频道，也不容易受到电气、天电、人为干扰，抗干扰性强。
- 无有害辐射，绿色通信。科学实验证明，红外线是一种对人体有益的光谱，所以红外线产品是一种真正的绿色产品。

此外，红外线通信机体积小、重量轻、结构简单、价格低廉。但是红外线通信属于短距离的点对点可视通信，收发双方需要在可视范围内，所以红外线通信不适合长距离通信，也无法灵活组网。

鉴于以上特点，红外线通信被广泛应用于沿海岛屿间的辅助通信、室内通信、近距离遥控、飞机内广播和航天飞机内航天员间的通信等。

2.6.4 光纤

1966 年，华裔科学家高锟发表了一篇题为《光频率介质纤维表面波导》的论文，开创性地提出光导纤维在通信上应用的基本原理，描述了长程及高信息量光通信所需绝缘性纤维的结构和材料特性，从此开始了光技术的研究和发展。

1）光纤构造

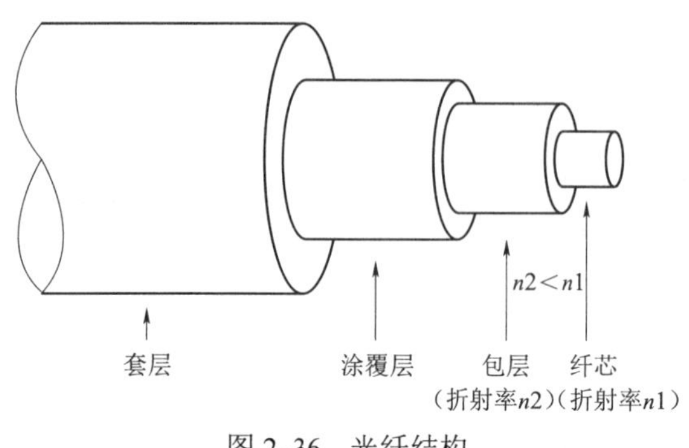

图 2–36 光纤结构

光导纤维是一种能够传导光信号的极细（4～50 μm）而柔软的纤维，许多种玻璃和塑料都可以用来制光导纤维。使用光导纤维制作的通信光缆如图 2–36 所示，最中间是纤芯，是光的通路；其外面的包层由多层反射玻璃纤维组成，用来将光线反射到纤芯上，而不会泄漏到外界；涂覆层确保光纤不会折断，并限制了加在光纤上的压力；最外面是保护套层，其材料取决于光缆铺设的环境。实际的光缆就是由这样的多对光纤组成（光纤为单向传输，双向传输必须成对出现），还会有加固纤维（尼龙丝或钢丝）和供电线等。

按照传输模式，光纤可以分为单模光纤（Single Mode Fiber）和多模光纤（Multi Mode Fiber）。光以特定的入射角度射入光纤，在纤芯与包层间发生全反射，从而可以在光纤中传播，即为一个模式。当光纤直径较大时，可以允许多个入射角射入并传播，这种光纤就称为多模光纤；当直径较小时，只允许一个方向的光通过，这样的光纤就称为单模光纤。多模光纤会产生干扰、干涉等复杂问题，在带宽和容量上均不如单模光纤，但单模光纤价格比多模光纤要贵很多。

2）光纤传输原理与过程

多模光纤的传输原理根据的是物理学的折射定律。光在空气中是沿着直线传播的，光射向镜面的时候会发生反射，而从一种介质进入另外一种介质，就会发生折射，如图 2–37（a）所示；当从折射率大的介质（$n1$）进入折射率小的介质（$n2$）时，如果入射角（ϕ_1）大于临界值（ϕ_k）就会发生全反射（无折射），如图 2–37（b）所示。

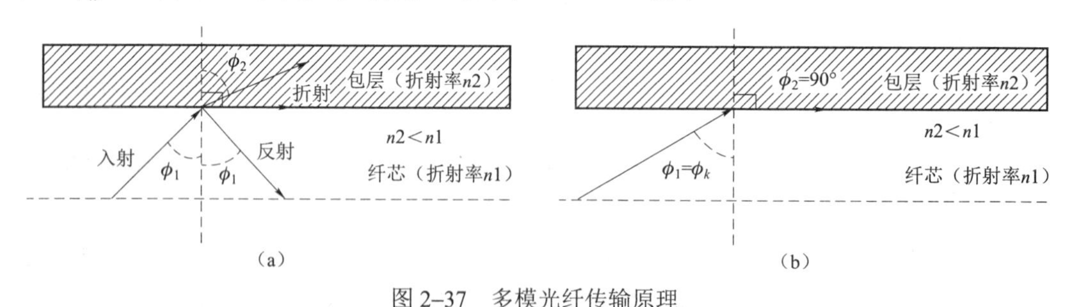

图 2–37 多模光纤传输原理

（a）入射角小于临界值；（b）入射角等于临界值

单模光纤与多模光纤不同，由于其纤芯很细，直径与光的波长近似，使得光沿着光纤方向直线传播。

如图 2–38 所示，光纤通信系统基本上由电子发送器、光发送器、光纤、中继器、光接收器以及电子接收器组成。对信号的传输过程如下：

发送端的电子发送器把信息（如话音）进行模/数转换，然后送入光发送器，光发送器将数字电信号转换为光信号，通过光源器件发出携带信息的光波，即当数字信号为“1”时，光源器件发送一个“传号”光脉冲；当数字信号为“0”时，光源器件发送一个“空号”（不发光）。

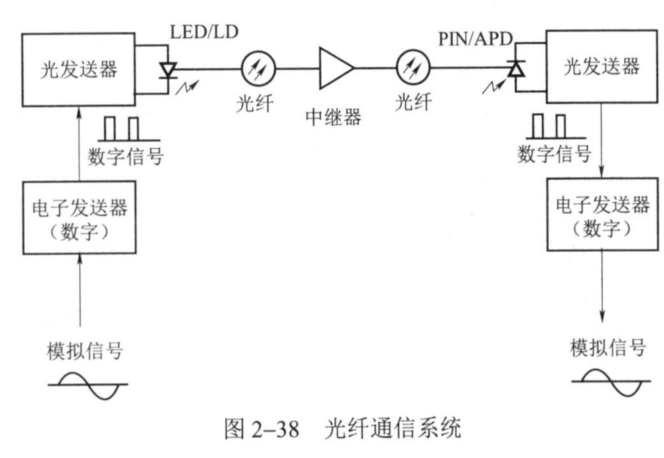

图 2–38 光纤通信系统

有两种光源器件：发光二极管（Light-Emitting Diode，LED）和激光二极管（Laser Diode，LD）。LED 是一种利用电流通过而自发辐射光的固态器件，产生的是非相干光，定向性较差，多模光纤采用这种光源；LD 也是一种固体器件，它利用电子受激辐射效应产生一束频率极窄的相干光（激光）。激光的定向性好，可沿着光纤直线传播，折射和耗损都很小，可以传播更长的距离，数据的传输速率也更高，单模光纤多采用这种发光器件。

光波在光纤中传播会发生衰减，当衰减到一定程度就需要光中继器来进行处理。中继器可以是光电光中继器，也可以全光中继器。前者从光纤中接收到弱光信号经光检测器转换成电信号，再生或放大后，再次激励光源转换成较强的光信号，送入光纤继续传输。随着光纤技术的发展，无中继的传播距离已经能够满足用户需求，大部分情况下已经不需要中继器。

在接收端，光接收器将光信号检测出来，并转换为电信号，实现这个检测的主要器件是一个光电二极管。目前使用的有两种二极管：PIN 光电二极管和雪崩光电二极管 APD。PIN 价格便宜，电路简单；APD 灵敏，电路复杂。电接收器再将数字电信号经过数/模转换，输出原来的模拟信号，这样就完成了一次通信全过程。

3）光纤复用技术

光纤复用技术可以大幅度提高光纤传输容量，满足用户海量数据传输的需求。光纤复用技术有波分多路复用（WDM）、光时分多路复用技术（OTDM）和光码分多址技术（OCDMA）等。

光纤波分多路复用技术在 3.4.3 已经有过介绍。WDM 又可以分为双波长 WDM（1 310 nm 和 1 350 nm）、粗波分复用（CWDM，1 200～1 700 nm，波长间隔≥20 nm）以及密集光波复用（DWDM，波长间隔≤10 nm）。CWDM 相邻信道波长间隔大、复用信道数量少（最多 16 路），但其激光器不需要冷却，功耗和成本都低，适用于短距离传输；DWDM 复用的信道数量多（可承载 160 个波长），主要用于干线长距离传输系统。

电时分多路复用（ETDM）技术已经相当成熟，但受到“电子瓶颈”速率的限制，当传输速率由 10 Gbit/s 提高到 40 Gbit/s 时，已经接近半导体技术或微电子技术的极限。为了进一步提高传输速率，自 20 世纪 90 年代起，人们开始研究光时分多路复用技术。光时分多路复用（OTDM）是在时域上利用高速光开关把多路光信号复用成一路光信号进行传输的技术。OTDM 不仅可以获得较高的速率带宽比，还克服了 ETDM 的增益不平坦以及非线性效应等因素限制，解决了复用端口波长竞争问题，增加了全光网络的灵活性。

光码分多址技术（OCDMA）在原理上与电码分多址复用技术相似。OCDMA 给每个用户终端分配一个光正交码，作为该用户的地址码，也就是给每个信道分配一个唯一的地址码，该信道就是用这个地址码对传输的信息进行编码，实现信道复用；接收器使用与发送端相同的编码规则进行反变换，即进行光解码，实现解复用，恢复出原来的数据信号。OCDMA 的优点是第三方很难干扰或截获信号。

4）光传输特性

频带宽，传输速率高。频带的宽窄代表传输容量的大小，载波的频率越高，可以传输信号的频带宽度就越大。在 VHF 频段，载波频率为 48.5～300 MHz，带宽约 250 MHz，只能传输 27 套电视和几十套调频广播。可见光的频率达 100 000 GHz，比 VHF 频段高出 100 多万倍。尽管由于光纤对不同频率的光有不同的损耗，使频带宽度受到影响，但在最低损耗区的频带宽度也可达 30 000 GHz。目前单个光源的带宽只占了其中很小的一部分（多模光纤的频带宽几百兆赫，好的单模光纤可达 10 GHz 以上），采用先进的相干光通信可以在 30 000 GHz 范围内安排 2 000 个光载波，进行波分复用，可以容纳上百万个频道。而使用 DWDM 技术，可以达到 160 Tbit/s 的传输速率。

损耗低，传输距离长。在同轴电缆组成的系统中，最好的电缆在传输 800 MHz 信号时，每千米的损耗都在 40 dB 以上。相比之下，光导纤维的损耗则要小得多，传输 1.31 um 的光，每千米损耗在 0.35 dB 以下；若传输 1.55 um 的光，每千米损耗更小，可达 0.2 dB 以下。这就比同轴电缆的功率损耗要小 1 亿倍，使其能传输的距离要远得多。此外，光纤传输损耗还有两个特点，一是在全部有线电视频道内具有相同的损耗，不需要像电缆干线那样必须引入均衡器进行均衡；二是其损耗几乎不随温度而变，不用担心因环境温度变化而造成干线电平的波动。

重量轻，安装方便。因为光纤非常细，单模光纤芯线直径一般为 4～10 um，外径也只有 125 um，加上防水层、加强筋、护套等，用 4～48 根光纤组成的光缆直径还不到 13 mm，比标准同轴电缆的直径 47 mm 要小得多，加上光纤是玻璃纤维，比重小，具有直径小、重量轻的特点，安装十分方便。

抗干扰能力强，保密性好。因为光纤的基本成分是石英，只传光，不导电，不受电磁场的作用，在其中传输的光信号不受电磁场的影响，故光纤传输对电磁干扰、工业干扰有很强的抵御能力。此外，光信号只在光纤内传播（即使在大拐角处，也只有少量泄漏），如果在表面涂装吸光剂，基本上就不会发生信号泄漏，进行“窃听”是非常困难的，因而利于保密。

保真度高，可靠性好。因为光纤传输一般不需要中继放大，不会因为放大引入新的非线性失真。只要激光器的线性好，就可高保真地传输电视信号。实际测试表明，好的调幅光纤系统的载波组合三次差拍比 C/CTB 在 70 dB 以上，交调指标 cM 也在 60 dB 以上，远高于一般电缆干线系统的非线性失真指标。因为光纤系统包含的设备数量少（不像电缆系统那样需要几十个放大器），可靠性自然也就高，加上光纤设备的寿命都很长，无故障工作时间达 50 万～75 万小时，其中寿命最短的是光发射机中的激光器，最低寿命也在 10 万小时以上。故一个设计良好、正确安装调试的光纤系统的工作性能是非常可靠的。

成本不断下降，应用广泛。目前，有人提出了新摩尔定律，也叫作光学定律（Optical Law）。该定律指出，光纤传输信息的带宽每 6 个月增加 1 倍，而价格降低 50%。光通信技术的发展，为 Internet 宽带技术的发展奠定了非常好的基础。这就为大型有线电视系统采用光纤传输方式扫清了最后一个障碍。由于制作光纤的材料（石英）来源十分丰富，随着技术的进步，成本还会进一步降低；而电缆所需的铜原料有限，价格会越来越高。显然，今后光纤传输将占绝对优势，成为建立各类通信网最主要的传输手段。

光纤在安装、使用和维护中也存在一些问题。例如，初装费用较高；安装、测试光纤设备都需要使用特殊的仪器设备，这些设备价格较高；在一些建设活动中，光纤容易被损坏，同时一些动物的活动（例如啃咬）也会对光纤构成威胁。随着光纤技术的发展，这些困难逐步都会得到克服。

思考与练习

1. 通信系统主要由哪些部分组成？通信系统中的信道是什么？
2. 什么是电磁频谱？哪些频段不适合通信，为什么？
3. 什么是通信传输带宽？
4. 说明模拟数据和数字数据以模拟信号或数字信号传输时使用的方法。
5. 请说明数字传输相比于模拟传输的优点。
6. 请说明按照信道特点有哪几种信道划分方式以及各自是什么。
7. 说明什么是波特率，什么是比特率，以及两者的关系。
8. 依据香农公式阐述通信中传输容量、带宽和信噪比之间进行均衡和转换的实际意义。
9. 对于带宽为 8 kHz、信噪比为 30 dB 的通信信道，当采用 16 种不同物理状态来表示数据时，按照奈奎斯特准则，信道的最大传输速率是多少？按照香农定理，信道最大传输速率是多少？
10. 请给出比特流 010111001001 的不归零编码、曼彻斯特编码以及差分曼彻斯特编码的波形图。
11. 什么是数字数据调制？有哪几种调制方法？
12. 简述如何实现模拟信号在数字信道的传输。
13. 什么是差错控制编码？什么是纠错码？什么是检错码？
14. 如果信息位串是 1010001101，生成多项式是 10011，则使用 CRC 技术实际传送的位串是什么？
15. 为什么要采用多路复用？多路复用有哪几种形式，各有何特点？
16. 什么是电路交换？简述电路交换的过程。
17. 分组交换都有哪几种形式？简述每种形式的特点。
18. 通过比较说明双绞线、同轴电缆和光纤三种常用有线传输介质的特点。
19. 无线介质与有线介质相比有何优缺点？
20. 简述微波通信与红外线通信的特点。
21. 使用光纤作为传输介质给通信带来什么优点？

第 3 章

计算机局域网技术及其在武器系统中的应用

计算机网络是指将地理位置不同的具有独立功能的多台计算机及其外部设备，通过通信线路连接起来，在网络操作系统、网络管理软件及网络通信协议的管理和协调下，实现资源共享和信息传递的计算机系统。目前，计算机网络已经被广泛应用于国家经济的各个领域中，已经成为一个国家的基础性设施。

随着信息技术和武器装备的发展，以及“网络中心战”“海空一体”等新作战思想的提出，计算机网络在武器系统研发、生产、运输、储藏及使用等各个环节中的作用越来越重要。

COTS 是 Commercial Off-The-Shelf 的缩写，意为商品化的产品和技术。受到 COTS 思想的影响，在武器系统研发领域人们尽可能不去开发研制专用的软硬件设备，而是通过集成和改进现有商用产品，来满足特定条件下的武器设备需求。这样不但开发速度快、开发成本低，而且技术成熟可靠、容易与技术更新同步。目前，各类计算机网络直接或通过技术改造后被广泛应用于武器系统的火控、指挥自动化系统当中。所以本章首先介绍通用、商品化的计算机局域网技术，然后阐述如何通过对这些网络技术和设备的改进和集成，使其应用到武器系统中去。

3.1　计算机网络分类

按照不同的标准，计算机网络可以有不同的分类。图 3–1 为常见的几种分类形式。

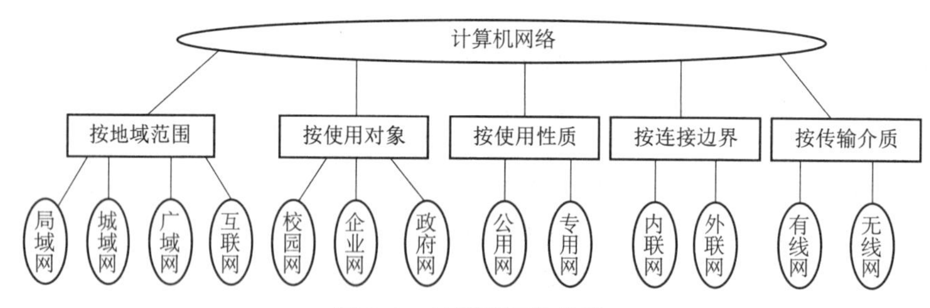

图 3–1　计算机网络分类

从地域范围划分是一种大家都认可的通用网络划分标准。按这种标准可以把各种网络类型划分为局域网、城域网、广域网和互联网四种。局域网一般来说只能是一个较小的区域，城域网是不同地区的网络互联，不过在此要说明的一点就是这里的网络划分并不是严格意义上的地理范围的区分，只是一个定性的概念。下面简要介绍这几种计算机网络。

局域网（Local Area Network，LAN），LAN是我们最常见、应用最广的一种网络。现在局域网随着整个计算机网络技术的发展和提高得到充分的应用和普及，几乎每个单位都有自己的局域网，有的甚至家庭中都有自己的小型局域网。很明显，所谓局域网，那就是在局部地区范围内的网络，它所覆盖的地区范围较小。局域网在计算机数量配置上没有太多的限制，少的可以只有两台，多的可达几百台。一般来说在企业局域网中，工作站的数量在几十到几百台。局域网一般位于一个建筑物或一个单位内，不存在寻径问题，不包括网络层的应用。

一般来说，城域网（Metropolitan Area Network，MAN）是在一个城市，但不在同一地理小区范围内的计算机互联。这种网络的连接距离可以在10～100千米，多采用IEEE802.6标准。MAN与LAN相比扩展的距离更长，连接的计算机数量更多，在地理范围上可以说是LAN网络的延伸。在一个大型城市或都市地区，一个MAN网络通常连接着多个LAN网。如连接政府机构的LAN、医院的LAN、电信的LAN、公司企业的LAN，等等。由于光纤连接的引入，使MAN中高速的LAN互联成为可能。

广域网（Wide Area Network，WAN）也称为远程网，所覆盖的范围比城域网更广，它一般是在不同城市之间的LAN或者MAN网络互联，地理范围可从几百千米到几千千米。因为距离较远，信息衰减比较严重，所以这种网络一般是要租用专线，通过IMP（接口信息处理）协议和线路连接起来，构成网状结构，解决寻径问题。这种城域网因为所连接的用户多，总出口带宽有限，所以用户的终端连接速率一般较低。

互联网（Internet）就是在全球范围内将各类局域网、城域网、广域网以及计算机按照一定的通信协议组成的国际计算机网络。

根据使用对象，计算机网络又可以分为校园网（Campus Network）、企业网（Enterprise Network）和政府网（Government Network）。各类学校使用的计算机网络称为校园网，主要用于校园内师生们教学、科研与管理的信息交流与资源共享；企业网是企业用来进行销售、采购、制造控制、人事、财务等所有经营活动信息的储存和处理的网络；政府网络主要用于各类政府机构管理信息的储存、处理、发布和查询。这些网络可以是各类局域网与广域网的组合。

按照网络的使用性质，计算机网络可以分为公用网（Public network）和专用网（Private network）。一般来说，公用网是政府或大的电信公司出资建造，为公众或各种组织机构提供网络服务的网络；专用网是某个行业或公司为本部门工作需要所建造的网络（如警用专网、军用专网），这些网络往往传输的是一些内部或保密性信息，所以它们具有自己的网络体系结构，或虽采用TCP/IP的体系结构，但与其他网络完全物理隔离。

根据网络连接边界，计算机网络分为内联网（Intranet）和外联网（Extranet）。内联网多采用TCP/IP技术，网络上有自己的各类服务器和安全防护系统，但网络仅为位于企业或单位内部的用户提供服务；外联网不但具有各类服务器资源（如Web服务器），还与其他企业或单位网络相连接，并提供相关服务。

按照传输介质，计算机网络还可以分为有线网络和无线网络。当网络的传输介质为铜缆或光缆时，这样的网络为有线网络；而无线局域网则是采用空气作为传输介质，以各类电磁波来传输信号。

此外，计算机网络还可以根据拓扑结构进行分类，由于下一节要进行详细叙述，这里就不进行介绍了。由于局域网传输速率快、实时性好，被广泛应用于武器系统（如测试系统、火控系统）以及军队的指挥自动化系统，是本书重点阐述的网络技术。由于较大型的广域网络的传输距离远、延迟较大、通信协议较复杂（通常需要路由），所以更适合用于非时间敏感性的军事信息处理，这里只做简单介绍。

3.2 网络体系结构

3.2.1 网络体系结构的定义与相关概念

网络体系结构（Network Architecture）：为了完成计算机间的通信合作，把每台计算机互联的功能划分成明确的层次，规定层次进程通信的协议以及相邻层之间的接口和服务，这些层协议和层间接口的集合称为网络体系结构。网络体系结构为网络硬件、软件、协议、存取控制和拓扑提供标准。

从网络体系结构的定义中可以看出，“层”的概念在网络体系结构中很重要。通过合理的层划分，将一个复杂的计算机网络通信问题划分为若干个不同层次、相对简单的问题。如图3–2所示，两个通信的系统A和B之间只有最底层通过物理线路连接，其他对等各层之间的实体没有直接物理通信能力，它们之间的通信是逻辑通信，需借助于相邻下层以及更低各层提供的服务来层层完成。例如，N+1层之间的通信需借助于N层提供的服务来完成，而N层需借助于N–1层提供的服务，这样层层向下，一直到第1层。对等的同层实体间的逻辑通信也必须遵循本层规则，也就是协议。这样由于每层只需知道自己向上层提供什么服务以及下层向自己提供什么服务，并实现自己本层的功能，层层之间相对独立，适应强，易于维护和实现。

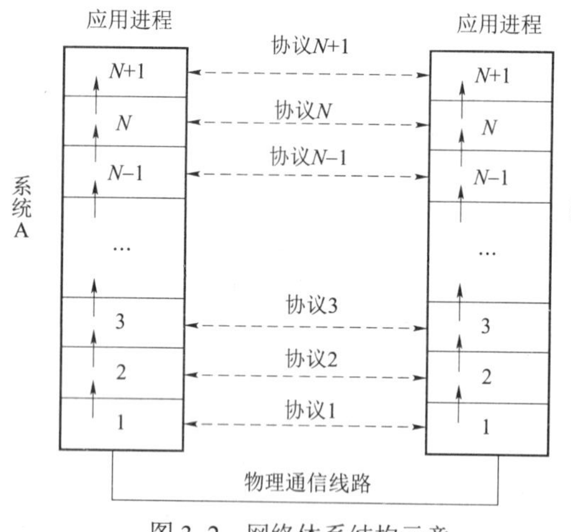

图3–2 网络体系结构示意

针对以上对网络体系结构的定义以及分层原理的理解，所涉及的内容从如下的术语会得到更详细的解释。

协议（Protocol）：就是为了确保数据通信双方正确而自动地通信，而制定的一整套交互双方必须遵守的规则。协议规定了解决交互双方遇到各种问题的处置方法，规范了有关功能部件在通信过程中的操作。协议在形式上体现为一套语义、语法和时序的规则。

语义：对构成协议各元素含义的解释。例如，特定字符串可以被解释为传输报文的开始和结束。

语法：规定了若干协议元素和数据组合在一起所应遵循的格式。例如报文头部是如何安排的、校验部分在那里，等等。

时序：规定了某个通信事件及其所触发的一系列后续事件的执行顺序。例如，通信双方的应答顺序。

实体（Entity）：某一层中具有数据收发能力的活动单元，这个单元可以是该层软件的一个进程或者是实现该层协议的硬件单元。在不同的计算机上，同一层实体称为对等实体。

服务（Service）：是下层向上层提供一组功能集合，是相邻层之间由下到上的单向性界面。

服务访问点（Service Access Point，SAP）：上层实体可以访问下层实体服务的地方，SAP 具有一个唯一的地址或标识，层间可以有多个 SAP。

下层向上层提供的服务可以分为面向连接的服务和无连接服务。

面向连接的服务（Connection-Oriented Service）：通过下层提供的服务，对等实体间的通信好像通过一个相互连接的管道在依序传送数据，接收数据的顺序与内容与发送时的顺序与内容一致。

无连接的服务（Connectionless Service）：每个带有完整地址的报文在系统中独立传送，不同的报文可能经不同路径到达接收端，因此不能保证报文按序到达，而且不对出错报文进行恢复和重传。所以无连接服务不保证报文传输的可靠性。

服务原语（Service Primitive）：是对一个服务的一组描述，用户进程通过这些原语操作可以访问该服务。有四种基本原语，即：

- 请求（Request）：用户实体要求服务做某项工作。
- 指示（Indication）：用户实体被告知某事件发生。
- 响应（Response）：用户实体表示对某事件的响应。
- 确认（Confirm）：用户实体收到关于它的请求的答复。

数据单元（Data Unit）：网络中信息传送的单元。可以分为协议数据单元（PDU）、服务数据单元（SDU）和接口数据单元（IDU）。

- PDU 为通信双方对等实体使用该层协议进行信息交换的单元，由用户数据和协议控制信息（PCI，根据协议，在用户数据的首尾添加的控制信息，如地址差错控制信息等）组成。
- SDU 是上层被服务用户要求服务提供者为其传递逻辑数据单元，由接口数据和接口控制信息（ICI，在通过层间接口时，需要添加的控制信息，如通过多少字节、服务质量等）组成。ICI 在进入下层后被丢弃。
- IDU 为经过同一系统的相邻两层间接口的信息单元。

这些数据单元的关系如图 3–3 所示。在这里 N+1 层实体需要传送的用户数据是 SDU_{N+1}，它要求第 N 层为其提供传送 $SDU_N=PCI_{N+1}+SDU_{N+1}$ 的逻辑数据单元的服务，在经过接口 SAP 时候，要使用接口控制信息 ICI_{N+1}，并在进入 N 层后将其丢弃；在第 N 层，用户传送的数据变为 SDU_N，继续按照上面的过程由 N–1 层对其提供服务。

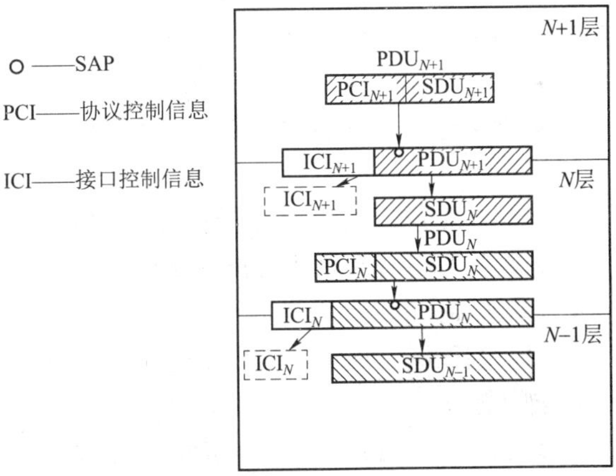

○——SAP
PCI——协议控制信息
ICI——接口控制信息

图 3–3　数据单元间的关系

3.2.2　开放系统互联参考模型

随着技术发展和社会需求的变化，不同网络体系结构的用户迫切要求能互相交换信息。为了使不同体系结构的计算机网络都能互联，国际标准化组织（ISO）于 1977 年成立专门机构研究这个问题。1978 年 ISO 提出了“异种机联网标准”的框架结构，这就是著名的开放系统互联参考模型（Open System Interconnection，OSI）。尽管 OSI 并不是一个已经被完全接受的国际标准，但模型所描述的网络结构规范对所有的厂商是开放的，具有指导国际网络结构和开放系统走向的作用，它直接影响总线、接口和网络的性能。

OSI 模型如图 3–4 所示，其层次划分遵循了如下原则。

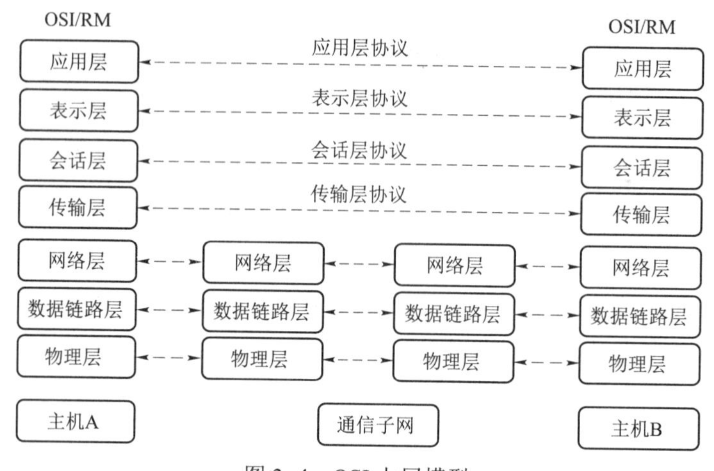

图 3–4　OSI 七层模型

- 层次的数量要合适，既不能太多，也不能太少。如果太多系统的描述和集成都有困难，太少则会把不同的功能混杂在同一个层次中。
- 应在接口服务描述工作量最小，并在穿过相邻边界相互作用次数最少或通信量最小的地方建立边界。
- 每一层都应该有定义明确的功能，这种功能在某些方面（在操作过程方面或者在技术方面等）与其他层的功能明显不同。
- 每一层的功能应尽量局部化。这样随着软、硬件技术的进展，层次的协议可以改变，层次内部结构可以重新设计，但不影响相邻层次的接口和服务关系。
- 经验证明是成功的层次应予以保留，这是通信设备制造商所关心的。
- 要考虑数据处理的需要。在数据处理过程中，需要在不同的抽象级的地方设立单独的层次。
- 每一个层次只与它的上下邻层产生接口，规定相应的业务。
- 层次划分应有利于标准化工作。

各层的情况如下：

（1）物理层。规定通信设备的机械、电气、功能和规程这四个特性，用以建立、维护和拆除物理链路连接。

- 机械特性规定了网络连接时所需接插件的规格尺寸、引脚数量和排列情况等。
- 电气特性规定了在物理连接上传输比特流时线路上信号电平的大小、阻抗匹配、传输速率距离限制等。
- 功能特性是指对各个信号先分配确切的信号含义，即定义了 DTE 和 DCE 之间各个线路的功能。
- 规程特性定义了利用信号线进行比特流传输的一组操作规程，是指在物理连接的建立、维护、交换信息时，DTE 和 DCE 双方在各电路上的动作系列。

物理层的数据单位称为比特（bit），物理层的主要设备有中继器、集线器等。

（2）数据链路层。在物理层提供比特流服务的基础上，建立相邻节点之间的数据链路，通过差错控制提供数据帧（Frame）在信道上进行无差错的传输，并进行各电路上的动作系列。数据链路层在不可靠的物理介质上提供可靠的传输。该层的作用包括：物理地址寻址，数据的成帧，流量控制，数据的检错、重发等。在这一层，数据的单位称为帧。数据链路层主要设备有二层交换机、网桥等。

（3）网络层。在计算机网络中进行通信的两个计算机之间可能会经过很多个数据链路，也可能还要经过很多通信子网。网络层的任务就是选择合适的网间路由和交换节点，确保数据及时传送。网络层将数据链路层提供的帧组成数据包，包中封装有网络层包头，其中含有逻辑地址信息，即源站点和目的站点地址的网络地址。另外，为避免通信子网中出现过多的分组而造成网络阻塞，需要对流入的分组数量进行控制。当分组要跨越多个通信子网才能到达目的地时，还要解决网际互联的问题。在这一层，数据的单位称为数据包（Packet）。网络层主要设备是路由器和三层交换机等。

（4）传输层。传输层提供的端到端的透明数据传输服务，使高层用户不必关心通信子网的存在，由此用统一的传输原语书写的高层软件便可运行于任何通信子网上。传输层还要处理端到端的差错控制和流量控制问题。传输层也称为运输层，只存在于端开放系统中，是介于低 3 层通信子网系统和高 3 层之间的一层，但是很重要的一层，因为它是源端到目的端对数据传送进行控制从低到高的最下面一层。

（5）会话层。是进程层次，其主要功能是组织和同步不同的主机上各种进程间的通信（也称为对话）。会话层负责在两个会话层实体之间进行对话连接的建立和拆除。在半双工情况下，会话层提供一种数据权标来控制某一方何时有权发送数据。会话层还提供在数据流中插入同步点的机制，使得数据传输因网络故障中断后，可以不必从头开始而仅重传最近一个同步点以后的数据。这一层也可以称为会晤层或对话层，在会话层及以上的高层次中，数据传送的单位不再另外命名，统称为报文。

（6）表示层。为上层用户提供共同的数据或信息的语法表示变换。为了让采用不同编码方法的计算机在通信中能相互理解数据的内容，可以采用抽象的标准方法来定义数据结构，并采用标准的编码表示形式。表示层管理这些抽象的数据结构，并将计算机内部的表示形式转换成网络通信中采用的标准表示形式。数据压缩和加密也是表示层可提供的表示变换功能。

（7）应用层。应用层是开放系统互联环境的最高层，是直接为应用进程提供服务的。其作用是在实现多个系统应用进程相互通信的同时，完成一系列业务处理所需的服务。不同的应用层为特定类型的网络应用提供访问 OSI 环境的手段。例如，网络环境下不同主机间的文件传送访问和管理（FTAM）、传送标准电子邮件的文电处理系统（MHS）、使不同类型的终端和主机通过网络交互访问的虚拟终端（VT）协议等，都属于应用层的范畴。

在这 7 层模型中，下面 3 层的功能偏重于通信的控制和通信处理，所以这 3 层构成的网络又叫通信子网。

3.2.3　TCP/IP 体系结构

TCP/IP 协议集是由美国国防部高级研究计划署（DARPA）于 1969 年资助开发的，它是

ARPANET 资源共享试验的产物。一直到现在，TCP/IP 协议是最流行的商业化网络协议，尽管它不是某一标准化组织提出的正式标准，但它已经被公认为目前的“工业标准”或“ 事实标准 ”。互联网之所以能迅速发展，就是因为 TCP/IP 协议能够适应和满足世界范围内数据通信的需要。

TCP/IP 协议集并不是由某个委员会制定的，而是通过讨论，汇集大多数人的意见形成的。任何人都可以提交作为请求注释 RFC 发布的文档，然后由技术专家和任务小组或 RFC 编辑进行审查，指定一个文档状态，以表明该文档是否被当作标准发布。发布时，对发布的文档分配一个 RFC 编号。图 3–5 为 TCP/IP 的体系结构。TCP/IP 协议集具有如下特点：

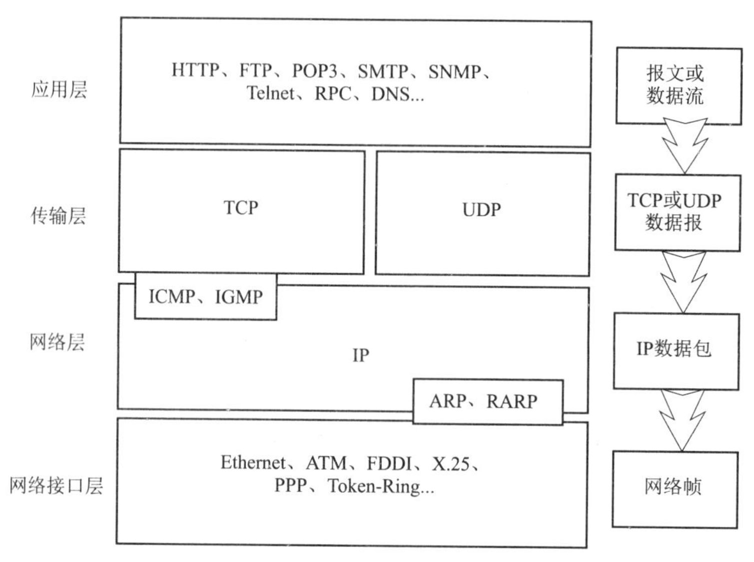

图 3–5 TCP/IP 体系结构

- 开放的协议标准，可以免费使用，并且独立于特定的计算机硬件与操作系统。
- 独立于特定的网络硬件，可以运行在局域网、广域网，以及互联网中。
- 统一的网络地址分配方案，使得整个 TCP/IP 设备在网中都有唯一的地址。
- 标准化的高层协议，可以提供多种可靠的用户服务。

（1）网络接口层。在 TCP/IP 分层体系结构中，最底层是网络接口层，它负责通过网络发送和接收 IP 数据包。TCP/IP 标准并没有为该层定义任何协议，它允许主机连入网络时使用多种现成的和流行的协议，仅定义了如何与不同网络进行接口，具体的网络协议在实际应用的通信网络（如 Ethernet、ATM、FDDI、X.25、PPP、Token–Ring 等）中定义。这样，TCP/IP 协议集就可以独立于任何特定通信网络，可以适应新的网络体系结构。基于这样一种情况，数据链路层在 TCP/IP 协议中被认为是不可靠的，网络层并不利用数据链路层可能存在的序号和应答服务。在 TCP/IP 体系中，保证可靠通信是传输层或者是应用层的任务。

（2）网络层。网络层的主要功能是寻址、打包和路由。网络层是在 TCP/IP 标准中正式定义的第一层，其核心协议是 IP，还有 ARP、RARP、ICMP、IGMP 等。

网际协议（Internet Protocol，IP）是一种数据报形式的分组交换协议，IP 是无连接的，所执行的主要功能是处理来自传输层的分组，将分组形成数据包（IP 数据包），IP 数据包带有源和目的 IP 地址，网络上的路由设备利用 IP 地址就可以为该数据包进行路径选择，最终将数据包从源主机发送到目的主机。IP 协议具备了 2.5.3 节所阐述的有关数据报分组交换的所有通信特点，例如，每个分组独立路径传输、不能保证按序到达、传输不可靠，但传输效率高、对网络变化适应能力强。

重要的路由选择协议包括 RIP（Routing Information Protocol，路由信息协议）、OSPF（Open Shortest Path First，开放最短路径优先协议），以及 BGP（Border Gateway Protocol，边界网关协议）等，这些路由协议用来建立和维护各类路由器上的路由表（IP 包路径选择的依据）。

网络层其他的协议还有：ICMP（Internet Control Message Protocol，互联网控制信息协议），主要用来传送 IP 的控制信息，提供有关通向目的地址的路径状态信息；IGMP（Internet Group Management Protocol，网际组管理协议）是互联网协议集中的一个组播协议，用于 IP 主机向任意一个直接相邻的路由器报告它们组的成员情况；ARP（Address Resolution Protocol，地址解析协议）其作用是通过已知的 IP，寻找对应主机的 MAC 地址；RARP（Reverse ARP，反向地址解析协议）通过 MAC 地址确定 IP 地址，满足诸如无盘工作站的工作需要。

（3）传输层。传输层提供源节点和目的节点的两个进程实体间的通信。传输层有两个主要协议：TCP（Transmission Control Protocol，传输控制协议）和 UDP（User Datagram Protocol，用户数据报协议）。

TCP 是一个可靠的、面向连接的传输层协议，它将源主机的数据以字节流形式无差错地传送到目的主机。发送方的 TCP 实体将应用层送来的字节流划分成报文，并交网络层进行发送，接收方 TCP 实体将报文重新组装，并交给应用层。TCP 实现了基于“虚电路”概念的通信，具有确认重传机制，并使用“滑动窗口”进行流量控制，因此使用 TCP 协议进行数据传输是可靠的。

UDP 协议是一种不可靠的无连接协议，它主要用于不要求分组顺序到达的传输中，分组传输顺序检查与排序由应用层完成。面对请求/应答式的交易型应用时，一次交易往往只有一来一回两次报文交换，如果使用“虚电路”形式的通信，具有建立连接和撤销连接这样的过程，通信效率是极低的。而使用 UDP 这样无连接传输则非常有效，另外，UDP 协议也应用于那些对可靠性要求不高，但要求网络延迟较小的场合，如语音和视频数据传送。

（4）应用层。应用层直接为各类应用程序提供网络通信服务，使得应用程序具有可以访问其他层服务的能力，并定义应用程序用于交换数据的协议。应用层协议非常丰富，随着应用需求的变化，不断有新的应用协议加入。常用的一些应用层协议如下：

- HTTP（Hypertext Transfer Protocol，超文本传输协议），用于传输供用户浏览的 Web 页面。
- FTP（File Transfer Protocol，文件传输协议），用于交互式文件传输，工作时建立两条 TCP 连接，一条用于传送文件，另一条用于传送控制。
- Telnet（Teletype over the Network，终端仿真协议），提供用户远程登录服务，它提供了与终端设备或终端进程交互的标准方法。
- DNS（Domain Name Service，域名服务），提供域名到 IP 地址之间的转换。
- SMTP（Simple Mail Transfer Protocol，简单邮件传输协议），用来控制电子邮件的发送、中转。
- POP3（Post Office Protocol 3）是邮局协议第 3 版本，用于接收邮件。
- SNMP（Simple Network Management Protocol，简单网络管理协议），用于网络设备信

息的收集和网络设备管理。

除了上述的 OSI 和 TCP/IP 网络体系结构，还有很多其他厂商提出的网络体系结构，这些网络体系结构对照关系如图 3–6 所示。

OSI	TCP/IP	NetWare	AppleTalk	Microsoft
应用层	HTTP、FTP、POP3、SMTP、SNMP、Telnet、DNS...	应用程序、SHELL、NFS、SAP	AppleShare	服务器消息
表示层			AFP、PostScript	
会话层		NetBlos	ASP、ADSP、ZIP、PAP	NetBlos、命名管道
传输层	TCP、UDP	XPX	ATP、RTMP、AEP、NBP	NetBEUI
网络层	IP	IPX	DDP	
数据链路层	媒体访问控制、LAN驱动程序	ODI、NDIS、LAN驱动程序	LAN驱动程序、ELAP、TLAP、LLAP	LAN驱动程序、NDIS
物理层	物理层	物理层	物理层	物理层

图 3–6　各类网络体系结构对照关系

3.3　局域网概述

3.3.1　局域网特点

局域网（Local Area Network，LAN）是一种在有限的地理范围内将大量计算机及各种设备互联在一起实现数据传输和资源共享的计算机网络。局域网的研究始于 20 世纪 70 年代，以太网是其典型代表。无论是城域网、广域网还是互联网都是由各类局域网互联而成的，可以说局域网是其他更大规模网络的基础或基本组成部分。相对于广域网而言的，局域网的主要特点如下：

● 地理分布范围小。一般为数百米至数千米。可覆盖一幢大楼、一个武器平台（例如一辆坦克、一艘军舰）、一所校园或一个企业。

● 数据传输速率高。一般为 10～1 000 Mbit/s，目前局域网主干速率许多可以达到 10 000 Mbit/s，可交换各类数据信息（如文字、语音、图像和视频等）。

● 误码率低。大部分的局域网误码率在 10^{-11}～10^{-8}，甚至更低。这是因为局域网通常采用短距离基带传输，可以使用高质量的传输媒体，从而提高了数据传输质量。

● 自建专用。局域网一般为一个单位所建，由单位内部进行管理和使用，而广域网往往是向一个行业或全社会提供服务，局域网多采用单位自建的各种内部线路，而广域网多租用公用线路或专用线路（如公用电话网、公用数据网或卫星线路等）。

● 侧重于信息处理。与广域网相比，局域网更侧重于信息的处理和资源共享，而广域网更侧重于数据的传输及其安全。

● 协议简单，不存在寻径问题，不包括网络层以上的应用。

除了上述特点，局域网还具有结构灵活、建网成本低、周期短、便于管理和扩充等特点。

IEEE 的 802 标准委员会定义了多种局域网：以太网（Ethernet）、令牌环网（Token Ring）、光纤分布式接口网络（FDDI）、异步传输模式网（ATM）以及无线局域网（WLAN）。下面各节将会结合其在武器系统中的应用情况，有重点地介绍这些网络的情况。

3.3.2　拓扑结构

拓扑结构是指将计算机网络的终端、主机、网络设备、网络传输介质（如网线）等抽象成点、线等要素，构成类似图论拓扑图形的计算机网络结构。通俗地讲，就是这些终端、主机和网络设备是如何通过传输介质连接在一起的。常用的局域网拓扑结构有总线形（Bus）、环形（Ring）和星形（Star）等。

1）总线形

总线结构在逻辑上由一根共享电缆（包括粗缆和细缆）或光缆以及与其连接的计算机组成，如图 3–7（a）所示。总线形拓扑是局域网常用的结构之一，其重要特征是采用广播式多路访问方法。总线形网络中入网计算机可以共享总线，不需要另外的互联设备，所以其建设成本较低，但随着接入终端数量增加，网络传输性能下降。此外，总线形网络用户扩展较灵活，维护较容易。其典型代表有以太网、Cable Modem 所采用的网络等。

2）环形

环形结构是用电缆或光缆把一台台计算机串接起来形成一个圆环，如图 3–7（b）所示。环形也是局域网所常用的网络拓扑结构之一，它多采用分布式控制机制，具有结构对称性好，传输速率高等特点，但一般造价较高。环形网络的典型代表有令牌环网（Token Ring）和 FDDI（Fiber Distributed Data Interconnect）网络。

3）星形

如图 3–7（c）所示，星形拓扑结构网络是通过一个中央控制点将入网计算机连接起来的网络，所有入网计算机之间的通信也必须通过这个中央控制点才能进行。由于星形网络传输速度快，扩展性好，一个节点出现故障不会影响其他节点正常运行，整网运行可靠性较高。交换式以太网和 ATM（Asynchronous Transfer Mode）都是星形网络结构。

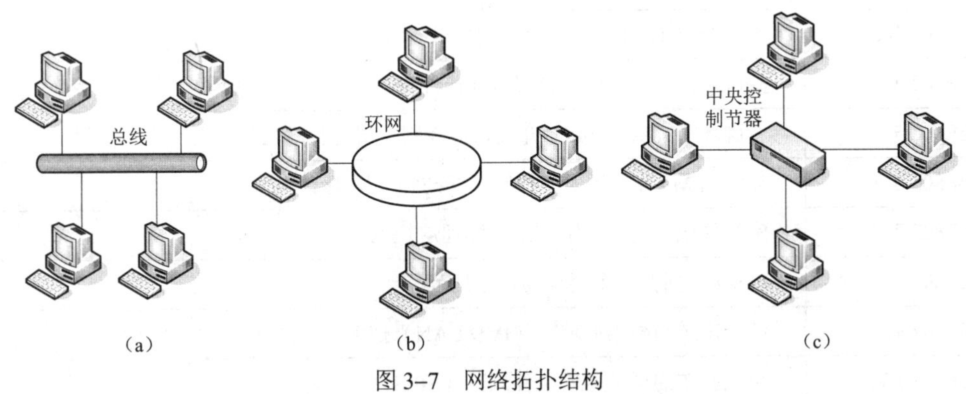

图 3–7　网络拓扑结构

（a）总线形；（b）环形；（c）星形

不同的拓扑结构决定了不同的信道共享和复用方式，也决定了介质访问控制方式，影响着网络的传输性能以及同其他网络互联的接口和方式。因此，网络拓扑结构对局域网能否满足用户需求是至关重要的。

3.3.3 局域网标准与体系结构

从 20 世纪 80 年代开始，为了能够在不同厂家的生产局域网之间进行通信，相关机构和人员开始了局域网的标准化工作，这些机构主要有：

- 美国电气与电子工程师协会（IEEE）802 标准委员会；
- 欧洲计算机制造厂商协会（ECMA）；
- 国际电工委员会（IEC）。

其中 IEEE802 标准委员会与 ECMA 主要从事办公自动化与轻工业局域网的标准化研究，IEC 则致力于重工业和工业生产过程分布控制方面的局域网标准化工作。由于 IEEE802 标准委员会所制定的一系列标准是最成熟、标准化程度最高的局域网标准，被业界广泛认可。IEEE802 标准于 1984 年被接纳为国际标准 ISO8802。这些陆续公布的 IEEE802 系列的一些主要标准如表 3–1 所示(没有列出所有标准)。其中的一些主要标准之间的关系如图 3–8 所示。

表 3–1　IEEE802 系列标准

标准名称	标　准　内　容
IEEE802.1A	局域网体系结构
IEEE802.1B	网络互联，以及网络管理和性能测试
IEEE802.1Q	虚拟局域网 VLAN 标准规范
IEEE802.2	逻辑链路控制 LLC 子层功能与服务
IEEE802.3	CSMA/CD 总线介质访问控制子层与物理层规范
IEEE802.3u	100 Base–T 访问控制子层与物理层规范
IEEE802.3z	1 000 Base–SX、1 000 Base–LX 和 1 000 Base–CX 访问控制子层与物理层规范
IEEE802.3ab	1 000 Base–T 访问控制子层与物理层规范
IEEE802.3ae	光纤介质 10 G 全双工以太网标准规范
IEEE802.4	令牌总线（Token Bus）介质访问控制子层与物理层规范
IEEE802.5	令牌环（Token Ring）介质访问控制子层与物理层规范
IEEE802.6	城域网 MAN 介质访问控制子层与物理层规范
IEEE802.7	宽带局域网访问控制方法与物理层规范
IEEE802.8	FDDI 访问控制子层与物理层规范
IEEE802.9	综合语音与数据局域网（IVD LAN）技术
IEEE802.10	可互操作的局域网安全性规范（SILS）
IEEE802.11	无线局域网访问控制方法与物理层规范
IEEE802.12	100VG–AnyLAN 访问控制方法与物理层规范
IEEE802.13	未使用

续表

标准名称	标 准 内 容
IEEE802.14	交互式电视网
IEEE802.15	无线个人局域网（WPAN）的MAC子层和物理层规范
IEEE802.16	宽带无线访问网络

图3–8 IEEE802协议关系

总体来讲，IEEE802系列标准集中在物理层和数据链路层。其体系结构与OSI的关系如图3–9所示，它将数据链链路层又划分成逻辑链路控制子层（Logical Link Control，LLC）和介质访问控制子层（Media Access Control，MAC），这样的划分就将数据链路层与硬件相关部分和与硬件无关部分分离开来，从而使得这样一个局域网体系结构只需要调整MAC子层就能适应各种传输媒体。

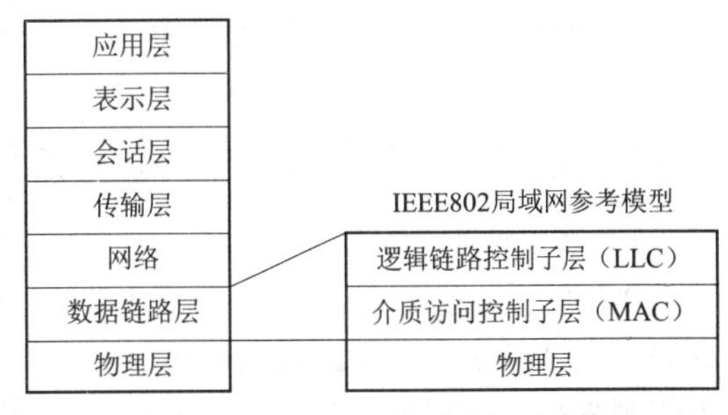

图3–9 IEEE802局域网体系结构

作为数据链路层子层的LLC与传输介质无关，它独立于介质访问控制方法，隐藏了各种IEEE802网络之间的差别，向网络层提供一个统一的格式和接口。LLC子层的功能包括：数据帧的组装与拆卸、帧的收发、差错控制、数据流控制和发送顺序控制等，并为网络层提供两种类型的服务：面向连接服务和无连接服务。一个主机当中可能有多个进程在运行，它们可能同时与其他主机上的一个或多个进程进行通信。因此，在一个主机的LLC子层上应设多个服务访问点（SAP），以便向多个进程提供服务，这些服务访问点共享数据链路。

MAC是数据链路层的另外一个功能子层。MAC构成了数据链路层的下半部，它直接与物理层相邻。它的主要功能是进行合理的信道分配，解决信道竞争问题。它在支持LLC子层中，完成介质访问控制功能，为竞争的用户分配信道使用权，并具有管理多链路的功能。MAC子层为不同的物理介质定义了介质访问控制标准。例如，带冲突检测的载波监听多路访问（CSMA/CD）、令牌环（Token-Ring）和令牌总线（Token-Bus）等。

局域网体系结构中的物理层和计算机网络OSI参考模型中的物理层的功能一样，主要处理物理链路上传输的比特流，实现比特流的传输与接收、同步前序的产生和删除，建立、维护、撤销物理连接，处理机械、电气和过程的特性。

3.4 以太网技术

几十年以来，以太网作为局域网的主流，以其可靠性高、性能优良、扩展性好和技术成熟等优点而被人们普遍接受，以太网技术是应用最广、商品化程度最高的网络技术。1976 年美国 Xerox 公司的 Pla Alto 研究中心成功研制出了以太网，工程师 Metcalfe 和 Boogs 将他们所建立的网络命名为以太网（Ethernet），其灵感来源于“电磁辐射是可以通过发光的以太网来传播的”这一思想。1980 年 Xerox、DEC 和 Intel 三家公司合作，提出了以太网规范 DIX V1，随后又在 1982 年公布了其改进版本 DIX V2。IEEE802.3 工作组积极开展了以太网的标准化工作，于 1985 年正式公布了基于 DIX V2 的以太网标准《IEEE802.3 带有冲突检测的载波侦听多路访问 CSMA/CD（Carrier Sense Multiple Access/Collision Detection）方法和物理层规范》。这一标准被业界广泛接受，并在此后的几十年中不断地得到修正和扩充。传统以太网速率为 10 Mbit/s，随着网络对带宽需求的不断增加，又相继推出了速率为 100 Mbit/s 的第二代以太网、速率为 1 Gbit/s 的第三代以太网及速率为 10 Gbit/s 的第四代以太网。

传统以太网采用了共享信道以及 CSMA/CD 这一随机竞争介质访问控制机制，通信碰撞问题所导致的通信延迟不确定性限制了其在武器系统中的应用范围，但随着全双工、交换式高速以太网的出现，逐渐克服了其缺点，使得以太网在武器系统通信领域得到了广泛应用。

3.4.1 以太网的介质访问控制方法

1）基本规则

IEEE802.3 的 CSMA/CD 是一种在以太网中使用的介质访问控制方法，它主要解决两个问题：一是以太网中各站点如何访问共享介质；二是解决访问造成的冲突。这一协议通过如下规则来解决这两个问题：

① 如果介质空闲，则发送；

② 如果介质是忙的，则继续监听，一旦发现介质空闲，就立即发送；

③ 站点发送帧的同时，继续监听信道以发现是否发生碰撞，若检测到碰撞就立即停止发送，并向介质发送一串阻塞信号，以强化冲突，目的就是保证能够通知到所有站点发生了冲突；

④ 发送阻塞信号后，等待一个随机时间，返回规则①重试。

规则①和②解决了上面提到的第一个问题，也就是如何共享介质问题。站点只能在检测到共享信道处于“空闲”的状态下（没有其他站点使用信道），才可以使用信道。这两个规则也消除了产生碰撞的“主观”原因，也就是确实知道其他站点使用信道，自己不能主动发送帧去引发碰撞。

为了让每个站点都能获得发送机会，以太网规定网络上传输的帧与帧之间的间隙（Inter Frame Space，IFS）至少应为 96 bit 传送时间（10 Mbit/s 以太网为 9.6 μs）。也就是说，发送站点发送一帧以后，不能继续发送下一个帧，必须将信道让出来（变为空闲状态），停一个 IFS 后同其他站点一起重新竞争信道。此外，使用 IFS 的另一个目的就是让接收站点能够有时间对接收缓冲区进行清理，以便接收下一帧。

③④两个规则主要为了解决碰撞冲突问题。监听到信道空闲才使用信道并不意味着不会产生碰撞。如图 3–10 所示，站点 A 正在发送数据帧，数据信号需要经过时间 a 才能到达站点 B，这之前站点 B 对信道的监听结果是“空闲”，如果站点 B 也发送数据，就会产生碰撞。

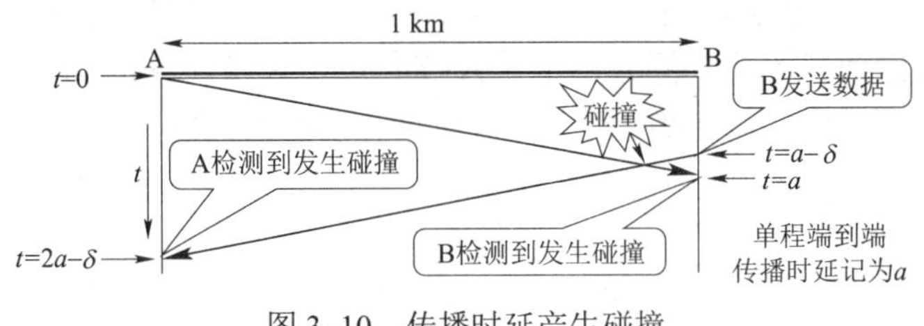

图 3–10　传播时延产生碰撞

信号在信道传播时延是产生碰撞（冲突）的“客观”原因，由于我们无法消除时延，所以在共享信道情况下，产生碰撞是不能完全避免的。如果网络上信号单程最大的时延是 a 的话，从图 3–10 也可以看出，经过 $2a$ 的时间才能保证网络上所有站点能够检测到冲突。同时，如果 $2a$ 时间没有检测到冲突，那么 $2a$ 以后就不可能再发生冲突。$2a$ 这样一个时间长度被称为“争用时隙”或“时间槽”，以太网时间槽为 51.2 μs。

在以太网中，存在如下的关系式：

$$F_{\min} = k \times S \times R \tag{3-1}$$

式中，k 为系数，$F_{\min}$ 为以太网最小帧长，S 为网络跨距，R 为网络传输速率。这是一个和时间槽密切相关的公式。从公式中可以看出：

- 最小帧长 $F_{\min}$ 固定时，传输速率 R 越高，网络跨距 S 就越小；
- 传输速率 R 固定时，网络跨距 S 越大，最小帧长 $F_{\min}$ 就越大；
- 网络跨距 S 固定时，传输速率 R 越高，最小帧长 $F_{\min}$ 就越大。

对于 10 Mbit/s 以太网，一个时间槽（51.2 μs）内可发送 512bit（64 B）。这样就可以说一个以太网上的站点发送数据时，如果前 64 B 没有发生冲突，那么后续发送的数据就不会冲突。换句话说，如果发生碰撞冲突，就一定是在前 64 B 信息发送期间内，且一旦检测到冲突发生立即停止发送，所以以太网规定凡长度小于 64 B 的帧都是无效帧，并称之为碎片帧，碎片帧在接收端会被丢弃。当需要数据很少时，如果最后形成的帧的长度小于 64 B，则必须通过填充方法（详见 4.2.2 中的 MAC 帧结构），使得其帧长超过 64 B，从而保证正常数据都会得到传送。

2）CSMA/CD 退避算法

上述规则④规定，检测到冲突后，“发送阻塞信号后，等待一个随机时间”，站点才能重新开始竞争信道。参与信道竞争的多个站点的等待随机时间应该尽可能分散开，重发次数越多表明碰撞越激烈，各站点可供选择的随机等待时间就应该越多，这样才能使下一次再次发生碰撞的可能性越小。为了实现这一思想，采用了一种称为截断二进制指数退避算法，算法描述如下：

① 基本退避时间为 T，一般取时间槽长度，即 $T=2a$；

② 从离散的整数集合［0，1，…，2^k-1］中随机选取一个数 r，其中，k=Min［重发次数，10］；

③ 站点随机等待时间= $r\times T=r\times 2a$

④ 重传也不是无休止地进行，当重传 16 次不成功（竞争站点太多），就丢弃该帧，传输失败，并报告给高层协议。

从算法②的描述可以看出，随着重发次数 k 的增加，其可能的随机时间也增多。例如，k=1，2 时，其可能的随机等待时间分别是［0，T］和［0，T，$2T$，$3T$］。这样一个算法，实现了上述的思想，降低了再次冲突的概率，从而缓和了网络拥塞。

3.4.2 传统以太网

传统以太网指的是速率为 10 Mbit/s 并使用 CSMA/CD 介质访问控制方法的网络。正如 3.3.3 节所介绍的那样，以太网模型主要指的是物理层和数据链路层，而数据链路层又分为逻辑链路控制（LLC）和介质访问控制（MAC）这两个子层。在以太网中各具体标准的 LLC（逻辑链路控制）子层基本上是一样的（但万兆以太网的 LLC 子层与以前以太网标准的 LLC 子层的区别还是很大的），MAC 子层稍有不同，但在物理层存在着较大差别，这也是各种局域网标准性能各异的根本原因。

1）传统以太网物理层

图 3–11 是传统以太网物理层。从图中可以看出，IEEE802.3 10 Mbit/s 以太网的物理层包含以下三个子层：介质连接单元（Medium Attachment Unit，MAU）、连接单元接口（Attachment Unit Interface，AUI）和物理层信号（Physical Layer Signaling，PLS）。

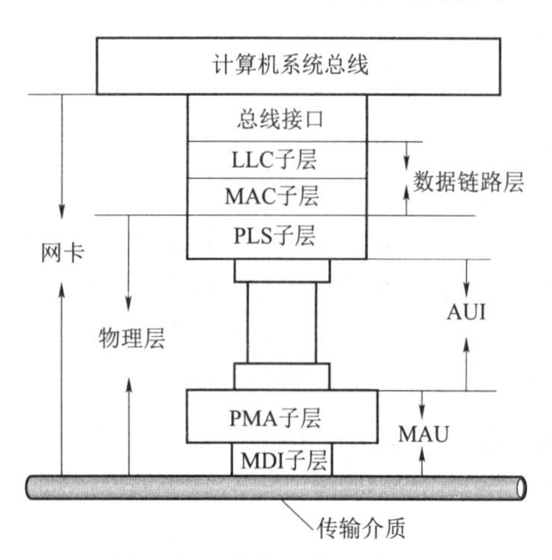

图 3–11 传统以太网物理层

MAU 是直接与传输介质相连接的部分，一般称为收发器（Transceiver）。MAU 又继续划分为物理介质连接（Physical Medium Attachment，PMA）和介质相关接口（Medium Dependant Interface，MDI）两个子层，在计算机和传输介质之间提供机械和电气接口。PMA 针对每种特定的介质生成相应的信号；MDI 实际上就是连接传输介质的连接器。介质类型不同，MDI 也不同，这也是 MDI 中“相关”的含义。例如，粗同轴电缆的 MDI 叫作插入式分接头，细同轴电缆的 MDI 叫作 BNC 连接器，双绞线以太网的 MDI 叫作 RJ–45 连接器，光纤以太网的 MDI 可以是 ST 或者 SC 连接器等。

AUI 连接 PLS 子层和 MAU 这两部分，通过 AUI 来屏蔽不同的 MAU。AUI 上的信号有四种：发送的曼彻斯特编码、接收的曼彻斯特编码、冲突信号和电源信号。

PLS 子层的任务是编码、解码和载波侦听。发送时将 MAC 子层来的串行数据编码为曼彻斯特编码，并通过 AUI 发送给收发器；接收时，接收 AUI 发送来的曼彻斯特编码信号，并进行解码，然后以串行方式发送给 MAC 子层；载波侦听就是确定信道是否空闲，然后把侦听到的载波侦听信号发送给 MAC 子层。

传统以太网使用四种不同的物理传输介质，如表 3–2 所示。

表 3–2　传统以太网物理层特性

网络标识	10Base5	10Base2	10Base–T	10Base–F
传输介质	粗同轴电缆	细同轴电缆	双绞线	光纤
连接器	DB–15	BNC	RJ–45	ST
编码	曼彻斯特	曼彻斯特	曼彻斯特	曼彻斯特
拓扑结构	总线形	总线形	星形	星形
最大网段长度	500 m	185 m	100 m	2 000 m
站点数/网段	100	30	1 024	1 024

2）MAC 子层

传统以太网在 MAC 子层功能包括“数据封装和解封”和“介质访问控制”两个方面。数据封装和解封（发送方的数据封装和接收方的数据解封）包括成帧（帧定界和帧同步）、编址（源地址及目的地址的处理）和差错检测（物理介质传输差错检测）等；介质访问控制就是使用 CSMA/CD 进行介质分配和竞争处理。要理解 MAC 子层的功能，首先要知道 MAC 子层中帧的格式。

（1）帧结构。

MAC 帧是在 MAC 子层实体间交换的协议数据单元（MAC–PDU）。图 3–12 给出了 DIX 以太网和 IEEE802.3 以太网帧格式。

DIX以太网帧格式

字节数	7	1	2~6	2~6	2	0~1 500	0~46	4
格式	前导码（PA）	帧首定界符（SFD）	目的地址（DA）	源地址（SA）	长度（L）	数据（DATA）	帧填充（PAD）	帧校验（FCS）

IEEE802.3以太网帧格式

字节数	7	1	6	6	2	0~1 500	0~46	4
格式	前导码（PA）	帧首定界符（SFD）	目的地址（DA）	源地址（SA）	类型（TYPE）	数据（DATA）	帧填充 P（AD）	帧校验（FCS）

图 3–12　以太网帧格式

格式中各部分的说明如下：

- 前导码（PA），7 个 Bytes 的 10101010，产生固定频率的方波信号，用于收发双方建立位同步；
- 定界符（SFD），10101011，标志着一帧的开始；
- 目的地址（DA），接收方的 MAC 地址（后面说明）；
- 源地址（SA），发送方的 MAC 地址；
- 类型/长度（TYPE/L），在 DIX 中，类型说明高层使用什么协议，例如 0800H–IP；在 IEEE802.3 中，表示本字段后面的 LLC–PDU 字节数；

- 数据（DATA），在 46～500 B，也就是此帧要传送的数据；
- 填充字段 PAD，保证帧长不少于 64 字节（若 DATA 域≥46 字节，则无 PAD）；
- FCS： 帧校验序列（CRC−32）。

（2）MAC 地址。

MAC 地址又称为物理地址（但属于数据链路层概念），是网络上用于识别一个网络硬件设备的标识，数据帧的传输就是根据这一标识进行送达。IEEE802.3 规定 MAC 地址的长度可以是 6 B（48 bit）或 2 B（16 bit），但通常采用 6 B 长度。

如图 3−13 所示的格式，MAC 地址是由 IEEE 负责管理和分配的，这 48 位地址主要划分为机构唯一标志符和扩展标志符这两部分。其中第一个字节的最低位是 I/G 位，当 I/G=0，表明是此地址为单地址，帧发送单一站点；而当 I/G=1，表明是组地址，帧发送给网络一组站点。接下来是 G/L 位，G/L=0，表明此地址为全局地址；G/L=1，表明此地址为本地管理地址（一般不使用）；剩下的 46 位地址可以产生 70 万亿个地址，足以让全世界所有进网设备都拥有一个唯一的 MAC 地址。网络设备生产厂商会把 IEEE 分配给的机构地址加上自己的扩展地址形成的 MAC 地址固化到所生产的网络设备上。需要说明的是当 MAC 地址所有位都为 1 的情况下形成的地址（FF−FF−FF−FF−FF−FF）是一个特殊地址，被称为广播地址，当这个地址当作帧目的地址时，这个帧被称为广播帧，广播帧要发送给网络上所有站点。

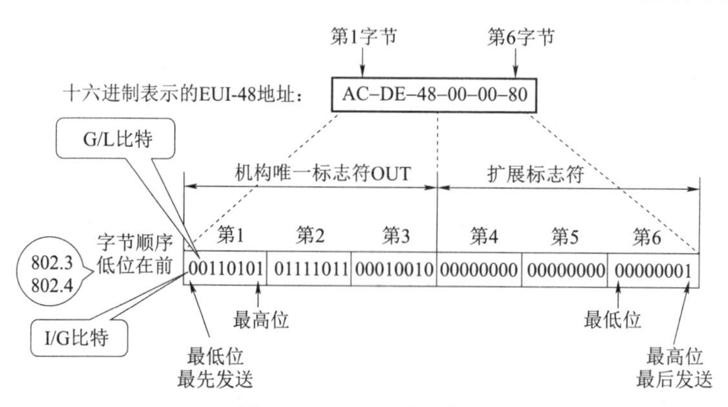

图 3−13 MAC 地址格式

（3）传统以太网存在的问题。

在阐述传统以太网的问题之前，首先介绍一下冲突域（Collision Domain）和广播域（Broadcast Domain）的概念。

冲突域是由网络连接起来的这样一组计算机集合，当其中任意两台计算机同时发送数据时，在网络上就会发生冲突。换句话来说，冲突域就是连接在同一传输导线上的所有工作站的集合，或者说是同一物理网段上所有节点的集合，或者以太网上竞争同一带宽的节点集合。因此，冲突域是物理层的概念。

广播域也是一组由网络连接起来的计算机集合，如果组中的某一台计算机发送了一个广播帧，那么组中所有计算机都会接收到该帧。正如上面所说的那样，广播帧是由特定的 MAC 地址（FF−FF−FF−FF−FF−FF）来定义的。因此，广播域是数据链路层的概念。

一个冲突域一定在一个广播域之中，反之就不一定，一个广播域可能包含一个冲突域，也可能包含多个冲突域。

由于传统以太网属于共享介质网络，每一台计算机都连接在同一个通信介质上，这样一种物理连接方式，造成其中任何一台计算机所发送的数据帧（尽管可能不是广播帧）其他计算机都可以收到，任何两台计算机同时发送数据帧就会产生冲突，所以由一个传统以太网连接起来的所有计算机都处在一个冲突域之中。随着一个冲突域之中接入计算机数量的增多，发生冲突的概率就会增加。在正常的情况下，传统以太网的利用率在 30%～40%是正常的。当网络利用率到达 80%时，冲突的数量就会导致网络运行速度明显下降。在极端的情况下，网络上的信息拥挤会使网络几乎处于一种无休止的争用状态，最终结果就是网络崩溃。

这样看来，如果有 *N* 台计算机接入一个 *W* 带宽的传统以太网，每台计算机的实际可用带宽只是 *W*/*N*。要解决上述问题，提高以太网网络性能有两种方法：一是提高网络带宽 *W*，二是减少每个冲突域的计算机数量 *N*，或者说减少共享介质网络中站点的数量，进行所谓的网段分段。

由中继器和集线器连接起来的计算机都处于一个冲突域之中，不能进行网段分段。交换机、网桥和路由器可以进行冲突域的分割，也就是网段分段。例如，一台交换机的每一个交换端口就是一个冲突域，这个交换机有多少端口就有多少个冲突域。

此外，网络中很多协议都是用广播的方法来交换信息的，如果一个广播域中，广播帧数量太多也会严重降低网络性能，这种现象被称为“广播风暴”。克服广播风暴的方法是限制一个广播域中接入计算机的数量，可以使用 VLAN 技术或者路由器进行广播域的分割。

在下面的内容中，介绍交换机和 VLAN 技术。路由器内容超出了局域网范畴，读者可以参考其他计算机网络书籍。

3.4.3 全双工交换式以太网

1）全双工以太网

传统共享介质以太网使用 CSMA/CD 来进行介质访问控制，在同一时刻只能有一个站点在传输介质上沿着一个方向上发送数据，所以这种方式是一种半双工的通信方式。这种半双工的通信最初是限于总线形的网络拓扑结构（总线结构的网络只有一个传输通道），但随着 802.3 中 10BASE–T 网络（尽管没有正式定义全双工操作）的出现，这种传输线路上的限制已经不复存在，因为所使用的双绞线可以形成两个传输通道。IEEE 在 100BASE–T 的标准中正式定义了全双工操作。全双工以太网的必要条件如下：

- 发送和接收信道应该使用分离的网络介质；
- 每两个站点之间应该配备专用的链路；
- 网卡和网络交换机必须支持全双工运行。

使用双绞线、光纤都可以在网络上为通信双方构建相互分离的双传输通道。此外，网络的中心节点还必须具有为通信双方构建专用链路的能力，这也就意味着不能使用集线器这样的半双工设备，因为集线器在逻辑上是一种共享总线设备，不能为通信双方构建专用链路。所以中心设备必须使用交换机这样具备构建专用链路的设备，同时用户端的网卡也必须支持全双工的通信。

理论上，全双工网络通信方式可以使网络带宽增加一倍。但要达到真正意义上的全双工，从信源到信宿所有参与通信的协议、软件、硬件及相应的配置必须都工作在全双工状态。

工作在全双工状态的以太网每两个站点之间通信的双向链路都可以配备成专用的，通信双方可以同时发送和接收数据，不需要对线路进行监听，任何一个站点什么时候需要发送数据，它就可以立即发送，不存在传输介质竞争访问问题，不会产生碰撞冲突，所以也就不必使用 CSMA/CD 这样的控制协议。这样，全双工以太网也就不会受到冲突检测机制针对各种电缆布线的规定的限制，其线缆长度只受到信号衰减的限制。例如，半双工的 100BASE–FX 受到冲突检测机制的限制，两个设备之间使用的两条多模光纤最大长度不能超过 412m；而在全双工情况下，这个距离可以达到 2 000 m（不能使用中继器这样的半双工设备）。对于双绞线而言，由于这种传输介质衰减较大，尽管也不受到 CSMA/CD 机制的限制，其长度也不能超过 100 m。

2）交换式以太网

交换机可以进行冲突域的分割，也就是网段的分段。如图 3–14 所示，一台 N 个端口的全双工的交换机可以把集线器形成的一个冲突域和一个广播域分割为 N 个冲突域和一个广播域。这样一个由 N 个冲突域组成的全双工交换式网络不会产生站点间竞争信道的问题，也不会产生冲突。若交换机每个端口的速率为 r，则该交换机总的容量在 $N\times r/2$ 到 $N\times r$ 之间，大大提高了网络的整体使用带宽。

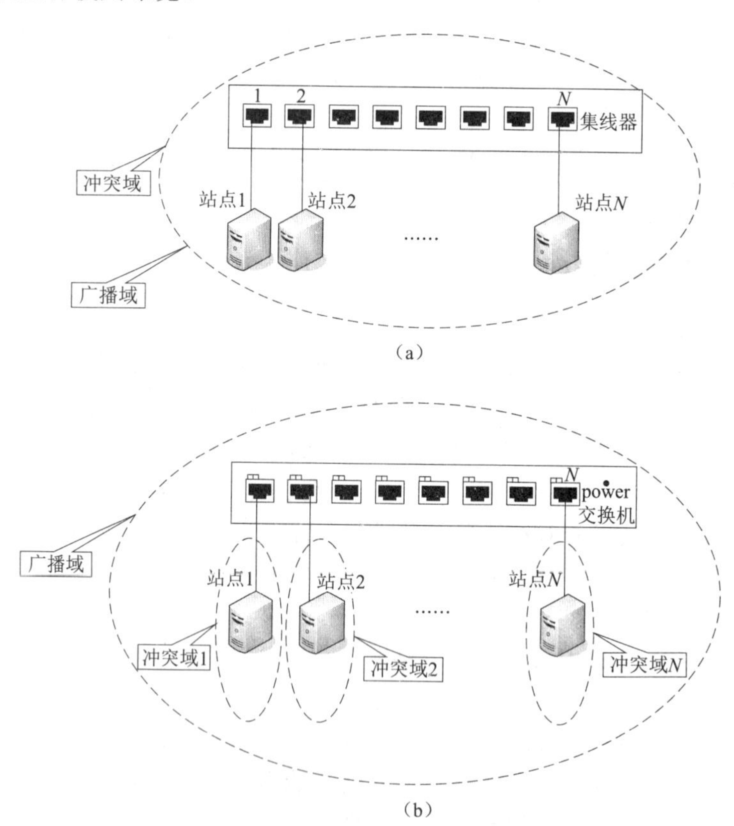

图 3–14 集线器与交换机所形成的冲突域与广播域

（a）集线器形成的冲突域和广播域；（b）交换机形成的冲突域和广播域

这时，由碰撞冲突而导致数据帧传输延迟和不确定的问题已经解决，对数据帧传输时延的主要影响因素只有两个：一是信号在信道中的传播时延；二是交换机本身的交换效率。第一个因素是所有类型网络都面临的一个问题。这里主要看看第二个因素是如何影响传输情况的。

交换机的工作过程类似于虚电路的工作过程。当接入交换机的两个站点之间有数据帧要传递时，交换机就为这两个站点建立一条点对点的专用链路，数据帧发送完毕后，就立即拆除这条链路，释放交换机上的资源。交换机可以同时建立多条这样的通信链路，允许多对用户同时进行并行通信。这样一个过程主要涉及交换机两大功能：一是建立虚连接，二是转发。

首先是交换机如何为通信双方建立虚连接。如图 3–15 所示，交换机内部有一个地址表，这个表表明了 MAC 地址和交换机端口之间的对应关系。当交换机从某个端口收到数据帧，它会先读取帧头中的源 MAC 地址，这样交换机就知道源 MAC 地址的计算机连在哪个端口上的，它再去读取帧头中的目的 MAC 地址，并在地址表中找到相应端口。如果表中已经存在这个目的 MAC 与端口的对应关系，则把数据帧发送到这个对应端口；如果找不到这个目的 MAC 地址与端口的对应关系项，就把这个数据帧广播到所有端口，当目的计算机回应时，交换机就可以学习到该回应帧源 MAC 地址与端口的对应关系，下次再往该端口发送数据时，就不需要对所有端口进行广播式发送了。交换机就是通过这样一个过程学习端口以及端口所连接的计算机 MAC 地址的对应关系，建立这个地址表的。

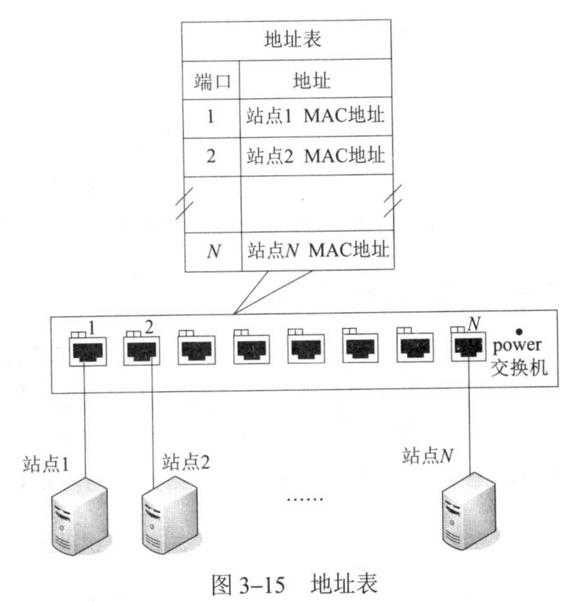

图 3–15　地址表

接下来就是转发功能。以太网交换机有三种帧转发方式：

（1）存储转发方式（Store Forward）。

这是交换机的基本转发方式，交换机会将整个帧全部读入内部的帧缓冲区中，对读入的帧进行错误校验，无错的帧将会根据地址表进行转发，有错的帧将会被过滤掉。利用存储转发机制，可以建立一些过滤算法来控制通过该交换机的通信流量。此外，帧的缓冲能力使得交换机可以在不同速率的端口间进行转发操作。存储转发方式的缺点是传输延迟大，而且延迟时长随着帧的大小变化。

（2）直通方式（Cut Through）。

直通方式不需要像存储转发方式那样将整个帧接收下来，然后再进行转发，而只是读取帧的前 16B 的信息（包括前导码、帧首定界符、目的地址和源地址）就马上转发帧，交换机不进行错误校验。这样其转发速度快、时延小，而且时延长度固定。

（3）无碎片直通方式（Fragment–free Cut Through）。

这种方法是前述两种方法的综合，交换机转发之前的读入帧的前 64 B 信息，然后依据帧中的目的 MAC 地址进行转发。我们知道 IEEE802.3 规定凡小于 64 B 的帧为有错的碎片帧。

很显然，无碎片直通方式可以过滤掉那些小于 64 B 的碎片帧，同时由于无须将整个帧都读进来，所以又保证了一定的转发速度。

综合起来看，这三种方式适于不同的应用场合。存储转发方式具有检错和在不同速率端口间转发帧的能力，对复杂和通信质量较差（出错率较高）的网络环境具有更好的适应性，适合那些对传输实时性要求不是特别高的场合。直通方式转发速率最快、延迟小，但没有检错机制，错误帧（包括碎片帧）仍可能被转发，在一定程度上会浪费网络带宽，而且不能在两种速率的端口间进行帧的转发。所以这种方式适合那些传输线路通信质量好而且对实时性有很高要求的场合。无碎片直通方式滤除了碎片帧（不能保证滤掉所有错误帧），又保证了一定的转发速度。换句话说，这种方式均衡考虑了网络通信质量情况和通信实时性之间的关系，在不显著增加转发延迟时间的前提下，降低了错误帧的转发概率，在某些场合下具有一定的实用价值。

在有些交换机中，为了发挥每种转发方式的优点，并抑制其缺点，在交换机运行过程中可以根据网络具体情况在几种交换方式间进行切换。例如，在网络出错率较高的情况下使用存储转发方式，而当网络出错率较低时，就切换成直通方式或无碎片直通方式。

3.4.4 快速以太网

快速以太网是指工作在 100 Mbit/s 速率的以太网。快速以太网具有价格低廉和与传统以太网相兼容的优势，既提升了性能又在一定程度上保护了以前的网络投资，为传统以太网用户提供了一个平滑升级的方案，因而迅速占领了整个局域网市场，甚至成功进入了原来由 FDDI 主导的高速主干网市场。表 3–3 为传统以太网和快速以太网的比较。

表 3–3　传统以太网与快速以太网比较

比较项目	传统以太网	快速以太网
端口速率	10 Mbit/s	（10 Mbit/s）/（100 Mbit/s）自适应
IEEE 标准	802.3	803.3
物理层组成	PLS、AUI、PMA、MDI	RS、MII、PCS、PMA、PMD、MDI
介质访问控制	CSMA/CD	CSMA/CD
拓扑结构	总线形、星形	星形
传输介质	同轴电缆、UTP、光纤	UTP、STP、光纤
UTP 最大距离	100 m	100 m
中继器规范	一种（介质延伸）	两种：Ⅰ级（不同介质连接和介质延伸）、Ⅱ级（介质延伸）
全双工能力	同轴电缆不支持，UTP 和光纤支持，但没有正式定义	正式定义了全双工操作，UTP、STP、光纤均支持全双工

1）快速以太网物理层

快速以太网与传统以太网最大区别在于物理层，图 3–16 为快速以太网参考模型。

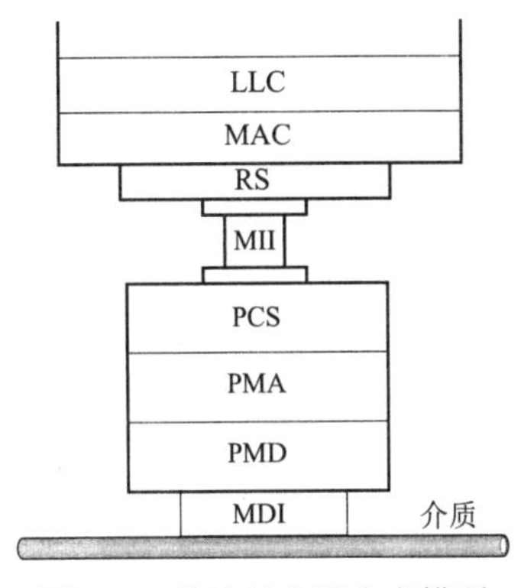

图 3–16 快速以太网参考模型

快速以太网用介质无关接口（Medium Independent Interface，MII，4 位并行接口）代替了传统以太网的 AUI（串行接口），这样可以使数据通过 MII 时的速率是每个时钟周期 4 位，而不是串行的 1 位，从而降低了发送和接收的时钟频率（10 Mbit/s 速率对应 2.5 MHz，100 Mbit/s 速率对应 25 MHz），增加了协调子层（Reconciliation Sub–layer，RS）。RS 的作用是把 MAC 层 1 位串行接口转换为 4 位并行接口，从而将 MAC 层和 MII 连接起来。此外，快速以太网不再支持同轴电缆和总线形拓扑结构。

快速以太网的 IEEE802.3u 标准定义了四种不同的物理层规范（如表 3–4 所示）。表中 100BASE–TX 和 100BASE–FX 为常用的快速以太网，而 100BASE–T4 和 100BASE–T2 基本上没有使用。

表 3–4　IEEE802.3u 物理层技术规范

项目	100BASE–TX	100BASE–FX	100BASE–T4	100BASE–T2
电缆类型	CAT5 UTP（两对）	62.5/125 MMF	CAT3 UTP（四对）	CAT3 UTP（两对）
电缆最大长度	100 m	412 m	100 m	100 m
连接器	RJ45	SC/ST/MIC	RJ–45	RJ–45
编码方案	二级编码： 4B/5B（PCS/PMA） MLT–3（PMD）	二级编码： 4B/5（PCS/PMA） NRZ–1（PMD）	一级编码：8B/6T	一级编码： PAM 5×5

2）快速以太网 MAC 子层

快速以太网仍然采用了 CSMA/CD 介质访问控制协议，从而同传统以太网相兼容，保持了同传统以太网一样的 MAC 子层，其中包括帧格式、最小和最大帧长以及地址等项目都与传统以太网相同。

需要说明的是快速以太网正式定义了全双工操作，交换机在全双工状态下不再使用 CSMA/CD 介质访问控制协议。另外一个新增加的机制称作自动协商，使得双速设备（可以运行于 10 Mbit/s 和 100 Mbit/s 两种速率）可以通过发送 FLP（Fast Link Pulse）信号来表明自己的能力，并通过对方设备发来的 FLP 来获取对方的能力，双方通过识别与自己兼容的模式，按照图 3–17 从 1 到 7 优先级顺序来协商最优的工作模式，从而可以实现不同速率的设备连接。

优先级	工作模式
1(最高)	100BASE-T2(全双工)
2	100BASE-TX(全双工)
3	100BASE-T2(全双工)
4	100BASE-T4(半双工)
5	100BASE-TX(半双工)
6	10BASE-T(半双工)
7(最低)	10BASE-T(半双工)

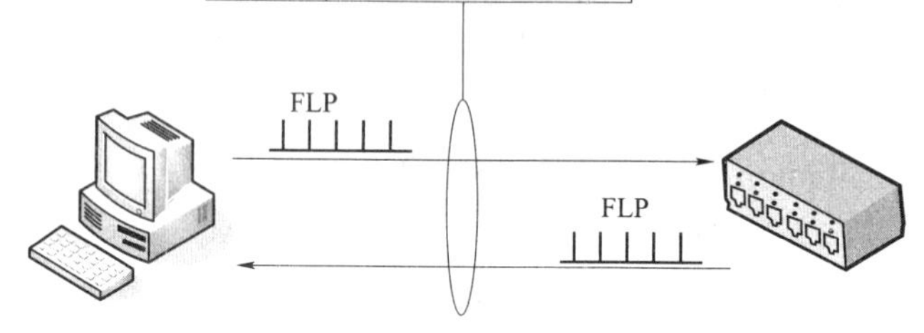

图 3–17　快速以太网工作模式自动协商

3.4.5　千兆以太网

快速以太网所具有的经济性好、同传统以太网兼容、维护和使用方便等特点，使其进入局域网主干市场后很快就受到广泛的商业支持和用户欢迎，但随着分布式计算、视频会议以及网络存储等基于网络业务的开展，人们普遍希望有更高带宽的主干网络，并能够与现有网络兼容，实现平滑的升级。IEEE802 委员会于 1998 年正式公布了 IEEE802.3z 千兆以太网标准，接着于 1999 年又正式公布了使用五类 UTP 的千兆以太网标准 IEEE802.3ab，这样的千兆以太网恰好能够满足上述的发展需求。千兆以太网与快速以太网的比较见表 3–5。

表 3–5　千兆以太网与快速以太网的比较

比较项目	快速以太网	千兆以太网
端口速率	（10 Mbit/s）/（100 Mbit/s）自适应	（10 Mbit/s）/（100 Mbit/s）/（1Gbit/s）自适应
IEEE 标准	802.3	803.3
物理层组成	RS、MII、PCS、PMA、PMD、MDI	RS、GMII、PCS、PMA、PMD、MDI
介质访问控制	CSMA/CD，时隙=512 bit，IFS=0.96 μs，	CSMA/CD，时隙=4 096 bit，IFS=0.096 μs
拓扑结构	星形	星形
传输介质	UTP、STP、光纤	UTP、STP、光纤
UTP 最大距离	100 m	100 m
中继器规范	两种：Ⅰ级（不同介质连接和介质延伸）、Ⅱ级（介质延伸）	一种
全双工能力	UTP、STP、光纤均支持全双工	UTP、STP、光纤均支持全双工
自动协商机制	双绞线支持，光纤不支持	光纤、双绞线均支持

1）千兆以太网物理层

千兆以太网物理层将 MII 用千兆位介质无关接口（Gigabit Media Independent Interface，GMII）代替，将 MII 的 4 位收发数据通道改为 GMII 的 8 位数据通道；采用了光纤通道的 8 B/10 B 线路编码，即把每 8 位数据编码成 10 位线路编码；优先使用光纤介质。千兆以太网有两个独立标准 IEEE802.3z 和 IEEE802.3ab，所定义的物理层规范如表 3–6 所示。

表 3–6 千兆网物理层技术规范

项目	1000BASE–CX	100BASE–SX	1000BASE–LX	1000BASE–T
标准	IEEE802.3z	IEEE802.3z	IEEE802.3z	IEEE802.3ab
电缆类型	专用两对屏蔽电缆	50 μm 或 62.5 μm 多模光纤	50 μm 或 62.5 μm 多模光纤，9 μm 单模光纤	CAT5 UTP（4 对）
电缆最大长度	25 m	550 m（50 μm 多模光纤全双工模式），220 m（62.5 μm 多模光纤全双工模式）	5 000 m（9 μm 单模光纤全双工模式）	100 m
连接器	9 芯 D 型连接器	SC/ST	SC/ST	RJ–45
编码	8 B/10 B	8 B/10 B	8 B/10 B	4D–PAM 5

2）千兆以太网 MAC 子层

从表 3–5 可以看出，千兆以太网在半双工状态下与快速以太网一样仍然使用 CSMA/CD 的介质访问控制协议，并且最小帧长（64 B）及最大帧长（1 518 B）的规定也没有变化，其目的就是保持千兆以太网同传统以太网和快速以太网从 MAC 子层以上的兼容性。但是千兆以太网所规定的争用时隙大大增加，由快速以太网的 512 bit 变为 4 096 bit，IFS 也由原来的 0.96 μs 修改为 0.096 μs。

这样修改的主要原因是为了在保持同快速以太网兼容的基础上，解决网络跨距不足的问题。根据 4.4.1 节中的公式 4–1，在保持最小帧长（64 B）不变的情况下，当发送速率为 1 Gbit/s 时，网络跨距只有 20 m。这样的网络跨距显然不能满足大部分网络布线的需求。所以必须想办法增加网络跨距，但是在 MAC 子层保持最小帧长不变的情况下，来增加跨距是无法完成的任务。

IEEE802.3z 使用了一种称为“载波扩展”的机制来解决这个问题。这一机制是在物理层上实施的，当发送的帧长度小于 512 B（4 096 bit）时，就在帧的后面再发送特殊的载波扩展符号序列，将整个发送长度扩展到 512 B；而当发送的帧长度大于 512 B 时，则不必扩展。实质上，就是在物理层使用了 512 B 这样的争用时隙，来支持 MAC 子层上的 CSMA/CD，但这一载波扩展对 MAC 子层以上各层都是透明的。因此扩展的内容不是帧的组成部分，这也是这种技术被称为“载波扩展”而不是“帧扩展”的原因。

这样不但延长了网络跨距，也保持了 MAC 层的兼容性。但随之而来的问题是在短帧（≤64 B

的帧）发送时会带来传输效率的下降。这里的填充不仅包括 MAC 层帧数据填充，使帧长要达到 64 B，同时物理层还要进行 448 B 的载波扩展，而这些填充和扩展都是“无效”载荷（不是有效数据）。这时即使将 MAC 填充也视为“有效载荷”，实际的帧有效载荷与总发送长度之比也只有 12%。所以在短帧较多的情况下，网络吞吐率将大大降低。

为了解决这个问题，千兆以太网采用了一种称为“帧突发”（Frame Bursting）的技术。在正常情况下，每个发送站点每发送一个帧，就要让出信道，等待 IFS 的时隙后，再和其他站点重新竞争信道。在帧的突发模式下，当某个发送站点有多个短帧需要传送时，一旦获得介质访问权并成功发送一帧后，不再让出信道并等待 IFS，而是连续发送多个帧，并用 12B 载波扩展位来填充帧之间的间隔（Inter-Frame Gap，IFG），其目的是让其他站点检测到介质处于“忙”的状态，防止这些站点对介质的竞争打断帧的突发操作。这些连续发送的突发帧的总长度不能超过 8 192 B。

图 3–18 所示为帧的突发过程。在此过程中，只是在第一个短帧进行了载波扩展，后续帧不再进行载波扩展，只是在帧之间进行 12 B 的载波填充，所以会大大增加整个传送的有效载荷。即使在一个帧突发时间上限范围内，所传送的都是短帧，其有效载荷与总的传送长度之比也可以达到 72%，从而可以改善网络的整体传输性能。需要说明的是，当传送最后一个帧 *N* 时，即使突发时间上限到了，发送站点也要将最后一个帧传送完。

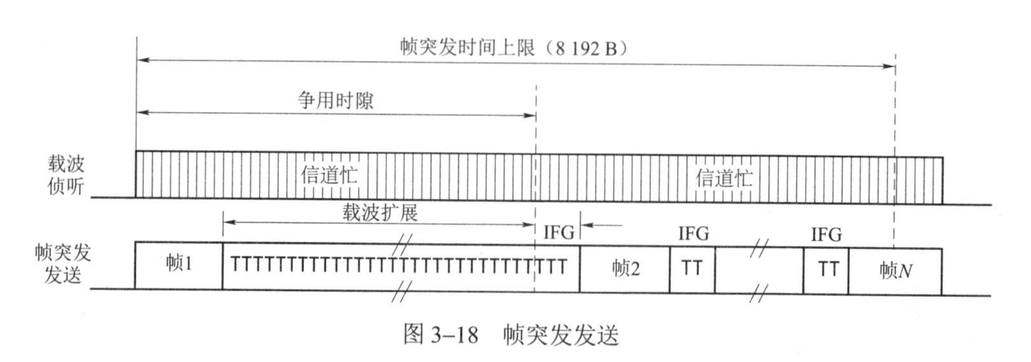

图 3–18 帧突发发送

在全双工状态下，千兆以太网不采用 CSMA/CD 协议，不需要载波扩展和帧突发传送。此外，1000BASE–T 网络只工作在全双工状态下。

3.4.6 万兆以太网

以太网主要在局域网中占绝对优势，用于一个单位或公司内部的网络建设。但是在很长的一段时间中，人们普遍认为以太网不能用于城域网，特别是汇聚层以及骨干层。主要原因在于以太网用作城域网骨干带宽太低（10 M 以及 100 M 快速以太网的时代），传输距离过短。随着万兆以太网技术的出现，上述问题已得到解决。

万兆以太网保留了传统以太网的帧格式、最小和最大帧长，但不再使用 CSMA/CD 的介质访问控制协议，所以网络跨距等参数也不再受到 CSMA/CD 限制，只工作在全双工状态下。万兆以太网标准和规范繁多，在标准方面，有 2002 年的 IEEE802.3ae，2004 年的 IEEE802.3ak，2006 年的 IEEE802.3an、IEEE802.3aq 和 2007 年的 IEEE802.3ap；在规范方面，总共有 10 多个，可以分为三类：一是基于光纤的局域网万兆以太网规范，二是基于双绞线（或铜线）的局域网万兆以太网规范，三是基于光纤的广域网万兆以太网规范。

就目前来说，用于局域网的基于光纤的万兆以太网规范有：10GBASE–SR、10GBASE–LR、10GBASE–LRM、10GBASE–ER、10GBASE–ZR（厂商规范，没有被 IEEE802 委员会接受）和 10GBASE–LX4 这六个规范。在这些规范的网络中，使用多模光纤传输距离可达 300 m，使用单模光纤传输距离为 10～40 km，10GBASE–ZR 网络最大传输距离可以达 80 km。

基于双绞线（6 类以上）的万兆以太网规范包括 10GBASE–CX4、10GBASE–KX4、10GBASE–KR、10GBASE–T。前三个规范的传输距离都很短，一般是在几米到十几米的范围内，主要用于骨干网上交换设备的近距离互联或者这些高带宽网络设备背板级的通信连接。

10GBASE–T 对应的是 2006 年发布的 IEEE802.3an 标准，可工作在屏蔽或非屏蔽双绞线上，最长传输距离为 100 m。这可以算是万兆以太网一项革命性的进步，因为在此之前，一直认为在双绞线上不可能实现这么高的传输速率，原因就是运行在这么高的工作频率（至少为 500 MHz）基础上的损耗太大。但标准制定者依靠损耗消除、模拟到数字转换、线缆增强和编码改进这四项技术构件，使 10GBASE–T 变为现实，为各单位的以太网平滑升级提供了一个很好的选项。

10GBASE–T 相比于其他 10G 规范，具有更高的响应延时和消耗。在 2008 年，有多个厂商推出一种硅元素可以实现低于 6 W 的电源消耗，响应延时小于百万分之一秒（也就是 1 μs）。在编码方面，不是采用原来 1 000 BASE–T 的 PAM–5，而是采用了 PAM–8 编码方式，支持 833 Mbit/s 和 400 MHz 带宽，对布线系统的带宽要求也相应地修改为 500 MHz。在连接器方面，10GBASE–T 已广泛应用于以太网的 650 MHz 版本 RJ–45 连接器。在 6 类线上最长有效传输距离为 55 m，而在 6a 类双线上可以达到 100 m。

10GBASE–SW、10GBASE–LW、10GBASE–EW 和 10GBASE–ZW 规范都是应用于广域网的物理层规范，专为工作在 OC–192/STM–64SDH/SONET 环境而设置，使用轻量的同步数字体系（Synchronous Digital Hierarchy，SDH）和同步光纤网络（Synchronous Optical Networking，SONET）帧，运行速率为 9.953 Gbit/s。在使用单模光纤情况下，这些规范所形成的网络传输距离可达上百千米，可实现多个万兆位以太网的广域连接，大大扩展了其地理范围。

3.4.7 虚拟局域网技术

虚拟局域网（Virtual LAN，VLAN）技术是一种网络构造和用户组织方式，就是一种将局域网（LAN）设备从逻辑上划分（注意，不是从物理上划分）成一个个网段（或者说是更小的局域网），从而实现虚拟工作组（单元）的数据交换技术。

VLAN 的标准较多，有一些公司甚至具有自己的标准。例如，Cisco 公司的 ISL 标准，虽然不是一种大众化的标准，但是由于 Cisco Catalyst 交换机的大量使用，ISL 也成为一种不是标准的标准了。IEEE802.10 曾经在全球范围内作为 VLAN 安全性规范，但由于该协议是基于 FrameTagging 方式的，大多数 802 标准委员会的成员都反对推广 802.10。

目前，使用最广泛的 VLAN 标准莫过于 IEEE802.1Q。1996 年，IEEE802.1 Internetworking 委员会推出的这个标准进一步完善了 VLAN 的体系结构，统一了 Frame–Tagging 方式中不同厂商的标签格式，并制定了 VLAN 标准在未来一段时间内的发展方向。802.1Q VLAN 标准在业界获得了广泛的推广，成为 VLAN 史上的一个里程碑。它的出现打破了虚拟网依赖单一厂商的局面，从一个侧面推动了 VLAN 的迅速发展。另外，来自市场的压力使各大网络厂商立刻将新标准融合到他们各自的产品中。

1）VLAN 划分方法

VLAN 是从逻辑上划分，而不是从物理上划分，所以同一个 VLAN 内的各个工作站不受物理位置的限制，就像在一个 LAN 那样，可以通过二层交换技术相互访问，但 VLAN 之间却不能随意访问，必须通过三层路由技术才能相互访问。VLAN 的划分主要有以下几种方法：

（1）基于端口。这种划分 VLAN 的方法是根据以太网交换机的交换端口来划分，它是将 VLAN 交换机上的物理端口和 VLAN 交换机内部的 PVC（永久虚电路）端口分成若干个组，每个组构成一个虚拟网，相当于一个独立的 VLAN 交换机。基于端口的 VLAN 划分可以跨越多台交换机，容易配置维护，比较安全。其缺点是灵活性较差，当某用户离开了原来的端口，到了一个新的交换机的某个端口，必须重新定义。

（2）基于 MAC 地址。这种划分 VLAN 的方法是根据每个主机的 MAC 地址来划分，即对每个 MAC 地址的主机都配置其属于哪个组，它实现的机制就是每一块网卡都对应唯一的 MAC 地址，VLAN 交换机跟踪属于 VLAN MAC 的地址。这种 VLAN 的划分方法的最大优点就是当用户物理位置移动时，即从一个交换机换到其他的交换机时，VLAN 不用重新配置。其缺点是在初始化时，所有的用户都必须进行配置，如果有几百个甚至上千个用户的话，配置工作量很大，所以这种划分方法通常适用于小型局域网。

（3）基于 IP 地址或网络协议。这种划分方法可以通过收到分组中的 IP 地址或协议类型来确定每个接入主机所属的 VLAN，属于动态 VLAN 配置。这种方法的优点是用户的物理位置改变了，不需要重新配置所属的 VLAN，但需要在网络层检查数据包地址或协议，增加了处理的时间（相对于前面两种方法）和交换机负担。

2）VLAN 对网络性能的改善

下面我们结合一个实例来说明 VLAN 的特点。图 3–19 是某公司的网络情况，公司四个部门的办公室分布在一座三层楼房内，这是一个典型的局域网部署情况。每一个楼层的计算机接到楼层交换机上，楼层交换机接到核心交换机上，通过路由器接入互联网，并通过网络防火墙实现互联网与公司内网的逻辑隔离，提供对内网的保护。在这样一种情况下，公司整个网络是一个物理局域网，所有主机都处在一个安全域中，也就是说除了主机本身所具有的访问控制机制外，内网上任何一台主机都可以不受限制地访问局域网上的资源，这就为内部权限乱用，甚至内部攻击创造了条件。例如，一个技术部的人员可以通过 ARP 欺骗等手段进行网络监听，获取财务部数据库服务器的有关信息，并可能进一步侵入财务部服务器中。

一般来说，相同部分人员对本部门网络资源的访问更频繁，而部门间的访问就相对较少，在同时考虑网络性能和安全的情况下，整个 LAN 根据用户所属部门，被划分为 4 个 VLAN，如图 3–20 所示。每个 VLAN 中的用户计算机可以直接相互访问，不同 VLAN 用户计算机不能直接访问，必须通过核心交换机的三层路由交换来实现。通过划分 VLAN 可以对这个网络的性能和安全状况进行改善，具体体现在如下几个方面：

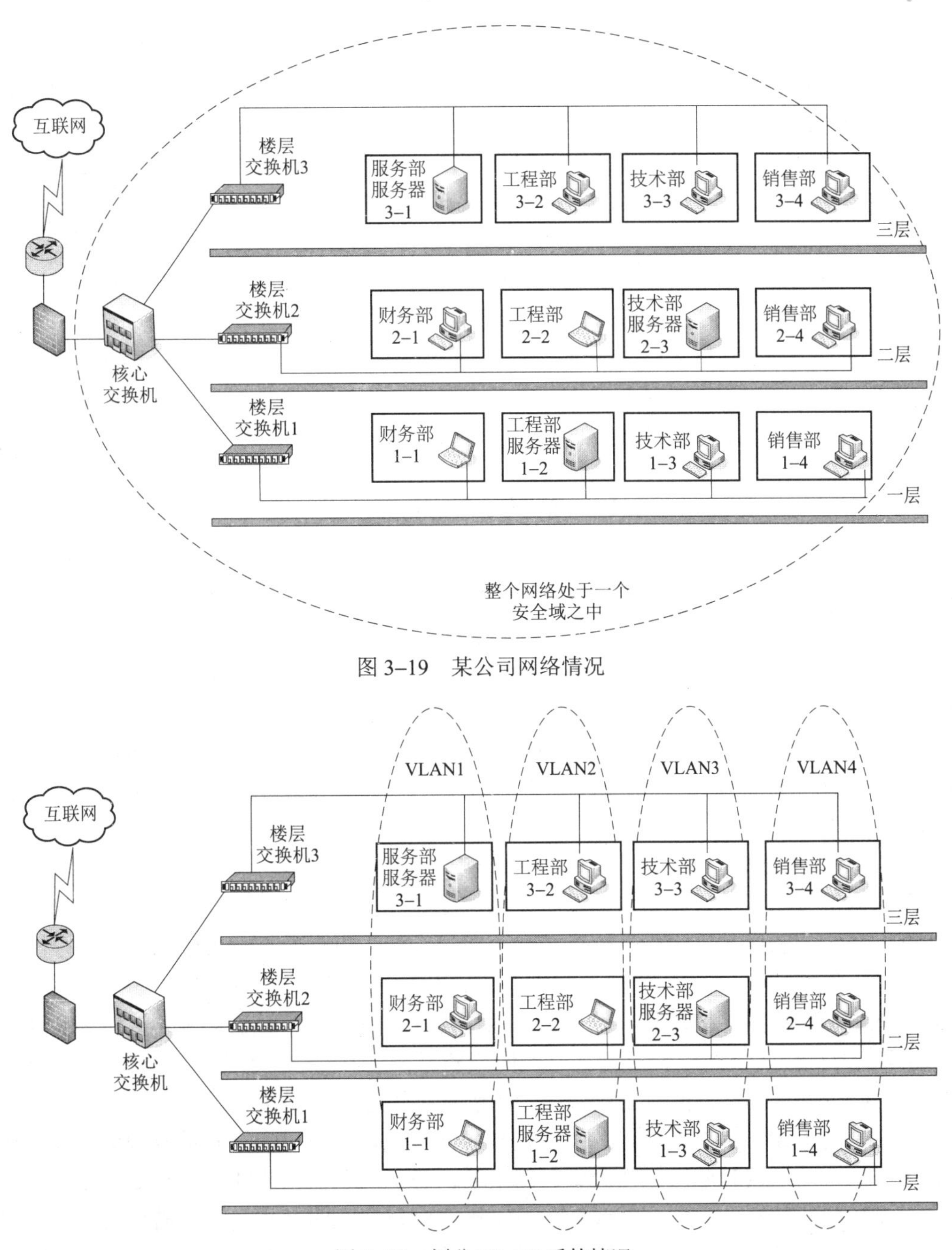

图 3–19　某公司网络情况

图 3–20　划分 VLAN 后的情况

首先，这样一种 VLAN 划分提高了管理效率。当网络中一个 VLAN 的用户工作部门、工作位置或者办公室用途发生变化时，无须重新布线，只要在网络管理工作站根据变化情况重新规划 VLAN 即可。例如，当工程部所占用的 3–2 房间借给财务部进行年终财务结算时，如果使用的是基于端口的 VLAN 划分方法，只需要把 3–2 房间所连接的楼层 3 交换机端口由原来的 VLAN2 划分到 VLAN1 中即可。

其次，VLAN 的划分控制了广播数据，改善了网络性能。我们知道交换机能够进行冲突域的分割，但不能进行广播域的分割。原来公司内网所有主机都在一个广播域中，随着网络规模的增大，大量广播帧会引起网络性能下降。将原来的网络划分成几个 VLAN，就可以将广播帧限制在 VLAN 内，而不是发送到整个内网，从而改善了网络性能。

最后，就是增强了网络的安全性。通过划分 VLAN 的方法，对网络不同区域进一步进行逻辑隔离，将原来的一个安全域划分成了四个安全域，不同安全域（或 VLAN）之间可以相互访问，但必须经过三层路由来实现，受到路由过滤规则的限制，这样就可以满足四个安全域不同的安全需求。以财务部服务器为例，除了 VLAN1 用户，可以通过在核心交换机设置过滤规则，只允许销售部 3–4 计算机访问。这样，其他无关部分的人员（例如，技术部的人员）就很难对此服务器进行非法访问或攻击，通过网管软件可以对闯入每个 VLAN 的非法用户进行报警，这样就大大增加了整个网络的安全性。此外，VLAN 可以有效地隔离蠕虫病毒的传播，减少受感染服务器可能造成的危害。

3.5 无线局域网技术

3.5.1 无线局域网的特点

无线局域网（Wireless Local Area Networks，WLAN）利用无线通信技术将各类计算机设备互联起来，构成可以互相通信和资源共享的网络体系。无线局域网利用射频（Radio Frequency，RF）信号取代各类传输线缆（铜缆、光缆）作为传输介质，在很多地方都表现出有线网络所不具备的优势，与有线网络形成了很好的互补关系。相对于有线网络，其可能的应用场所和所体现出来的优势包括：

● 不能进行布线或者布线不方便的场所。例如，文物古建筑、已经进行了装修的住宅、两个相距较近但没有布线管道相连的建筑之间。无线局域网安装便捷，可以免去或最大程度地减少网络布线的工作量，一般只要安装一个或多个接入点设备，就可建立覆盖整个区域的局域网络。

● 一些临时需要组网的场所。例如大型展览会、军事演习和运动会等，这些场合往往没有现成的网络设施可以利用，而且所建立的网络随时需要拆除。使用无线网络搭建临时网络，不但经济性好、便于拆除，而且易于根据当时的情况进行网络调整和规划。

● 需要进行漫游访问的场所。各类便携设备（笔记本计算机、智能手机和读卡器）在有些场合下经常移动，这时要求这些设备对网络接入和访问要保持连续性。例如，在机场候机的人员需要访问互联网，大型仓库或超市员工需要对货架上的商品进行扫描统计。无线局域网在无线信号覆盖区域内的任何一个位置都可以接入网络，非常方便在这些场合下对网络的使用。

无线局域网在能够给网络用户带来便捷和实用的同时，也存在着一些缺陷。相对于有线局域网，无线局域网的不足之处体现在以下几个方面：

● 性能。无线局域网是依靠无线电波进行传输的，这些电波通过无线发射装置进行发射，而建筑物、车辆、树木和其他障碍物都可能阻碍电磁波的传输，所以会影响网络的性能。

● 速率。无线信道的传输速率与有线信道相比要低得多。目前，无线局域网的最大传输速率为 150 Mbit/s，只适合个人终端和小规模网络应用。

● 安全性。本质上无线电波不要求建立物理的连接通道，无线信号是发散的，从理论上讲，很容易监听到无线电波广播范围内的任何信号，造成通信信息泄露。

3.5.2 无线局域网的标准与体系结构

全球第一个无线局域网标准——IEEE802.11 标准是由 IEEE 成立的无线局域网委员会于 1997 年 6 月制定的。接下来，1999 年公布了 IEEE802.11a 和 IEEE80211b，2006 年公布了 IEEE802.11g，2008 年公布 IEEE802.11n。表 3–8 列出了这些标准的一些主要性能参数。

表 3–8　IEEE802.11 系列标准主要参数

性能参数	IEEE 802.11	IEEE 802.11a	IEEE 802.11b	IEEE 802.11g	IEEE 802.11n
频率(点)	2.4 GHz	5.8 GHz	2.4 GHz	2.4 GHz	2.4/5 GHz 双频率
最大传输速率	2 Mbit/s	54 Mbit/s	11 Mbit/s	54 Mbit/s	600 Mbit/s（20 MHz×4 MIMO）
距离	室外：100～300 m 室内：30～50 m	5～10 km	室外:100～300 m 室内：30～50 m	室外:100～300 m 室内：30～50 m	室外：100～400 m 室内：70～100 m
支持业务	数据	数据、语音、图像	数据、语音、图像	数据、语音、图像	数据、语音、图像
安全性	较好	好	较好	好	好

除了以上的标准，IEEE802 标准委员会于 2011 年推出了 IEEE802.11ac 标准的草案。IEEE802.11 建立了无线局域网的拓扑结构，定义了媒体访问控制（MAC）协议和物理层的规范，且使用了 IEEE802.2 中定义的标准 LLC 子层，并允许无线局域网及无线设备制造商在一定范围内建立互操作网络设备。在网络层以上各层可以使用任何标准的协议组，例如 TCP/IP。其所定义的标准体系结构如图 3–21 所示。

LLC			
MAC			
跳频扩展频谱 PHY	直接序列扩展频谱 PHY	红外线 PHY	正交频分复用 PHY

图 3–21　802.11 标准体系结构

3.5.3 无线局域网物理层

1）无线局域网拓扑结构

无线局域网最小构成单位是基本服务集（Basic Service Set，BSS），它由一些运行相同 MAC 协议和争用同一共享介质的站点组成，每一个 BSS 都会以一个 ID 来识别，这个 ID 即 BSSID。

有两种基本类型的 BSS 设备：具有无线通信能力的计算机和无线接入点（Access Point，AP）设备。BSS 的形状和区域范围取决于它所使用的无线介质类型和使用环境。基于射频介质的网络，其 BSS 大致像一个球形；红外介质网络，其 BSS 形状则是直线。而当这些无线介质遇到障碍时，其 BSS 就会变成不规则的形状。

802.11 无线网络支持三种模式的服务集：独立（Independent）模式服务集、基础结构（Infrastructure）模式服务集和扩展（Extended）模式服务集。

（1）独立模式服务集 IBBS（Independent BBS）。在这种模式下，服务集中的通信站点（计算机）之间的通信是直接进行的，不需要网络接入点设备。最小的独立模式的服务集中只需要两台计算机。如图 3–22（a）所示，两台计算机所形成的 BBS 是这两台计算机通信无线电信号覆盖的重合区域。所以独立模式的缺点是无线网络的覆盖范围受限于无线网卡的功率（一般情况下无线网卡的功率较小，即信号的传输距离较短，影响无线网络的覆盖范围）。

独立模式通常用于临时性的短期网络或小型网络，如临时会议、几个人临时传输一些数据、小型办公室中为了实现资源共享而部署的无线网络等，所以以独立模式组成的网络又称为临时或特殊（ad hoc）网络。

（2）基础结构模式服务集（Infrastructure BBS）。基础结构模式使用了无线访问点（AP），如图 3–22（b）所示。服务集中所有站点之间的通信都必须经过中间的无线访问点 AP。换句话说，信源和信宿之间的无线链路是由 AP 来搭建的。

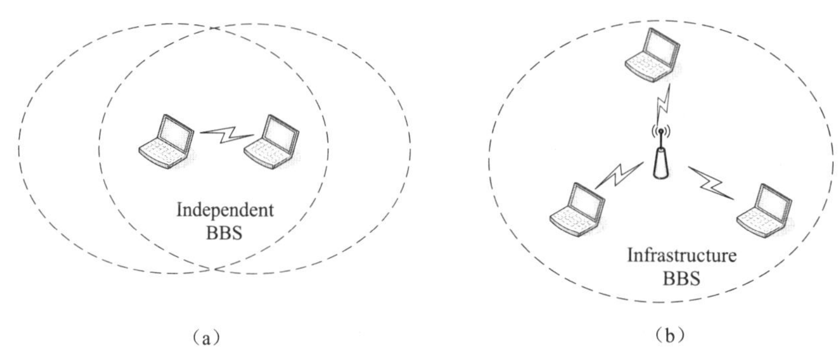

图 3–22 无线局域网服务集模式

（a）独立模式；（b）基础结构模式

在基础结构模式中，通信站点必须与无线 AP 且只能与一个无线 AP 关联起来才能获取网络服务。由于使用了无线 AP，无线网络的覆盖范围变大，站点只要在 AP 的工作范围就可以被纳入 BBS 中。

（3）扩展模式服务集 EBBS（Extended BBS）。为了创建更大覆盖范围和复杂的无线网络，使用分布系统（Distribution System）将几个基本服务集连接起来（如同使用主干将几个小型有线局域网连接起来以形成一个大型网络），这种互联网络称为扩展服务集。

一般来说，分布式系统就是一个有线的骨干局域网，扩展服务集对于逻辑链路控制层来说，只是一个简单的逻辑局域网。如图 3–23 所示，组成扩展服务集的基本服务集可以重叠（例如，BBS1 和 BBS2 之间），如果这两个服务集所使用的 AP 具有相同的名称（ESSID），通信站点就可以在 BBS1 和 BBS2 之间实现漫游。在目前大量使用的无线网络中，大部分都是按照 ESS 这样一种模式构建的。

2）IEEE802.11 物理层

IEEE802.11、IEEE802.11a、IEEE80211b、IEEE802.11g 以及 IEEE802.11n 的物理层情况各不相同。

（1）IEEE802.11 在物理层使用跳频技术 FHSS（Frequency–Hopping Spread Spectrum）或者直接序列展频技术 DSSS（Direct Sequence Spread Spectrum）进行通信频带扩展，频点都在 2.4 GHz。此两种技术是在第二次世界大战中军队所使用的技术，其目的是希望在恶劣的战争环境中，依然能保持通信信号的稳定性及保密性，其详细情况请参见第 5 章。IEEE802.11 其调制技术使用 FSK、BIT/SK 或 QPSK，数据率都是在 1 Mbit/s 或者 2 Mbit/s。

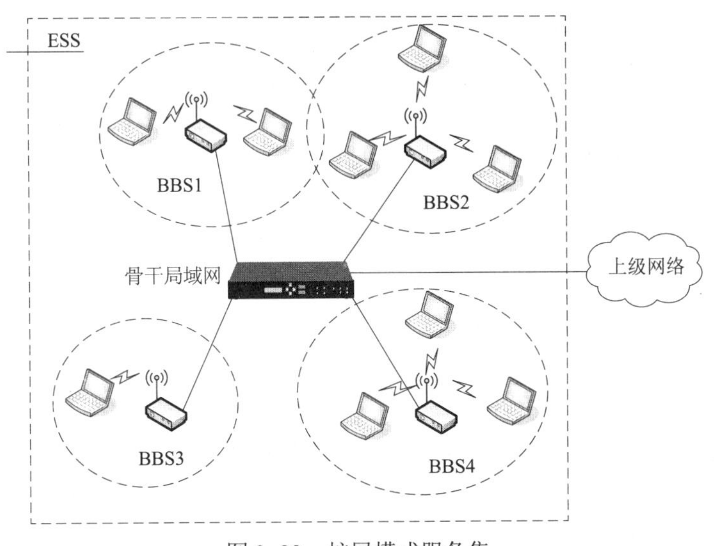

图 3–23　扩展模式服务集

（2）IEEE802.11a 在物理层采用了正交频分复用 OFDM（Orthogonal Frequency Division Multiplexing）方法。OFDM 技术其实是多载波调制 MCM（Multi-Carrier Modulation）的一种。其主要思想是将信道分成许多正交子信道，在每个子信道上进行窄带调制和传输，这样减少了子信道之间的相互干扰。每个子信道上的信号带宽小于信道的相关带宽，因此每个子信道上的频率选择性衰落是平坦的，大大消除了符号间干扰。频点在 5 GHz，信道宽度为 20 MHz，传输速率可达 54 Mbit/s，使用 BIT/SK、QPSK、16QAM 以及 64QAM 调制技术。需要注意的是这个标准与 IEEE802.11b 是互不兼容的。

（3）IEEE802.11b 在物理层使用了直接序列展频技术 DSSS，频点在 2.4 GHz，信道宽度 22 MHz，传输速率为 11 Mbit/s，采用 CCK 编码和 QPSK 调制技术。

（4）IEEE802.11g 在物理层使用正交频分复用 OFDM，完全兼容 802.11b 标准。频点采用 2.4 GHz，信道带宽 20 MHz，速率可达 54 Mbit/s，采用的调制方法有 BIT/SK、QPSK、16QAM、64QAM 等。

（5）IEEE802.11n 在物理层不但采用了 OFDM 技术，还采用了空间多路复用多入多出（Spatial Multiplexing Multi–In Multi–Out）。MIMO 系统在发射端和接收端均采用多天线（或阵列天线）和多通道。传输信息流 $S(k)$ 经过空时编码形成 N 个信息子流 $C_i(k)$，i=1，……，N。这 N 个子流由 N 个天线发射出去，经空间信道后由 M 个接收天线接收，多天线接收机利用先进的空时编码处理能够分开并解码这些数据子流。这样，MIMO 系统可以创造多个并行空间信道，解决了带宽共享的问题。802.11n 采用 20 MHz 和 40 MHz 两种信道带宽，使用双频带（2.4GHz / 5GHz），信号调制方法与 IEEE802.11a 基本一样。采用软件无线电技术，解决了不同标准采用不同的工作频段、不同的调制方式造成系统间难以互通、移动性差的问题，保障了与以往的 802.11a、11b、11g 标准的兼容。

3.5.4 无线局域网 MAC 子层

无线局域网属于共享介质的网络，需要像总线形的有线网络一样解决总线访问控制与访问冲突问题。但如果使用 CSMA/CD 这样的协议，则存在如下的难题：

- 每个站点设备必须是全双工的，这样才能在发送数据时候，也能够接收数据，以从接收的信号中检测是否发生冲突，这对于无线网络设备实现起来很困难。
- 无线信号在传播过程中受到外界影响因素比较多，其强度变化范围很大，因此很难从信号强度变化情况来检测是否发生冲突。
- 存在隐蔽站点问题。所谓隐蔽站点问题如图 3–24 所示，当 A 和 C 检测不到无线信号时，都以为 B 是空闲的，因而都向 B 发送数据，结果发生碰撞。这个问题在有线网络上是不存在的。

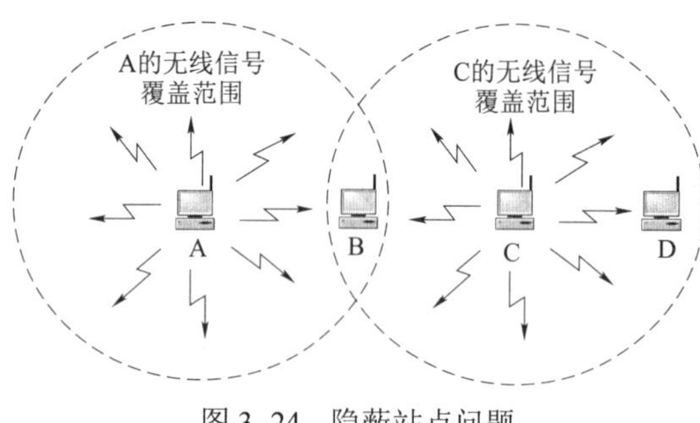

图 3–24　隐蔽站点问题

IEEE802.11 标准采用了 CSMA/CA 来进行介质访问控制，用冲突避免的方法 CA（Collision Avoidance）来代替冲突检测 CD（Collision Detection），其基本思想如下。

如图 3–25 所示，当源站点要发送数据时，首先对信道进行监听，如果介质空闲就等待一个时隙 DIFS，如果信道仍然空闲，就可以发送数据；如果信道忙，就推迟自己的传输，并继续监听，直到信道空闲。当一帧传送结束，接收站点经过一个 SIFS，发送一个确认帧 ACK 给源站，同时源站点需要让出信道，等待一个时隙 DIFS。如果源站点还有数据发送，就和其他站点一起进行信道竞争，各站点执行二进制指数退避算法并继续监听信道，如果信道空闲，便可以发送下一个帧。执行退避算法的目的是让所有站点都能够获得信道使用权的“公平”机会，并降低争用过程中冲突的概率。

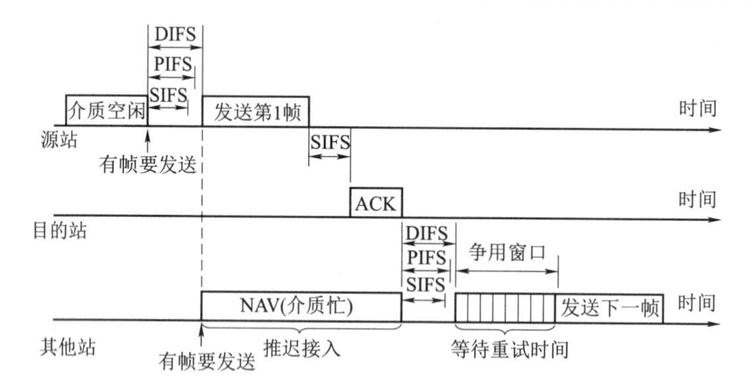

图 3–25　CSMA/CA 介质访问控制方法

在 CSMA/CA 这样的一个访问控制方法中，还存在两个具体的机制来避免冲突，并能够解决本节开始所提出的难题。

1）请求 RTS（Request To Send）/允许发送 CTS（Clear To Send）机制

在这一个机制中，源站点 A 如果有数据向目的站点 B 发送，在得到信道使用权后就会发送一个 RTS 帧，这时在 A 的信号范围内的站点（B 和 E 等）都会收到这个请求帧，但只有目的站点 B 会响应 A 的这个请求，并发送允许发送帧 CTS，表明自己可以接收来自 A 的数据帧。这个自 B 发出的 CTS，在 B 的作用范围内所有站点（A 和 C）也都可以收到。

这样的一个机制首先避免了在 A 的帧发送过程中发生冲突。这是因为不论在 RTS 帧中还是在 CTS 帧中都有一个“传输持续时间”字段，这个字段实际上会传送给能够接收到 RTS 和 CTS 所有的站点，通知它们现在 A 站点使用信道以及占用信道持续时间，也就是对信道进行了预约。其他站点会根据这个持续时间来更新本站的网络分配矢量NAV（Network Allocation Vector）的值，NAV 类似于一个倒计时的计数器，随时间不断减 1，直到其值为 0 且物理层报告信道空闲时，才认为信道处于空闲状态。而其他站点在其 NAV 不为 0 的状态下，就认为信道是忙的，好像检测到了“载波”，从而不会竞争使用信道，也就避免了冲突。所以这个过程又被称为“虚拟载波”检测。

其次，这个机制解决了隐蔽站点问题。从图 4–26 可以看出，尽管 A 站点和 C 站点之间互相不能检测到对方的信号，但 B 站点已经通过其 CTS（C 站可以收到）帧通知了 C 站点：AB 之间正在传送数据以及持续的时间。这样 C 站点尽管检测不到 A 发出的信号，也会“按兵不动”。

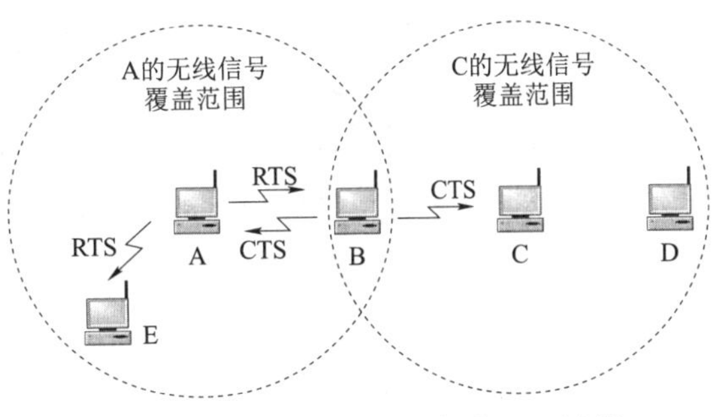

图 3–26　请求 RTS/允许发送 CTS 过程

2）正向确认机制

接收站点每当正确收到以自己为目的地的数据帧（不包括组播和广播帧）时，就向源站点发送 ACK 帧，表明已经成功接收到正确的数据帧，否则不采取任何行动。源站点在发送完数据帧后，如果在指定时间内没有收到 ACK 帧，就认为发生了传输错误（如冲突），然后进行重发。重复这个过程，一直到源站点收到 ACK 帧。重复次数可以根据预先设定值确定。正向确认机制提供了对传输错误的高效的恢复方法。

3.5.5　无线局域网安全措施

IEEE802.11 标准主要应用三项安全技术来保障无线局域网数据传输的安全。

1）SSID（Service Set Identifier）技术

该技术可以将一个无线局域网分为几个需要不同身份验证的子网络，每个子网络都需要独立的身份验证，只有通过身份验证的用户才可以进入相应的子网络，该项安全技术主要是用于防止未被授权的用户进入网络。

2）MAC（Media Access Control）技术

应用这项技术，可在无线局域网的每一个接入点（Access Point）下设置一个许可接入的用户 MAC 地址清单，MAC 地址不在该清单中的用户，接入点（AP）便拒绝其接入请求。

3）WEP（Wired Equivalent Privacy）加密技术

WEP 安全技术源自名为 RC4 的 RSA 数据加密技术，以满足用户更高层次的网络安全需求。在传输信息时，WEP 可以通过对无线传输数据进行加密，形成有效的密文，提供类似有线方式传输的保护，其目的是保证信息传输的机密性和数据完整性，并通过拒绝所有非 WEP 信息包来保护对网络基础结构的访问。

上述方法主要是 IEEE802.11b 所具有的安全措施，后续标准不断对无线局域网的安全措施进行了加强和完善。

3.6 令牌环网

令牌环网（Token Ring Network）是 IBM 公司于 20 世纪 70 年代发展的，后来被 IEEE802 委员会采纳，并作为 IEEE802.5 标准发布。令牌环网采用了与以太网完全不同的介质访问控制方法，其所具有的传输延迟确定性、优先级等特点使其更适合应用于武器系统控制和工业控制领域。

3.6.1 令牌环网物理层

在老式的令牌环网中，数据传输速度为 4 Mbit/s 或 16 Mbit/s，新型的快速令牌环网速度可达 100 Mbit/s。令牌环网的传输方法在物理上采用了星形拓扑结构，但逻辑上仍是环形拓扑结构，如图 3–27 所示。其通信传输介质可以是无屏蔽双绞线、屏蔽双绞线和光纤等，信号编码方式为差分曼彻斯特编码。

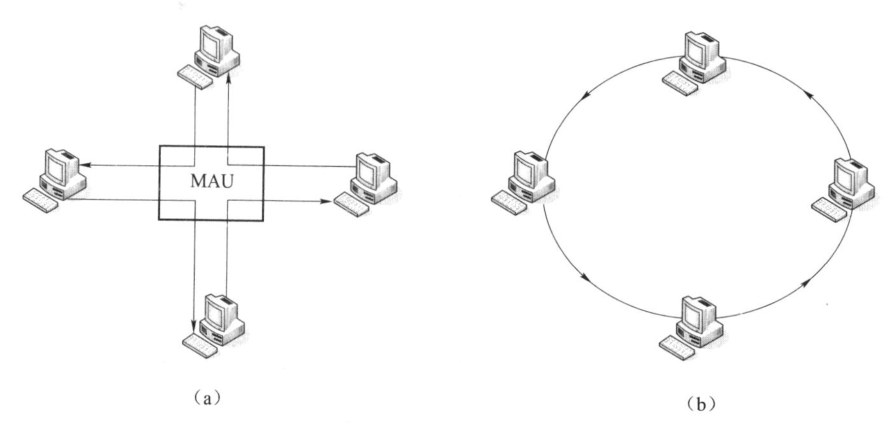

图 3–27 令牌环网拓扑结构

（a）物理上的星形拓扑；（b）逻辑上的环形拓扑

节点间采用多站访问部件 MAU（Multi–station Access Unit）连接在一起。MAU 是一种专业化集线器，它是用来围绕工作站计算机的环路进行传输，也就是接收从某站点发送的数据帧，然后再传送给下一个站点，数据帧看起来像在一个环中传输。

3.6.2 令牌环网 MAC 帧格式

MAC 层主要是解决网络介质的访问控制问题，协议、帧格式等相关内容都是围绕着这一问题来进行的。令牌环网中有两种帧：令牌帧和数据帧。我们首先来介绍令牌帧的情况。

1）令牌帧

其结构如图 3–28 所示。

令牌帧由三部分组成：帧首定界符 SD（Start Delimiter）、访问控制 AC（Access Control）和帧尾定界符 ED（End Delimiter）。

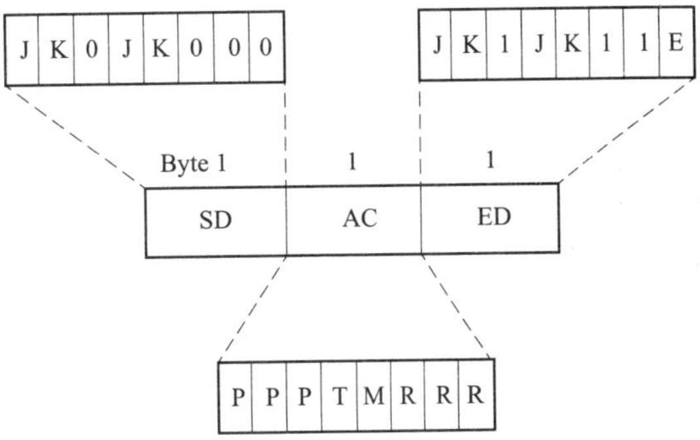

（1）帧首定界符。SD 表明帧的开始，是通过故意违背差分曼彻斯特编码的方法来实现：位为 J 时，信号保持高电平；位为 K 时，信号保持低电平。这种与众不同的信号模式，作为一种非数据信号表现出来，用途是防止它被解释成其他东西。这种独特的 8 位组合只能被识别为帧首标识符（SOF）。

图 3–28　令牌帧格式

（2）访问控制。AC 部分的三位 PPP 和 RRR 分别用来表明帧的优先级和预约优先级，三位可以形成从 0（最低）到 7（最高）的 8 个级别的优先级，在没有优先级的环网上这两个字段都不起作用，被置为 0。位 T 是令牌位，其值为 0 时，表明本帧是令牌帧；为 1 时，表明本帧是数据帧。M 是监控位，只有网络监控站可以改变此位，用于清除环路中的无效帧。

（3）帧尾定界符。ED 表示帧的结束，像 SD 那样使用了特定的信号模式。I 为中间帧位，其值为 0 时表示这是最后一帧；为 1 时表示后面还有帧。E 为错误检测位，发送站点发送完一帧后，就将该帧的 E 位置 0，帧经过任何一个站点被 FCS 检测出错误，就将该位置 1。

2）数据帧

如图 3–29 所示，数据帧共有九个字段，其中 SD、AC 和 ED 格式和含义与令牌帧相同，这里重点介绍其他字段的含义。

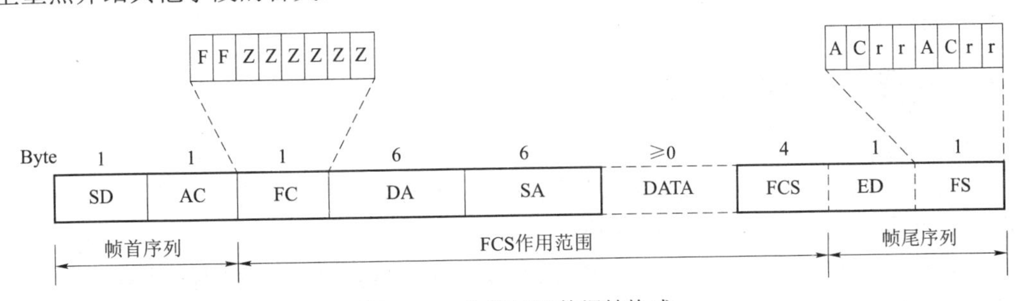

图 3–29　令牌环网数据帧格式

（1）帧控制字段 FC（Frame Control）。FC 字段的前两位 FF 表示帧的类型，01 表示一般的信息帧，即 INFO 字段为上层交下来的 LLC 帧数据；00 表示该帧为控制帧，结合后面的 6 位 ZZZZZZ 会形成表 3–9 所列的几种控制帧，控制帧主要用于环网的监控和管理。

表 3–9　控制帧

FC	控制帧名称	作　用
00000000	DAT（Duplicate Address Test）	检测环路上的两个地址是否相同
00000110	SMP（Standby Monitor Present）	宣布可能的备用监控站

续表

FC	控制帧名称	作　用
00000101	AMP（Active Monitor Present）	由当前活动监控站宣布存在工作监控站
00000011	CT（Claim Token）	当前工作的监控站出现故障，备用监控站发此帧想成为新监控站
00000100	PRG	新监控站用此帧将所有其他站初始化为空闲状态
00000010	BCN	当环路出现故障，发此帧通知所有站点停止执行令牌环协议

（2）目的地址字段 DA（Destination Address）。此字段用来标识此帧的接收站点，接收站点既可以是单个站点，也可以是组播或广播地址标识的多站点。一般以 MAC 地址形式给出。

（3）源地址字段 SA（Source Address）。SA 用于标识发送此帧的站点地址。

（4）数据字段 DATA。是本帧要传送的上层数据，其最大长度取决于发送站点可持有“令牌”的最大时间。IEEE802.5 标准为了防止某个站点垄断环网，规定了一个站的最长令牌持有时限，超过该时限，站点必须停止发送，并释放空令牌到网上去。

（5）帧的校验字段 FCS（Frame Check Sequence）。它是发送站点针对 FCS 作用范围内的数据进行计算得出的 CRC 值，帧的经过站点亦计算此值，并同该帧 FCS 进行比较，如果二者相同，就表示传输过程没有出现差错。

（6）帧的状态字段 FS（Frame Status）。其中的 A 位是“地址识别标识符”，如果一个站点发现自己的地址同经过帧的目的地址相同，就将该位置 1；C 是“帧已经拷贝”位，当目的站点将帧拷贝进自己的接收缓存后，就将该位置 1。

3.6.3 令牌环网工作过程

1）帧的传输过程

当令牌环网中某个站点有数据帧要发送时，它就会监听所有经过的帧，如果发现空的令牌帧（AC 字段的 T 位为 0 时），就捕获此令牌（将 AC 的 T 位置为 1），然后将本站准备好 FC、DA、SA、DATA、FCS、ED（其 E 位置 0）、FS 字段数据与原令牌帧的 SD 和 AC 字段一起组成图 4–29 所示的数据帧（原令牌帧的 ED 字段被丢弃），并发送到环网上。这个发送出来的数据帧会经过环网上所有的站点。

如果经过的是非目的站点，站点会将该帧 FCS 内容与本站的 CRC 计算结果进行比较，以此进行差错校验，如果发现错误就将该帧 ED 的 E 位置为 1。但不论何种情况都会将该帧继续在环网上转发。

如果经过的是目的站点，该站点会发现该帧的 DA 部分与自己的 MAC 地址相同，这时目的站点会将该帧的 FS 字段的 A 位置 1。如果这时候目的站点的接收缓存有足够的空间，就将该帧复制到接收缓存，并把 FS 字段 C 位置 1；如果该站接收缓存不足，就不复制该帧。但无论何种情况，都会将该帧在环网上继续转发。

当该帧环绕一周又回到发送站点时，发送站点会检查该帧 FS 字段中的 A、C 位（是否送达）以及 ED 字段中的 E 位（是否有错），如果有错就向高层报告。发送站点负责清除该帧，

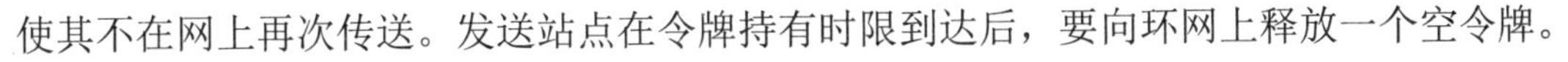

使其不在网上再次传送。发送站点在令牌持有时限到达后，要向环网上释放一个空令牌。

2）令牌的使用

令牌的使用包括令牌的捕获和释放等操作。在令牌环网中，令牌就是“发言权”，站点只有拥有了令牌才能进行数据的发送。我们知道在帧AC字段中规定了8个级别的优先级。当某站要传送优先级为n的数据帧时，它只能捕获优先级小于等于n的空令牌，这就保证了高优先级的站点有更多机会发送数据。此外，令牌环网具有令牌的预约机制。如果某个站点有优先级为n数据帧需要发送，当前正在传送的数据帧经过此站时，就将这个优先级n写入当前数据帧AC字段的3个R位中，尝试为此站的这个数据帧预订下一个令牌（如果经过的数据帧已经被更高优先级站点预订了，此站就不能预订了）。令牌持有者若发现其他站点在发送帧，则废除自己的令牌，最终只剩下一个令牌。

一旦当前帧发送站点的令牌持有时间到期，就会使用预订的优先级生成空令牌释放到环网上去。为了避免令牌优先级越来越高，低优先级站点没有机会发送数据帧，IEEE802.5标准还规定，将令牌优先级提升了的站点，在数据帧发送完毕后，还要负责将令牌优先级降下来。

3）令牌环网络监控

令牌环网的监控是由网络上的监控站来完成的，每个令牌环网都有一个活动的监控站，网络上每一个站点都有可能通过一个竞争过程被选举成为这个监控站，未被选举成为监控站的站点被称为备用监控站。当环网开始工作或任何一个站点发现没有监控站的时候，该站就发出一个CT控制帧（见表3–9），申请成为新的监控站，若此帧在其他站点发出CT帧之前环绕一周，则该站成为活动监控站，其主要任务有：

（1）活动监控站宣布与环网轮询。活动监控站发送AMP控制帧，宣布活动监控站存在，启动环网轮询过程。在此过程中，如果没有能够从其紧邻的上行站点接收到AMP控制帧或SMP控制帧，就记录一个网络轮询错误。

（2）提供主控时钟信号。由活动监控站生成主控时钟信号，环网上其他站点使用该信号实现时钟同步。

（3）保证令牌不丢失。环网正常运行的情况下，活动监控站应该每隔一定的时间就会收到一个完整的令牌，但有时令牌会意外丢失。活动监控站设有一个计时器，它设置了一个时限，当监控站在此时限内没有收到令牌时，就认为令牌已经丢失，这时监控站收回环路上的数据，并释放一个优先级为0的空令牌。

（4）保证令牌可用。当监控站发现某站点提高了令牌的优先级，但无法降回到原来的优先级，就清除原来令牌并生成一个新的令牌。

（5）保证环网的最小时延。令牌的长度为3 Byte（24 bit），环路每个站点会产生1 bit的延时，为了保证令牌在环路上能够流动起来，当环路站点数量不够24时，监控站会插入额外的延迟。

（6）清除无效帧。当某个站点发出数据帧后即出现故障，因而无法收回发送的数据帧，该帧就会在环路上不停地循环。活动监控站在一个数据帧第一次经过的时候会把帧的AC字段的监控M位置1（数据帧发送的时候此位为0），由于只有活动监控站可以修改此位，当此帧（M=1）再次经过监控站，就被认为是一个无效帧，会被监控站清除。

除了上述任务，活动监控站借助于发送各类控制帧，可以完成环网的大部分维护与管理工作。

3.7 光纤分布数据接口

光纤分布数据接口 FDDI（Fiber Distributed Data Interface）是一种高性能的光纤令牌局域网。其运行速率为 100 Mbit/s，具有网络覆盖范围大、高可靠性等优点。

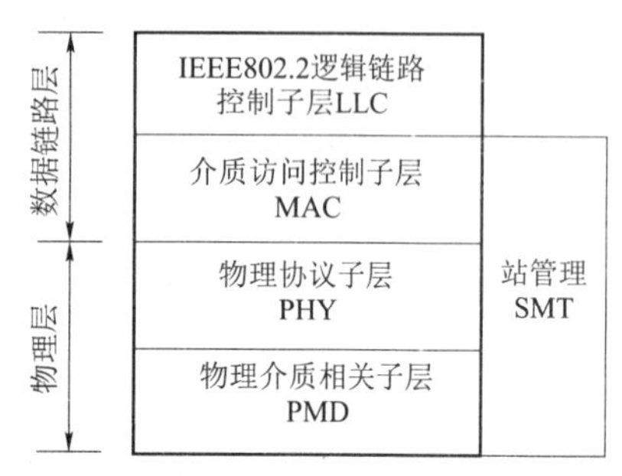

图 3–30 FDDI 体系结构

FDDI 体系结构如图 3–30 所示，它遵循的标准完全处于 OSI 框架下，将 OSI 模型的物理层和数据链路层分别分成了两个子层。

将物理层又细分为物理介质相关 PMD（Physical Layer Medium Dependent）子层和物理层协议 PHY（Physical Layer Protocol）子层。PMD 规定了传输介质应具备的特性，包括光纤链路、功率电平、误码率和光纤器件等；PHY 规定了与 MAC 子层间服务接口规范、传输编码和解码方案、时钟要求及其他功能。

数据链路层分为介质访问控制（MAC）子层和逻辑链路控制（LLC）子层。MAC 子层是 FDDI 核心，规定了如何向 LLC 提供服务，怎样访问介质，包括协议所需要的帧格式、寻址、多令牌使用、优先访问机制以及环路监控等内容；其逻辑链路控制子层采用了 IEEE802.2 标准。

FDDI 的站治理 SMT（Station Management）标准定义如何对 PMD、PHY 和 MAC 这三个子层进行控制和治理，规定了 FDDI 站配置、环配置以及环控制等特征（包括站的插入和删除、启动、故障分离和恢复、模式安排及统计）。

FDDI 可采用 62.5/125 μm 多模光纤或 9/125 μm 单模光纤作为传输介质。采用多模光纤时，两个站点的最大距离 2 km；采用单模光纤时，两个站点的最大距离可达 40～60 km。一个 FDDI 网络在双连接站的情况下可支持 500 站点，在单连接站的情况下可支持 1 000 个站点，网络最大距离可达 200 km。

如图 3–31 所示，其物理层最大的特点是采用了双环结构，一个环顺时针传送数据，一个次环逆时针传送数据。正常情况下，一个环工作，另一个环备份，如果其中一个环断路，另一个可以替代。当双环在同时在一处发生故障，双环可以自动形成单环，并绕过了故障点。

FDDI 定义了 A、B 两类站点。A 类站点为双连接站，连接到两个环；B 类站点为单连接站，连接到一个环上。根据容错需求，可以全部选用 A 类或者 B 类，也可以各选一部分。

FDDI 物理层没有采用曼彻斯特编码，因为 100 Mbit/s 的曼彻斯特编码需要 200 MHz 的传输带宽，相关的硬件设备造价很高。FDD 采用的是 4 B/5 B 的数据编码方案，然后再变成 NRZI 的信号进行传输，这样使用 125MBaud 的信号速率（125 MHz 带宽）就可以获得 100 Mbit/s 的传输速率。

在 MAC 层的介质访问控制方面，FDDI 的协议与 IEEE802.5 协议十分接近。站点为了发送数据帧，必须取得令牌，然后发送数据帧，数据帧绕环回到发送站点，由发送站点从环上清除掉。

IEEE802.5 规定当发送站点发送数据帧后，等待其环绕一周并从环上清除后，才释放其所持有的令牌；而 FDDI 规定发送站点一旦发送完数据帧，立即向环上释放令牌，网络总体

传输效率远高于令牌环网。这是因为 FDDI 的环最大长度可达 200 km，最大站点数可达 1 000，如果采用 IEEE802.5 的令牌使用方法，会浪费很多时间。

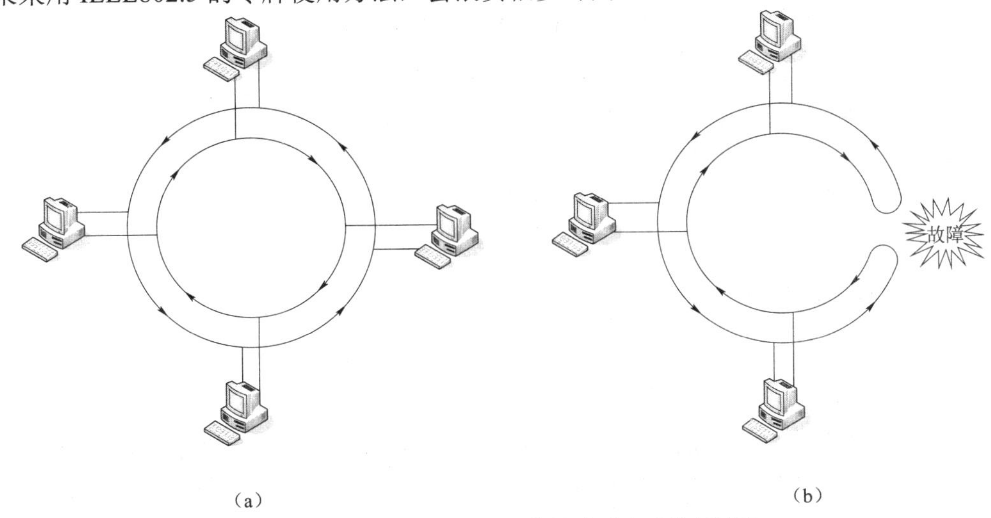

图 3–31　FDDI 可以在网络故障时自动修复链路

(a) FDDI 正常工作的双环；(b) 双环同一处故障，自动形成单环

FDDI 的数据帧和 IEEE802.5 的数据帧也很相似。不同之处是 FDDI 帧所含有前导码，这对高数据速率下的时钟同步十分重要；允许有网内使用 16 位和 48 位地址，比 802.5 更灵活；令牌帧也不同，没有优先位和预约位，而用别的方法分配信道使用权。

总之，FDDI 具有较高的可靠性和容错能力、传输延迟性确定、传输效率高以及传输距离远等优点，作为主干网络曾经获得较好的应用。但由于其网络协议复杂、安装管理困难以及价格昂贵等弱点，目前已经逐渐被快速以太网和千兆以太网所取代，已经不是一种局域网的主流技术。

3.8　局域网技术在武器系统中的应用

信息技术的发展带来了新的一轮军事革命浪潮，军队的作战方式正在从以平台为中心逐步向以网络为中心的方向转化。联合作战、网络中心战和海空一体战等新的作战理念都是以 C4ISR 为支撑点，突出各类通信网络在作战体系结构中的基础和关键性作用。目前，计算机网络已经被广泛应用于各类军事信息传输和武器系统从生产、运输、储存、使用和维护的各个环节。本节重点介绍计算机局域网技术在武器系统控制领域的简要情况。

随着武器装备节点规模的扩大、通信信息量的增加以及传输信息种类的增多，局域网正在取代传统的串、并接口和各种总线方式，或者与这些传统通信方式融合，成为武器控制系统内各部分之间，以及武器系统与外部系统之间的主要通信手段。作为作战系统的一部分，武器系统必须具有很强的实时性和极高的可靠性，对于完成各子系统之间互联的通信网络提出了严格要求，主要包括：

- 网络实时性好，延迟确定。战场情况瞬息万变，一个有效、可用的武器系统必须能够准确、快速地完成目标的捕捉、定位、识别、跟踪、决策与攻击等环节，传输这些环节所产生数据和信息的通信网络必须具有很强的实时性，才能实现上述行动。同时，传输信息的延迟性要确定，才能将各个环节协调起来。

- 高可靠性，容错能力强。武器系统要在不同的地理环境和极端的气候环境下使用，这就要求担任通信的网络在各种恶劣环境下能够可靠工作，低温与高温情况下性能稳定，具有抗震、耐腐蚀能力，在软件、硬件以及系统整体上要具有完善的容错措施。
- 抗干扰，保密性好。目前，世界各军事强国都在研发各类电磁对抗武器，战场电磁环境将会非常复杂，网络通信系统如果不具备抗干扰能力，就可能导致整个武器系统不能使用。同时，网络系统还要具有保密和网络安全措施，防止泄密和病毒的攻击。

3.8.1 以太网在武器系统中的应用

目前，在已经建成使用的局域网中，大部分为以太网。以太网之所以获得如此广泛的应用是因为其所具有的显著优点。

首先，以太网具有很好的互联性，容易进行扩展，组网简单。目前世界上各大网络厂商生产的网络产品基本都支持 IEEE802.3 的协议，大部分智能化的控制、测试设备或设备模块都是提供了以太网的网络接口（如 RJ45），以便实现设备联网，进行数据传输；同时，绝大多数单位的信息网络都是以太网。以上这些因素都使得以太网所形成的武器专用网络，不论向下连接硬件模块，还是向上连接信息网络，都较容易。

其次，以太网升级容易，技术支撑广泛，技术发展快。普遍使用的以太网造就了一个成熟、广阔的商业市场，也培养了大量的以太网维护和使用人员，使得用户可以很容易地获得相关设备、零部件以及各方面的技术支持。作为一种主流的网络产品，各大网络厂商都在积极针对以太网不断推出新的技术和产品，所以其升级换代的速度较快。

此外，以太网相对其他局域网，其设备、安装以及维护成本都较低，具有良好的性价比。

以太网的上述优点为其应用在武器系统上奠定了基础，但是正如上述各节所介绍的那样，以太网还存在网络带宽利用率低、实时性差、数据传输延迟不确定和广播风暴等问题，民用以太网的各类产品的可靠性也达不到军用标准。因此，必须对以太网进行相应的改造和加固，并采取各种容错措施，才能应用到武器系统上去。目前，经过加固和冗余设计，以太网已经普遍被应用于各类先进武器系统中，如美军的“尼米兹”级航母、丹麦海军的“弗莱维费斯”级多任务舰艇、法国的“鲉鱼”级潜艇和德国 F–124 型护卫舰等（如图 3–32 所示）。

1）传统以太网应用与改进

传统以太网属于共享介质网络，遵循 CSMA/CD 协议来进行介质访问控制，网络中所有计算机都处在一个冲突域之中。这样传统以太网会因为站点间信道争用问题，导致在任何网络负载情况下都不能保证站点在规定的时间内获得发送机会，即使发送了数据帧也可能因为碰撞导致不可预知时延，实时性得不到保证。

显然，传统以太网很难满足武器系统对传输网络的要求，因此一般较少将传统以太网直接应用到武器系统上去。但在一些特定情况下还是有一定的应用价值。

（1）传统以太网应用。

① 信息传输量少的小型武器系统。对于传统以太网来说，当系统节点数少于 10 个，网络负载小于 30%，系统的通信时延基本上处于稳定状态，对实时系统不会产生影响。对于接入网络节点数不多、传输负载不重的小型武器系统，传统以太网是一种经济有效的方案。

图 3–32　使用以太网的武器系统

② 发送站点少而接收站点多的武器系统。当发送站点少，对信道的争用就少，产生碰撞的概率就少，而接收站点只是被动接收，一般只是回复少量信息。传统以太网由于共享传输介质，任何一个站点发送一个数据帧，都可以到达网上所有站点（但只有接收站点 MAC 地址与数据帧目的 MAC 地址相匹配，才会将数据帧接收下来），如图 3–33 所示。

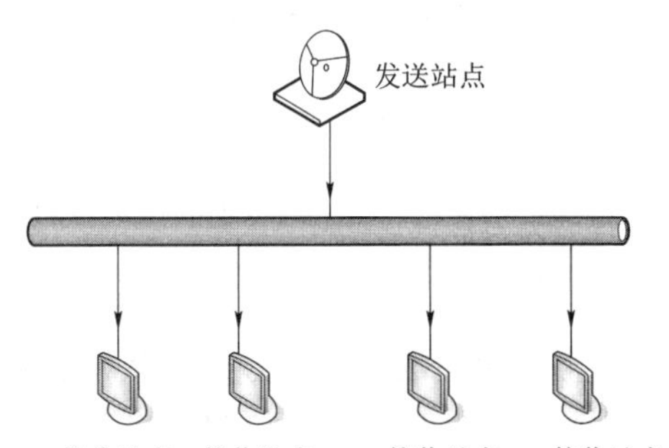

图 3–33　发送站点少、接收站点多的以太网

这样使用广播、组播地址或者干脆将接收站点的网卡设置为混杂模式（不论接收站点 MAC 地址是否与数据帧目的 MAC 地址相匹配，都会将数据帧接收下来）可以快速将数据帧传送给目的站点，具有较高的传输效率。

（2）传统以太网的改进。

这里所涉及的改进措施主要是针对传统以太网传输延迟不确定问题。轮询式防冲突方法是解决这一问题的有效手段。

以太网通信延迟的不确定性是由于其通信介质共享以及 CSMA/CD 这种随机争用介质的协议性质所决定的，其中的二进制指数退避算法就是要利用随机性来降低再次冲突的概率。因此，要从根本上消除传统以太网的这种延迟的不确定性是不可能的。

通信系统的体系结构都是层次化的。一般来说，下层解决不了的问题，可以由上层来解决。因此数据链路层解决不了的碰撞问题，可以交给网络层或者应用层来解决。实时通信系统的一个显著特点是设备间通信具有时间约束，也就是按序通信。

如图 3–34 所示，这种武器系统是按照主从关系进行集中式控制，从应用层次来看，网络上的通信站点分为主站和从站，主站就是集中处理机，从站为传感器，主站与从站之间的通信具有周期性的时限约束，逻辑上存在应答式的控制关系。在一个通信周期，主站首先向某个从站发送控制报文，一旦收到此从站的反馈报文，就转向下一个站点进行同样的过程，这样主站依次轮询所有从站。由于主站是轮询方式来启动与各从站的通信，从应用层上确保网络上只有一个站点发送数据，因此避免了冲突，保证了通信延迟的确定性。

许多小型武器系统遵循了探测、决策和攻击这样一个周期过程。即探测（跟踪）系统使用各类传感器进行目标信息探测，然后目标消息传送至火控系统进行攻击决策，最后将攻击指令传送至武器攻击部分执行。这样的一个武器系统就适合使用上述的轮询方式。这时的主站应该是火控系统，探测与攻击执行部分应该是从站，如图 3–35 所示。

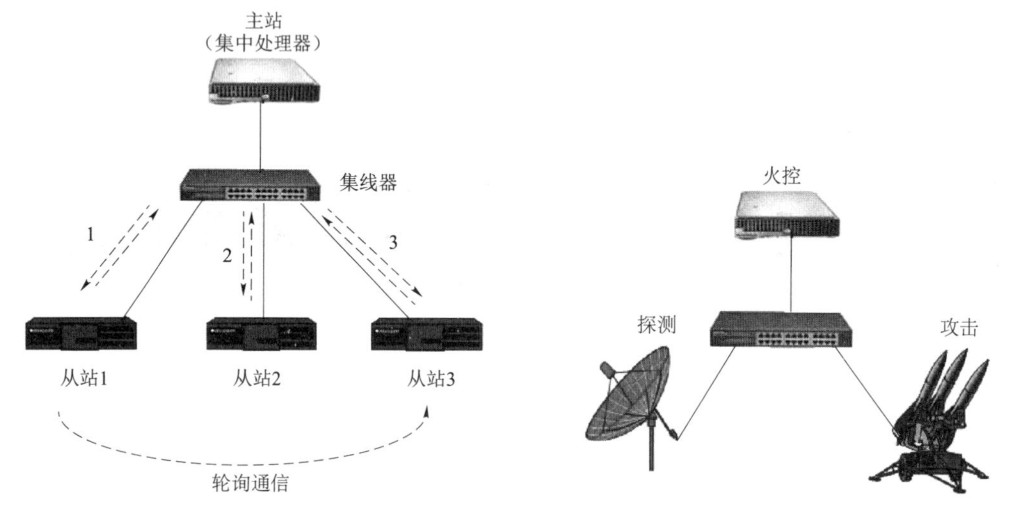

图 3–34　在应用层以轮询方式控制通信　　图 3–35　轮询通信方式的武器系统

需要说明的是轮询方式主从站之间通信是非对称的，主站控制整个通信过程，因此主站负担较重。此外，应用层比较复杂。

围绕如何避免通信冲突这一问题，还有外时同步和软令牌同步等方法。其中，外时同步法在网络上设立一个可以产生时钟序列的时统装置，这个装置按照武器系统的运行周期产生脉冲序列，作为每个需要参与通信设备的定时信号，以此来控制站点通信不会产生冲突；类似于令牌环网络，软令牌法则通过网络上的特定管理站来颁发令牌，获得软令牌的站点才可以发送数据，以此来避免冲突。

2）全双工交换以太网

交换式以太网的出现给解决以太网传输延迟不确定性带来新的契机，正如 3.4.3 所介绍的那样，交换机可以进行冲突域的细分，在全双工模式下，使得一个冲突域只有一台计算机，不再需要使用 CSMA/CD 这样造成传输延迟不确定性的通信协议，这样不但提高了单台通信站点的通信效率，极大地提高了传输的实时性，而且使得以太网有条件成为传输确定性的网络。

这时，共享介质以及 CSMA/CD 这些影响传输延迟不确定性的主要因素已经不存在，网络的传输延迟的确定性得到了很好的改善。但仍然存在一些次要因素会影响到传输的确定性，这些因素包括：

交换地址表学习过程。正如 3.4.3 节所介绍的那样，交换机用于进行数据帧转发的依据是交换地址表。一般在网络开始运行或网络中有变化的时候（例如，新通信站点加入），交换机通过学习建立或者修改交换地址表，但这个学习过程会影响到传输的实时性和确定性。在武器系统应用中，由于参与通信的站点或部件都是固定的，可以建立静态的交换地址表，省略这个学习过程。

存储转发过程。目前，交换机一般有三种数据帧转发方式，即存储转发方式、直通方式和无碎片直通方式。在这三种方式中，存储转发方式在交换机负载较重的情况下，需要进行排队输出，其实时性较差；直通方式的实时性较好，前提是需要具有较好的通信线路。在武器系统的通信网络中，为保证实时性，应该优先使用直通方式。

广播帧。交换机可以进行冲突域的划分，却不能进行广播域的划分，如果网络上传输大量的广播帧，就会造成数据帧的传输延迟。因此，如果网络上站点经常发送广播帧，就需要根据情况，使用 VLAN 技术或者路由器合理地进行广播域划分。

3.8.2　航空电子全双工交换式以太网

这里主要介绍一个改进的以太网 AFDX（Avionics Full Duplex Switched Ethernet），即航空电子全双工交换式以太网。此网络标准是由美国航空无线电公司（Aeronautical Radio INC，ARINC）制定的，AFDX 采用交换式以太网的全双工模式，在 IEEE 802.3 以太网物理层技术基础上增加了确定传输、高可靠和高数据完整性机制，是 COTS 思想的一个典型的应用案例。和传统的航空通信总线（如 ARNIC 429、1553B 等）相比，AFDX 将通信带宽提高了千倍，大大改善了系统通信性能，减少了系统布线和飞机重量，并具有很好的可扩展性和维护性。目前，AFDX 已经被成功用于空客 A380、波音 787 和 A400M 大型军用运输机中。相信不久的将来，会有更多的武器系统采用 AFDX 网络作为其通信系统。

1）AFDX 组成与体系结构

如图 3–36 所示，AFDX 网络主要由机载航电计算机和 AFDX 交换机组成，航电计算机又由航电子系统和终端组成。各部分的主要情况如下：

航电子系统（Avionics Subsystem）完成各类航电应用功能，如飞行控制、燃油控制和压力疲劳监视等，它可以从各类传感器获取数据，也可以通过控制器进行各类控制；

终端系统（End System，ES）是航电计算机与 AFDX 网络的通信接口，完成航电计算机与 AFDX 网络的安全、可靠数据交换。每个终端有两个物理通信接口，分别与两个不同交换机相连。终端系统作用相当于商用网络中的网卡的功能。

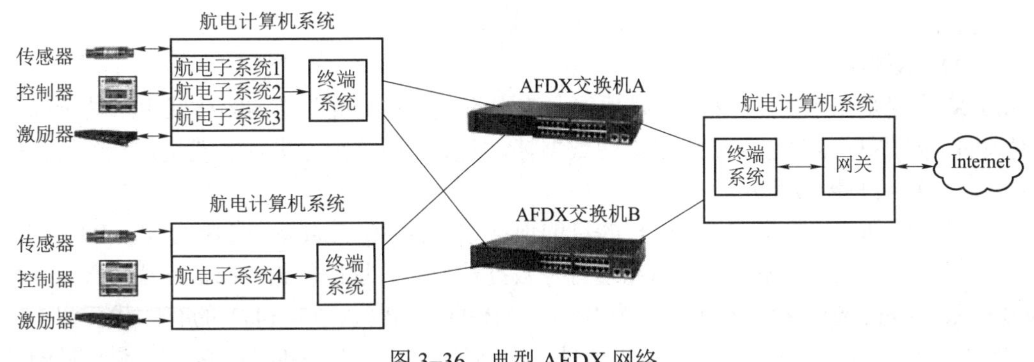

图 3–36　典型 AFDX 网络

AFDX 交换机是一个全双工交换机，采用存储转发的工作方式，使用静态地址转发表，并具有数据帧的检测、过滤与管制功能，通过在信源和信宿之间建立虚拟链路（Virtual Link，VL），实现无冲突的点对点连接。每个 AFDX 通信系统中，有两个 AFDX 交换机，形成两个相互独立的网络。AFDX 交换机可以同其他 AFDX 交换机进行级连，形成大型网络，从而可以实现复杂机载系统的组网。

AFDX 物理传输介质一般是双绞线，也可以采用光纤。每个交换机形成的网络都是星形拓扑结构。

AFDX 网络的体系结构如图 3–37 所示。网络体系结构主要由应用层、传输层、网络层、数据链路层和物理层组成。在应用层为各类航电应用系统和其他应用系统提供了采样 SAM、队列 QUE 和服务接入 SAP 这三类端口，方便了不同类型数据的传输。这三类接口是应用程序接口（API）调用过程中的重要参数，与航空应用电子软件接口标准 ARINC653 完全兼容。

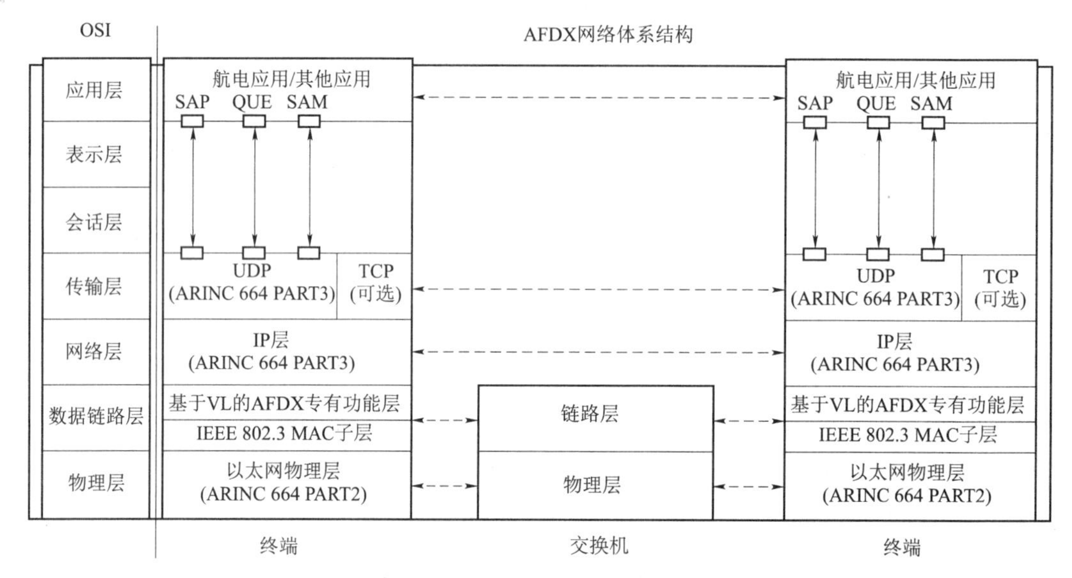

图 3–37　AFDX 网络体系结构

传输层与网络层与 TCP/IP 网络对应层次功能基本相同，并满足 ARINC664 Part3 标准要求。数据链路层完成虚拟链路管理、数据帧的完整性检查、冗余管理以及流量整形与调度等功能，实现了基于 VL–ID 的数据帧转发。物理层要满足 ARINC 664 Part2 标准，各类硬件要达到飞机环境（电磁兼容、高低温、震动等方面）要求。

2）AFDX 协议栈

AFDX 协议是在 IEEE 802.3 协议基础上改进的，其数据链路层的帧格式也是基于以太网数据帧的。如图 3–38 所示，针对以太网数据帧，主要在两个地方进行了改进，一个是目的地址部分，二是帧的数据部分。

在目的地址部分，将原来的 6B 长的目的地址划分为 4B 常数域和 2B 的 VL–ID，VL–ID 为虚拟链路的 ID，它是 AFDX 通信系统进行数据帧传输寻址的依据；在数据载荷部分，46～1 500 的数据载荷被继续划分为 20B 的 IP 头、8B 的 UDP 头、17–1471 的有效载荷和 1 B 的数据帧序列号。其中，IP 头包含了 IP 地址、多播地址等信息，UDP 头包含了源与目的端口

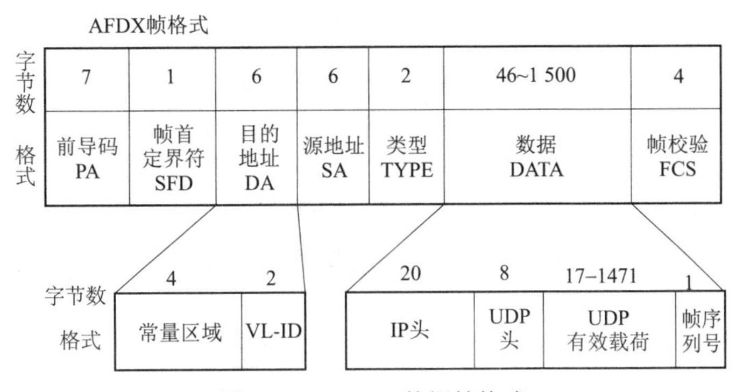

图 3–38　AFDX 数据帧格式

号等信息。数据载荷长度范围从 17 B 到 1471 B，当实际数据载荷小于 17 B 时，通过填充的方法使其达到 17 B。帧的序列号是 AFDX 数据帧特有的一个字段，主要用于在接收端对数据帧进行鉴别，其取值范围为 1～255，当达到 255 时候，重新从 1 开始，值 0 用于对终端系统初始化和复位。

AFDX 协议主要体现在数据帧的传输的三个过程：发送端发送数据帧过程、交换机存储转发过程以及接收端接收过程。

（1）发送端发送过程。如图 3–39 所示，当有信息需要通过网络传送到其他部分时，航电

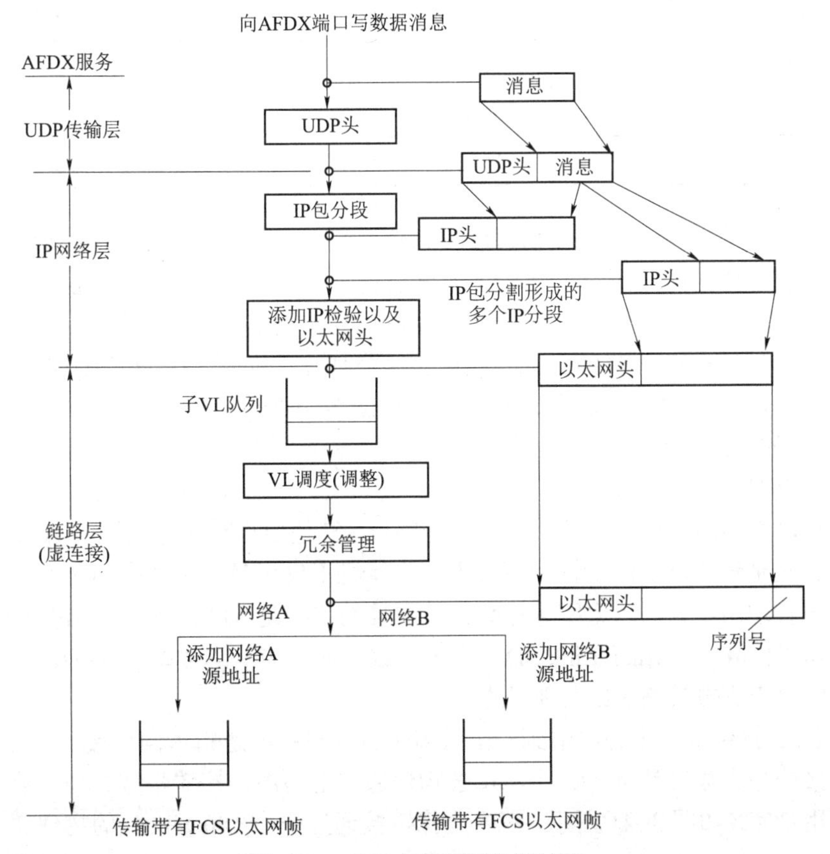

图 3–39　AFDX 数据帧发送过程

应用系统会通过应用层的通信端口进行传送，进入传输层，UDP 的头被添加到消息前面。大多数情况下，UDP 的头所包括的 UDP 端口号由系统配置决定，并与应用层的通信端口固定搭配；IP 层接收到 UDP 信息包，并根据虚链路所规定数据帧的最大长度（L_{max}）决定是否进行分割，然后对每个分割段添加 IP 头，并计算 IP 校验和，然后将 IP 包下传至数据链路层的合适的虚链路队列中；数据链路层负责调度以太网帧发送时间，添加数据帧的序列号，并传送到冗余管理单元。在冗余管理单元，数据帧被复制，并将两个物理发送端口的 MAC 地址分别写入到各自所发送的数据帧的源地址字段。

（2）交换机存储转发过程。AFDX 交换机工作在物理层和数据链路层，物理层主要负责数据信号在物理介质上的接收和发送，存储转发过程所涉及的工作主要由数据链路层完成。在数据链路层，其过滤模块首先将会依据下列条件判断数据帧是否有效。

- 数据帧的尺寸。数据帧的长度是否在 64～1 518 B 范围内，以及是否为字节的整数倍。
- 数据帧的完整性。帧的校验序列是否有效。
- 数据帧的路径。数据帧的目的地址是否有效。

如果是无效帧则将其丢弃。对于有效帧，交换机将会依据如表 3–10 所示的静态地址表，将数据帧转发到相应虚拟链路的端口上。

表 3–10　AFDX 交换机静态地址表（样例）

输入端口	数据帧目的地址	输出端口
1	MAC1（VL1）	2
1	MAC2（VL2）	3
1	MAC3（VL3）	2 and 3

（3）数据帧的接收过程。接收端物理层收到数据信号，上传至数据链路层形成数据帧，数据链路层首先会对数据帧进行 FCS 校验，如果没有错误，再进行完整性检查和冗余处理，去掉以太网帧头和校验位，将得到的 IP 包上传至网络层；网络层检查 IP 校验和，并进行 UDP 包的重组（如果在发送时候曾经对 UDP 包进行过分割），并向传输层传送 UDP 包；传输层去掉 UDP 头，将应用信息传送到接收端口队列，如图 3–40 所示。

3）AFDX 的关键技术

（1）虚拟链路。

AFDX 对以太网的改进主要集中在数据链路层（其他层也有部分改进），AFDX 采用了虚拟链路技术、冗余管理以及流量控制等技术，交换机不仅仅是一个数据的转发节点，同时也是一个网络的管理站。普通以太网进行数据帧寻址的依据是 MAC 地址，AFDX 则是依据虚拟链路的标识 VL–ID（Virtual Link ID）来进行数据帧的转发。可以说 AFDX 对以太网的改进基本上是围绕着虚拟链路 VL 来进行的。

虚拟链路 VL 提供从一个源终端到一个或多个目的终端的逻辑单向连接，一个交换机能够支持虚拟链接的最大数目是 4 096 个，每条物理通道上的虚链接的带宽总和不能超过这个物理通道的可用带宽。如图 3–41 所示，三个虚拟链接通过一个 100 Mbit/s 的物理通道来传输数据，图中的端口（Port）就是 AFDX 在为各类应用提供的通信服务端口，来源于多个通信端

口的数据可以在一个虚拟链路上传输。

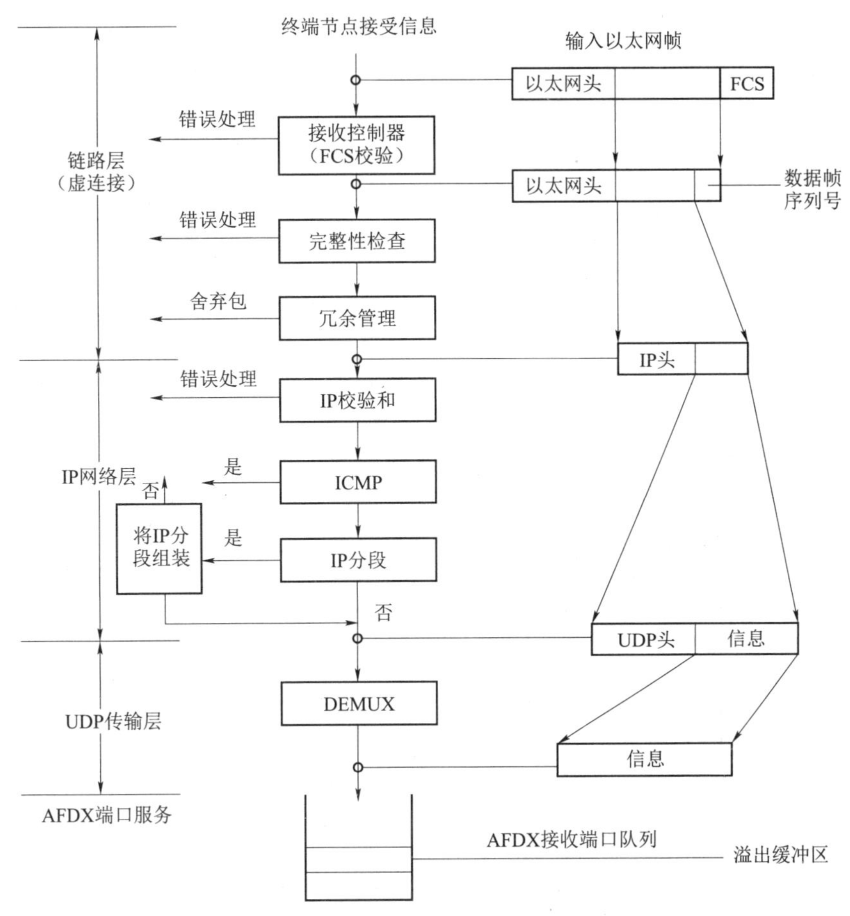

图 3–40 AFDX 数据帧接收过程

通过对 VL 的带宽分配间隙(Bandwidth Allocation Gap，BAG)、最大帧长 L_{max}(Maximum Frame Length)以及抖动(Jitter)等参数的约束来实现对 VL 带宽和流量的控制。

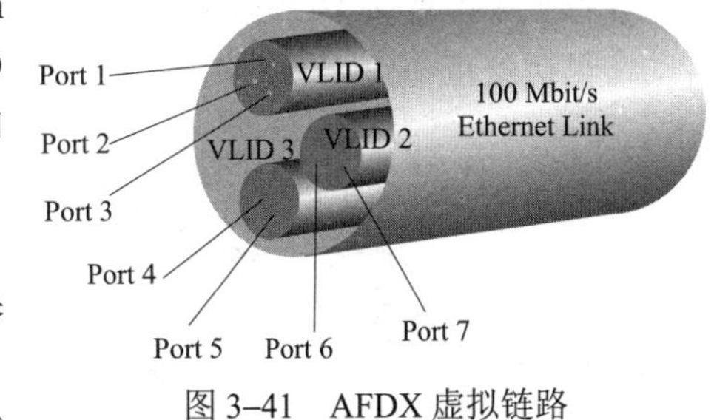

图 3–41 AFDX 虚拟链路

(2)流量整形与调度。

首先我们介绍流量整形技术所涉及的重要参数，这些参数确定了指定虚链路的帧流特性：

- 带宽分配间隙 BAG 是指在没有抖动情况下两个连续的 AFDX 帧起始位之间的间隔，$BAG=2^k ms$，$k=0$，1，…，7，如图 3–42(a)所示；
- 最大帧长 L_{max} 是虚拟链路上可传输 AFDX 数据帧的最大帧长，以字节为单位，如图 3–42(a)所示；
- 抖动主要是在 AFDX 交换机中数据帧排队等待传输过程中所产生的随机延迟，换句话说抖动是多个 VL 在交换机中争用资源的后果，如图 3–42(b)所示。

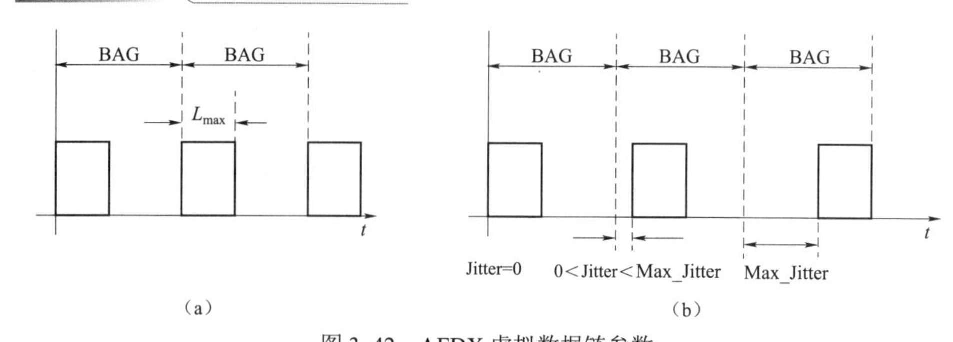

图 3–42　AFDX 虚拟数据链参数

（a）带宽分配间隙与最大帧长；（b）抖动情况

数据帧在介质传送之前，要在终端上进行流量整形。所谓流量整形就是要保障一个特定的虚拟链路在一个 BAG 时间间隙内所传输的数据帧不超过一个。

图 3–43 显示了整形前、后的帧传输情况，流量整形使得每一条虚链路上的数据以比较均匀的速度向外发送，限制了虚拟链路上随机性突发流量对数据传输的影响，这样就保证了各路虚链路流量在交换机汇集时候，没有突发性对交换机资源的争用。

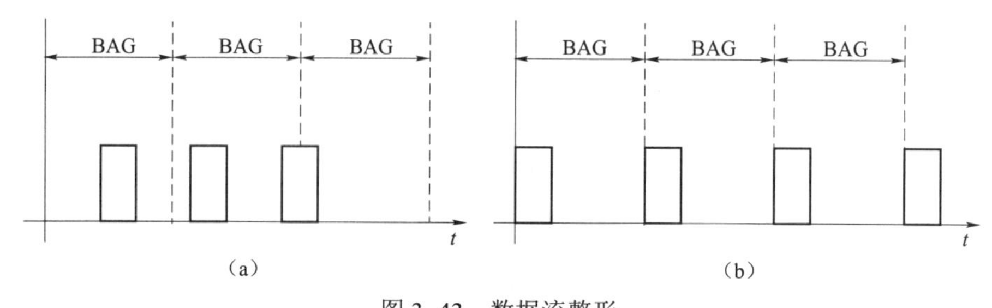

图 3–43　数据流整形

（a）整形前；（b）整形后

图 3–44 是终端的虚连接调度示意图，虚链接调度负责终端所有虚拟链路的调度传输，负责保证每个虚拟链接不超过所分配的带宽限制，并负责在虚拟链路切换过程确保切换引起的抖动在可接受范围内，满足如下的三个条件：

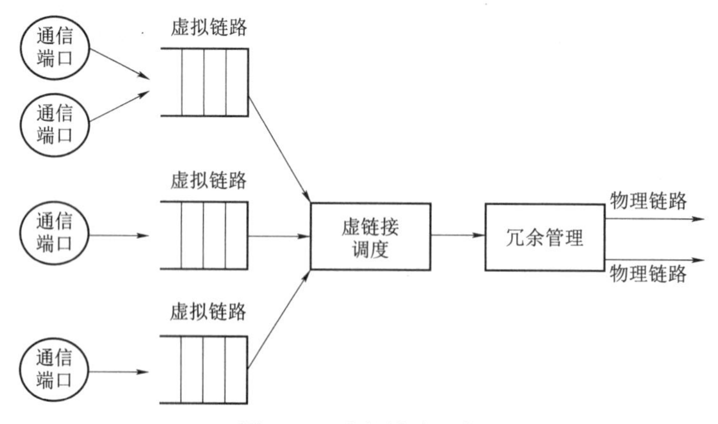

图 3–44　虚拟链路调度

$$B = \frac{L_{\max} \times 8 \times 1\,000}{\text{BAG}} \text{ bit/s} \tag{3-2}$$

$$\text{Max\_Jitter} \leqslant 40 + \frac{\sum_{j \in \{\text{srt of VLs}\}} (20 + L_{\max j}) \times 8}{Nbw} \ \mu\text{s} \tag{3-3}$$

$$\text{Max\_Jitter} \leqslant 50\ \mu\text{s} \tag{3-4}$$

公式 3–2 中 B 为虚链路的分配带宽，从中可以看出通过控制 VL 所传送数据帧的最大长度和分配间隙就可以控制 VL 所占用的带宽；公式 3–3 中 Nbw 为物理介质带宽，这是对多个虚拟链接所造成最大抖动的约束；公式 3–4 独立于虚拟链接，是对是一个硬件方面限制。

（3）冗余管理与完整性检查。

如图 3–45 所示，每个终端都有两个独立的网络接口连接两个独立的物理网络，同一个数据帧会在两个独立的网络中分别传送，接收端的两个物理端口分别接收来自不同网络的同一个数据帧，接收端首先根据帧的序号判断数据帧是否按序到达，以此来进行数据帧的完整性检查。如果两个网络所传送的数据帧都是有效的，就按照先到有效的原则（First Valid Wins）进行处理，即哪个网络的数据帧先到就使用那个，另一个网络后到的数据帧（序号相同）就会被丢弃。当完整性检查完成后，接收终端决定是否接收信息包，或者放弃，这一个过程称为冗余管理，如图 3–46 所示。

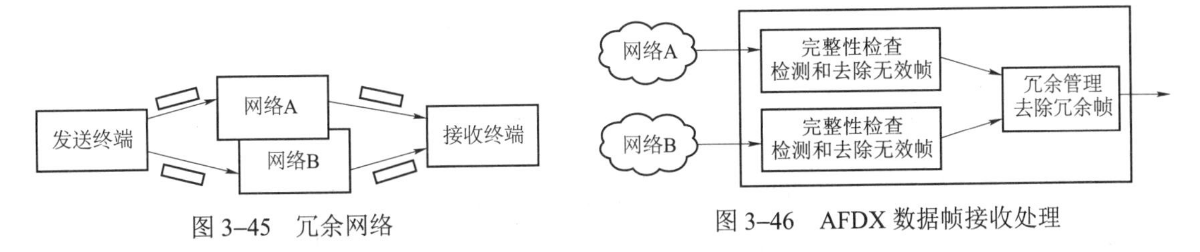

图 3–45　冗余网络　　　　图 3–46　AFDX 数据帧接收处理

（4）AFDX 交换机帧过滤和流控技术。

AFDX 除了对所经过的数据帧进行 CRC 校验，还要根据配置表信息，对通过 VL 进入交换机的每个数据帧进行如下项目的检验：

- 目的 MAC 地址有效性；
- VL 与输入端口匹配性；
- 帧长为字节整数倍；
- 帧长小于等于配置表中定义的最大帧长；
- 帧长大于等于配置表中最小帧长。

为了减小数据帧在交换机中的延迟，以上项目在交换机中是并行校验的。检验正确的帧将会进行转发，否则就被滤除。

交换机的流控是基于对每条 VL 的 BAG 计数管理来实现的。根据配置表中对每个 VL 的 BAG 以及 Jitter 参数的设置，使用相应算法对每个 VL 输入帧进行管理，保证每个 VL 在配置表约定的带宽和抖动下传输数据。

（5）区分服务的数据通信端口。

为了在服务层为不同的应用提供合适的数据传输服务，AFDX 在终端的应用层提供三类数据通信端口：

① 采样端口（Sampling Port）。服务于数据量小的航电数据，这类数据实时性较强，对传输的可靠性要求较高。通过采样端口传输的数据不进行 IP 分段，每个采样消息的长度必须小于或等于相应的 VL 定义的最大长度。采样端口缓冲区存储单个消息，新消息到达端口就覆盖原来的消息，从采样端口读取消息时并未从缓冲区删除，所以可以重复读取。采样端口设置了一个刷新指针，用于标识新消息，使得系统可以知道是否有新消息到达，还是已经完成了数据传送，如图 3–47 所示。

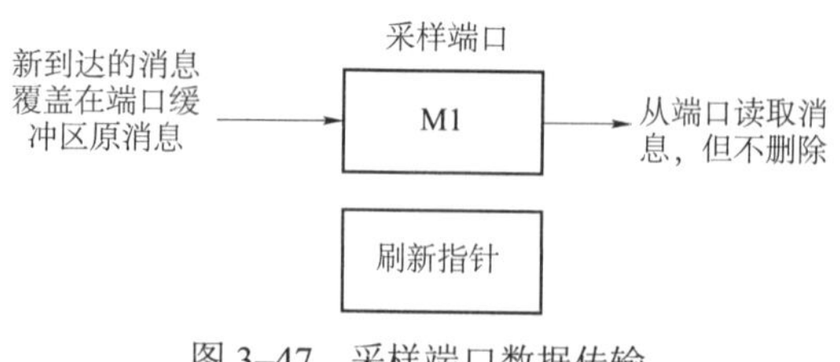

图 3–47　采样端口数据传输

② 队列端口（Queuing Port）。与采样端口一样，主要服务于航电类实时性强的数据。队列端口可以管理不同大小的多个消息，队列服务采用先进先出（FIFO）的原则来管理消息的发送和接收，新消息附在消息队列后面，读取消息的同时从队列缓冲区删除该消息，如图 3–48 所示。每个队列服务实例数据可以到 8 k 字节。

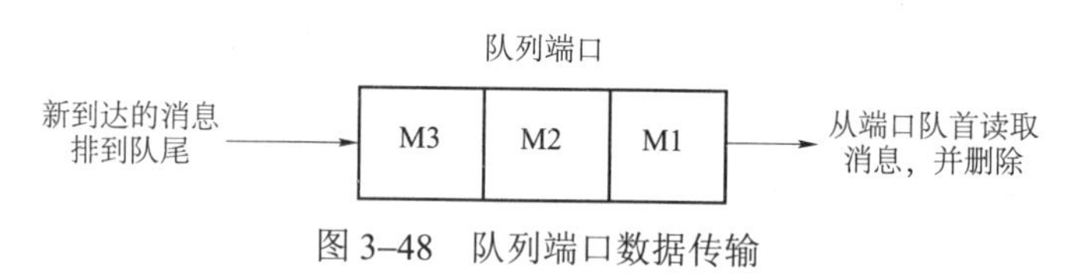

图 3–48　队列端口数据传输

③ 服务接入点（Service Access Point）。此类端口被用于 AFDX 网络间的通信，所传输的数据多为服务类数据，其实时性没有航电类数据那么强。利用 SAP 端口通过网关或路由器可以访问其他网络。

AFDX 全双工的工作方式确保了数据帧在传输介质上不会像传统以太网那样产生冲突，基于虚电路的交换技术实现了对带宽资源的有效分配和隔离，提高了网络带宽利用率，其虚电路整形和调度技术保障了在交换机上数据帧存储转发过程的延迟确定、可控，物理上的冗余路径和虚链路的冗余管理提高了传输的可靠性，多样的数据通信服务端口满足不同类型应用数据的传输要求。

此外，AFDX 网络具有的很好开放性、可扩展性和技术升级速度快等优点，并易于安装布线和维护。因此，AFDX 这样的航空电子全双工交换式网络可以很好地满足航空武器系统的数据传输需求，具有很好的应用前景。

3.8.3　令牌环网与 FDDI 在武器系统中的应用

正如 3.6 节所介绍的那样，令牌环网不存在站点间传输冲突，传输延迟具有确定性，各通信站点可具有不同优先级，这些特点使得令牌环网在武器系统获得了较好的应用。

英国的潜艇指挥和武器控制系统 SMCS（Submarine Command System）系统使用的就是令牌环网。此系统是由英国宇航防御系统有限公司研制的，已经装备了“前卫”级、“快速”级、“特拉法尔加”级和“支持”者级潜艇。SMCS 实现了从 Successor 的结构向基于 COTS 的开放体系结构的转变，其令牌环网具有 11 个通信节点，将指挥战术决策、武器发射控制、目标运动分析、战术图像编辑、海洋数据分析以及艇上训练等系统成功组网，如图 3–49 所示。

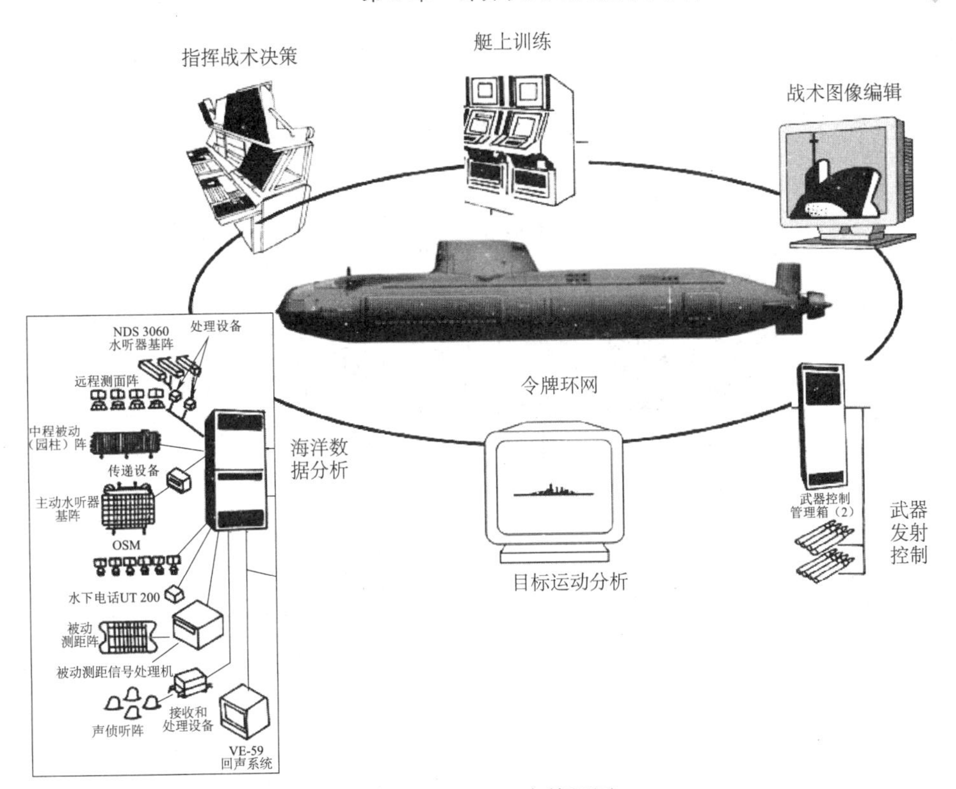

图 3–49　SMCS 令牌环网

FDDI 继承了令牌环网的特点，同时双环结构、光纤传输介质和高传输效率使其更适合应用到武器系统中去，在武器系统应用中更表现出如下优点：

（1）能消除电缆杂乱拥挤，节省重量和空间。为了保障武器系统性能和作战需求，武器系统的各部分的空间和重量都有严格的限制，使用 FDDI 这样的双环光纤网络，可以大大减轻武器系统的重量，同时节省了布线空间。例如，对于大型舰艇，可减少重量几万公斤。

（2）可靠性高，抗毁能力强。FDDI 可将武器系统的各分系统（如控制、传感器、报警、武器、监视、视频和管理等）综合到网络中。FDDI 双环网络能够自动绕过故障点，具有很高的可靠性。此外，武器用的光纤以及相关器件都具有低毒、低发烟、阻燃、耐高温、耐高压、抗腐蚀和很高的机械强度。这些都使得整个网络系统具有很高的抗毁能力，从而增加了武器系统的作战适应能力和顽存性。

（3）通信性能好，扩展能力强。相对于各类总线通信系统，FDDI 的传输带宽较高，传输速率可达 100 Mbit/s，长距离传输衰减小，可容纳较多数据站点传输需求，保证了这种光纤网络能适应未来技术的发展和容量的增长需要。

（4）抗干扰性强，保密性能好。光纤能抗战场环境中许多雷达与通信系统所产生的电磁、射频和电磁脉冲干扰，还能抗核爆炸引起的电磁脉冲。此外，可抗恶劣天气的影响，无串音可达 100 dBm，不受接地环路的影响和雷电冲击的影响。

在武器研发先进的国家，FDDI 已经被普遍使用到武器系统中去了。例如美国在其先进的“宙斯盾”作战系统（Aegis）、高级“战斧”武器控制系统 ATWCS（Advanced Tomahawk Weapon Control System）以及“华盛顿”号航母上都使用了 FDDI 网络，增强了系统开放性和灵活性，很好地满足了这些武器系统的作战通信需求。图 3–50 为美国“惠得比岛”级两栖攻击舰上的舰船自防御系统，该系统使用 FDDI 网络将各类传感器、武器以及监视器工作站连接在一起。1993 年该系统进行了可行性实验，结果非常成功，后来有 4 艘该级别的两栖登陆舰参加了海湾战争。

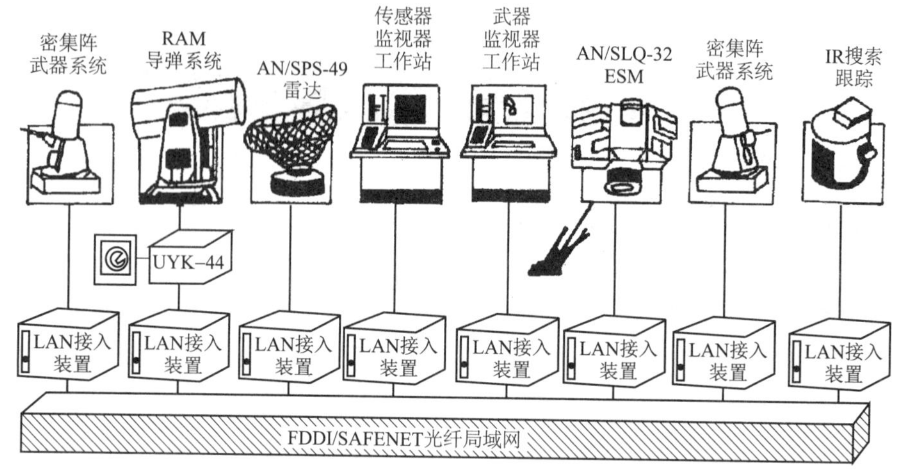

图 3–50 惠得比岛级两栖攻击舰自防御系统

思考与练习

1. 请简述 COTS（commercial off-the-shelf）思想对产品开发的影响。
2. 请图示计算机网络的分类。
3. 什么是网络体系结构？进行协议分层给整个通信系统带来什么优点？
4. 什么是实体？什么是对等实体？什么是通信协议？
5. 什么是面向连接的服务？什么是无连接的服务？
6. 请图示开放系统互联参考模型，并进行简要说明。
7. 请图示 TCP/IP 参考模型体系结构，并进行简要说明。
8. 为什么 TCP/IP 参考模型对物理层和数据链路层没有具体协议？
9. IP 协议是无连接的，这样网络层的传输具有怎样的特点？带来什么问题？
10. 什么是网络拓扑结构？请图示几个常用的网络拓扑。
11. IEEE 802 标准规定了哪些层次？
12. CSMA/CD 的介质访问控制方法要解决网络通信中的什么问题？如何解决的？
13. 简要阐述冲突域和广播域的概念，并利用这两个概念来说明传统以太网存在的问题。
14. 在 IEEE 802.3 以太网中，小于 64 B 的帧被称为什么帧？为什么要有最小帧长度和最大帧长度限制？
15. 一个使用 CSMA/CD 协议的 100 Mbit/s 局域网，若网络跨距为 1 km，则理论上最小帧长为多少？
16. 实现全双工以太网的必要条件是什么？

17. 在以太网中，全双工操作为什么能够增加网络跨距？哪些介质上能采用全双工操作方式？

18. 什么是快速以太网？快速以太网有几种不同的物理层规范？

19. 千兆以太网 IEEE 802.3z 使用了一种称为“载波扩展”的机制是要解决什么问题？

20. 千兆以太网为何采用“帧突发”（Frame Bursting）技术？

21. 万兆以太网网络跨距还受到 CSMA/CD 限制吗？都有哪些物理介质可以用于万兆以太网？

22. 什么是 VLAN？VLAN 给局域网络通信带来哪些优点？

23. 基本的 VLAN 划分方法有哪几种？各自的特点是什么？

24. 相对于有线局域网，无线局域网的优点有哪些？

25. CSMA/CA 是如何实现冲突避免的？

26. 解释 IEEE 802.11 标准中 RTS/CTS 机制的基本原理。

27. IEEE 802.11 是如何解决“隐蔽站点”问题的？

28. IEEE 802.11 标准主要应用哪三项安全技术来保障无线局域网数据传输的安全？

29. 令牌环网与以太网相比，其突出特点有哪些？哪个网络更适合用于武器系统通信？

30. 令牌环网是作为 IEEE 的哪一个标准发布的？

31. 概述令牌环网的工作过程。

32. 什么是光纤分布数字接口 FDDI？其特点是什么？体系结构主要是在哪些层？

33. FDDI 网络存在哪些不足？哪些网络可以取代 FDDI？

34. 局域网用于武器系统通信需要满足哪些基本要求？

35. 将以太网应用到武器系统通信中，有哪些好处与弊端？

36. 如何对传统以太网的进行改进以适合武器系统通信的需要？

37. 航空电子全双工交换式以太网主要特点是什么？

38. FDDI 在武器系统通信应用中表现出的优点有哪些？

第 4 章

互联网技术基础

互联网（Internet），又称网际网络，或音译因特网、英特网，是由成千上万个类型与规模都不相同的计算机网络、各种类型计算机和入网终端通过电话线、各类高速专用线、卫星、微波和光缆连接在一起所组成的世界范围的巨大计算机网络。互联网的组成由小到大，首先由较小规模的网络（如局域网 LAN）互联成较大规模的网络（如城域网（MAN），进而进一步互联形成更广范围的网络（如广域网 WAN），最终这些网络通过主干网络连接而形成遍及全球各地的万网之网（Network of Networks），也就是互联网。

要想将形形色色的网络和计算机互联成功，就必须有一个具有良好网络互联功能的网络协议。TCP/IP 就是这样一个协议族，它包括了 ARP、IP、ICMP、IGMP、UDP 和 TCP 等协议，其中的 TCP 和 IP 协议是最重要的网络协议，IP 协议具有良好的适应性，无论是较早的 X.25 这样的低速网络，还是后来 ATM 这样的高速网络，无论是以太网等广播介质网，还是 DDN 点到点通信网络，甚至无线卫星信道，IP 协议都可以将它们互联进网，成为支撑互联网的基础。可以说 TCP/IP 协议族就是互联网的技术基础，下面各节将会分别介绍位于各层的 TCP/IP 的各个协议。

4.1　互联网与军事通信

互联网使得入网计算机既可以在世界范围内完成各类资源的共享，也可以完成通信功能，其入网设备已经由原来单一的计算机发展到目前形形色色的各种计算设备，大到巨型计算机，小到手机和传感器，几乎各行各业都在依赖这样一个网络，渗透在我们生活的方方面面，互联网已经成为各国经济运行的动力和基础设施。

这样一个在民用领域获得广泛应用的网络，却起源于 1969 年美国国防部高级研究计划局组建的计算机网——阿帕网（Advanced Research Projects Agency Network，ARPANET），阿帕网是美国国防部在 20 世纪 60 年代的“冷战”时期出于军事目的所研发的网络。20 世纪 60 年代由政府主导的兰德公司（RAND Corporation）发现 AT&T 为美国架设的电信网络存在很大的结构问题，通信网络过度依赖几个中央节点，一旦中央节点发生故障或受到军事打击，整个网络也将陷入瘫痪。为了增强应对突发事件的能力，兰德公司主张在每个小节点之间改用分组交换的方式连接，摆脱之前“总一分”形式的中心化网络结构。这样一来，即使网络中有很大一部分陷入瘫痪，剩下的部分也能正常运转。当时，这样一个提议没有被 AT&T 采纳，但提交给美国国防部却受到了重视，迎合了当时国防部的想法：如果仅有一个集中的军事指挥中心，万一这个中心被敌方的核武器摧毁，全国的军事指挥将处于瘫痪状态，其后果将不堪设想，因此有必要设计这样一个分散的指挥系统，它由一个个分散的指挥点组成，当部分指挥点被摧毁后其他点仍能正常工作，而这些分散的点又能通过某种形式的通信网取得联系。

本着这样的一个思想，1969 年美国国防部高级研究计划局开始主导研发阿帕网，经历了许多阶段的发展，最终形成了今天的互联网。无论在网络体系结构上还是在网络协议上，阿帕网都为当今的互联网奠定了基础。

20 世纪 70 年代温顿 • 瑟夫（Vint Cerf）和罗伯特 • 卡恩（Robert Kahn）这两位科学家发表了开放网络体系结构（Open Network Architecture）设计的四项原则：

① 最小化的自治（Minimalism Autonomy），每个网络需能自行运作，在进行网络间互联操作时无须改变其内部结构。

② 尽力而为的服务（Best–effort Service），互联的网络将提供尽力而为和端到端的服务。如果要求可靠通信，它将通过重传丢失的数据来保证。

③ 无状态路由器（Stateless Router），互联网络中的路由器将不保存任何接续中的连接上已经通过的数据流的状态。

④ 非集中化的控制（Decentralized Control），互联网不存在全局性的控制。

这四项原则仍是当今互联网体系结构的基础，并仍体现着当时阿帕网设计之初出于军事用途的设计思想。阿帕网对互联网另外一个重大的贡献是 TCP/IP 协议族的开发和利用，TCP/IP 的协议族的在各层中的分布如图 4–1 所示。

TCP/IP协议栈
应用层：Ftp、Http、SMTP、Telnet、DNS、SNMP等
传输层：TCP、UDP
网络层：IP、ICMP、ARP、RARP、IGMP等
链路层：以太网协议、令牌环网协议、PPP、HDLC等
物理层：以太网物理协议、令牌环网物理协议等

图 4–1　TCP/IP 协议族在网络体系结构中的各层分布

TCP/IP 协议族中的协议实际上没有为物理层和数据链路层定义任何协议，其协议主要分布在网络层、传输层和应用层。TCP/IP 协议族独立于网络访问方法、帧格式和物理传输介质，仅定义了与不同网络（不同的数据链路层和物理层网络）的接口。其中网络层的 IP 等协议较好地解决了异种机和异种网络互联的一系列理论和技术问题，对上层消除了下层网络的差异，从而可以为上层提供透明服务，这是互联网可以适应和互联不同网络的技术基础。尽管在 IP 网络层提供的是无连接、不可靠的服务，但其各个数据包却可以独立路由，可以适应网络拓扑的动态变化，增加了网络通信的鲁棒性和抗毁能力；位于传输层的传输控制协议 TCP 和用户数据报协议 UDP 协议可以提供两种不同的传输服务。其中，TCP 是一个可靠的、面向连接的传输层协议，它将源主机的数据以字节流形式无差错地传送到目的主机，而 UDP 协议是一个不可靠、无连接的传输层协议，但却可以提供较快速的数据传输服务。传输层的这两种不同类型的服务满足了应用层不同的传输需求。TCP/IP 协议族在应用层具有丰富的各类协议，以满足不同互联网应用的需求，目前仍在有新的应用层协议加入。

鉴于互联网技术体系的特点，从研发之初到现在的蓬勃发展和应用，在军事通信中一直发挥着重要作用，尤其是在对实时性要求不高的军事通信场合。例如，美军在转型军事卫星通信中（将国防部宽带及受保护的通信卫星体系结构并入一个网络的举措），就是通过 TCP/IP

技术将无人机、有人驾驶飞机、地面、空中、海上，或者机动作战人员、传感器、武器以及通信指挥与控制节点进行组网。但是，任何事物都具有两面性，网络层数据包的独立路由机制以及传输层的出错重传机制都会导致数据传输延迟和到达的不确定性，因此，基于 TCP/IP 协议的大型网络在实时性要求较高的军事场合具有一定的劣势，但随着通信链路质量的改善和带宽的不断增加，这一缺点正在被逐步克服。

4.2 互联网网络层协议

互联网的网络层提供无连接的数据包服务，这样一个服务属于“尽力而为”的服务，不能承诺数据包的到达。如图 4–2 所示，这一层的协议主要分为四部分：网络协议、路由协议、网络控制信息协议和组播协议。

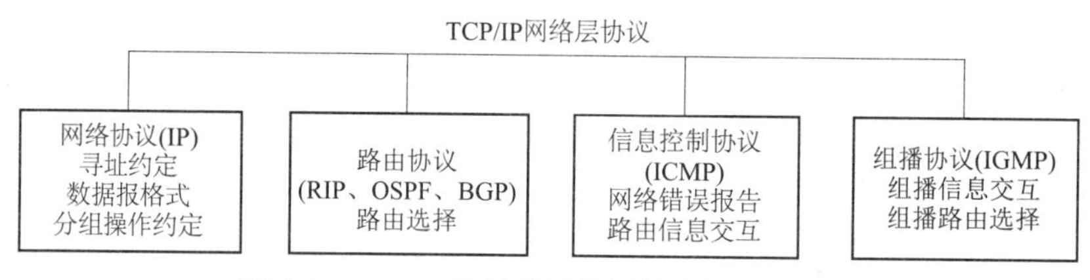

图 4–2　TCP/IP 协议族网络层协议组成与作用

4.2.1 IPv4 地址

IP 地址是 IP 协议提供一种统一的地址格式，它为互联网上的每一个网络和每一台主机分配一个逻辑地址，具体来说，要为网络设备和主机的每个通信端口赋予一个唯一的地址标识，以此来屏蔽物理地址的差异。

1）IP 地址的分类和表示

IP 地址长为 32 个比特，分为 4 个字节，采用点分十进制方式记录，被表示为 4 个以小数点隔开的十进制整数，每个整数对应 1 个字节。例如，168.101.80.66。如图 4–3 所示，IP 地址按照第一个字节的前几位分为 A、B、C、D、E 五类。例如，若第 1 个字节最高为 0 则为 A 类地址，前两位若为 10，则为 B 类地址，以此类推。

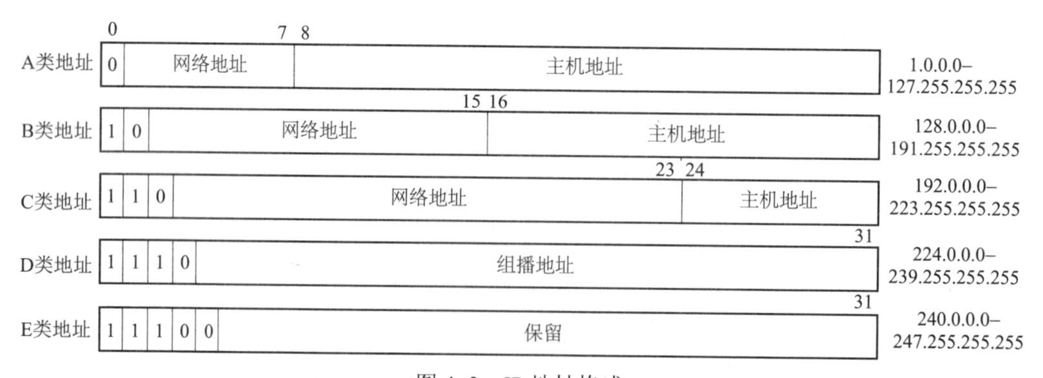

图 4–3　IP 地址格式

A、B、C 三类 IP 地址为单目传送地址（Unicast Adress），分为两部分：网络地址和主机地址。这三类地址网络地址部分和主机部分的长度不一样：A 类地址的第 1 个字节为网络地址，后 3 个字节为主机地址，这样共有 128 个 A 类网络地址，每个子网可以有 1 600 万台主机；B 类地址的前 2 个字节为网络地址，后 2 个字节为主机地址，有 16 384 个 B 类网络地址，每个子网可以有 65 536 台主机；C 类地址的前 3 个字节为网络地址，后 1 个字节为主机地址，有 200 万个 C 类子网地址，每个 C 类子网可以有 256 台主机。

D 类为组播（multicast）地址，组播地址可以在网络上指定一个逻辑组，每个要求参与组播接收的主机使用 IGMP 主机登记到希望加入的组中去。当该组的一个源端主机需要进行组播数据发送时，网络中的路由器根据参与主机的位置，为该组播发送形成一棵树，并根据发送树进行组播数据包的转发，转发过程中只在树的分岔点复制数据包，经过多个路由器的转发后，可以到达所有登记到该组的主机。这样可以大大减少源端主机和网络负载，提高传输效率。E 类地址为保留地址，以备将来的特殊用途。

有两个需要说明的特殊地址。一个是当 32 比特全为 1 时的 IP 地址，即为 255.255.255.255，被称为有限广播（Broadcast）地址。此地址被用于本网广播，可以向本网所有主机发送消息。另一个是回送地址（Loopback address），这个地址就是 127.0.0.1。当主机发送数据包时，如果目的地址为回送地址，数据包经过协议栈处理，又会回到自己。使用这个地址可以实现对本机网络协议的测试或实现本机进程间的通信。

互联网信息中心 InterNIC（Internet Network Information Center）负责 IP 地址的管理。接入互联网的网络都必须具有 InterNIC 分配的合法地址。网络中的主机地址由各个网络的管理员负责分配。

2）子网和掩码

在实际应用中，仅靠网络地址来划分网络会有 IP 资源浪费的问题。例如，一个 A 类网络可以有 1 600 万台主机，但实际上不可能有这个多主机连接到一个单一的网络中，这会给网络寻址和管理带来很大困难。人们估计在已经分配的网络地址中，主机地址的使用率仅为 5%。为了解决这一问题，引入了子网划分的方法，将主机地址进一步划分成子网地址和主机地址，通过灵活定义子网地址的位数，来控制每个子网的规模。当一个网络被划分成若干个子网后，对外仍是一个单一的网络，网络外部不需要知道网络内部子网划分情况，网络内部各个子网实行独立寻址和管理，子网间通过路由器实现互联，从而解决网络寻址和安全问题。

子网掩码的作用就是将一个 IP 地址划分成网络地址部分和主机地址部分。同 IP 地址一样，子网掩码也是 32 位的二进数，其网络部分全为 1，主机部分全为 0。判断两个 IP 地址是否属于同一个网络，只要将这两个 IP 地址与子网掩码进行逻辑与操作，如果运算结果相同，则说明在一个网络中。

A、B、C 这三类 IP 地址的子网掩码分别为 255.0.0.0、255.255.0.0、255.255.255.0，或者表示为 a.b.c.d/8、a.b.c.d./16、a.b.c.d/24。由于按类分配 IP 地址浪费了许多 IP 资源，所以 IETF 于 1993 年发布了无类域间路由 CDIP（Classless Inter Domain Routing）。使用 CIDR 进行 IP 地址进行地址分配时，不再区分 A、B、C 类网络地址，其子网掩码被改为 a.b.c.d/x，其中的 x 不再受 8 位、16 位和 24 位限制。例如，某个组织需要将 2 000 台主机接入互联网，若按照原来有类地址分配的方法，需要取得一个 B 类地址（掩码为 a.b.c.d/16），但是这样会造成 63 000 个 IP 地址的浪费。如果使用 CIDR 地址分配方法，分配一个带有 a.b.c.d/21 掩码的 B 类地址，则可以容纳 2 046 台主机，这样就不至于造成浪费。

与此相类似的是，即使人们申请到了一个 A、B 或 C 类地址，仍然可以自己通过增加掩码长度来进一步进行内部子网的划分，这就是 RFC1878 中定义的可变长子网掩码 VLSM（Variable Length Subnet Mask），VLSM 规定了不同层级的子网可以使用不同的子网掩码，也就是能够根据不同子网中的主机个数使用不同长度的子网掩码。

例如，某单位申请到了一个 C 类公有 IP 地址：210.31.233.0/24。单位有 A 和 B 两个主要部门。为了便于网络管理和信息安全，网络管理员采取 VLSM 技术，将单位网络又划分为两个子网（未考虑全 0 和全 1 子网）。部门 A 分得了一级子网中的一个子网 210.31.233.64/26，该一级子网有 62 个可分配主机地址；部门 B 分得一级子网的第二个子网 210.31.233.128/26。管理员又将部门 B 的子网进一步有划分成两个二级子网，分别给 B 部门的 B1 和 B2 子部门使用。其中，B1 的二级子网 IP 地址分配为 210.31.233.128/27，B2 的二级子网地址分配为 210.31.233.160/27。每个二级子网有 30 个 IP 地址可供分配（如图 4–4 所示）。

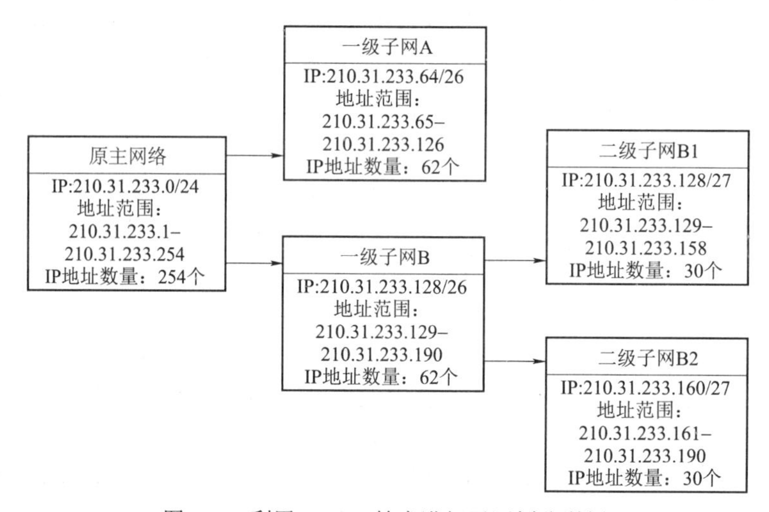

图 4–4　利用 VLSM 技术进行子网划分举例

4.2.2 IPv4 数据报格式

IP 数据报由数据报头和数据域两部分组成，数据报头由长度为 20 B 的固定部分和可变长度选项部分组成，20 个字节的固定部分包括 Version、IHL、Type of service、Total length、Identification、Flag、Fragment of set、Time of set、Time to live、Protocol、Head checksum、Source address、Destination address。数据报头的格式如图 4–5 所示。

Version 是版本号，现在广泛使用的是第四版的 IP（称为 IPv4），IPv6 也已经制定出来以支持更多的新业务，部分网络已经开始使用。

IHL 指明数据报头的长度（单位为 4 B），其中最小值为 5（表明只有固定部分），最大值为 15，说明数据报头的最大长度为 60 B，也就是说选项部分最长为 40 B。一般报头的字长为 20 B。

Type of service 指明需要的服务类型，它只能从最小延迟、最大吞吐量、最高可靠性和最小花费中选择其一，如思科公司已经将该字段前三位用来告诉路由器执行不同的服务等级。

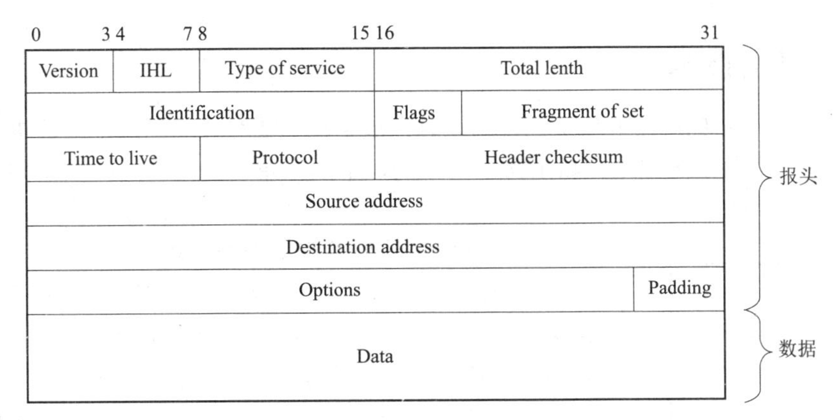

图 4–5　IP 报文格式

Total length 指明 IP 数据报的长度（单位为字节），IP 数据的最大长度为 65 535 字节，考虑到传输时延和主机的处理能力，多数机器将此长度限制在 576 B 之内。

Identification 是数据报标识，发送方每发送一个数据报，其数据报标识就加 1。若数据报在传输过程中分成若干小的数据段时，每个数据段必须携带其所有数据报的数据报标识，接受方据此可将属于同一个数据报的数据段重新组装成数据报。

Flags 部分有两个主要的字段，DF 和 MF。DF（Don't Fragment）指示路由器不将数据报分段，因为目的主机没有组装能力。MF（More Fragment）说明该片段是否数据报的最后一个片段，最后一个片段的 MF 位置 0，其余片段的位置 1。

Fragment offset 表示该片段在数据报中的位置（以 8 B 作为基本单位），除最后一个片段外，其余片段的长度都必须是 8 B 的整数倍。注意，由于 IP 数据报的数据部分大小并没有规定，从若干字节到几千字节都有，而每个路由器能够处理的最大数据报的长度是不一样的，所以，若发送端发出的数据报超过 576 B，则可能在传输过程中被分割成较小的数据报，本字段就是为了在数据中发送这种分割后“子数据报”排序使用的。576 B 则是所有路由器都能处理的最大数据报长度。

Time to live 域是一个计算器，用来限制数据报的寿命。实际使用时并不是用它来计时的，而是用来计算数据报经过的站段数，数据报每达到一个路由器该域即减 1，减至 0 时数据报被丢弃。

Protocol 指明上层使用的协议，接收端将根据这个字段的指示确定应该将 IP 报文的数据部分交给哪个上层协议去处理。常见的上层协议包括 TCP、UDP、ICMP 和 IGMP。

Header checksum 校验和对数据报头进行校验，以保证头部数据的完整性。IP 协议没有提供对数据部分的校验。

Source address 是该数据报的源 IP 地址。

Destination address 该数据报的目的 IP 地址。

Option 是 IP 报文的选项，主要用于控制和测试。这些选项包括安全选项、严格源选径、松散源选径、路由记录和时间戳。这些选项很少被使用，并非所有主机和路由器都支持这些选项。

Padding 是填充域，通过在可选字段后面添加 0 来补足 32 位，来确保报头长度是 32 的倍数。

4.2.3　IP 路由技术

路由（Routing）是指分组从源到目的地时，决定端到端路径的网络范围的进程，是实现高效通信的基础。路由过程是在路由器上完成的，下面介绍路由器的结构以及如何工作来完成路由过程。

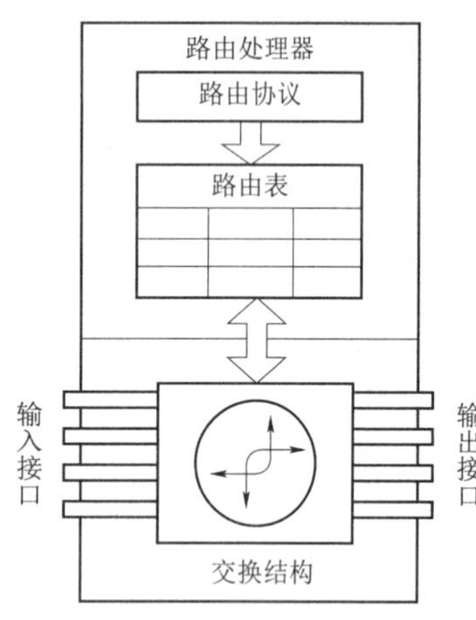

图 4–6　路由器结构

（1）路由器结构及路由选择过程

一个路由器有多个网络接口，分别连接一个网络或另一个路由器。如图 4–6 所示，每个路由器主要由四个部分组成：输入端口、输出端口、路由处理器和交换结构。

其工作过程如下：当某个输入端口接收到数据帧时，输入端口对数据链路层的帧执行解封装操作，取出网络层分组，在路由处理器的路由表中查找输入分组的目的地址，从而确定目的输出端口，路由查找完成后，通过交换结构将分组送到指定输出端口，再由输出端口将分组封装到数据链路层帧中发送出去。

（2）路由表

路由表是网络路由选择的地图，从路由器的结构和路由过程来看，路由器的工作是围绕路由表来进行的。这其中路由处理器利用路由协议来完成对路由表的建立、更新等维护工作，交换结构是执行根据路由表所确定的交换指令，来完成整个路由过程。所以，理解了路由表的结构、建立和更新过程，也就理解了整个路由过程。

路由表分为两种，即静态路由表和动态路由表。其中静态（Static）路由表由系统管理员事先设置好固定的路由表，一般是在系统安装时就根据网络的配置情况预先设定的，它不会随未来网络结构的改变而改变；动态（Dynamic）路由表是路由器根据网络系统的运行情况而自动调整的路由表。路由器根据路由选择协议（Routing Protocol）提供的功能，自动学习和记忆网络运行情况，在需要时自动计算数据传输的最佳路径。

以下为一个路由表实例，在图 4–7 所示的网络中，主机 A 的路由表如表 4–1 所示。

路由表具体格式随操作系统的不同而有差异，但一般路由表中有如下几项：目的地址、掩码、网关及接口名称等。

表 4–1 为 Unix 主机 A 的路由表。第一条目的地址为回送地址，所以网接口上的发送的数据都交回主机去处理，即 IP 协议把数据包交给虚拟的回送接口 lo 去处理。第二条目的地址为主机 A 所在子网的子网地址，掩码为该网络接口上的掩码，没有标志位 G，这就表明网关字段代表的不是一台真正的路由器地址。此时数据包发往 eth0，下一跳就是 IP 数据包的目的地址。第三条路由是到以太网 2 的路由，有 G 标志位，表示到达以太网 2 应该经过路由器 R2 的一个端口（202.1.1.2/24）。第四条是一条缺省路由，其目的地址和掩码全为 0，这样和任何目的地址都可以匹配。这样当某个数据包的目的地址和路由表中其他项都不能匹配时，就使用该项进行路由。由于其标志位设置了 G，所以网关字段是有效的路由器地址，作为下一条路由器地址，并且该路由在 eth0 接口上。

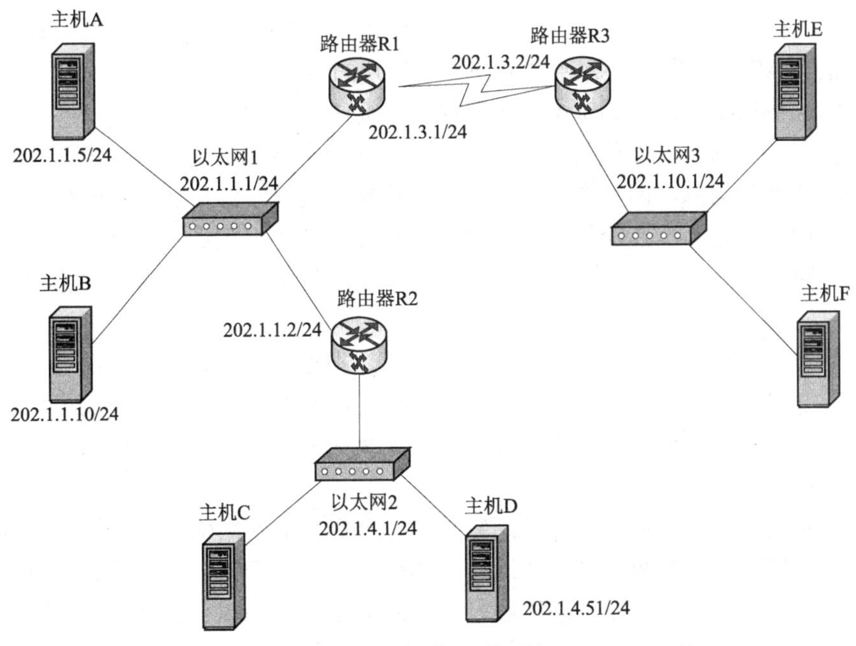

图 4–7　网络互联环境

表 4–1　主机 A 的路由表

目的地址	网关	掩码	标识	接口
127.0.0.0	0.0.0.0	255.0.0.0	U	lo
201.1.1.0	0.0.0.0	255.255.255.0	U	eth0
202.1.4.0	202.1.1.2	255.255.255.0	UG	eth0
0.0.0.0	202.1.1.1	0.0.0.0	UG	eth0

注：标识字母的意义，U—路由是活动的，G—指向网关

3）路由协议

路由协议用来建立和维护路由表。路由器上的路由协议之间主动交换路由信息，并依据这些信息通过计算来建立完整的路由表，通过路由协议，路由器可以动态适应网络拓扑结构的变化，并找到去往目的网络的最佳路径。所以路由器不采用“泛洪”的方式来进行路径学习和选择，可以减少广播数据对网络的冲击。

互联网有一种网络组织形态，就是自治系统 AS（Autonomous System）。AS 是由一组路由器集合组成的网络，这组路由器处于同样的管理和技术手段控制之下，运行同样的路由协议，整个互联网就是由若干的 AS 组成。这样，路由协议被分为两大类：一类是运行在 AS 内部，被称为 IGP，典型的 IGP 有 RIP（Routing Information Protocol）、OSPF（Open Shortest Path First）和 EIGRP（Enhanced Interior Gateway Routing Protocol）；另一类是运行在 AS 之间，被称为 EGP，典型的 EGP 有 BGP4 协议。

之所以将路由协议分为 IGP 和 EGP，主要原因是 AS 内部和 AS 之间的路由需求是不同的：在 AS 内部，一切控制受制于一个管理机构，策略被弱化，路由质量（如性能）成为主要因素；而在 AS 之间，安全、行政、区域和国家等人为因素出现，策略成为最重要的因素。例如，来自某个 AS 的数据不允许通过另外一个特点的 AS。

大多数路由协议都采用两种基本路由算法：全局的和局部的。

（1）局部路由算法。以迭代的、分布式的方式计算出最低费用路径。没有节点拥有关于所有网络链路的完整信息，而每个节点仅有与其直接相连链路的信息即可开始工作。然后通过迭代计算过程并与相邻节点交换信息，一个节点逐渐计算出到达目的节点或者一组目的节点的最低费用路径信息。这种算法被称为距离矢量路由算法。RIP、IGRP 等路由协议都使用这类算法。

距离矢量算法计算网络中链路的距离矢量，然后根据计算结果构造路由表。路由器工作时会定期向相邻路由器发送信息，消息内容就是自己的整个路由表，其中包括：到达信宿网络所经过的距离、到达信宿的下一步地址。运行距离矢量的路由器会根据相邻路由器发送过来的信息，来更新自己的路由表。

（2）全局路由算法。全局选路算法用完整的、全局性的网络信息来计算从源到目的的最低开销路径。该算法要了解所有节点的连通性和所有链路的开销，所以计算之前必须获得所有信息。这种算法通常称为链路状态算法，即 LS 算法，因为该算法必须知道网络中每条链路的开销。OSPF 和 IS–IS 等协议均采用此类算法。

链路状态路由选择协议的目的是得到整个网络的拓扑结构。运行状态路由协议的每个路由器都要提供链路状态的拓扑结构信息，信息内容包括：路由器所连接的网段链路和该链路的物理状态。根据返回的状态信息，路由器配合网络拓扑结构的变化及时修改路由表，以适应网络变化，满足路由需求。

4.2.4 ARP 协议和 RARP 协议

1）地址解析协议 ARP

如果在以太网上运行的 IP 协议，把需要发送的数据封装后，要交给数据链路层发送。以太网上使用 6 字节的 MAC 地址，每一个网卡上使用的 MAC 地址是由网卡的生产厂家设置的，和该接口上的 IP 地址没有对应的关系，IP 层协议只知道要发送的下一站的主机和路由器的 IP 地址，那么链路层如何决定下一站的主机 MAC 地址呢？在以太网等局域网上，使用 ARP（Address Resolution Protocol）协议来实现 IP 地址到 MAC 地址的动态转换。

通过下面的例子，我们就可以理解地址解析的过程。在一个以太网上有两台计算机 A 和 B。A 和 B 之间要通过 TCP/IP 通信，则双方必须知道对方的 MAC 地址。每台主机都要维护一个 IP 地址到 MAC 的转换表，称为 ARP 表。其中存放着最近用到的一系列和它通信的同网的计算机的 IP 地址和 MAC 的地址的映射。这两台主机启动时，其 ARP 的表是空的。

如果源端 A 要和 IP 地址为 133.1.1.1 的主机 B 通信。A 首先查看自己的 ARP 表，看其中是否有 133.1.1.1 对应的 ARP 表项。如果找到了，则不用发送 ARP 包，而直接利用 ARP 表中的 MAC 把 IP 数据包进行帧封装，发送到目的地。如果在 ARP 表中找不到对应的地址项，则把该数据包放入 ARP 发送等待队列，然后 ARP 协议创建一个 ARP 请求，并以广播方式发送（把以太帧的目的地址设置为广播地址）。在 ARP 请求包中有请求的计算机的 IP 地址，以及主机 A 自己的 IP 地址和 MAC 地址。由于是由广播方式发送，所以所有网上的计算机都可以接收到，不过仅被请求的主机 B（其 IP 地址与 ARP 请求包中的目的协议地址相同）处理。

首先把 ARP 请求包中发起者的 IP 地址和 MAC 地址放入自己的 ARP 表中。然后主机 B 产生 ARP 响应包，在包中填入自己的 MAC 地址，发给主机 A。这个响应不再以广播的形式发送，而是在以太帧的目的地址端填入 A 的 MAC 地址，直接发送给主机 A。

主机 A 在收到响应后，将从包中提取目的 IP 地址及其对应的 MAC 地址，加入自己的 ARP 表中，这样就完成了地址解析过程。接下来，A 就可以把放在发送等待队列中的所有数据包都发送出去。如果一条 ARP 项很久没有使用了，则被从 ARP 表中删除掉。这样可以节省内存空间和 ARP 表的查找时间。ARP 不是 IP 协议的一部分，它不包括 IP 头，而是直接放在以太网帧的数据部分。并且，在以太网中定义了一种新的以太类型来标志 ARP 包。

2）反向地址解析协议（RARP）

RARP（Reverse Address Resolution Protocol）协议可以实现 MAC 地址到 IP 地址的转换。此协议主要工作在有无盘工作站接入的网络中。网络中的无盘工作站在启动时，只知道自己是网络接口的 MAC 地址，而不知道自己的 IP 地址。它首先要使用 RARP 得到自己的 IP 地址后，才能同其他服务器通信。

在一台无盘工作站启动时，工作站首先以广播方式发出 RARP 请求。这个 RARP 服务器就会根据提供的 RARP 请求中的 MAC 地址为该工作站分配一个 IP 地址，产生一个 RARP 响应包，并发送回去。

4.2.5　ICMP 协议

ICMP（Internet Control Message Protocol）是一种出差和控制报文协议，用于传输错误报告和控制信息，是网络层的协议之一。

ICMP 报文为头部和数据两部分。ICMP 报文封装在 IP 数据包中进行传输。IP 包头中的包类型为 1 时，表示报文的数据部分为 ICMP 报文。虽然 ICMP 报文由 IP 报文传输，但是并不能认为 ICMP 是 IP 的上层协议。而是 IP 协议的有机的补充。在 IP 协议处理的过程中，经常要产生一些 ICMP 报文来报告处理报文的情况。之所以把 ICMP 放在 IP 协议包中，是要利用 IP 的转发功能。

图 4–8 为 ICMP 报文格式。其中，Type（类型）是一个字节，表示 ICMP 信息的类型。CODE（代码）也是一个字节，表示报文类型进一步的信息。Checksum（校验和）共两个字节，提供对整个 ICMP 报文的校验和（和 IP 报文头的校验和产生方法相同）。一些常用的 ICMP 消息类型如表 4–2 所示。

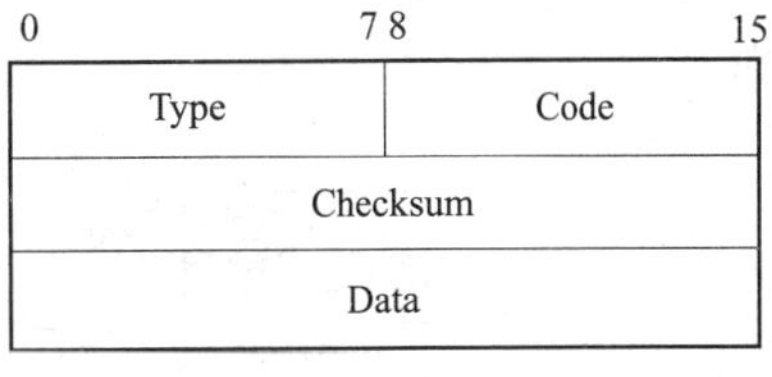

0　　　　7	8　　　　15
Type	Code
Checksum	
Data	

图 4–8　ICMP 报文格式

表 4–2　常用 ICMP 消息类型

消息类型	消息含义
Destination Unreachable	目的不可达
Time Exceeded	生存期变为 0
Parameter Problem	IP 包头的字段有错
Source Quench	抑制该类包的发送

续表

消息类型	消息含义
Redirect	可采用更佳的路由
Echo Request	询问一台主机协议运行是否正常
Echo Reply	是正常工作
Timestamp Request	和 Echo Request 一样，但带返回时间戳
Timestamp Reply	和 Echo Reply 一样，但带有时间戳

按照协议的功能来分，ICMP 报文可以分为差错报文、控制报文和测试报文。其中，提供差错控制报文是 ICMP 最根本功能，ICMP 差错报文包括目的不可达、超时报告、参数出错报告等；ICMP 的控制报文主要用于拥塞控制和路径控制；请求/应答报文主要用于网络诊断。它们一般是成对发送的，每一个请求报文对应一种应答报文。

我们在网络中经常会使用到 ICMP 协议，比如我们经常使用的用于检查网络通不通的 Ping 命令（Linux 和 Windows 中均有），这个“Ping”的过程实际上就是 ICMP 协议工作的过程。还有其他的网络命令如跟踪路由的 Tracert 命令也是基于 ICMP 协议的。

4.3 互联网传输层协议

互联网传输层主要包括 TCP 和 UDP 这两个协议，TCP 向上层提供面向连接的、可靠的端到端通信服务，而 UDP 向上层提供无连接的、不可靠的快速通信服务。

4.3.1 并行传输与套接字

这两个协议最基本的任务就是延伸 IP 所提供的服务，IP 所提供的服务是在两个主机之间传递数据，而 UDP 和 TCP 的任务则是将传递服务延伸到各主机的诸多进程之间，如图 4–9 所示。

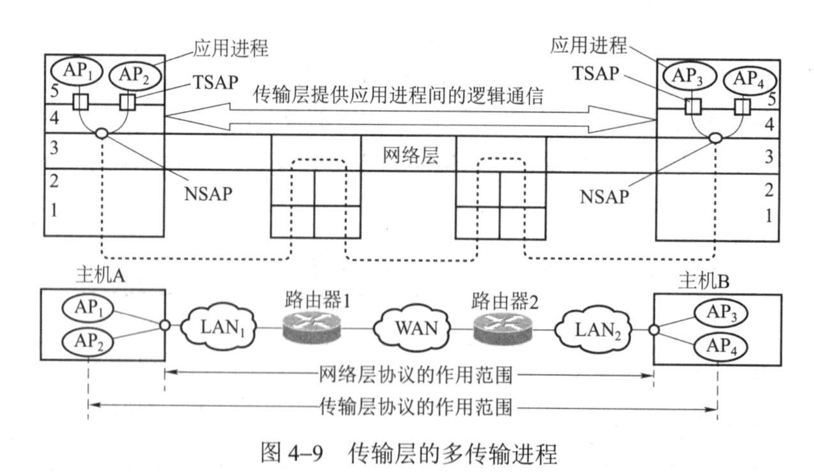

图 4–9　传输层的多传输进程

在一台主机上，常常有多个应用程序运行。位于传输层的 TCP 或 UDP 协议要服务于这些应用程序，完成相应的通信功能。那么传输层接收到数据后，如何区分到底发送给哪一个应用程序，或者说如何进行并行的数据传输满足多个应用程序的通信需求呢？为此在传输层引入了端口（Port）和套接字（Socket）的概念。这个端口就是传输层的服务访问点 TSAP，用一个 16 位的标志符来表示，称为端口号。套接字是一个特殊的文件句柄，一个套接字是一个三元组（协议，本地 IP 地址，本地端口）。而一个关联是一个五元组（协议，本地 IP 地址，端口，远地 IP 地址，远地端口），它完整地规定了构成应用程序一个连接的两个进程。

互联网上应用程序的运行模式大部分为客户端/服务器模式，启动应用程序发出服务请求的一端称为客户端，而响应这一请求、提供服务的一端称为服务器。客户端程序可以任意选择通信端口号，而服务器端一般使用固定缺省的端口号。例如，FTP 服务器使用 21 号端口，Email 服务器使用 25 号端口，Web 服务器使用 80 端口等。服务器启动后，其服务程序就会在相应的端口上等待服务请求。客户端只要启动相应客户端程序往服务器对应的套接字发送请求即可。

4.3.2　TCP 协议

TCP 为上层提供的是点对点、全双工的流式可靠服务。也就是说所有 TCP 连接都是全双工将点对点的，所谓全双工是指数据可在连接的两个方向上同时传输，点对点意味着每个 TCP 连接只有两个端点，因而 TCP 不支持广播和组播的功能。TCP 连接是一个字节流而不是一个报文流，它不保留报文的边界。发送方 TCP 实体将应用程序的输出不加分隔地放在数据缓冲区中，输出时将数据块划分成长度适中的段，每个段封装在一个 IP 数据包中传输。段中每个字节都分配一个序号，接受方 TCP 实体完全根据字节序号将各个段组装成连续的字节流交给应用程序，而并不知道这些数据是由发送方应用程序分几次写入的，对数据流的解释和处理完全由高层协议来完成。

TCP 实体间交换数据的基本单元是“段”，对等的 TCP 实体在建立连接时，可以向对方声明自己所能接受的最大段长 MSS（Maximum Segment Size），如果没有声明则双方将使用一个缺省的 MSS。在不同的物理环境中，这个缺省的 MSS 是不同的，因为每个网络都有一个最大传输单元 MTU（Maximum Transfer Unit），MSS 的选取应使用每个段封装成 IP 数据后，其长度不超过相应网络的 MTU，当然也不能超过 IP 数据包的最大长度 65 535 字节。当一个段经过一个 MTU 较小的网络时，需要在路由器中再分成更小的段来传输。

TCP 协议为应用层提供了若干附加的功能，TCP 提供了可靠数据传输。通过流控、顺序编应答和计时器，TCP 可以保证将数据按序、正确地从某个主机中的一个进程传递到另一台主机中的一个进程。TCP 将 IP 所提供的主机间不可靠传递服务转换成为进程间的可靠数据传递服务。TCP 通过动态改变滑动窗口大小，实现流控，以此可以提供阻塞控制功能。下面分别介绍 TCP 的这些机制。

1）TCP 报头

TCP 段是被封装在 IP 的数据域中。TCP 的自己报头结构如图 4–10 所示。

Source Port 就是源端口号，Destination Port 为目的端口号；

Sequence Number 指示 TCP 段中第一个字节的序号，字节流中每个字节都有一个序号；

Acknowledgement Number 表示发送该 TCP 段的主机准备从对方接收的下一个字节序号，同时也表明该序号之前的字节全部正确收到。

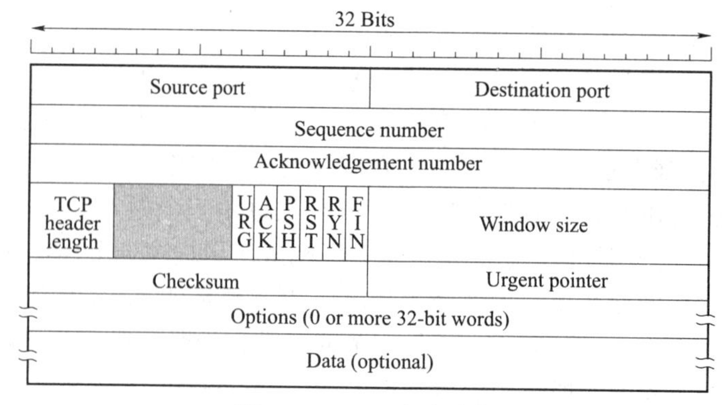

图 4–10 TCP 段头结构

Header Length 指示 TCP 头的长度（以 32 b 为单位），Header Length 的最大值为 15，因此限制 TCP 头的最大长度为 60 B。

TCP 头中有 6 个标志，情况如下：

● UBG，它指示 Urgent Pointer 域是否有效，Urgent Pointer 用来指示紧急数据距离当前字节序号的偏移字节数。当接收方收到一个 URG 为 1 的段后，立即中断当前正在执行的程序，根据 Urgent pointer 找到段中的紧急数据，优先进行处理。

● ACK，ACK 为 1 表示 Acknowledgement number 中是一个有效的应答序号。

● PSH，当 PSH 为 1 时表示接收方收到数据后应尽快交给应用程序，而不是等接收缓冲区满后再传递。

● RST，当 RST 为 1 时表示复位一个连接，通常用于主机发生崩溃之后连接，也可能表示拒绝建立一个连接或拒绝接收一个非法的段。

● SYN，当 SYN 为 1 时表示建立一个连接。

● FIN，当 FIN 为 1 时表示数据发送结束，但仍可继续接收另一个方向的数据。

Window size 表示从被确认的自己开始，发送方可以发送的字节数，Window size 为 0 是允许的，它表示接收方缓冲区满，这个域用于 TCP 的流量控制。

Checksum 对 TCP 头、TCP 数据域及 TCP 伪报头结构进行校验，TCP 伪报头结构同 UDP 伪报头结构相仿，只是 TCP 的协议代码为 6。

2）TCP 的连接管理

TCP 的连接管理包括 TCP 连接建立与释放过程。首先来看看 TCP 是如何建立连接的。其连接建立过程如图 4–11 所示。

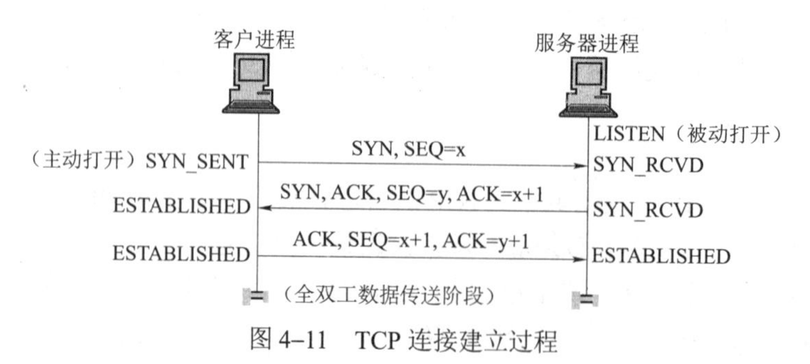

图 4–11 TCP 连接建立过程

（1）请求连接的一方（客户进程）发送一个 SYN 置 1 的 TCP，将客户进程选择的初始连接序号放入 SEQ（Sequence Number）域中（设为 x）。

（2）服务进程返回一个 SYN 和 ACK 都置 1 的 TCP 段，将服务进程选择的初始连接序号放入 Sequence Number 域中（设为 y），并在 ACK（Acknowledgement Number）域中对客户进程的初始连接序号进行应答（x+1）。

（3）客户进程发送一个 ACK 置 1 的 TCP 段，在 ACK 域中对服务进程的初始连接序号进行应答（y+1）。

这一来往三次连接建立过程被称为“三次握手”（Three–way handshake）。初始连接序号的选择也采用基于时钟的方案，其中Δt 取为 4 μs，即每隔 4 μs 初始连接序号加 1。当主机崩溃后，必须至少等待 120 s（数据报的最长寿命）后才能启动，以确保网络中不再有任何崩溃前的老数据报存在。

TCP 采用对称释放法来释放连接，通信的双方必须都向对方发送 FIN 置 1 的 TCP 段并得到对方的应答，连接才能被释放，因而释放连接必须经过图 4–12 所示的四个阶段。

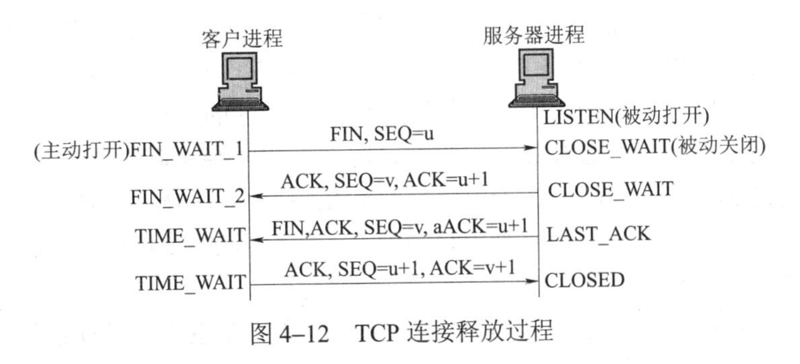

图 4–12　TCP 连接释放过程

3）TCP 差错控制与超时重发

TCP 可以通过检验序列号和确认号来判断丢失、重复的数据包，也就是说当接收方 TCP 实体收到一个出错的 TCP 段后，只是将其丢弃而不作应答，因而发送方必须采取用超时的机制来重发久未应答的段。换句话，TCP 是采用超时重发机制来进行差错控制的。由于在一个巨大的互联网络中，TCP 段可能在不同的物理线路上传输，信源和信宿的距离可近可远，而且每时每刻网络中的阻塞情况也不同，因此要选择一个合适的超时时间并不是一件容易的事。为此，TCP 要想适应各种网络环境，就必须能动态计算重传超时时间（Retransmission Time Out，RTO）。为了获得 RTO，TCP 协议统计发出某一个序列号的字节，以及收到该字节的确认之间的时间。这段时间被称为往返时间 RTT（Round Trip Time）。再根据 RTT，计算出平滑往返时间 SRTT（Smoothed Round Trip Time），计算公式为：

$$\mathrm{SRTT} = \alpha \times \mathrm{SRTT} + (1-\alpha) \times \mathrm{RTT}$$

式中，α 被称为平滑因子，一般取值为 0.8 或 0.9。

当 SRTT 变化范围较大时，采用固定倍数的方法其实际效果并不好。后来，人们提出了利用平均方差 D 来计算平滑平均方差 SD，最后计算出 RTO 的方法，即：

$$\mathrm{SD} = \alpha \times \mathrm{SD} + (1-\alpha) \times \left|\mathrm{RTT} - \mathrm{D}\right|$$

$$\mathrm{RTO} = \mathrm{SRTT} + 4 \times \mathrm{SD}$$

这样得到的超时时间 RTO 具有较好的适应性。

4）TCP 流量控制与阻塞控制

TCP 采用滑动窗口机制进行流量控制。当建立一个连接时，每端都为该连接分配一块接收缓冲区，数据到达时先放到缓冲区中，然后在适当的时候由 TCP 实体交给应用程序处理。由于每个连接的接收缓冲区大小是固定的，当发送方发送时，会导致缓冲区溢出，造成数据丢失，因此接收方必须随时通报缓冲区的剩余时间，以便发送方调整流量。

接收方是通过将缓冲区的剩余空间大小放入 Window size 域来通知发送方的，发送方每次发送的数据量不能超过 Window size 中指定的字节数。Window size 为 0 时，发送方必须停止发送，当接收方将数据交给应用程序后，发送一个 ACK 段（称窗口更新）来告知发送方新的接收窗口大小。

为了避免发送太短的段，在有些情况下，TCP 实体不马上发送应用程序的输出，而是收集够一定数量后再发送，比如当收集的数据可以构成一个最大长度的段或达到接收窗口一半大小时再发送，这样可以大大减少额外开销。当然对于交互的应用程序来说，每当用户结束输入，就应该立即发送用户输入的数据而不能等待。某一方面，为了避免接收方稍有一点剩余空间就立即发送窗口更新的 ACK 段，通常要求接收方在腾出一定数量的空间后再请求发送，比如剩余空间可以接收一个最大长度的段或到达缓冲区的一半大小。

当过多的数据进入网络时会导致网络阻塞，阻塞发生时会引起发送方超时，虽然超时也有可能是由数据传输出错引起，但在当前的网络环境中，由于传输介质的可靠性越来越高，数据传输出错的可能性很小，因此导致超时的绝大多数原因是网络阻塞，TCP 实体就是根据超时来判断是否发生了网络阻塞。

考虑到网络的处理能力，仅有一个接收窗口是不够的，发生方还必须维持一个阻塞窗口，发送窗口必须是接收窗口和阻塞窗口中较小的那一个。和接收窗口一样，阻塞窗口也是动态可变的。连接建立时，阻塞窗口被初始化成该连接支持的最大段长度，然后 TCP 实体发送一个最大长度的段；如果这个段没有超时，则将阻塞窗口调整成两个最大长度，然后发送两个最大长度的段；每当发送出去的段都及时得到应答，就将阻塞窗口的大小加倍，直至最终到达接收窗口大小或发生超时，这种算法称为慢开始。如果发生了超时，TCP 实体将一个门限参数设置成当前阻塞窗口的一半，然后将阻塞窗口重新初始化最大段长度，再一次执行慢开始算法，直至阻塞窗口大小达到设定的门限值；这时减慢阻塞窗口增大的速率，每当发送出去的段得到了及时应答，就将阻塞窗口增加一个最大段长度，如此阻塞窗口呈线性增大直至达到接收窗口或又发送超时。当阻塞窗口达到接收窗口时既不再增大，此后一直保持不变，除非接收窗口改变或又发生超时；如果发生超时则使用上述阻塞控制算法重新确定合适的阻塞窗口大小。

采用以上的流量控制和阻塞控制机制后，发送方可以随时根据接收方的处理能力和网络的处理能力来选择一个最合适的发送速率，从而充分有效地利用网络资源。

4.3.3 UDP 协议

UDP（User Datagram Protocol）［RFC768］是一个最为简单的传输层协议。和 TCP 不同，UDP 提供无连接的服务，不能保证数据完整到达目的地。那么为什么传输层需要 UDP 这样一个协议呢？在网络环境下的客户/服务器模式常常采用简单请求/响应通信方式，这种方式一次通信所传输的应用数据量并不大。例如，DNS 应用等。在这些应用中，如果每次请求都建立连接，通信完毕后再释放连接，传输效率低，额外开销大。这时 UDP 这样无连接协议所提供的传输层服务就比较合适。但这时，应用层自己必须提供差错控制和重传机制，从而加大了应用层的复杂性。UDP 报头结构如图 4–13 所示。

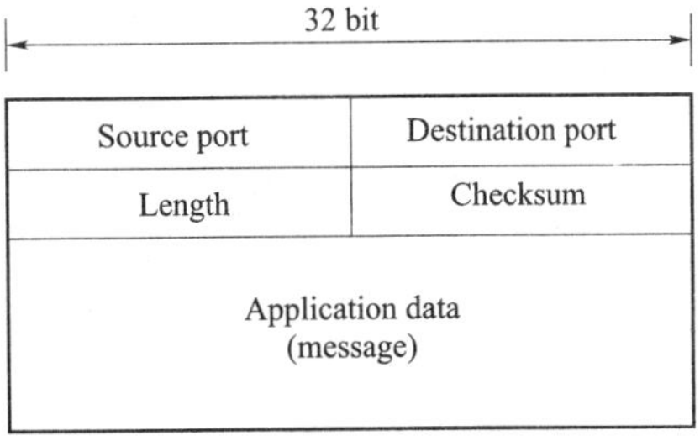

32 bit

Source port	Destination port
Length	Checksum
Application data (message)	

图 4–13　UDP 协议报头

Source port 是源端口号，Destination Port 是目的端口号。

Length 是指 UDP 段字节长度（包含报头和数据域），最小值为 8，也就是说数据域长度可为 0。

Checksum 检验和对 UDP 头及其数据域进行校验。设置此域的目的，就可以省略应用层对传输错误的检测。当接收方发现此段有错，只是简单丢弃，并不向信源报告错误。

在 UDP 的通信过程中，UDP 不理会网络的交通拥堵状况，按照其自身的意愿随意向网络发送数据。除了应用程序多道处理和一些简便的错误校验外，再也没有在 IP 协议的 PDU 上增加什么内容。事实上，应用程序如果使用 UDP，实际上几乎直接同 IP 对话。UDP 从应用程序接过报文后，附上目的端口和源端口号以及两个其他小字段后就直接将结果段递交网络层。网络层将该段封装到数据报后，尽力而为地将数据报传递给接受主机。如果数据报到达了接受主机，UDP 将根据 IP 地址和两个端口号，将段中数据交给相应的进程。

总体来看，UDP 是 IP 的一个应用接口，提供了让应用进程把一个数据报发送到另一个进程的机制，它没有为 IP 增加可靠性、流量控制或差错控制，它仅仅作为发送与接收数据报的一种多路复用器/多路分解器

4.4　互联网应用层系统与协议

互联网有着丰富的应用层协议，以满足互联网各种应用需求。这里介绍主要的几个互联网应用以及所涉及的应用层协议。

4.4.1　域名服务系统

DNS（Domain Name System，域名系统），互联网上作为域名和 IP 地址相互映射的一个分布式数据库，能够使用户更方便地访问互联网，而不用去记住能够被机器直接读取的 IP 数串。

在互联网发展之初并没有域名，有的只是 IP 地址。IP 地址就是一组类似这样的数字，如：162.105.203.245。由于当时互联网主要应用在科研领域，使用者非常少，所以记忆这样的数字并不是非常困难。但是随着时间的推移，连入互联网的电脑越来越多，需要记忆的 IP 地址也越来越多，记忆这些数字串变得越来越困难，于是域名应运而生。域名就是对应于 IP 地址的用于在互联网上标识机器的有意义的字符串。

每个 IP 地址都可以有一个主机名，主机名由一个或多个字符串组成，字符串之间用小数点隔开，例如，www.bit.edu.cn。这样一种形式体现的是层次化的主机命名方法，也就是说域名空间分为若干层次。如图 4–14 所示，是一个倒置树状结构。

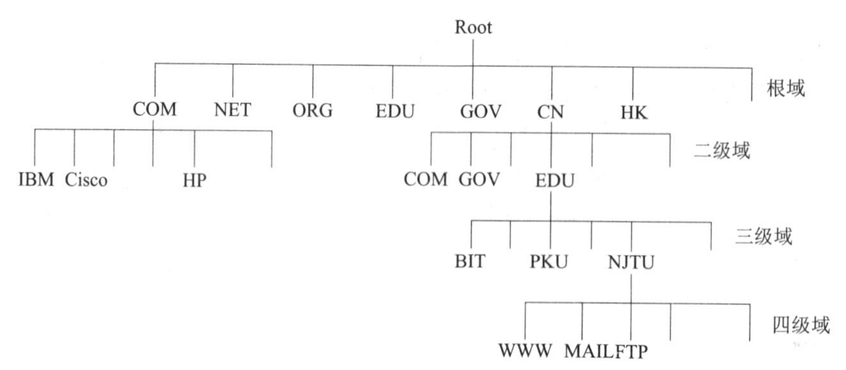

图 4–14　互联网域名空间

互联网的根域名由互联网域名与号码分配机构（ICANN）负责分配、登记和管理，它还为 Internet 的每一台主机分配唯一的 IP 地址。全世界现有三个大的网络信息中心：位于美国的 Inter–NIC，负责美国及其他地区；位于荷兰的 RIPE–NIC，负责欧洲地区；位于日本的 APNIC，负责亚太地区。

有了主机名，就不要死记硬背每台 IP 设备的 IP 地址，只要记住相对直观有意义的主机名就行了。这就是 DNS 协议所要完成的功能。主机名到 IP 地址的映射有两种方式：

静态映射，每台设备上都配置主机到 IP 地址的映射，各设备独立维护自己的映射表，而且只供本设备使用；

动态映射，建立一套域名解析系统（DNS），只在专门的 DNS 服务器上配置主机到 IP 地址的映射，网络上需要使用主机名通信的设备，首先需要到 DNS 服务器查询主机所对应的 IP 地址。

通过主机名，最终得到该主机名对应的 IP 地址的过程叫作域名解析（或主机名解析）。在解析域名时，可以首先采用静态域名解析的方法，如果静态域名解析不成功，再采用动态域名解析的方法。可以将一些常用的域名放入静态域名解析表中，这样可以大大提高域名解析效率。

4.4.2　电子邮件系统

电子邮件（E-mail）是互联网最重要和最普遍的应用之一。在互联网发展的初期就已经成为研究人员、科学家、高技术领域和学术界的人员相互通信的一种廉价、有效的手段。相对传统的一些信息传递方式（例如信件和电话），E-mail 具有其独特的优点。它方便、高速、廉价、可靠、全球应用，并能以多种数据形式（不但是文字，还有图形、图像和语音等）传送。当然也存在一些问题。例如，大量垃圾邮件和不良信息的传播，邮件可被拦截、伪造，不能进行实时响应等。

从宏观上来看，电子邮件系统与传统信件传递的邮局有相似之处，也是由用户发送邮件到发送邮局，再由发送邮局到目的接收邮局，并最终投递给用户，整个过程就是一个邮件的存储—转发过程。电子邮件具体组成如图 4–15 所示，主要有三部分：用户代理、邮件服务器和电子邮件协议（SMTP 和 POP3 等）。

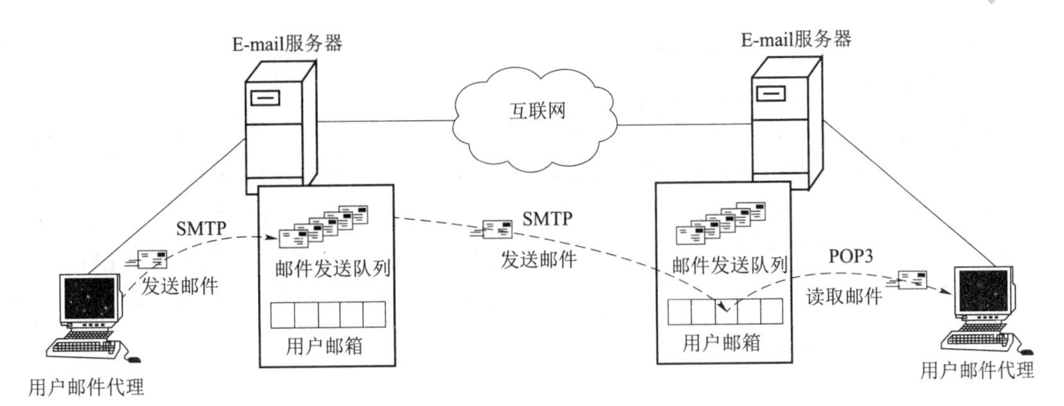

图 4–15　电子邮件系统

其中的用户代理就是我们使用的客户端邮件软件系统（如 Outlook、Foxmail 和浏览器软件等），用户代理可以完成邮件的撰写、发送、回复、转发、删除等操作。作为整个邮件系统的核心，邮件服务器是一台运行着邮件服务软件系统的计算机，它使用发送协议（如 SMTP 协议）和接收协议（如 POP 协议）可以完成邮件的发送和接收。整个系统以客户服务器方式运行，当一个邮件服务器向另一个邮件服务器发送邮件时，发送邮件的服务器就是 SMTP 的客户端，而接收邮件的服务器就是 SMTP 的服务器。

一个邮件的发送和接收过程如图 4–15 所示。实际上是通过三个大步骤完成。

（1）邮件由用户到邮件发送服务器过程。用户使用代理软件完成电子邮件的撰写，发送时代理软件会利用 SMTP 协议将邮件送入邮件服务器。发送服务器会将从本服务器发送的邮件放入其邮件发送队列中。

（2）邮件由邮件发送服务器到邮件接收服务器。在邮件发送服务器端，服务器的客户进程根据队列中邮件的地址，向接收的邮件服务器发起 TCP 连接请求，如果接收服务器正常响应，建立 TCP 连接后，发送服务器就会将邮件发送到接收服务器，接收服务器会将接收到的邮件放入相应用户的邮箱中。如果接收服务器不能正常响应，发送服务器会将邮件继续保留着发送队列中，并在以后继续尝试发送，当超过一定时限不能发送成功，发送服务器会发送邮件给客户端用户，通知发送失败。

（3）邮件由邮件接收服务器到接收用户。邮件接收用户可以使用邮件代理，使用诸如 POP 这样的邮件接收协议，将邮件从接收服务器上的用户邮箱里取回。

需要说明的是，电子邮件系统与传统邮局的信件传送过程还是有些不同，SMTP 不使用中间的邮件服务器，TCP 连接总是在发送端服务器和接收端服务器之间建立。

简单邮件传送协议 SMTP（Simple Mail Transfer Protocol）是邮件传送的标准协议，所谓简单只是意味 SMTP 是经简化的版本，其主要特征如下：

- 遵循流模式；
- 使用文本控制报文；
- 仅传送文本报文；
- 允许发送者指定接收者名字和核实每个名字；
- 发送给定报文的副本。

其最大的不足是邮件内容仅限文本。后来的多用途互联网邮件扩展标准 MIME

(Multi-purpose Internet Mail Extension）允许电子邮件包含图形文件或二进制文件附件，但底层的 SMTP 机制仍限于文本传送。

目前，在互联网上使用广泛的邮件访问（读取）协议主要有二个，即邮局协议版本三 POP3（Post Office Protocol Version 3）和互联网邮件访问协议 IMAP（Internet Message Access Protocol）。两种协议在使用过程中的区别是：用户使用 POP3 协议是将邮件完全从服务器下载下来，然后在本地计算机进行处理；而使用 IMAP，用户只是通过代理利用 IMAP 协议联机到邮件服务器上，邮件处理工作还是在邮件服务器上完成的。邮件访问协议具有如下特征：

- 提供对用户邮箱的访问；
- 允许用户浏览邮件头部，下载、删除或发送邮件；
- 客户端（邮件代理）运行在用户 PC 机或其他终端设备上（如手机、平板电脑）；
- 服务器运行在存放用户邮箱的计算机上。

4.4.3 文件传输服务

文件传输协议 FTP（File Transfer Protocol）用于在计算机网络上控制文件的双向传输，也就是把文件从一台计算机上传输到另外一台计算机上，以方便入网用户共享各类文件资源。基于不同的操作系统有不同的 FTP 应用程序，而所有这些应用程序都遵守同一种协议以传输文件。FTP 应用系统是以客户/服务器模式运行的，其系统组成如图 4–16 所示。

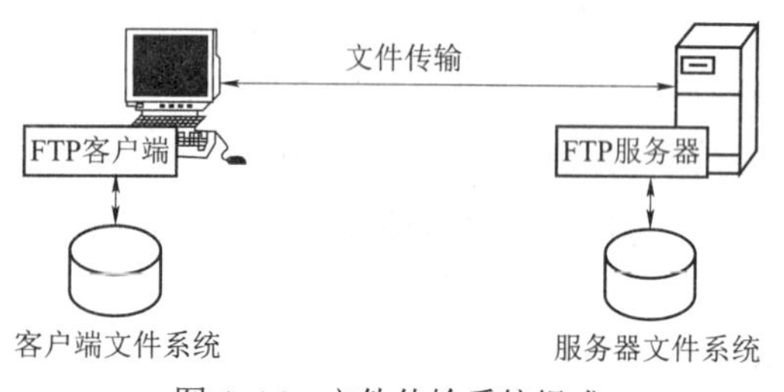

图 4–16 文件传输系统组成

系统由运行 FTP 客户端代理、FTP 服务器以及 FTP 协议组成。为了使用户从客户端访问服务器，FTP 服务器需要向用户提供用户名和口令，或采取匿名访问的方法，这样用户就能够通过 FTP 的客户端软件系统，通过 FTP 服务器端软件系统，来访问服务文件系统。用户一般可以有两项操作，一个是下载（Download），就是把服务器文件系统中的文件下载到客户端的文件系统中，以供本地使用；另一项操作是上传（Upload），这项操作是把客户端文件系统中的文件传输到服务器的文件系统中去，供其他人下载使用。

FTP 使用两个并行的 TCP 连接来传输文件，一个是控制连接（Control connection，端口号为 21），一个是数据连接（Data connection，端口号为 20）。控制连接用于在两个主机之间传输控制信息，例如用户名、口令、改变服务器目录的命令以及“PUT”和“GET”文件的命令。数据连接用于实际传输一个文件。因为 FTP 协议使用一个分离的控制连接，所以我们称 FTP 的控制信息是带外（Out-of-band）传输的。

4.4.4 万维网

20 世纪 90 年代以前，互联网的主要使用者是研究人员、学者和大学生，其主要的互联网应用是远程登录、文件传输、新闻和电子邮件的收发。这些应用的形式和内容只适合在科研领域。到了 20 世纪 90 年代初期，万维网 WWW（World Wide Web）的出现，改变了互联网使用环境，其中基于 HTML 文本的超级链接可以很好地将位于网络不同位置的各类资源组织在一起，就像一张蜘蛛网一样根据主人的意愿进行编织，使得用户可以按需操作，极大地方便了用户的使用。

一般形式的万维网组成如图 4–17 所示，是一个典型的 B/S（Browser/Server）运行模式。用户通过浏览器和服务器进行通信，完成服务请求，一般由服务器端完成所有数据处理工作，并将相关结果返回客户端浏览器。下面分别对网站一端、通信协议 HTTP 和用户端进行较详细的介绍。

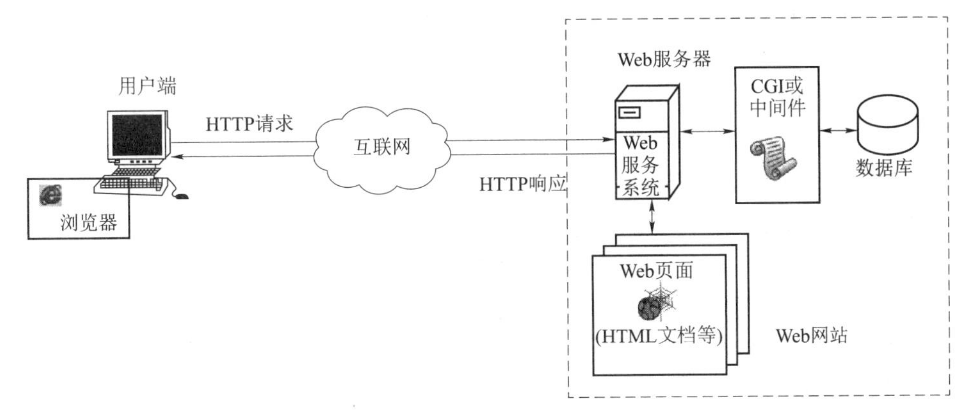

图 4–17　万维网组成

1）Web 网站

（1）Web 服务器软件系统。

在 Web 服务器上运行着 Web 服务软件系统，其主要功能是完成 Web 服务的连接、请求、应答以及关闭连接等过程，管理着其上的 HTML 文档，并通过 CGI 程序完成对数据库的访问。典型的 Web 服务软件系统有微软的基于 Windows 系统的 IIS（Internet Information Server）和在 LINIX 和 UNIX 环境下的 Apache 系统等。

（2）Web 页面。

Web 页面是由对象组成。对象（Object）简单来说就是文件，如 HTML 文件、JPEG 图形文件、Java 小程序或视频片段文件等，这些文件通过一个 URL 地址寻址。多数 Web 页面含有一个基本 HTML 文件以及几个引用对象。HTML 文档是使用超文本标记语言或超文本链接标示语言 HTML（Hyper Text Mark–up Language）写成的文档（网页），通过这些文档 Web 服务器可以向用户传达信息。HTML 是一种规范网页语法表示的标准语言，它具有以下的特征：

- 使用文本表示；
- 描述包含多媒体的页面；
- 遵循说明性而不是过程性的模式；
- 提供标记规范，而不是格式化，是一种标记语言（Markup Language）；
- 允许超链接嵌入在任意对象上；
- 允许文档包含元数据。

虽然 HTML 文档由文本组成，但允许在其中说明和嵌入图形、音频和视频文件。它允许任意对象包含一个网页的链接（也称为超链接，用户点击后即可以访问被链接的对象），实质上 HTML 文档这样一个超文本（Hypertext）已经达到了超媒体（Hypermedia）。

（3）通用网关接口 CGI。

Web 服务器常常需要从数据库获取数据，这就需要在 Web 网页与数据库之间架设一个沟通渠道。通用网关接口 CGI（Common Gateway Interface）就是这个沟通渠道，同时也是万维网动态网页机制之一。CGI 脚本应用程序有时也被称为中间件（Middleware），在 Web 服务器、中间件以及数据库之间存在若干客户机/服务器关系：

- 当浏览器调用 Web 服务器的 HTML 文档时，Web 服务器直接在主机文档中查找并返回。
- 当浏览器调用的是 CGI 脚本时，则 Web 服务器收到后向中间件发出解释请求，这时 Web 服务器扮演了“客户端”角色，中间件扮演了“服务器”角色，它可以将解释结果返回给 Web 服务器，或者直接返回给浏览器。
- 如果 CGI 脚本用来访问数据库，这时中间件以“客户端”身份向数据库服务器发出数据库操作请求，数据库服务器根据请求执行相应的操作，并将操作结果返回给中间件，再由中间件返回给 Web 服务器，或者直接返回给浏览器。

2）用户端

相对服务器端，用户端的组成比较简单，就是在一台能够上网的计算机上安装一个浏览器软件，就可以对万维网进行访问了（如图 4–18 所示）。

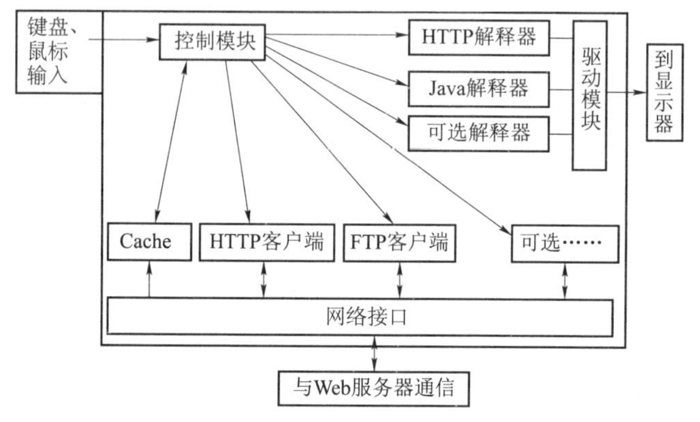

图 4–18 浏览器结构

对用户来说，浏览器的使用非常简单、方便。但浏览器内部结构却很复杂，这是由于浏览器要提供通用服务和支持图形界面，要理解 HTTP 协议，还需提供对其他协议的支持。特别是 URL 可以指定协议，所以浏览器必须包含每个所用协议的客户代码。对于每种服务，浏览器必须知道如何与服务器交互和如何解释响应。例如，浏览器必须知道如何去访问 FTP 服务器。

Web 使用统一资源定位 URL（Uniform Resource Locator）的句法形式来定位一个网页，在浏览器中只要输入相应网页的 URL 就可以对此网页进行访问了。URL 的形式为：

协议：//计算机域名：端口/文档名 ？ 参数

其中“协议”是访问文档所使用的协议名，“计算机域名”是文档所在计算机的域名，“端口”是可选协议的端口号，服务器的服务软件系统一直监听此端口，“文档名”是指定计算机的指定文档名，“？ 参数”给定网页的可选参数。例如，http://www.bit.edu.cn/gbxxgk/gbxqzl/index.htm。

3）HTTP 协议

超文本传输协议 HTTP（Hyper Text Transfer Protocol）是用于从 WWW 服务器传输超文本到本地浏览器的传输协议。它可以使浏览器更加高效，使网络传输减少。它不仅保证计算机正确快速地传输超文本文档，还确定传输文档中的哪一部分，以及哪部分内容首先显示（如文本先于图形）等。

HTTP 使用 TCP（而不是 UDP）作为它的支撑传输层协议，这样 HTTP 协议就不用担心数据的丢失，也不用担心 TCP 是如何从网络数据丢失或乱序故障中恢复的。

目前，除了上述传统的应用，互联网应用和应用层协议如雨后春笋般不断涌现。如 IP 电话（VoIP）、数字视频、社交网络、交互游戏和云计算，等等。这些应用正在成为信息时代推动经济发展的新动力。

4.5　IPv6

4.5.1　IPv6 简介

IPv4 除了在地址空间方面有很大的局限性，成为互联网发展的最大障碍外，在服务质量、传送速度、安全性、支持移动性和多播等方面也存在着局限性，这些局限性同样妨碍着互联网的进一步发展，使许多服务与应用难以在互联网上开展。为此，IETF 于 1990 年开始着手开发 IPv6 这一新版本，它具有永不会用尽的地址、安全性好、灵活和高效的特点。

IPv6 的格式如图 4–19 所示，其对 IPv4 最为重要的变革表现在它的格式上：

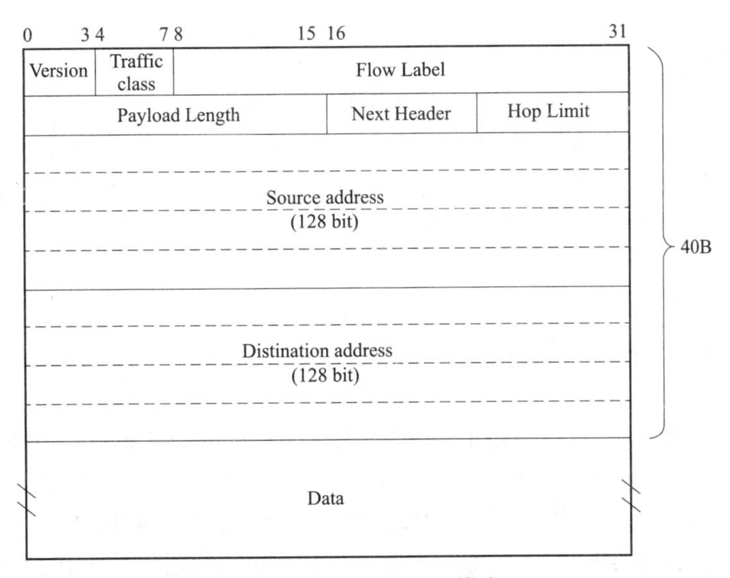

图 4–19　IPv6 数据报格式

● 扩大的地址容量。扩展地址空间，IP 地址长度从 32 位扩展到 128 位。这样就保证了世界上 IP 资源不会用完。该地址空间有可能为地球上的每粒沙子编址。除了单播（Unicast）和组播（Multicast）地址外，还引入了任意播（Anycast）地址。所谓任意播是指可以将一个具有任意播地址的数据报发给一组主机中的任何一个（例如可以把一个 HTTP GET）请求报文发给一组存有相应的文档的镜像网站中的任意一台主机。

● 简单高效的 40 B 报头。由于一些 IPv4 的字段被取消或成为选项，新构成的 40 位固定长度的报头使数据报的处理可以更快。新的编码选项也使得选项处理更灵活。

● 流标识和优先级。IPv6 中有一个晦涩的术语，这就是流（Flow）。在 RFC2460 中的说法是，该字段“用来标识某些用户要求特殊对待的流，如非默认服务和实时服务”。例如，音频和视频传输可以认为是流。另一方面，一些互联网的传统应用，如文件传输和电子邮件，可能算不上流。另外，一些高优先级（愿意为高等级服务付费的）用户数据也可以作为流来处理。此外，IPv6 报头有一个 8 位的传输类别（Traffic Class）字段类似 IPv4 中的 TOS 字段，可以为一个流中的某些数据报赋优先级，或者给某些特殊的应用程序（如 ICMP）的优先级高于另外一些应用（如网络新闻）。

IPv6 的字段定义为：

● Version（版本号）。这 4 比特字段用于标识版本号，其值总是 6（IPv4 是 4）。在从 IPv4 到 IPv6 的过渡时期，可能要用上 10 年，路由器将通过检测该字段来确定分组的类型。

● Traffic Class（流量类型）。它用来区分哪些分组能进行流量控制，哪些不能。值 0～7 表示在阻塞时可以慢下来的传输，值 8～15 是给恒速传送的实时通信的，即使所有分组都丢失也要保持速度。这些区分分别使路由器在发生拥塞时能更好地处理分组。在每个组内，低数字分组不如高数字分组重要。例如 IPv6 标准建议：新闻用 1，FTP 用 4，而 Telnet 连接用 6，因为一个新闻分组延迟几秒也没什么感觉，但延迟一个 Telnet 分组人们就察觉得到了。

● Flow Label（流标签）。还只是试验性的，但它将用于在源端和目的端之间建立一条有特殊属性和需求的伪连接。例如，两个主机之间通信进程的一个分组流可能有很多严格的延迟需求，因此要保留带宽。这时，可以预先创建流并给出一个标识符。当一个流标识字段为非零的分组出现时，所有路由器在其内部表中找出它的特殊需求类型。实际上，流是在进行两方面的尝试：数据报子网的灵活性和虚电路子网的保障。

● Payload Length（有效负载长度）。这个字段说明在如图 4–19 所示的 40 B 的报头之后有多少字节的数据。这一名字由 IP 的总长（Total Length）字段改变而来，但其定义有点改变：40 字节的报头不再像从前一样作为长度的一部分。

● Next Header（下一个首部）。该字段很关键，报头能简化的原因是因为有附加（可选）扩充报头。这个字段说明，如果后面还有扩充报头的话，它是（现有的）6 种扩充报头中的哪一种。如果该报头是最后一个 IP 报头，则下一个报头字段说明了应将分组交给哪个传送协议控制（例如，TCP、UDP）。

● Hop Limit（步跳上限）。它与 IPv4 中的生命期（Time To Live）字段具有相同的意义。每经过一个站点，本字段的值递减一次。理论上，在 IPv4 中它是一个以秒为单位的时间值，但没有路由器是这样做的，因此将名字改成步跳上限以反映其实际用法。

● Source Address/Destination Address。16 B（128 bit）的源和目的 IP 地址。

● Data（数据）。这是 IPv6 数据报的有效载荷部分。

在 IPv6 中抛弃了某些包含在 IPv4 中的字段，从这个变化过程可以看出互联网化的轨迹和发展方向。

● Fragmentation/Reassembly（子段分化/子段重组）。IPv6 不允许路由器再进行子段分化/子段重组，这些操作只能在发送端和接收端进行。这种简化无疑减轻了路由器负担，加速了网络转发的速度。

● Checksum（校验和）。由于 TCP 和 UDP 都具备了校验功能，在 IP 再进行校验显然是一种可以省略的冗余。

● Option（选项）。Option 字段不再是标准 IP 报头的组成部分。但如有必要，原来在 Option 中的内容可以放到 Next Header 字段所指向的地方。

4.5.2　IPv6 的军事通信优势

IPv6 在军事通信应用上的优势主要体现在以下几方面：

1）Pv6 能够大大提高网络通信效率

这是由于 IPv6 编址有了很好的层次结构。IPv6 的地址分配一开始就遵循聚类（Aggregation）的原则，在 IPv6 中使用一条记录（Entry）来表示一片子网，从而大大减小了路由器中路由表的长度，提高了路由器转发数据包的速度。此外，IPv6 不允许路由器再进行子段分化/子段重组，这些操作只能在发送端和接收端进行，这无疑减轻了路由器负担，加速了网络转发的速度。

2）IPv6 可以增强军事信息网络多媒体通信能力

相对于 IPv4，IPv6 可以很好地实现 QoS 控制，区别对待不同要求的数据流。IPv6 的 QoS 实现能够在不同层面进行，可以通过流量类别字段或流标签字段提出，也可以在用户接入的服务提供商 SP 网络边缘节点标识用户业务。

这一特性将使得各种军事通信平台可以进行 QoS 标记，从而获得多媒体通信能力，这将有助于传输各类目标数据信息，及时将所有信息汇集到中心指挥部，使得指挥部可以全方位、多视角地掌握敌我双方的情况，有助于指挥决策。

3）IPv6 能提供端到端的安全性，满足军事通信网络通信各种保密需求

相对于 IPv4，IPv6 在三方面具有突出的安全通信保障。第一，IPv6 的 IPSec 安全协议是内嵌的，它是 IPv6 的一个必需的组成部分，是作为 IPv6 协议中的安全协议存在的。第二，IPv6 的地址池相当庞大，可以为任何一个信息设备提供永久性的端口地址，通信双方设备具有了永久性的 IP 地址，设备类型很容易被识别，可以实现真正端到端的安全性，并且有利于进行安全追踪。第三，IPv6 具有“安全性操作”和“IPv6 加密安全头部”这两个与安全相关的选项。IPv6 对于不同的客户或不同的应用环境使用不同的安全性操作，允许单独或者组合使用这两个备选项，以适应不同安全级别的网络服务。

4）IPv6 能够满足军事通信快速组网的需求

IPv6 网络中这个数量巨大的地址池，对于实现传感器、武器系统、移动智能终端、基本作战单元以及全军各个网系、各个信息系统乃至武器系统平台的入网互联提供了有效支持。IPv6 不但继承了 IPv4 的 DHCP 自动配置服务，还发展成为全状态自动配置（Stateful Autoconfiguration）。除此之外，IPv6 还采用了一种被称为无状态自动配置（Stateless Autoconfiguration）的自动配置服务。使用无状态自动配置，无须动手即可轻松改变网络中所有主机的 IP。这是对 IPv4 动态主机配置协议的改进和扩展，使得军事信息网络管理更加方便快捷，特别是无状态自动配置易于支持移动节点，可以更快地响应紧急的态势和实现自动组网，支持移动中的战术行动和快速重组。

目前，各大军事强国都在纷纷研发基于 IPv6 的各种军事通信技术和设备，并积极进行网

络从 IPv4 到 IPv6 的转型和部署。特别是随着军事战略的变革，“网络中心战”以及“空海一体战”等新的作战模式和理念的提出，对军事信息网络的要求越来越高，IPv6 将会在其中发挥至关重要的作用。

思考与练习

1. 基于 TCP/IP 的计算机通信网络与传统电话网络相比，在军事通信方面有哪些优点？
2. 为什么说互联网可以在不可靠的网络层上实现可靠的传输服务？
3. 互联网存在三种地址和两种地址转换机制，这两种机制的特点和区别是什么？
4. IP 报文头中服务类型与生存时间的作用是什么？
5. IPv4 都有哪些地址分类？什么是 CIDR？子网掩码有什么用途？
6. 什么是 IP 回放地址？什么是 IP 广播地址？什么是 IP 组播地址？
7. 某部门申请到一个 C 类 IP 网络地址，若要分成 4 个子网，请计算其子网掩码。
8. 简述地址解析协议 ARP 与反向地址解析协议 RAPR 的功能。
9. TCP 为什么要采用“三次握手”的方式进行连接的建立和断开？
10. UDP 协议适合为何种特点的应用提供传输层服务？
11. 路由协议主要可以分为哪两大类？各自完成哪些任务？
12. 有哪几种主要路由算法？各自特点是什么？
13. 图示路由器的主要组成。
14. 列出 5 个常用的互联网应用及其相应协议。
15. 域名系统的主要作用是什么？
16. 请图示 E-mail 系统的组成，并说明各部分的作用。
17. 为什么 HTTP、FTP、SMTP、POP3 都运行在 TCP 之上而不是 UDP 之上?
18. FTP 控制信息是通过“带外”传送的吗？为什么？
19. 浏览器能使用 HTTP 以外的传输协议吗？解释为什么。
20. 同样作为文件传输类协议，HTTP 和 SMTP 有什么重大区别？
21. 图示一个用户对万维网中数据库服务器的访问流程。
22. 分析一下 IPv6 在军事通信中有哪些优势。

第 5 章

武器系统数据链

5.1 数据链概述

数据链是现代通信技术与战术理念相结合的产物，是信息化战争中的一种重要通信方式。数据链主要是在传感器、指挥控制机构与武器平台之间实时传输战术数据和信息，使得战场作战单元之间通过标准化的消息格式、高效组网协议和保密、抗干扰的数字通道实时地交换信息，共享各作战单元所掌握的敌我双方所有相关信息，实时监视战场态势，形成“先敌发现，先敌攻击”的决策优势和作战优势，提高作战单元相互协同能力和整体作战效能。

5.1.1 数据链定义与发展历程

美军参联会主席令（CJCSI6610.01B，2003.11.30）定义：“战术数字信息链（Tactical Digital Information Links，TADIL）通过单网或多网结构和通信介质，将两个或两个以上的指控系统或武器系统连接在一起，是一种适合传送标准化数字信息的通信链路。”国际电信以及中国军用标准对数据链的定义是：“以数字方式发送和接收数据的通信手段，两个数据终端设备中，受链路协议控制的、具有固定消息格式以及连接两者的数据电路的总称。”但不论何种定义，标准化数字信息、组网协议和传输通道设备是数据链的三个主要构成因素，指控系统和武器系统是数据链的服务对象。一般来说，美国国防部对数据链简称为 TADIL，而北约和美国海军则称其为 Data Link，即数据链。

军事需求是产生数据链的催化剂。第二次世界大战后，一方面随着各类新式武器装备（例如喷气式战斗机、导弹等）的出现与使用，战争与战役的速度发生了飞跃式的提升，三维战场交战双方态势瞬息万变，战机稍纵即逝；另一方面随着雷达等各类传感器迅速发展，各类目标探测手段不断丰富，使得军事信息中非语音性的内容显著增加，语音传输已经远远不能满足军事需求。在这种情况下，数据链便应运而生了。

早在 1951 年，美国麻省理工学院林肯实验室就开始为美国空军设计被称为 SAGE（Semi-Automatic Ground Environment）的半自动化地面防空系统。该系统分为 23 个防区，每个防区的指挥中心装有两台 IBM 公司的 AN/FSQ–7 计算机。系统使用了各种有线、无线数据链路将 23 个区域指挥控制中心、36 种不同型号的雷达连接起来，通过数据链自动传输雷达预警信息。其工作过程如图 5–1 所示，SAGE 从位于边境的远程预警雷达发现目标，到将雷达情报传送到位于科罗拉多州的北美防空司令部地下指挥中心，只需要 15 秒的时间，还可以将目标航迹与属性信息经计算机处理后，显示在指挥中心的大型显示屏上。而传统电话传递战情信息和手工的标图作业来执行相同的作战程序，则需要几分钟甚至十几分钟的时间。可见数据链可以大大提高军队及武器系统行动与使用效率。

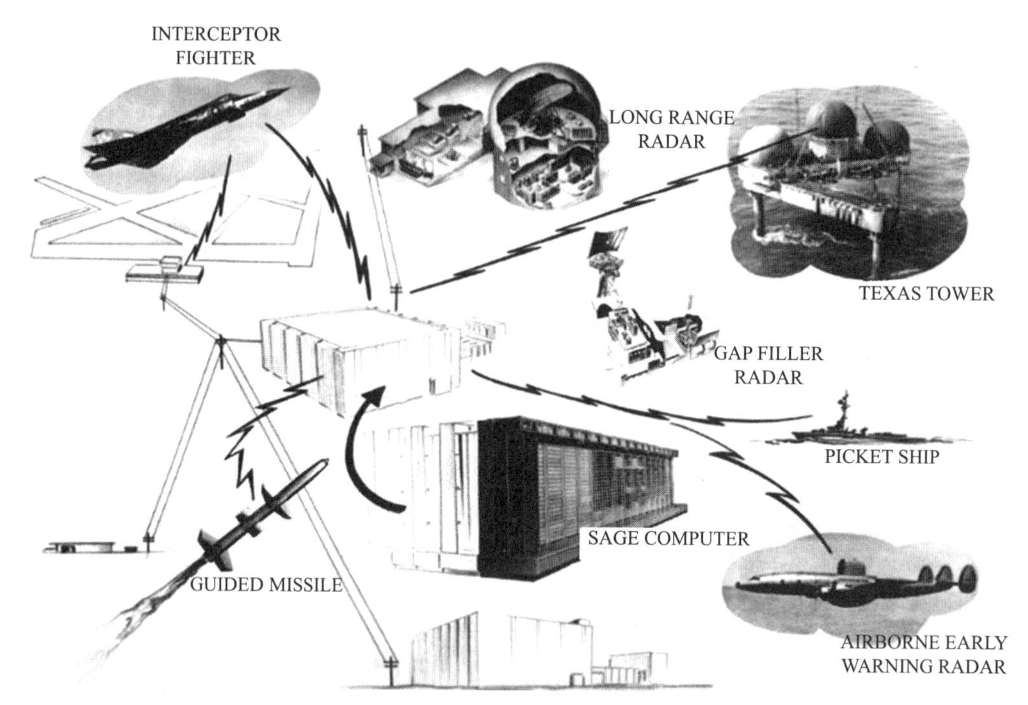

图 5-1　SAGE 系统工作示意图

20 世纪 60 年代后，美国海军也开始装备使用数据链，初期使用的“海军战术数据系统”（NTDS），使舰队内个舰艇之间通过数据链可以交换雷达情报、导航与指挥控制指令等信息。传统陆军野战部队因为作战态势的改变和节奏较为缓慢，除了防空部队和部分炮兵部队外，其他陆军野战部队情报和作战指令的传递，仍以有线和无线电话语音为主，对数据链的应用相对海、空军较晚。第二次世界大战之后，苏联首先开发了“蓝天”地空数据链 AJIM–4，20 世纪 60 年代又发展了蓝宝石 AJIM–1 二代数据链。

早期数据链的开发与应用是各兵种各自进行的。随着武器装备的发展，这些早期的数据链已经不能满足多军种协同作战要求，表现为：① 各军种专用，不适合联合作战；② 数据吞吐能力低，影响数据链组网容量、数据精度和作用范围；③ 结构单一，应用受局限。越战之后，美军开始研发能够实现军种数据链互联互通的数据链，以满足联合作战的需求。20 世纪 70 年代美国与北约开始着手开发的 Link–16 数据链/联合战术信息分发系统（JTIDS）是其典型的代表。它综合了早期数据链 Link–4 与 Link–11 的特点，采用分时多址工作方式，具有扩频、跳频抗干扰能力，是美军和北约部队空对空、空对舰、空对地数据通信的主要方式。从 20 世纪 80 年代开始，Link–16 陆续在预警机、海军舰艇以及 C^3I 系统上使用，实现了战术数据链从单一军种到军种通用的跃升。目前，以 Link–16、Link–22 和 VMF 为核心的 J 系列战术通用数据链的联合数据链体制，已经占据了数据链装备数量的 90%以上，体现出从多到精、品种优化和体制统一的发展趋势。

5.1.2　数据链组成与设备

数据链的主要任务是在传感器、指挥控制机构与武器平台之间实时地交换战术数据。数据链在系统各个用户间，依据共同的通信协议和信息标准，使用自动化无线或有线收发设备传送和交换战术信息，其组成如图 5–2 所示。

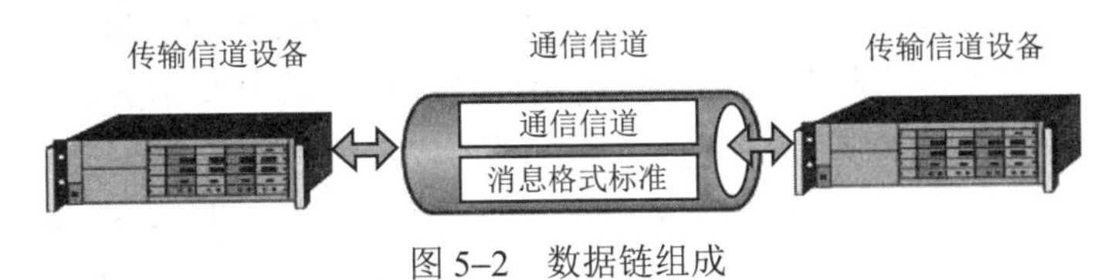

图 5–2　数据链组成

传输信道设备、通信协议以及消息格式标准是数据链的三个核心基本要素，这三个要素实际上包括了数据链的软、硬件组成。

1）传输信道设备

传输信道设备主要指数据链的硬件设备，一般由战术数据系统（Tactical Data System，TDS）、保密机、接口控制处理器、数据链终端设备（Data Terminal Set，DTS）以及无线收发设备组成，如图 5–3 所示。

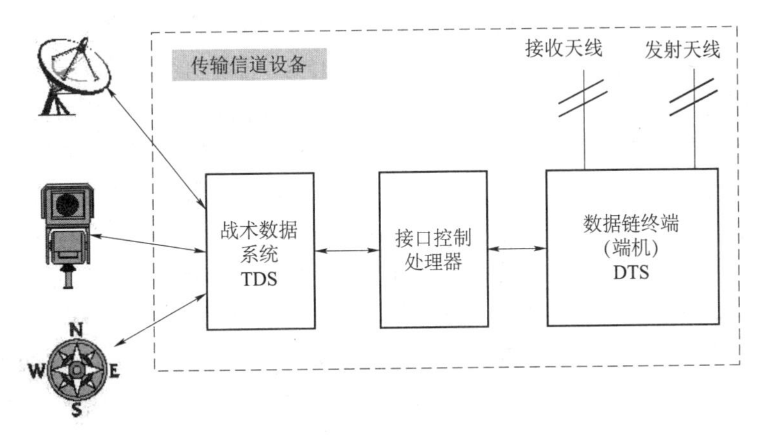

图 5–3　传输信道设备

TDS 通常是一台计算机，用于接收各种传感器（雷达、导航、CCD 成像系统）和操作员发出的各种数据指令，将所接收的数据转化为标准格式，并可以接收处理链路中其他 TDS 发来的数据。例如，美国海军 E–2C 预警机安装的 L–304 型计算机就充当了 TDS。而 F–14D 飞机上的 AYK–14 主计算机实质上是一个 Link–16 处理平台，它支持精确定位与识别、语音通信、任务管理、武器协调、空中管制等功能。

接口控制处理器完成不同数据链接口和协议转换，按所交换的信息内容、顺序、位数及代表的计算单元编排成一系列面向比特的消息代码，以便在指控系统、武器平台中的计算机上对这些消息进行各种处理。例如在 Link–16 数据链中，其接口控制器是指挥控制处理器 C2P，其功能主要是转换报文格式，使 Link 16 的战术数据系统发送的战术数据不仅可在其他 Link 16 系统上传输使用，还可在 Link 11 或 Link 4A 上使用。

终端机 DTS 是数据链通信的核心和基本的单元，主要由调制解调器、网络控制器以及可选的保密机组成。通信规程、消息协议一般都在 DTS 上实现控制数据链路的工作。发送数据时，其负责将所传输的数据调制成发射频段的信号，经过调频、扩频等技术处理后，送往无线收发设备进行发送；保密机用来对所传输的数据进行加密和解密，确保数据在传输过程中的安全；无线收发设备由接收机、发射机、功率放大器、滤波器组和天线等设备组成，通常作为 DTS 的一部分。其功能一方面对发送信号进行调制，经过放大器进行信号放大，然后通过天线发射出去；另一方面是接收信号，经过相反处理后，获取原始的数据信号。

这里以 Link-16 数据链为例，其数据终端为联合战术信息分发系统 JTIDS（Joint Tactical Information Distribution System）终端，JTIDS 第 1 类终端于 20 世纪 80 年代开始装备美国的 E-3A 预警机，用于向地面防空自动化指挥系统传递华约国家的空情信息。考虑到第 1 类终端的体积和重量都较大，所以美国在 80 年代末研制了 JTIDS 第 2 类终端，其拥有三个系列：2R、2H、2M，分别用于陆、海、空不同的作战平台。与第 1 类平台相比，第 2 类平台在功能和重量及体积方面都有所进步，但是成本及重量、体积仍然较大，难以安装到中、轻型战斗机上面，为此美国海军、加拿大及欧洲国家联合起来研制成功了多功能信息分发系统小体积终端 MIDS-LVT（Multifunctional Information Distribution System-Low Volume Terminal）。

与 JTIDS 相比，MIDS-LVT 采用了超高速集成电路、微波单片集成电路等新技术，使其在重量、体积和成本都比 JTIDS 大幅度降低的情况下，实现了相同的功能，并对兼容性进行了改进。MIDS-LVT 工作在 L 波段（960-1 215 MHz），采用先进的快速跳频、扩频调制、纠错编码、格式化信息以及语音、文本传输的密钥技术，增强了抗干扰能力，可有效防止被探测、窃听和入侵。其数据传递速度为 115 Kbit/s，增强型 2 类终端则高达 1.2 Mbit/s，并可以提供 16 Kbit/s 的语音传递速率，通信范围接近 500 千米，采用中继平台提供 2 000 千米左右的通信距离。与 JTIDS 一样，MIDS 采用 TDMA 技术无中心节点的体系结构，网络内用户利用分配的时隙发送信息，网络内的用户可以超过 100 个，MIDS 最多可以支持 30 个网络的运作。如图 5-4 所示，每台 MIDS-LVT 终端的体积为 0.01 立方米，重量只有 22.2 千克，而 JTIDS 高达 0.03 立方米、57 千克，每台 MIDS-LVT 终端成本为 30 万美元，只有 JTIDS 近 90 万美元的 1/3 左右。正是因为拥有这些优点，MIDS-LVT 已经取代了 JTIDS 成为美国及北约的标准的 LINK-16 数据链通信终端。据不完全统计，目前装备 MIDS-LVT 终端的作战飞机就有 14 种，数量超过 8 000 架。同时也还广泛装备了美国及北约盟国的水面舰艇、防空系统、地面指挥控制系统等，并向日本、韩国、瑞士以及中国台湾地区出口。

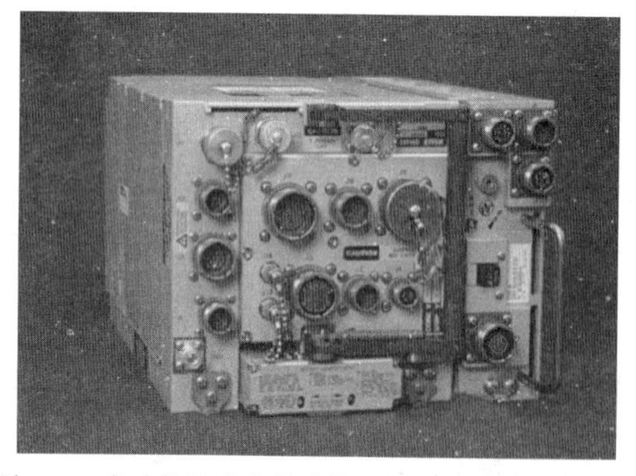

图 5-4　多功能信息分发系统小体积终端 MIDS-LVT

数据链的工作频段一般为 HF、VHF、UHF、L、S、C、K，具体工作频段选择取决于其任务特点和技术体制，表 5-1 为不同频段数据链的应用特点和场合。

表 5–1　数据链应用特点

频段	特点	应用场合
HF	传输速率较低	超视距应用场合
VHF/UHF	传输速率较高	视距传输的作战指挥数据
L	数据传输容量大	视距传输的战术数据
S/C/K	宽带、高速率传输	武器协同、大容量卫星数据传输

2）通信协议

通信协议（communications protocol）是指双方实体完成通信或服务所必须遵循的规则和约定。协议定义了数据单元使用的格式，信息单元应该包含的信息与含义、连接方式、信息发送和接收的时序，从而确保数据能够从信源顺利地传送到信宿。通信协议是通信系统软件的核心思想。

数据链在传送数据时，其通信的实时性很重要，因此数据链的网络协议需要考虑网络的通信效率，协议要相对简单，这样才能保证数据能够得到及时传送。数据链的协议模型可分为物理层、建链层和处理层，详细情况请见下节。

3）消息格式标准

数据链是一种利用格式化数据进行消息交换的通信系统。在进行格式化的数据传输时，通信的双方必须对所传送消息的语法和语义进行严格的约定，这样才能保证双方能够相互“理解”所传送的信息。

数据链的消息格式标准是为了实现与其他系统或设备的兼容和互通，要求系统或设备必须遵守的数据项实现规范。每一种战术数据链都有一套完整的消息格式标准规范，具有标准化的消息格式是战术数据链的一个重要特点。战术数据链可以采用两种格式化的消息类型：一种是面向比特格式化消息；另一种是面向字符的格式化消息。例如，美军的联合技术体系结构中为美军的战术信息交换就定义了这两种消息格式。

面向比特的消息报文就是采用有序的比特序列来表示上下文信息。此种类型的消息报文信息表达效率高（相对于面向字符的报文消息），计算机可读的二进制代码传送信息有利于满足现代战术数据链高速的信息交换需求，主要用于关键实时和近实时的战术信息交换场合，是数据链消息格式的主流。面向比特的报文所有数据信息和控制信息都采用“帧”格式，传输也以帧为单位，因而具有很强的灵活性。

这类消息报文又分为固定格式、可变格式和自由正文等三种类型。固定格式消息中所含数据长度固定，并由规定的标识符识别各种用途消息的格式和类型；可变格式类似于固定格式，区别在于其消息内容和长度是可变的；自由正文没有格式限制，消息中所有比特都可以作为数据，主要用于数字语音交换。上述三种面向比特的消息格式类型中，固定格式消息报文是数据链的主要消息形式。例如，Link–11/Link–11B 采用的“M”系列消息、Link–16 采用的“J”系列消息，Link–22 采用的“F”和“FJ”系列消息都是固定格式的。

面向字符的消息报文采用了给定消息代码集合中所定义的字符结构传送上下文信息，利用字符代码构造数据并控制数据交换。这类消息格式主要用于满足非实时信息交换需求。例如，美国报文文本格式 USMTF（United States Message Text Format）、美国海军的超视距目标引导系统 OTG（Over Horizon Targeting Gold）采用的都是面向字符的消息格式。需要指出的是有些消息报文既有面向比特的字段，也有面向字符的字段。例如，采用可变格式 VMF（Variable Message Format）的消息报文。

以 Link–16 的消息格式为例，其消息格式标准规定了其消息结构为：每份消息由一个字或多个字组成，包括初始字、扩展字和继续字，每个字的长度通常为 70 位（最大不得超过 75 位）。消息的命名规则为：每份消息标识为 *Jn.m* 的形式，其中 *n* 表示消息报文的大类（0～31），用于区分消息的不同用途，如网络管理、威胁预警、武器协调与管理等；*m* 表示小类（0～7），例如，在 J13 这个“平台与系统状态”大类中，有 J13.0 表示机场状态，J13.2 表示空中状态，J13.3 表示水面状态。

如图 5–5 所示，机场状态 J13.0 由初始字 J13.0I、扩展字 J13.0E0、继续字 J13.0C1 和继续字 J13.0C2 组成，J13.0C1 又由风向、风速、能见度等数据元素组成。

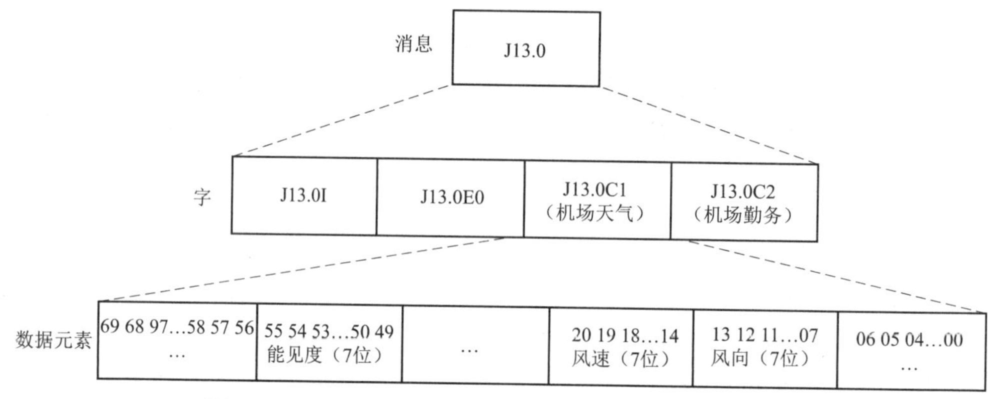

图 5–5　Link 16 中的消息、字与数据元素之间的层次关系

5.1.3　数据链拓扑与分类

战术数据链一般有两种拓扑结构：中心拓扑结构和无中心拓扑结构，如图 5–6 所示。

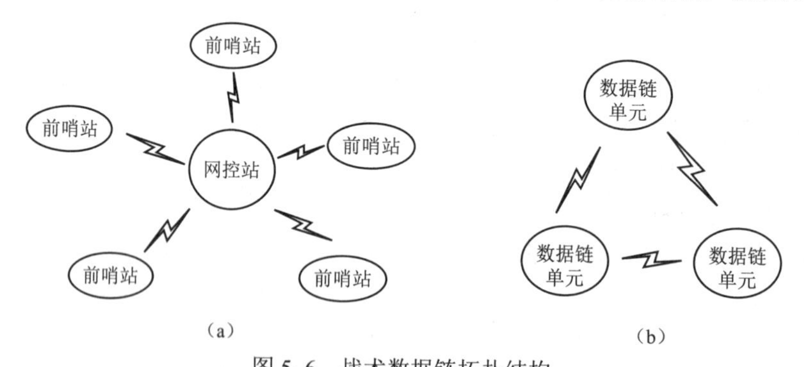

图 5–6　战术数据链拓扑结构

（a）有中心拓扑结构；（b）无中心拓扑结构

如图 5–6（a）所示，有中心拓扑结构需要一个指定节点为网络控制站（简称网控站），网内其他成员称为前哨站（或从属站）。网控站控制入网中所有其他站点对网络的访问。由于有一个节点实施控制功能，当网络节点数目增多时，网络的吞吐性能和延时性能可以控制在

一定范围内。但这种网络拓扑结构依赖单一的中心网控站，一旦网控站停止工作，整个链路也就随之停止工作，抗毁能力有限。Link–11 就是这种拓扑结构。

无中心拓扑结构如图 5–6（b）所示，各参与者地位是平等的，只需一个节点担任网络时间基准，任意两个站点之间可以进行直接通信。网络基准时间主要作用是启动网络，使得各个参与终端与基准时间同步。网络建立后，即使没有网络基准时间，网络仍能够继续运行数小时。这种网络结构灵活性高，战场抗毁能力较强。Link–1、Link–4A 和 Link–16 等数据链就采用这种网络拓扑结构。

根据不同的标准，对于数据链有多种分类方法，如图 5–7 所示。

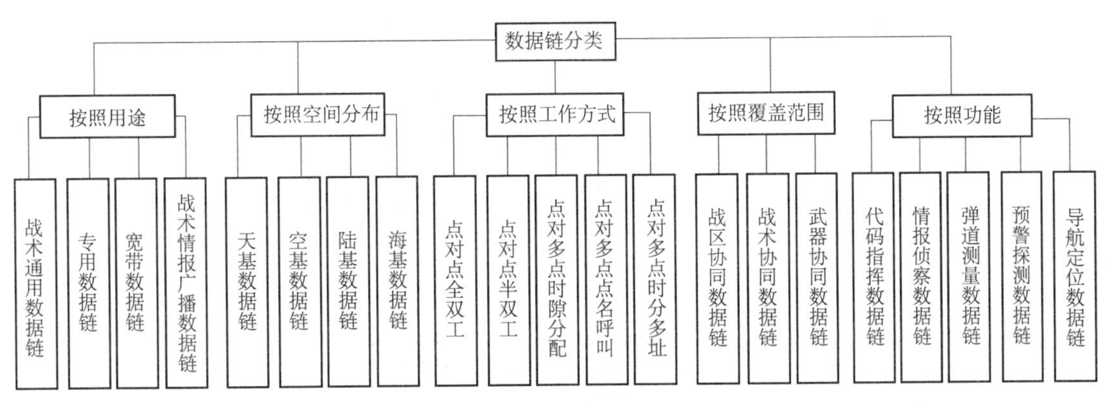

图 5–7　数据链分类体系

根据用途，可以将数据链分为战术通用数据链、专用数据链、战术情报广播数据链和宽带数据链，如图 5–8 所示。战术通用数据链用于各兵种多种平台之间交换各类战术数据，满足多样化任务需求，例如，美军的 Link–16 是陆、海、空以及海军陆战队各级指挥所以及战术分队的制式战术通信设备。此外，诸如 Link–4A、Link–11 和 Link–22 等也都是战术通用数据链。专用数据链是专门为一些特定武器装备和一些特定应用研发的且功能与信息交换形式较为单一的数据链，例如爱国者导弹系统的数据链 PADIL、SLAM–ER 导弹的 AN/AWW–13 控制数据链以及用于 JDAM 炸弹的 KAATS 杀伤定位系统。战术情报广播数据链用于全球战术情报的分发和战术情报的广播，例如战术信息广播系统 TIBS（Tactical Information Broadcast System）。宽带数据链用于传输不经过处理的原始数据，其功能相对通用。

按照空间分布，数据链可以分为天基数据链、空基数据链、海基数据链和陆基数据链。其中天基数据链的平台有卫星和洲际导弹，例如美军的 S–CDL 卫星情报侦察数据链、S–Link–16 卫星 16 号数据链等。空基数据链平台包括各类飞机和巡航导弹等，如美军的 SADL 态势感知数据链、AN/AXQ–14 精密制导炸弹控制数据链。海基数据链平台包括各类水面舰艇和潜艇，如 CEC 协同作战能力数据链、AN/ASN–150 战术导航数据链。陆基数据链平台则包括各种地面雷达、导弹系统等，如 EPLRS 增强型位置报告系统、ATDL–1 陆军 1 号战术数据链等。

按照工作方式，数据链可以分为点对点全双工方式数据链、点对点半双工方式数据链、多点对多点时隙分配方式数据链、点对多点点名呼叫方式数据链和多点对多点时分多址方式数据链。

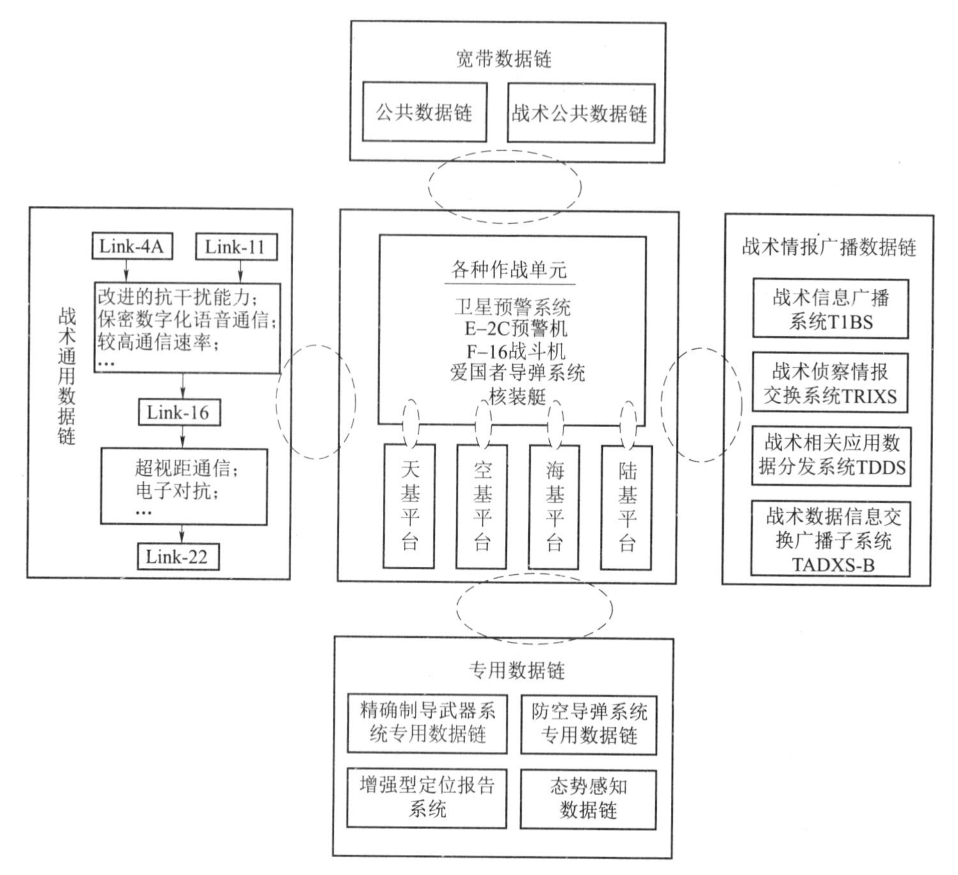

图 5-8　基于数据链用途的数据链分类

点对点全双工方式是在两个站点之间进行全双工的数据交换，两个方向传送相同的时隙，每帧包括定时帧比特、起始组、数据组和校验组。Link-1、Link-11B、ATDL-1（陆军战术数据链）和 MBDL（导弹部队数据链）都采用这种工作方式。

点对点半双工方式是两个通信站点按照指令/响应（Command/Response）协议进行数据传送的方法，其中的一个站点是控制站，另一个是应答站。控制站在控制时隙内发送控制信息帧，在预留的时间周期内等候应答站回答。如果在该时间周期内没有接收到应答，控制站在下一个时隙就会发送新的控制信息帧，并在新的周期内接收应答。依次进行下去，直到消息交换完毕。Link-4A 数据链就是这种工作方式。

多点对多点时隙分配方式数据链通常有一个网络控制站和若干从属站，按照轮询协议进行数据传送。控制站对网络进行管理，根据所有从属站地址码建立轮询呼叫序列。网控站发送询问消息启动网络传输，自动按照顺序询问每个从属站是否有信息要在网络上传输。所有从属站接收询问消息并比对自己的地址码，如果地址匹配并有信息发送，就转换成发送状态，并在回答信息中进行战术数据发送，如果没有数据发送就用特定的响应回答呼叫。从属站发送数据结束后，控制站再发送一个新的询问消息，这一个过程不断重复，直到所有从属站都被询问到为止，就完成了一轮数据传送循环。Link-11 就是这种工作方式的数据链。

点对多点点名呼叫方式数据链中有一个控制站和多个前哨站，控制站发出带有指定前哨站地址的询问消息帧，向该前哨站询问有无消息回送。当前哨站有消息发送时，被指明地址的前哨站在应答帧中回发数据。

点对多点的时分多址（TDMA）方式数据链将时间轴分为时元，时元划分为时间帧，时间帧分为时隙。在每个时元中为每个成员分配一定数量的时隙，以便发送数据信号，而在该成员不发送数据的时隙内，接收其他成员发送的数据。每个系统都备有准确的时钟，并以一指定成员的时钟为基准，其他成员时钟与其同步，形成统一系统定时。例如，Link-16 就采用这种工作方式。

除了上述分类方法，数据链按照其覆盖范围还可以分为战区协同数据链、战术协同数据链和武器协同数据链。根据数据链功能，可以分为代码指挥数据链、情报侦察数据链、弹道测量数据链、预警探测数据链、导航定位数据链等。

5.1.4　数据链特点

1）数据链特点

与一般通信系统不同，战术数据链系统传输的主要是实时的格式化战术数据，包括各种目标的参数和指控数据。因此，战术数据链具有以下几个主要特点：

（1）信息传输实时性好。

战场状态瞬息万变，尤其是各类机动目标（例如，飞机、导弹、坦克和舰艇）运动轨迹的方位等信息具有很强的实效性，如果数据传输系统不能及时进行数据传送，时过境迁，所获取的信息也就失去意义了。为了保证数据链传输数据的实时性，保证传输延迟的确定性，通常采用多种技术措施来设计数据链：

- 尽量采用面向比特的方法来定义消息标准，这样可以压缩信息传输量，提高信息表达效率；
- 选用高效、实用的交换协议，将有限的无线信道资源优先传送重要的等级高的信息；
- 可靠性服从于实时性，一般不采用反馈重发等网络协议来提高抗误码性能；
- 采用相对固定的网络结构和直达信息传输路径，不采用复杂的路由选择方法；
- 综合考虑实际信道的传输特性，将信号波形、通信协议、组网方式和消息标准等环节作为一个整体进行优化设计。

（2）严格的格式化信息。

数据链具有一套相对完备的消息标准，标准中规定的参数包括作战指挥控制、侦察监视、作战管理、武器协调和联合行动等静态和动态信息描述。信息内容格式化是指数据链采用面向比特定义的、固定长度或可变长度的信息编码，数据链网络中的成员对编码的语义具有相同的理解和解释，保证了信息共享无二义性。这样就提高了信息表达的准确性和效率，节约了信息传输和处理的时间，为各作战单元紧密链接提供了标准化手段，也为不同数据链之间信息转接处理提供了标准，为信息系统的互操作奠定了基础。

（3）链接对象智能化程度高。

数据链上所链接的对象通过数据交换形成了紧密的战术关系，而链接对象担负着战术信息的采集、加工、传输和应用等重要功能，要完成这些功能，链接对象必须具有较强的数字化和智能化水平，可以实现信息的自动化流转和处理，这样才能保证完成赋予作战单元的战术作战任务。智能化的数据链节点通过信息的交换，不但可以共享所有单元的信息，弥补单个作战单元探测目标信息的有限性，还可以通过对各路数据的融合处理，降低整个系统对各类目标探测的漏报和误报率，从而能够对战场态势做出全面、准确评估。

（4）信息传输安全。

面对战场复杂的电磁环境和电子战威胁，数据链必须具有较高的安全传输能力。数据链一般采用无线信道，采用综合化技术进行处理，具备跳频、扩频、猝发等通信方式以及加密手段，具有抗干扰、高效率和保密功能。

（5）综合化组网手段。

为了适应各种作战平台的不同信息交换需求，保证信息快速、可靠地传输，数据链可以采用多种传输介质和方式，既有点到点单链路传输，也有点到多点和多点到多点的网络传输，而且网络结构和通信协议具有多种形式，综合采用合理的发送机制或广播式发送方式。根据应用需求和具体作战环境不同，可综合采用短波信道、超短波信道、微波信道、卫星信道以及各类有线信道。

2）与其他系统的区别

由于数据链在某些功能上与数字通信系统、指挥自动化系统、战术互联网系统相同或相近，人们对于数据链与这些系统的区别很模糊，在这里做一下简要阐述。

（1）与一般数字通信系统的区别。

由于数据链是以无线通信系统为依托进行数据的传输和交换的，它与通信系统的功能相近。但是它与一般的通信系统主要区别为：

首先是两者的使用目的不同。数据链用于提高指挥控制、态势感知及武器协同能力，主要实现对武器的实时控制和提高武器单元的作战主动性；而一般的数字通信系统主要是用于数据的交换，以实现数据的无错传输为目的。

其次是使用方式不同。数据链直接与指控系统、传感器和武器平台铰链，是以“机—机”方式交换信息，实现从传感器到武器的无缝链接；而一般的通信系统通常不直接与指控、传感器和武器链接，多以“人—机—人”的方式传送信息。

再次，两者信息传输要求不同。数据链在一般的通信链路基础上，增加上层应用部分，包括：指挥控制和武器控制功能、相对导航功能、参与者、时间基准及位置识别等功能，除此之外，数据链系统要配有信息的自动处理系统及强大的战术数据库。一般的通信系统是不具备这些功能的，只是实现数据的透明传输。因此，从内涵上来说数据链比通信系统大。

最后，数据链是高度面向作战任务的，其应用直接受作战样式、指挥控制关系、武器平台控制要求、情报提供方式等因素的牵引和制约；而一般数字通信系统应用与这些因素的关联度则没有这么密切。

（2）与战术互联网的区别。

数据链从其作用上来看，它与战术互联网十分相近，都是传输格式化的战术信息，为各作战单元构成一个战术链接关系。

首先，两者区别体现在链接目的上。数据链的链接是以实现战术链接为目的，其链接关系服从战术共同体的需要；而战术互联网是以实际的互联为目的，其链接关系只服从网络本身。因此，数据链的链接关系比战术互联网的链接关系紧密得多。

其次，链接的紧密程度不同。依靠数据链完成的战术链接是紧密的，各个自展平台通过数据链紧密耦合，形成一个完整战术共同体；战术互联网的基础是互联网，通过这个网络也可以建立某种战术关系，但紧密程度比起数据链要逊色很多。

再次，两者的协议设计不同。数据链的网络协议相对简单，设计重点是提高网络的传输和转发效率。它对通信资源进行统一规划，分配固定的信道容量，在多个节点间不进行差错控制，数据差错处理在数据终端中完成，从而保证了信息的实时传输；战术互联网的网络协议是按通信网络的概念进行设计的，重点是在节点的连通性、网络节点变化带来网络拓扑变化后的路由处理等问题上，一般采用反馈重发进行差错控制，网络管理占据大量信息，网络效率低。

最后，两者信息格式与转发方式不同。数据链一般采用高效的格式化信息编码；战术互联网将终端信息打包后，按分组进行传输，可以适应各类数据的传输，但其传输效率比数据链低。数据链对转发的信息事先进行规划，分配固定的转发信道容量，保证信息转发的实效性；战术互联网对信息转发是从通信的概念上对信息进行转发处理。

此外，战术互联网在传输信息、网络协议、调制解调方式等方面的设计是分开进行的，而数据链一般是将三者统一起来设计，从而形成一种高效的链接手段。

（3）与指挥自动化系统的区别。

指挥自动化系统是在军事活动中，用以支持指挥人员进行计划、指挥和控制部队或武器的一体化信息系统。（在美国，包括指挥 Command、控制 Control、通信 Communication、计算机 computer、情报 Intelligence、监视 Surveillance、侦察 Reconnaissance）。从严格意义上来说，数据链是指挥自动系统的一部分。但是指挥自动化系统是在更广阔的范围通信与计算机系统相结合，依靠现有通信手段和网络来实现信息传输和依靠指挥自动化软件处理平台来提高指挥的自动化程度。其通信协议、网络结构、信息的转发及交换方式与一般的通信系统一致。而战术数据链系统的传输通道是专门设计的，其信息标准、通信协议、网络结构及信息处理、交换和分发方式都是专门设计的。对于高速运动的平台如飞机、导弹等，依靠传统的指挥自动化系统难以充分发挥其战斗效益，而只能依靠高效的数据链系统。

5.2　数据链参考模型

5.2.1　数据链通信参考模型

数据链通信参考模型如图 5–9 所示，模型主要分为三个层次：物理层、建链层和处理层。像其他网络的层次化结构一样，数据信息经过层层处理，最终完成对等层次的数据传送。

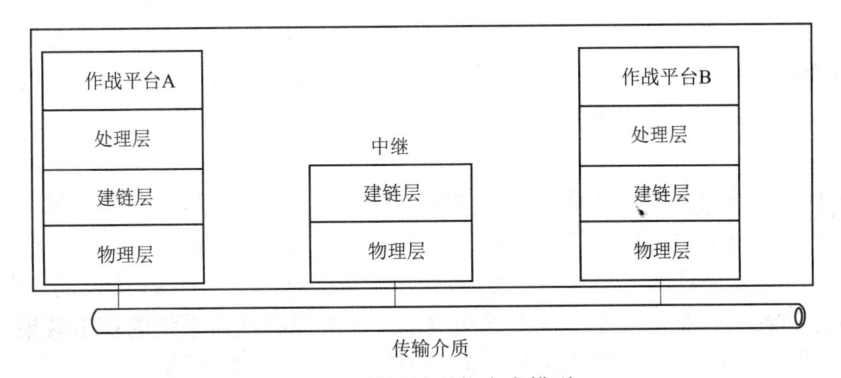

图 5–9　数据链通信参考模型

像其他通信系统一样，物理层主要是执行数字信号传输功能，不对所传输的内容进行任何处理。它将建链层送来的数字信号，经过变频、放大后，通过其发射单元向其他节点进行信号发送；同时接收其他节点传来的信号，还原成数字信号，送到建链层处理。

建链层将处理层送来的格式化消息经过帧处理后送到物理层；同时接收物理层上传的数据流，经过分帧后，恢复成为格式化消息送到处理层进行处理。

处理层把各类传感器、武器执行以及作战指挥平台产生的战术信息进行格式化，将这些信息转换为标准格式的消息，然后将格式化消息送到建链层进行帧处理；当这些平台接收信息时，处理层会将来自建链层的格式化消息转换为战术信息，供作战平台使用。

5.2.2 数据链应用参考模型

数据链是信息系统与主战武器无缝链接的重要纽带，是实现传感器、指控系统和武器系统一体化的重要手段。通过数据链的链接，可以形成“传感器—指控—武器执行单元”的一体化，还可以实现指挥所到指挥所，飞机到飞机，舰船到舰船，武器制导、武器控制、传感器到武器等信息的分发以及指挥控制与武器协同等，如图 5–10 所示。

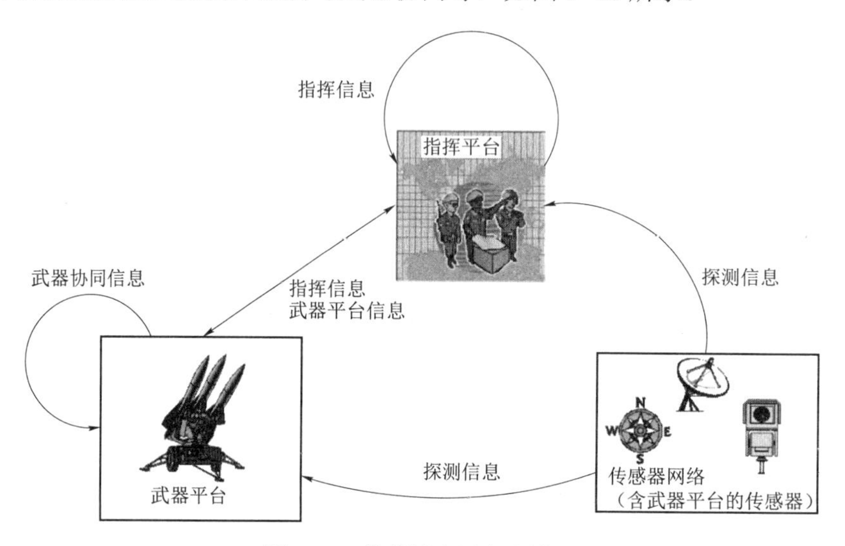

图 5–10　数据链应用参考模型

分布在陆、海、空、天的各类传感器对战场环境进行不间断的侦察和监视，是军队作战的主要信息来源；指挥平台包括各级、各类指挥所，是部队实施作战指挥的核心；武器平台包括各类陆基武器平台（坦克、自行火炮、陆基导弹等）、海上武器平台（各类水面舰艇和潜艇等）、空中武器平台（各类飞机、导弹等）以及天基武器平台（军用卫星和各类航天器等）。

通过数据链将各类平台所获取的信息及时、可靠、准确地分发给作战系统上的相关平台或用户，各个平台或用户可以根据自己的作战需要，形成一个实时、完整、统一的战场态势图，这样可以提高系统整体感知能力，做到先于敌方发现目标，为指挥决策提供很好的支持，并可协同自己的各类武器平台先于敌人发起攻击，大大提高武器系统的攻击效果，达到 1 加 1 大于 2 的效果，大幅度改善武器系统的整体对抗能力，有效实现各类战术意图。

5.3　数据链标准体系

标准是对重复性事物和概念所做的统一规定。它以科学、技术和实践经验的综合成果为基础，经有关方面协商一致，由主管机构批准，以特定形式发布，作为共同遵守的准则和依据。标准体系是一定范围内的标准按其内在联系形成的有机整体，也可以说标准体系是一种由标准组成的系统。

标准体系结构通常由标准加“序”，通过层次和并列关系形成。标准体系中的标准按不同特性分类和相同特性归类，具有层次关系和并列关系的标准都存在不同程度、不同形式的直接或间接关系。同一层次中，标准体系通过并列方式列出各类和各项标准。图 5–11 是数据链的标准体系，由综合标准、消息标准、传输标准、系统设备标准、接口标准以及操作规程标准等组成。

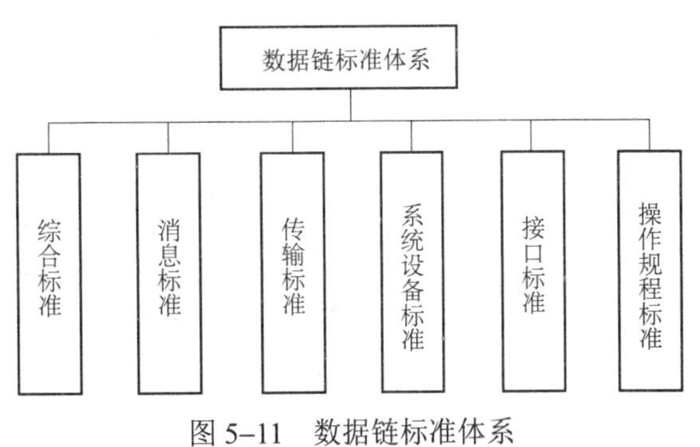

图 5–11　数据链标准体系

综合标准：是指与其他各类相关的基础技术标准，以及跨数据链的共性技术标准，如数据链术语标准、跨类的或不适合列入其他各类的标准。

消息标准：作为战术数据链特有的标准，是数据链交换信息的重要标准，其中包括消息格式标准、数据元素字典标准和协议标准等。

传输标准：也被称作传输通道标准，包括链路传输协议标准、终端技术特性标准、波形标准、传输加密标准等。

系统设备标准：其主要内容是数据链系统及其各个设备的产品规范。

接口标准：包括数据链系统、设备的接口标准，链间转接标准等。

操作规程标准：也是数据链特有标准，包括各个数据链的单链操作规程和多链操作规程，它与作战应用关系非常密切，国外常把它作为标准化文件。

从数据链的发展历程来看，其标准经历了单个标准制定到建立标准体系的过程。以美国海军为例，从 20 世纪 60 年代开始，为了解决舰艇之间数据交换问题，研制了 Link–14，同时制定了战术数据广播标准；为解决舰艇与舰载机之间的数据交换，制定了 MIL–STD–6004《战术数字信息链（TADIL）V/R 消息标准》（MIL–STD–XXX 美军数据链标准代码），研制了 Link–4；为解决舰艇、舰载机与海军陆战队之间的数据交换问题，制定了 MIL–STD–6011《战术数字信息链（TADIL）A/B 消息标准》，研制了 Link–11。由于这些标准不同，使得不同的数据链不能互联互通。

20 世纪 80 年代后，美军推进联合作战战略计划，开始制定支持多军种联合作战的数据链标准，美国国防部颁布了 MIL–STD–6016《战术数字信息链 J 消息标准》，用于支持美军各军种及其盟国在全球范围内更有效地实施联合军事行动。北约方面全面接受了美军的 Link–16 标准，在 MIL–STD–6016 和美国海军 OS–516《16 号链操作规范》的基础上，合并形成了 STANAG 5516《战术数据交换–16 号链》（STANAG XXXX 北约数据链标准代码），并于 1990 年发布实施。1992 年，美军又根据北约标准修订形成了 MIL–STD–6016A《战术数字信息链

（TADIL）J 消息标准》，后来发展到 MIL–STD–601C。

为了进一步增强北约军队之间的联合作战能力，美国、加拿大、法国、德国、意大利、英国和荷兰等国在 20 世纪 80 年代末参与了“北约改进 Link–11”的项目，计划研制新的数据链 Link–22 来取代 Link–11，并补充完善 Link–16。这个新的数据链标准 STANAG 5522 于 2001 年由北约正式公布。在 Link–22 的研发过程中，北约坚持了标准制定与研发同步进行，以保证标准对数据链系统互联互通和互操作的导向作用，同时使得标准在实践中得到验证和完善。STANAG 5522 采用了 STANAG 5516 的设计思想，在标准核心组成的体系结构、消息构成、发送/接收规则、数据元素等方面，大量借用或直接采用了 STANAG 5516 的内容。STANAG 5522 自定义的消息称为 F 系列消息；取自 STANAG 5516 的消息称为 FJ 消息。它们都属于 J 系列家族消息。表 5–2 为美军和北约的主要数据链标准。

表 5–2 美军和北约的主要数据链标准

类型	TADIL A Link–11	TADIL B Link–11B	TADIL C Link–4A/4C	TADIL J Link–16	Link–22	Link–1	NATO Link–1	VMF
消息标准	MIL–STD 6011B STANAG 5511	MIL–STD 6011B STANAG 5511	MIL–STD 6004 STANAG 5504	MIL–STD 6016B/C STANAG 5516	STANAG 5522	MIL–STD 6013A	STANAG 5501 NDGX–001–RM	MIL–STD 6017C VMF TIDP–TE VMF IOP
消息类别	M 序列	M 序列	V 序列 R 序列	J 序列	F 序列 FJ 序列	B 序列	S 序列	K 序列
接口标准				STANAG 5616			STANAG 5601 NDGX–101–IS	
通信标准	MIL–STD –188–203 –1A	MIL–STD –188–212/–110/114/200/203–2	MIL–STD –188–203 –3	JTIDS NIDS STANAG 4175	STANAG 44XX Draft HF/UHF	MIL–STD –188–212		MIL–STD –188–220C
操作程序	CJCSM 6120.01 AdatP–11	CJCSM 6120.01 AdatP–11	CJCSM 6120.01 AdatP–4	CJCSM 6120.01 AdatP–16B	AdatP–22	CJCSM 6120.01	AdatP–31	MIL–STD –2045–47001C
操作规范	OS–411.1		OS–404.1	OS–516.1				

5.4 典型数据链

从 20 世纪 50 年代美国在其半自动防空系统 SAGE 装备数据链开始，几十年来各国已经研发出数量繁多的各类数据链，并陆续装备到各自的陆、海、空、天军中使用。像其他武器系统一样，数据链的研发国家也主要分为两大阵营，一是以美国和北约为代表的国家和组织，二是以俄罗斯为代表的武器系统研发和使用国家。总体来说，美国和北约这一阵营所使用的武器系统信息化程度高，所装备的数据链种类和数量最多，数据链发展水平较高。本节选取几个具有代表性的典型数据链进行介绍。

5.4.1　Link–16

Link–16 是美国与北约各国于 20 世纪 70 年代中期开始开发的联合战术信息分发系统（JTIDS），其目的就是要实现各军种的数据链的互联互通，增强联合作战能力，它综合了 Link–4 与 Link–11 特点，具有传输容量较大、抗干扰、保密性强等优点，是美军和北约部队 C^3I 系统及武器系统中的主要综合性数据链。

1）Link–16 数据链的任务与功能

Link–16 功能支持机载作战、防空/飞机作战、防空/地空导弹作战、空中侦察/监视、空域管制、空中打击/封锁、反潜、近空支援、火力支持、陆上作战、搜索与救援和舰—岸运动共 12 种现代战争的战术行动。随着武器系统的发展、军事思想的演变，Link–16 还可能支持更多类型的作战行动。目前，在多兵种联合作战中，它主要承担如下两项重要战术任务：

- 前沿地区数据链。主要担负飞机、军舰、潜艇、地面防空系统等机动武器和指挥控制机构、对空的地面接口终端之间的战术信息数据的互联、互通、互操作，是解决作战前线海、陆、空军机动武器间在战术行动中无缝链接、配合的重要通信手段；
- 战术管理和任务控制。作为解决美国陆、海、空军多种机动指挥系统与不同隶属关系（盟国）的机动武器指挥系统间在战术行动中的无缝战术管理与控制的手段。

总体来讲，作为一种综合性数据链就是要使美军及其盟国军队各军种之间的配合无缝化，实现跨军种联合作战的目的。其功能领域与 12 个作战任务之间的关系如表 5–3 所示。

表 5–3　功能领域与作战任务之间的关系

功能领域	作战任务											
	空降	空防	海空导弹	空中侦察	空中管制	空中打击	反潜	近空支援	火炮支援	地面战斗	搜索救援	舰—岸运动
系统信息和网络管理	√	√	√	√	√	√	√	√	√	√	√	√
参与者精确定位和标识	√	√	√	√	√	√	√	√	√	√	√	√
空中监视	√	√	√	√	√	√	√	√	√	√	√	√
水下（海上）监视				√			√				√	√
水面（海上）监视	√	√	√	√		√	√		√		√	√
地面（陆地）监视		√	√	√		√		√	√	√	√	√
电子监视	√	√	√	√		√	√	√	√	√	√	√

续表

功能领域	作战任务											
	空降	空防	海空导弹	空中侦察	空中管制	空中打击	反潜	近空支援	火炮支援	地面战斗	搜索救援	舰—岸运动
电子战/情报	√	√	√	√		√	√	√	√	√	√	√
任务管理	√	√	√	√	√	√	√	√	√	√	√	√
武器协调与管理	√	√	√	√	√	√	√	√	√	√	√	√
控制	√	√	√	√	√	√	√	√			√	
信息管理	√	√	√	√	√	√	√	√	√	√	√	√
注：√表明功能领域与作战任务相关，无关则空												

2）技术特点

（1）采用无中心拓扑结构的网络，工作在 960～1 215 MHz 频段，传输速率为 28.8～238 Kbit/s。报文信息被馈送到网内所有用户都能共享资源的数据库中，用户之间的报文交换不需要有一个中心台来进行控制和中继，在其无中心的通信网络中，任何一个终端均可起中继作用，所以不管那个终端遭到破坏都不会削弱系统整体功能，具有很强的生存能力。

（2）采用 J 系列报文标准和自由文本。这一标准由美军标准 MIL–STD–6016 和北约标准 STANAG 5516 定义，其报文具体分类如表 5–4 所示。

（3）终端接入方式为时分多路访问技术 TDMA（Time Division Multiple Access）。TDMA 体系结构的基本单元是为了多用户共享通信信道的时分网。首先它将时间轴划分为长为 12.8 的一个个时元，然后再将每个时元划分为 64 个长为 12 s 的时帧，每个时帧再划分为 1 536 个长为 7.812 5 ms 的时隙。Link–16 的数据终端是联合战术信息分发系统（JTIDS）或其后继者多功能信息分发系统（MIDS）。参与通信组内的用户的数据终端具有统一的系统时钟，每个成员在其分配的时隙内发送本站的战术情报信息，整个通信网络就像一个巨大环状信息池，所有用户都将自己的信息投放到信息池中，并从信息池里取得自己需要的信息。通过多网技术的应用，系统可以容纳上千个成员，如图 5–12 所示。

（4）具有综合性的抗干扰和保密措施。采用了跳频与扩频相结合抗干扰技术、检错和纠错编码技术、脉冲冗余技术、伪随机噪声编码技术、数据交织技术、自动数据打包技术和内中继技术等。其中，直接序列扩频带宽为 3.5 MHz，跳频速率为 76 923 次/s，跳频频点 51 个，频率间隔 3 MHz。此外，Link–16 还具有语音、数据加密传输特性。

3）部署情况

由于 Link–16 网络是无中心拓扑结构，没有中心控制设备，其装备主要就是安装在各类武器平台（飞机、导弹和舰船等）上的终端。其终端分为较早研发的联合信息分发系统（JTIDS）终端和后来的多功能信息分发系统（MIDS）终端。这两类终端的详细情况见表 5–5。

表 5–4　TADIL J 的报文类目

网络管理	信息管理	威胁告警
J0.0 初始进入	J7.0 航迹管理	J15.0 威胁告警
J0.1 测试	J7.1 数据更新请求	气象
J0.2 网络时间更新	J7.2 相关（correlation）	J17.0 目标上空的天气
J0.3 时隙分配	J7.3 指示器	国家使用
J0.4 无线电中继控制	J7.4 跟踪识别器	J28.0 美国 1（陆军）
J0.5 二次传播中继	J7.5 IF F/SI F 管理	J28.1 美国 2（海军）
J0.6 通信控制	J7.6 过滤器管理	J28.2 美国 3（空军）
J0.7 时隙再分配	J7.7 联系	J28.20 文本报文
J1.0 连通询问	J8.0 单元指示符	J28.3 美国 4（海军陆战队）
J1.1 连通状态	J8.1 任务相关器变化	J28.4 法国 1
J1.2 路径建立	武器协调和管理	J28.5 法国 2
J1.3 确认	J9.0 指挥	J28.6 美国 5（国家安全局）
J1.4 通信状态	J9.1TMD 交战指挥	J28.7 英国 1
J1.5 网络控制初始化	J9.2 ECCM 协调	J29.0 保留
J1.6 指定必要的参与群	J10.2 交战状况	J29.1 英国 2
参与者的精确定位与识别（PPLI）	J10.3 移交	J29.3 西班牙 1
J2.0 间接接口单元 P PLI	J10.5 控制单元报告	J29.4 西班牙 2
J2.2 空中 P PLI	J10.6 组配	J29.5 加拿大
J2.3 水面 P PLI	控制	J29.7 澳大利亚
J2.4 水下 P PLI	J12.0 任务分配	J30.0 德国 1
J2.5 陆基点的 PPLI	J12.1 航向	J30.1 德国 2
J2.6 地面轨迹 PPLI	J12.2 飞机的准确方位	J30.2 意大利 1
监视	J12.3 飞行航迹	J30.3 意大利 2
J3.0 基准点	J12.4 控制单元改变	J30.4 意大利 3
J3.1 应急点	J12.5 目标/航迹相关	J30.5 法国 3（陆军）
J3.2 空中航迹	J12.6 目标分类	J30.6 法国 4（空军）
J3.3 水面航迹	J12.7 目标方位	J30.7 法国 5（海军）
J3.4 水下航迹	平台与系统状态	其他
J3.5 陆基点或轨迹	J13.0 机场状况报文	J31.0 空中更换密钥管理
J3.6 空间航迹	J13.2 空中平台和系统状态	J31.1 空中更换密钥
J3.7 电子战产品信息	J13.3 水面平台和系统状态	J31.7 无信息（No Statement）
反潜战	J13.4 水下平台和系统状态	
J5.4 声方位与距离	J13.5 地面平台和系统状态	
情报	电子战	
J6.0 情报信息	J14.0 参数信息	
	J14.2 电子战控制/协调	

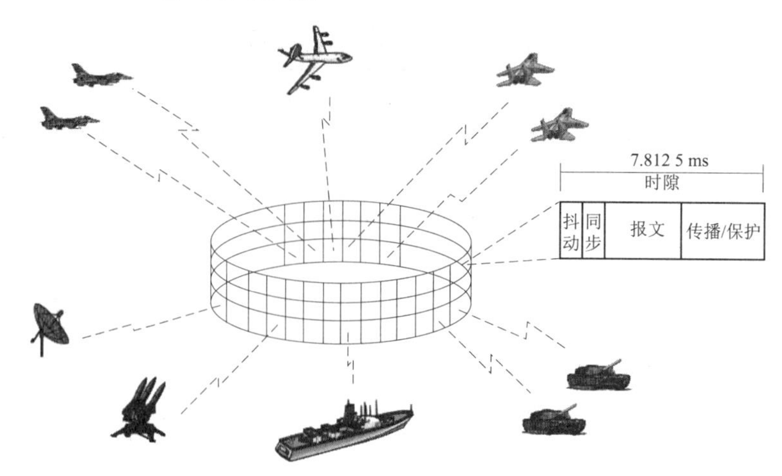

图 5-12 Link-16 中各入网单元使用 TDMA 协议接入一个或多个预置网进行通信

表 5-5 Link-16 终端情况

项目 \ 终端	JIDS2 类终端	JTIDS 2M 类终端	JTIDS 2H 类终端	MDIDS LVT-1 终端/外接电源	MDIDS FDL 终端/外接电源
长×宽×高/m	0.4×0.32×0.19	0.57×0.36×0.20		0.34×0.19×0.19	0.34×0.19×0.19
重量/kg	56.7	40.8		22.2	22.2
输出功率/W	200		200/1 000	200	50
语音传输速率/（$Kbit\cdot s^{-1}$）	2.4 或 16		2.4 或 16	2.4 或 16	
数据交换速率/（$Kbit\cdot s^{-1}$）	238	8	238	115 或 1 200	
制冷	平台提供	集成风扇	平台提供	平台提供	平台提供
报文标准	IJMS/TADIL-J	IJMS/TADIL-J	IJMS/TADIL-J	IJMS/TADIL-J	IJMS/TADIL-J
外场保养可更换单元数量	2	1	3	2	2
平均故障间隔/h	250（空军要求）			1 822（舰载机环境）	
输入电源	3 P，115 V，400 Hz	DC 28 V	3 P，115 V，400 Hz	3 P，115 V，400 Hz；DC140 V	3 P，115 V，400 Hz
价格/万美元	最低 85	75	最低 85	25～30	25～30

Link-16 主要部署在美国、北约国家、日本、韩国以及我国台湾地区的陆、海、空各类武器系统平台上，下面以美军为例来介绍其在各个军种中的使用情况。其他国家与之相类似。

（1）美国陆军。主要采用 JTIDS 2M 类终端，由 GEC-Marconi 制造，专用于陆基武器系统。其主装备的主要武器平台和系统包括前沿地区防空系统、战区高空防御系统（THAAD）、“爱国者”反导系统、军团地空导弹（CORPS SAM）和联合战术地面站（JTAGS）等。对此类终端的要求是在非干扰环境下连通性为 85%，在干扰环境下连通性为 70%。其终端与主机之间的接口是 CCITT X.25 接口的变型，称为 PLRS JTIDS 混合接口。

（2）美国海军。航空母舰（CV）、导弹巡洋舰（CG）、导弹驱逐舰（DDG）、两栖通用攻击舰（LHA）、两栖攻击船坞（LHD）、核动力潜艇（SSN）。美国海军舰载 Link-16 分两步实现，即 4 型阶段和 5 型阶段，它们提供的能力差别较大。装有 Link–16 JTIDS 2 类终端的海军飞机包括 E–2C“鹰眼”预警机、F14D“熊猫”战斗机，而 F/A–18“大黄蜂”、EA–6B“徘徊者”电子战飞机和 EA–3B 电子战飞机使用的则是 MIDS 终端。

（3）美国空军。美国空军相关作战系统和飞机几乎都装备了 Link–16 的 2 类终端，例如，空军作战中心（AOC）、控制和报告中心/控制和报告单元（CRC/CRE）、E–3 空中预警与控制系统（AWACS）、RC–135“铆钉”侦察机、F–15A/B/C/D/E 战斗机、F16 战斗机、F–117“夜鹰”隐身攻击机、F22“猛禽”战斗机、B1 轰炸机、B2 轰炸机、B52 轰炸机、联合攻击战斗机（JSF）以及 U2 分布式通用地面站（DCGS）等。

4）与武器平台的集成

数据链设备与武器平台集成与安装过程要根据武器平台的具体情况（空间、运行环境、供电、电磁兼容性等）以及具体作战任务要求来进行，这里以舰载的 E–2C“鹰眼”预警机为例来进行说明。

E–2C“鹰眼”是美国格鲁门公司研制的舰载预警机，用于舰队防空和空战导引指挥，但也适用于执行陆基空中预警任务。E–2C 的留空时间为 6 小时，可以有效增强和扩展战斗群的空中图像能力，监视海上空情，雷达探测范围可达 1 250 万立方千米。E–2C 对不同目标的发现距离不同：高空轰炸机 741 千米，低空轰炸机 463 千米，舰船 360 千米，低空战斗机 408 千米，低空巡航导弹 269 千米。可同时跟踪 250 个目标，同时引导 45 架战斗机进行空战。在升级改装 Link–16 系统后，保留了 Link–11 和 Link–4A 数据链的功能。E–2C 有驾驶员、副驾驶员、作战信息中心员、空中控制员和飞行技师共 5 名机组人员。

E–2C 预警机的 Link–16 系统包括两类 JTIDS 终端、显示控制设备、GPS 以及任务计算机。配合 Link–16 系统改装，E–2C 平台进行了相应的升级改造：对 L–304 任务计算机和 APS–145 雷达进行了升级；JTIDS 机载终端包括一个塔康，从而释放了先前被 ARN–118 型塔康占用的空间。E–2C Link–16 系统配置如图 5–13 所示。

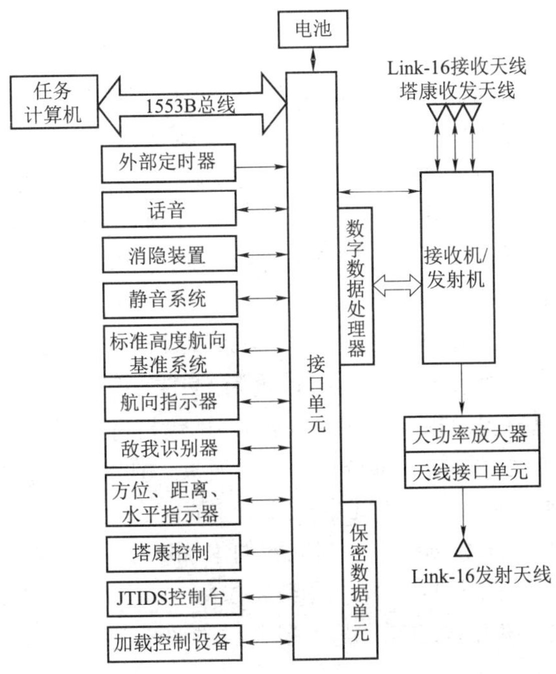

图 5–13　E–2C 上的 Link–16 JTIDS 组成及其接口关系

在 E–2C 上，Link–16 相关设备包括操作员显示控制台、任务计算机、数字数据处理器、电池、功率放大器、收发机、驾驶舱内的显示控制设备以及天线等，这些设备安装位置如图 5–14 所示。

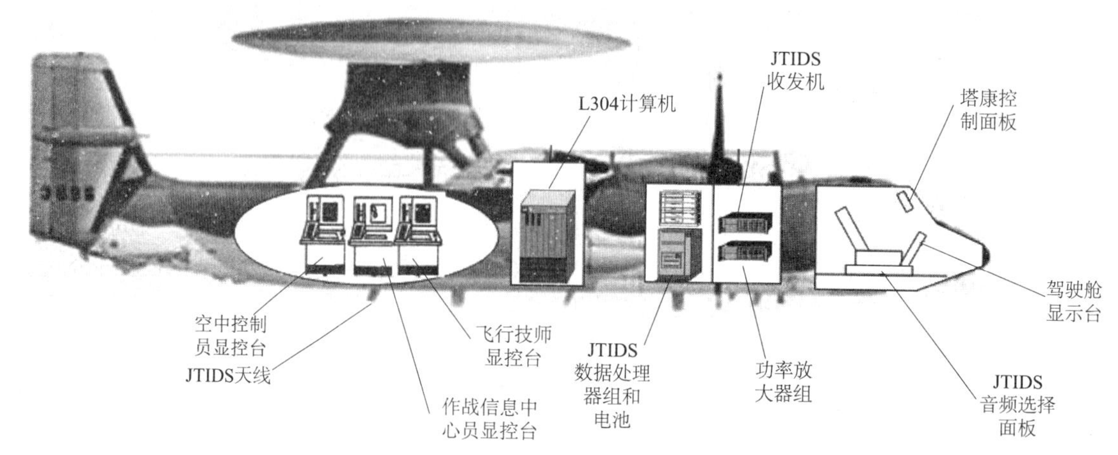

图 5–14　E–2C 上 Link–16 相关设备的安装部署情况

E–2C 上的 JTIDS 天线配置四副天线。一副主接收天线是宽带全向垂直极化天线，安装在机身中央底部，用于 JTIDS 信号和塔康/UHF–3 信号接收；两副 JTIDS 抗干扰接收天线安装在机翼下方；一副发射天线是宽带全向垂直极化天线安装在机身底部（在主接收天线后面）。E–2C 的任务计算机分别对两副抗干扰天线的信噪比与主接收天线的信噪比进行比较，依据信噪比的大小来决定选用哪一副抗干扰接收天线。机身也给机翼下的天线提供了一定程度的抗干扰保护，因为在选择使用其中一副天线时，飞机机身在干扰机方向提供了遮挡。

5.4.2　VMF 数据链

可变消息格式（Variable Message Format，VMF）标准，又称为战术数字信息链路 K（TADIL K），是美军用于数字化战场的重要标准之一，也是美国国防部强制要求执行的战术数据链消息格式，主要用于数字入网设备与战术广播系统之间交换火力支援信息，被美国陆军指定为战场数字化的互操作和带宽等问题的解决方案，正在逐渐替代美陆军其他种类的消息交换格式。目前，VMF 已经被广泛应用于美国陆军各个作战功能领域，包括机动、火力支援、后勤、航空兵、情报和电子战等。

VMF 源于 Link–16。当初，战术指挥和控制系统联合互通（JINTACCS）计划为 JTIDS 开发了 TADIL J（Link–16）数据协议和标准，也为 JTIDS 开发了接口操作程序。在设计时，为其设想的报文标准既包括固定报文格式（FMF），也包括可变报文格式（VMF）。固定报文由美海军和空军发展，可变报文格式部分由美陆军发展。1980 年，美国海军陆战队加入美陆军的 VMF Link–16 计划。1984 年，美陆军和海军陆战队完全脱离了 Link–16，将 VMF 作为一种新的具有自己特点的战术数据链，并建立新的 K 序列报文类目，于是 VMF 成为 J 序列战术数据链家族的一员。美陆军 1997 年开始装备 VMF，后来获得初始作战能力。2000 年，美国陆军开始大规模装备 VMF 数据链，其大多数武器系统使用 VMF 消息进行系统内部和外部的数据交换。

VMF 数据链与其他常用的 Link 系列数据链有所不同，使用的是与传输媒介无关的通信协议，具有极高的灵活性，没有专有的设备或载体，适合于空中、地面或海上。典型的系统组成如图 5–15 所示，其数据链设备包括战术数据系统计算机、VMF 数据终端和无线电台或有线网络系统，既可以利用微波等进行无线通信，也可以使用铜缆和光纤进行有线通信。因此许多现役和发展中的无线电设备都可以通过修改软件或者加装相关模块的方法来实现 VMF 数据链。例如，美陆军、海军陆战队可以利用当前战斗网无线电台，VMF 终端可以使用小型手提式 PC 机，也可以像 AH–64“阿帕奇”直升机那样使用 IDM，并将 IDM 完全集成到飞机的战术显示系统中去。此外，VMF 系统不需要特殊的加密设备和密钥。

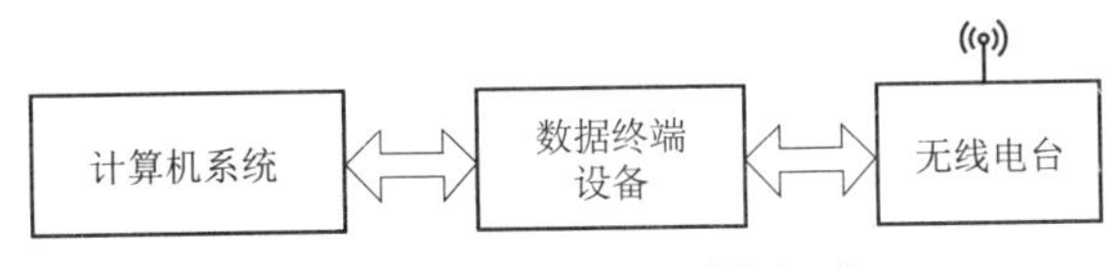

图 5–15　VMF 典型系统组成

1）VMF 数据链的任务与功能

VMF 应用任务包括机动、火力支援、后勤、航空兵、情报和电子战等。VMF 消息主要用于通信带宽受限的系统（例如，无线战术网）间的信息传送。 VMF 消息共有 11 类功能域，分别是网络控制功能域、一般信息交换功能域、火力支援作战功能域、空中作战功能域、情报作战功能域、陆上作战功能域、海上作战功能域、战斗服务支持功能域、特种作战功能域、联合特遣部队作战控制功能域和防空/空域管制功能域，如图 5–16 所示。

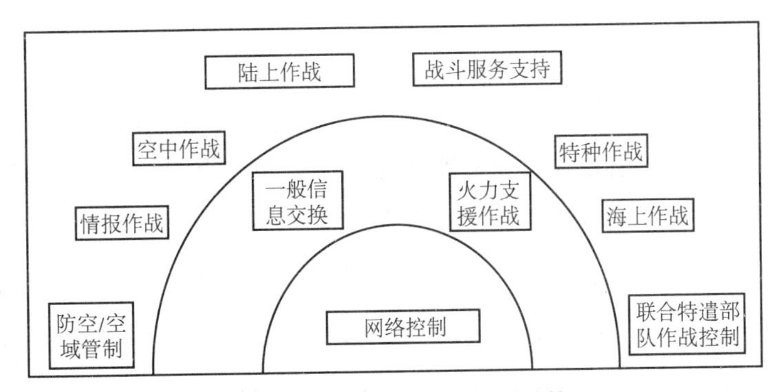

图 5–16　VMF 功能域体系结构

网络控制功能域中的消息支持那些使用 VMF 消息的数字数据链或“网络”的建立和维持。这里的“网络”可以被解释为连接在一起的系统（例如，单通道无线电、人造卫星、个人通信系统等）、交换系统、局域网和广域网，以及单独使用的战术内联网。

一般信息交换功能域中的消息属于两个或多个 VMF 功能域共同使用的信息，或者任何一个联合功能域都不能涵盖的信息。共同使用的消息和自由文本消息都包含在该功能域中。

火力支援作战功能域是整个 VMF 消息的核心，其任务涉及直接或间接的地（水）面对地（水）面的火炮支援、海军水面火力支援、近空支援和攻击支援等。火力支援的功能包括技术火力控制、战术火力控制、火力支援协调、火力计划编制、目标情报、测绘数据、气象数据、支援与坚守以及火力单位状态等。在此功能领域报文消息基本涵盖了各种作战样式，可以在整个作战进程中实现传感器、指控单元和火力单元之间的互操作。

空中作战功能域中的消息支持反击入侵作战、近空支援、空中封锁、空中侦察和监视、电子战、空中运输、空中加油、战场搜救、航空医疗撤离、气象服务、分配与分派空中资源、空中交通管制、空中作战协调和控制与评估等行动操作。

情报作战功能域中的消息支持情报作战的计划制订与指导，支持对敌方军队及其支援设施的状态能力和意图等信息的收集、处理、生成、综合、分析、解释和分发。此外，气象、地理特性也包含在用以支持情报作战的消息中。

陆上作战功能域中的消息支持陆上作战的协调与控制，以及地面部队单位与陆军航空兵部队单位战术部署的计划和控制。该功能域还包括机动、通信支持、欺骗、电子战、布雷、直升机空中攻击、核战、生物战、化学战以及民政事务等。

海上作战功能域中的消息支持两栖作战、护航、海运控制与保护、海上封锁、反舰战、水雷战、海岸与河流作战、电子战、战场搜救以及反潜战等。

战斗服务支持功能域中的消息支持部队的行动与维持，包括供给和物资采购、搬运、存储、分发、维护、撤退以及配置，还支持人员的征募、运动、撤离、住院治疗以及人员状态，支持军用设施的采购、建设、维护、操作和部署。该功能域涵盖了后勤支援、医疗服务、人员服务、非战斗工程以及危险品和军械的处理等。

特种作战功能域中的消息支持为实现国家军事、政治、经济和心理目的，由经过特殊训练、装备和组织的部队实施针对战略或战术目标的作战行动。该功能域包括对外的国内防卫发展、非常规战争、直接行动、反恐、心理战以及民政事务等。

联合特遣部队作战控制功能域中的消息支持附属和隶属于联合部队的所有兵力协调与控制。

防空/空域管制功能域中的消息支持所有用于摧毁敌方的攻击机、导弹、弹道导弹或降低对这些武器的效能。使用的武器和措施包括飞机、导弹、高炮等防空主动武器和非防空武器、电子对抗措施以及电子反对抗措施。该功能域还包括被动的空中防御，如覆盖物使用、隐藏、分散、建筑物保护等。空域管制是各军种战斗区内的保障措施，它可以促进空域使用的安全、高效和灵活性，从而使地面、海面和空中作战的效能得到提升。

2）技术特点

VMF 提供了一种通过联合接口在不同梯队的战斗单元间交换数字数据的通用方式，其传递的数据要求信息和细节是可变的，兼容现有面向字符的报文文本格式（MTF）和面向比特的战术数字信息链路（TADIL）报文标准，能够通过各种战术信息通信系统发送。信息和寻址部分可有选择地加以改变，以适应当时的作战形式。数据字段可根据需要从报文中选择或者删掉。当信息不可用或多余时，不必发送“NULL”或“ZERO”填充字段。VMF 主要依据下面三个标准：

- MIL–STD–188–220 数字信息设备子系统的互通标准；
- MIL–STD–2045–47001 用于无连接数据传输的互通标准（应用层标准）；
- VMF 技术接口设计规划（TIDP）

（1）可变长、面向比特的报文格式。

VMF 采用了 TIDP 测试版第四版规定的 K 序列报文。K 序列报文共定义了 11 大类（对应各功能域）和 119 个分类，报文编号形式为 K*n.m*，其中 *n* 为功能域指示符，*m* 是报文编号。例如，K02.1 是火力支援作战功能域的“检查火力校射”这一报文的编号；K05.16 则代表陆上作战功能域中“地面布雷”报文的编号。

VMF 报文由一系列称为 8 比特组的 8 比特字符组成，每个报文的长度都是可变的。数据按需分解成许多 8 比特组，直到数据传送完。8 比特组或一群 8 比特组可以重复或主动传输。VMF 报文通常不逐一发送，也就是说不是一次只发送 1 个，它们可以连接在一起进行传送。报文传送结构如图 5–17 所示。

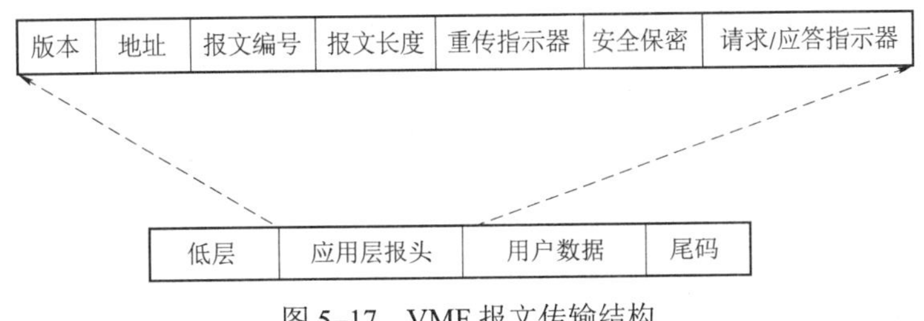

图 5–17　VMF 报文传输结构

在 VMF 传输结构中，底层部分是下层通信网络（如 Internet）协议功能。应用层报头说明了 VMF 报文如何格式化。用户数据就是 VMF 报文，应用层报头和用户数据构成应用层协议单元（PDU）。报头和数据的相对大小是可变的，数据通常大一些。应用层报头包含了版本（MIL–STD–2045–47001）、地址（包括收发双方地址）、报文编号、报文长度（以 8 比特组计）、重传指示器（用于中继）、安全保密以及请求/应答指示器这些字段。

VMF 所采用的这种面向比特、可变长的消息格式，同时还具有有限面向字符的字段，所表现出的优点如下：

① 表达效率高、消息短、易处理。VMF 这种面向比特的报文格式是目前最短的一种消息表达格式，这种格式表达严谨、规范，引入组的概念，组可以重复，多重嵌套，很适合描述复杂的格式化、代码化消息。例如，对同一内容的态势信息进行编码，VMF 表示消息长度为 71 Byte，用 XML 表示消息长度为 1 500 Byte，对该消息使用 ZIP 压缩后仍为 580 字节。此外，可变消息格式所用的数据字段的数据大多使用数字化、代码化的消息项，非常适合计算机处理，并适用于速率较低的无线通信平台的移动作战指挥单元间交换信息。VMF 这一特点也提高了通信系统的实时性。

② 传输内容灵活、丰富，系统适应性好。每一个与 VMF 兼容的终端都可以对 VMF 的报文全集或者部分与自身任务形态相关子集做自动或者人工的组合、编辑、传输、接收和处理，系统能够根据报文内容来调整报文长度，不仅可以有效利用网络资源，也增强了报文的适应性。每一个功能域都具有丰富的报文消息。以火力支援作战功能域为例，其所包含的消息类型有 54 种之多。

（2）协议体系与报文传输。

在战场无线链路环境下，对信息的实时性和准确性要求比较高，VMF 报文承载的主要是指挥控制信息和战场态势感知信息。因此 VMF 报文传输既要保证实时性，又要保证可靠性。为了做到这一点，VMF 协议设计成六层，如图 5–18 所示。

VMF传输服务层
应用层（47001协议）
传输层（UDP）
网络层（IP）
数据链路层
物理层

图 5–18　VMF 数据链协议体系

其中，VMF 传输服务层主要是由 VMF 接口操作程序按报文标准将报文转换成用户文件展现给用户，同时将用户数据按报文标准转换成相应的二进制代码，并交给应用层中无连接可靠传输协议处理；美军MIL-STD-2045-47001协议是一种应用层无连接可靠传输协议，该协议能够在分组无线网中实现数据的端到端可靠传输，主要采用了分段重组机制和端到端确认机制来实现数据的可靠传输，适用于要求数据传输即时且可靠的无线分组网网络环境；由于无线链路的高误码率及多径衰弱等特点，VMF报文数据的传输不用TCP，而使用UDP协议进行传输，UDP提供的是一对一或者一对多、无连接、不可靠的通信服务。在网络层，除了目前普遍在Internet上使用IP协议，部分网络层及以下各层协议在MIL-STD-188-220中进行了定义。

图5-19是VMF数据链的报文传输过程。VMF报文传送通过将VMF报文内容转化为VMF报文数据并与其他节点上的对等实体进行数据交换，实现报文内容的发送和接收。在报文的传输过程中，为保证报文的可靠传输，应用层实现了无连接可靠传输协议。协议将所有从应用层接收的长度超过分段阈值的数据报文进行分段，并给每个段加上一个无连接可靠传输协议首部，给该次数据传输分配一个序列号，并将之复制到各段首部中，然后各信息段根据序列号开始依次发送。

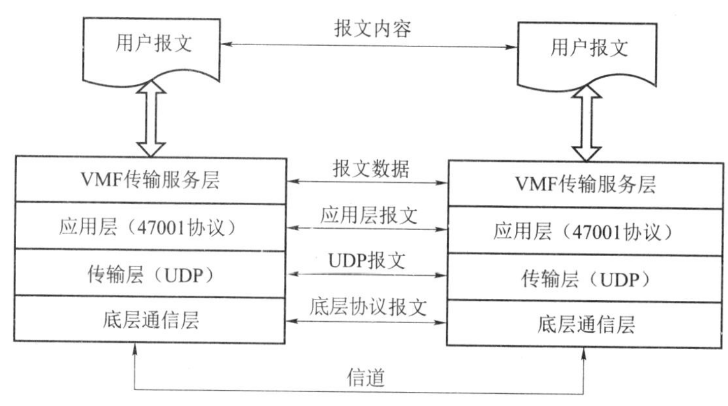

图5-19 VMF数据链报文传输

（3）设备情况。

VMF战术数据链的设备主要针对陆军平台和部队开发，采用CSMA组网方式。由于陆军平台与海、空平台相比，空间较小，所以VMF数据链的设备与其他战术数据链的设备（如JTIDS、MIDS）相比，体积小、价格低，适合陆军平台装备使用。

3）部署情况

VMF可以满足美陆军和美海军陆战队的战场数字化、互通性和带宽要求。未来VMF将发展成为美军地空协同作战时最主要的数据链，可用于陆战装备，战斗勤务支援，火力支援，情报传递，海面、空中与特种作战等系统。它将取代美国陆军与海军陆战队现役的多种用于防空单元、炮兵、直升机、战斗车辆等系统上的陆军专用数据链标准。VMF还被美陆军、海军陆战队选为先进野战炮兵战术数据系统（AFATDS）的信息交换标准，陆军部决定将VMF报文标准作为旅及旅以下部队所有战术系统的报文标准。VMF在美军中的部署计划如下：

（1）美陆军。前沿地域防空指挥、控制和情报（FAADC2I）、先进野战炮兵战术数据系统（AFATDS）、炮兵连计算机系统（BCS）、多管发射火箭系统（MLRS）、临时自动火力支援系统（IFSAS）、前方输入设备（FED）、TPQ-36/37、M1Tank、M2APC、AH-64、UH-60、OH-58、AH-66、迫击炮弹道计算机（MBC）、气象测量系统（MMS）、联合监视目标攻击雷达系统通用地面站（JSTARS CGS）。

（2）美海军陆战队。战术作战行动（TCO）、先进野战炮兵战术数据系统（AFATDS）、情报分析系统（IAS）、炮兵连计算机系统（BCS）、技术控制分析中心（TCAC）、战术遥感器系统（TRSS）、自动化数据通信终端（DACT）、目标定位指示移交系统（TLDHS）、战术空中指挥中心（TACC）、战术空中作战中心（TAOC）、直接空中支援中心（DASC）、战术电子侦察处理和评估系统（TERPES）、海上空中交通管制和着陆系统（MATCALS）、F/A–18、AV–8B、AH–1、UH–1、CV–22、全球指挥控制系统（GCCS）、机动电子战支援系统（MEWSS）、小组的便携式收集系统（TPCS）、海上一体化个人系统（MIPS）、海上空中地面特遣部队部署支援系统（MDSS）、气象测量系统（MMS）、TPQ–36、海军陆战队勤务支援指挥控制系统（MCSSC2S）、低空防空的远程终端设备（RTU）。

（3）美空军。战术空中控制组（TACP）。

（4）美海军。Flag Plot，作战信息中心（CIC）。

5.4.3　AN/AWW–13 数据链

与上面介绍的两种应用广泛的数据链相比，武器系统专用数据链使用范围较窄，但可以大大提高武器系统的效能。它用于提供武器的引导、规划和效能评估，一般用于传输中、远程空对空导弹中程导引弹道修正指令和环境视频图像，或防区外空对地（海）导弹的导引数据和环境视频图像数据等。下面就以 AN/AWW–13 为例，来介绍这类数据链的情况。

1）AN/AWW–13 数据链的任务与功能

AN/AWW–13 数据链由雷声公司生产，并应用于各种制导武器系统。其典型任务是完成各类攻击机、反潜机与其所发射的制导武器之间的导引和视频数据传输。在这些飞机对地/海面攻击时候，该数据链是飞行员与制导武器之间的通信链路，有指挥、控制和通信功能。

该数据链允许武器控制人员选择导弹的弹着攻击点并将信息传输给导弹。它同时还可以接收导弹数据链发射器传输的导弹寻的器视频图像，并显示到驾驶员的座舱视频显示器上。利用 AN/AWW–13 数据链，可以实现控制武器的“人在回路”功能。另外，此数据链系统包含一个视频磁带记录器（VTR），可全程记录武器发送的视频图像，直到击中目标。它能够回放，用于任务评估或用于训练。

2）技术特点

AN/AWW–13 数据链使用 L 波段（1 427～1 435 MHz）进行导弹指挥和控制操作。AN/AWW–13 数据链的主要机载设备安装于飞机的数据吊舱中。吊舱是指安装有某机载设备或武器，并吊挂在机身或机翼下的流线形短舱段，可固定安装（如发动机吊舱），也可脱卸（如数据吊舱、武器吊舱等）。加装吊舱可以使飞机拥有其本身所不具备的功能，加装吊舱通常需要机载电子设备的支持和考虑飞机的整体空气动力。

AN/AWW–13 数据链吊舱可以用于单架飞机作战，也可用于两架飞机作战。在单架飞机作战中，飞机既挂载武器，也挂载吊舱；既执行发射功能，又执行控制功能。在两架飞机作战中，一架飞机挂载武器，另一架飞机挂载吊舱。在这种作战方式中，发射武器的飞机和挂载吊舱的飞机接收由武器传来的目标区域的视频图像。制导武器发射以后，挂吊舱的飞机监视武器的飞行并且能够自始至终地更新武器瞄准点，直到武器击中目标。

3）部署与使用情况

AN/AWW–13 先进数据链装备在 A–6、F/A–18、P–3C 和 S–3B 等飞机上，用于与 AGM–62“白星眼”、AGM–84E“防区外对地攻击导弹”、AGM–154“联合防区外武器”以及“增强型防区外对地攻击导弹”（SLAM–ER）等制导武器进行数据交换。

在 1999 年“盟军行动”期间，快速目标系统（RTS）将目标信息和图像直接发送到 F/A–18 战斗机的座舱中。飞机通过 AN/AWW–13 视频数据链吊舱接收 RTS 目标信息。驾驶员可以看到来自无人机（UAV）的报文、图表、U2 照片，甚至可以看到视频图像。当被重新分派任务时，飞机可以在途中利用图像进行任务规划。目标程序包一旦构建好，就利用高带宽的地面线路将程序包传送给地理上分散的通信中继站，在那里程序包通过上行链路传输给 F/A–18 飞机上经过特殊改进的 AN/AWW–13 吊舱。一旦上载成功，飞机后面座位上的武器军官就能够利用目标程序包中的信息进行任务规划。

增强型防区外对地攻击导弹（SLAM–ER） 利用 GPS/INS 系统进行目标导航。SLAMER 扩展了武器作战性能，可对陆地目标和舰船目标实施远程精确打击，打击方式可以通过预先计划来打击静态目标，也可以通过动态规划来打击时效目标。SLAM–ER 能从 F/A–18 飞机上通过 AN/AWW–13 数据链吊舱接收中段更新。这些快速反应发射和中段更新等特点是 SLAM–ER 目标机会（TOO）模式的一部分，利用它能够对抗海上的机动舰船。美海军已经装备 AN/AWW–13 数据链吊舱。通过吊舱，可以更新处于飞行中的 SLAM–ER 的瞄准信息，使 SLAM–ER 成为真正的精确制导武器。

5.5 数据链应用实例

在现代战争中，战争的节奏快，战场形势瞬息万变。超视距攻击、联合作战、海空一体战以及网络中心战等新的战术、战役及战略模式都离不开数据链，反过来数据链也正在促进新的军事变革，不断产生新的战争理念和作战模式。数据链将各个作战单元紧密连接在一起，大大增加了对战场的感知能力，显著提高了武器装备的作战效能、应变能力和生存能力，能够真正实现陆、海、空、天、电的多维体系作战。

数据链是连接各类武器平台的神经网络，可以显著提高各参战单元的战场感知能力。使用数据链可以将分布于陆、海、空、天的各类探测平台所获得的战场信息，快速、实时地传送至指挥员、各作战部队和各类武器平台上，克服了单一探测手段获取信息的局限性（距离、空间分布、时间和方式等），改变了原来传统“烟囱”式信息传输模式，使得所有作战单元都可以充分共享各类战场信息，真正实现战场环境的全透明化，使得各种武器平台能及时获取所需的信息，并为各级指挥人员进行作战决策提供了准确依据，从而实现先敌发现、先敌攻击。例如，在伊拉克战争中，美军使用 Link–16、Link–11、Link–4A 以及 Link–14 等数据链将太空到深海、伊拉克全境到美国国内的所有情报侦察系统、预警探测系统、指挥控制系统和各类武器平台连接起来，使得美军能够全方位、全时空地监视伊拉克境内的一切情况，对伊拉克军队的一举一动了如指掌。曾经有伊拉克小股部队以沙尘天气做掩护，试图偷袭美军，被美军直升机发现，并通过数据链将情报传送给相关部队，从而避免了损失。又如在阿富汗战场上，美军信息处理部门通过各类数据链获取来自侦察卫星、预警机、无人侦察机及地面侦察部队的各种基地组织和塔利班部队的信息，经过对这些信息的融合处理生成整个战场空间的态势图，并通过数据链传送给各级作战人员和武器平台，使得整个作战体系能够以最快的速度、最高的杀伤概率对敌进行连续、高强度的精确打击。

数据链可以显著提高武器系统的效能，数据链已经成为武器系统战力的倍增器。在近几十年的历次战争中都可以看到数据链在战争中所发挥的作用，可以说数据链本身就是一个最有效的武器系统。阿富汗战争结束后，美军对所有参战武器装备的作战表现进行了排名，其结果令人惊讶，诸如“战斧”巡航导弹、F–117 隐形战斗机、B–2 战略轰炸机和 M1A1 坦克等一些大名鼎鼎的武器都没有进入前十，而名不见经传的数据链独占鳌头。据国外军事专家评价，一架装备了 Link–16 数据链的英国“旋风”战斗机，能同时击败 4 架只装备了语音通信设备的美国空军 F–15C 战斗机；而在未装数据链之前，由最好的飞行员驾驶一架“旋风”战斗机也只能与一架 F–15C 战斗机打个平手。20 世纪 90 年代中期，美空军在一项特殊作战项目（OSP）中探讨了 F–15C 飞机使用 Link 16 的好处。其结果表明 F–15C 通过使用 Link 16 数据链，在空战中对空中目标的杀伤率在白天提高了 2.62 倍，在夜间提高了 2.60 倍。美军的“爱国者”反导系统装备数据链后拦截概率大增，由海湾战争中不足 10%，增至伊拉克战争的 40%，作战准备时间从原先的 3 分钟降低到 90 秒。在科索沃战争中，南联盟米格–29 被北约 F–16 战斗机击落 5 架。这并不是因为米格–29 的飞行性能差、火力弱，而是双方所掌握的信息不在一个层次上。虽然米格–29 单机性能强于 F–16，但北约有数据链支撑的预警系统，能够向战斗机提供数百公里范围的敌方飞机信息，并通过数据链对作战飞机进行精确指挥引导，因而能够先敌发现目标，先敌于合适的时机发射导弹进行超视距攻击。南联盟没有预警机和相关的数据链系统，不能及时掌握北约飞机的动向，在战争中始终处于被动挨打状态。

数据链可以提高作战系统的应变能力，增强了武器系统对移动目标的打击能力。在伊拉克战争中，大部分参加对伊轰炸的战斗机和轰炸机都安装了目标数据实时接收和修正系统，可在赴目标区的飞行途中通过卫星直接接收情报中心发出的实时数据，并对导弹的制导数据进行适时修正和更新，从而提高了打击目标的灵活性和随机选择性，增强了对移动目标的打击能力和效果。在每天赴伊拉克执行轰炸任务的战斗机和轰炸机中，大概有 1/3 的飞机是按起飞前的轰炸计划赴目标区进行轰炸的，而有 2/3 的飞机是在升空之后根据随时收到的目标指令去执行轰炸任务的。例如，2003 年 3 月 24 日，美军共出动了 1 500 架次的飞机对伊拉克进行空袭，其中 800 架次是执行打击任务。在 800 架次的打击任务中，有 200 架次是事先计划的，其余架次为临时起飞打击伊拉克的“紧急目标”。

数据链可以提高武器装备的生存能力。例如，在空战中谁的雷达先开机，谁将首先暴露目标，遭到攻击。为了掌握战场态势，又要隐蔽接敌，采用多渠道的探测、数据链和多机协同作战，是未来空战必不可少的方式。这种数据链将发展为空、天、地信息传输。敌机的信息可能来自编队中某架开机的飞机（或传统的预警机、地面雷达站），通过数据链传给保持电磁静默的友机实施攻击。在数据链和机间协同作战中，不太先进的飞机也能派上用场。通过数据链系统，还可实现有人驾驶的飞机和无人机之间的协同作战。一架或几架有人战斗机带领几架无人机组成机群，战斗机飞行员实施对无人机的控制，而搜索、攻击等由无人机完成。在海湾战争大规模空袭中，联军部队大部分飞机都装备了数据链，共出动 109 868 架次飞机，战损率为 0.041%，仅为过去战损率 0.5%的 1/12。

正像一位军事专家所评论的那样，“数据链是未来作战武器装备的生命线，成为整合未来军队作战力量的黏合剂，提高战斗力的倍增器”。由于数据链能够使得整个作战体系实现全维感知、实时信息传输和智能信息处理，是信息化条件下各类作战模式得以实施的基础和保障。

5.5.1 在联合防空以及空战中的应用

联合防空涉及空军、地面导弹部队以及海军等多个军种，因此多使用通用综合性数据链。战术通用数据链用于各兵种多种平台之间交换各类战术数据，这类数据链用途较广，能够满足多样化任务需求。典型的战术数据链有 Link–4A、Link–11、Link–16 和 Link–22。以 Link–16 为例，此数据链是美国及北约部队陆、海、空以及海军陆战队各级指挥所以及战术分队的制式战术通信系统，是一种双向、高速、保密、抗干扰的综合性数据链，可以传输目标监视、精确定位与识别、电子战、作战任务和武器控制等类信息，实现了数据链从单一军种到三军通用的巨大飞跃。作为通用综合性数据链，其应用场合非常广泛。

图 5–20 为这类数据链在联合空战中的一种应用模式，联合空战主要参与成员包括空军情报处理中心、空军战术指挥所、预警机、电子侦察机、地面雷达、地空导弹和战斗机。升空的预警机、电子侦察机以及地面雷达，对敌方各类空中目标进行大范围、高精度搜索和跟踪，并通过数据链向各个参战单元分发监视和电子战/情报信息，指挥所通过数据链在各参战单元之间进行指挥和任务协同，针对不同等级的威胁目标进行任务分配和管理。预警机根据任务情况可将战斗机引导到指定作战区域，战斗机在机载雷达不开机的情况下可通过数据链获取预警机和地面雷达的数据，在座舱内形成实时周边态势。战斗机可以静默接敌，占领有利位置，并选择合适时机打开机载雷达，达到出其不意攻击敌方飞机的目的，并可以有效降低己方毁伤率。此外，通过数据链可以将预警机所获取的敌我双方飞机的信息直接传送给地空导弹部队，并引导地空导弹部队雷达在指定方向开机，缩短跟踪时间，提高反应速度，并可以根据敌我双方飞机所形成的空中态势，选择合适时机进行攻击，实现联合空战的目标。

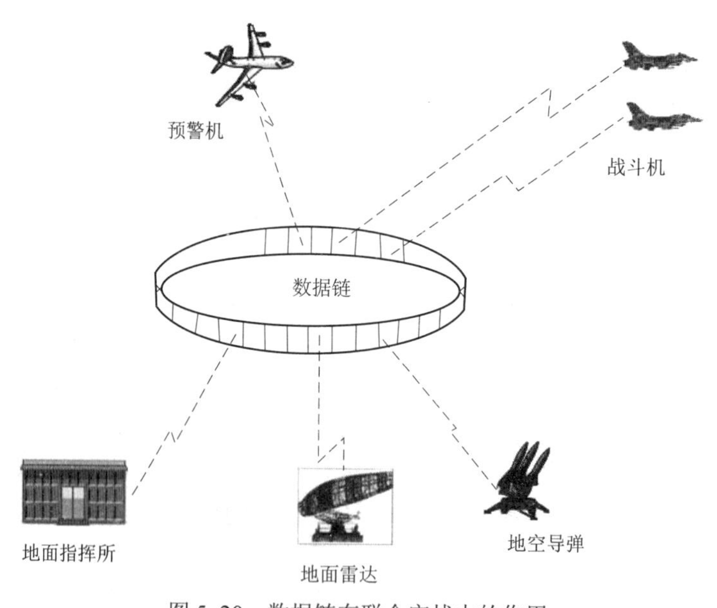

图 5–20 数据链在联合空战中的作用

这类数据链的典型战例就是发生在 1982 年 6 月的贝卡谷地空战。战役开始的时候，以色列军队首先利用加装了雷达波增强器的“火蜂”无人机，诱使叙利亚在贝卡谷地的导弹防空部队进行攻击，以军部署在黎巴嫩西海岸上空的美制 E–2C“鹰眼”预警机获取了叙军地空导弹部队的警戒雷达、火控雷达和导弹制导系统的电磁波信号数据，预警机将这些数据传送给了正在空中待命的 F–15 和 F–16 机群以及地面指挥中心。以军飞机迅速扑向贝卡谷地，仅用 6 分钟就以激光制导炸弹和反辐射导弹摧毁了叙军的 19 个苏制萨姆–6 地空导弹阵地。在接下来的空战中，以军利用预警机完全掌握了其探测空域内的各种情况，叙军的米格–21 和米格–23 一起飞就会被 E–2C 预警机捕获，预警机及时通过数据链将这些信息传送给了参战飞机，同时叙军的各类雷达也受到了以军的电磁压制，以军完全占据了信息探测的主动地位，而叙军飞机则处于盲目和被动挨打状态。

整个贝卡谷地空战的最后结果是以色列以牺牲若干架无人机和 1 架有人机的代价，摧毁了叙利亚的 19 个地空导弹阵地，击落了 81 架叙利亚各类飞机。战后人们分析，尽管双方飞机同属三代战斗机，性能相差不大，但以军取得 81:1 的惊人空战战果，不仅仅是因为以色列飞行员精湛的飞行技术，更主要的是因为以军预警机与战斗机之间的高度协同配合。而这种高度协同配合成功的一个重要因素就是连接各个参战单元的数据链系统。

5.5.2　对地联合火力支援应用

联合火力支援是在步兵发现敌方特定目标后，通过向上级进行火力呼叫，由司令部根据火力配置情况，联合地面炮兵、陆军航空兵、空军攻击机以及近岸舰艇的火力，对这一目标进行立体式、多方位打击，实现对地面部队的火力支援行动，如图 5–21 所示。美军陆军所使用的 VMF 数据链就可以很好地实现这类战术行动的数据传输工作，其过程如下：

- 单兵发现敌方目标，通过其数据链终端，向上一级指挥所请求火力支援；
- 各级指挥所逐级将数据传送至司令部；
- 司令部根据敌方目标的位置和己方部队情况，通知有关部队机动撤离，协调、组织炮兵、陆航直升机、空军攻击机以及近岸舰艇的火力；

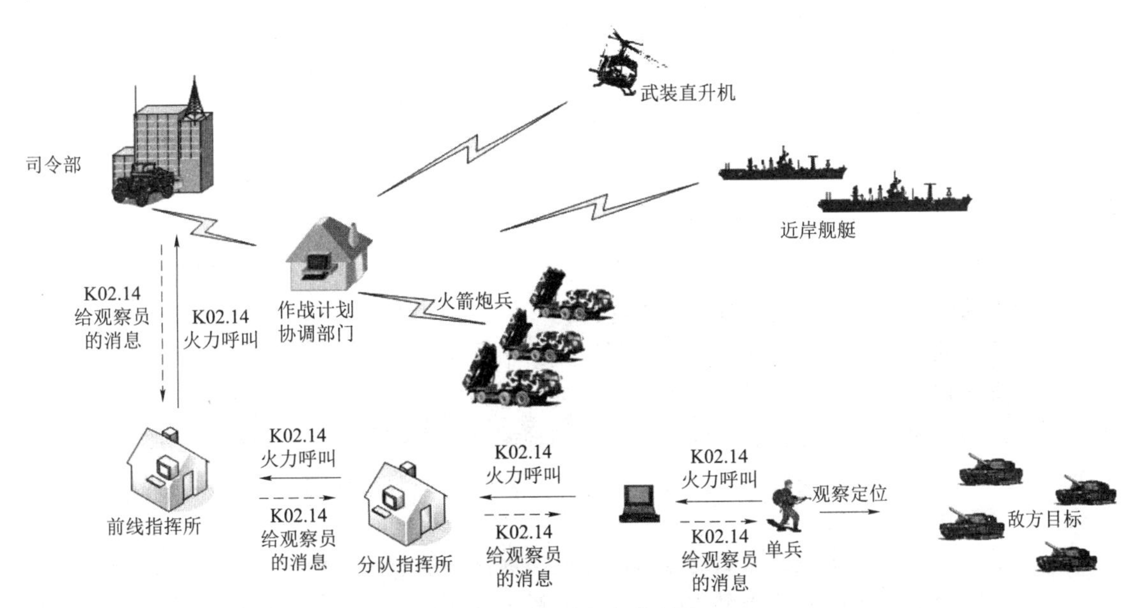

图 5–21　联合火力支援

- 各类支援火力单位报告火力准备情况，单兵报告相关部队撤离情况和敌方目标情况；
- 司令部向各火力支援单位下达打击命令；
- 单兵观察打击效果，并报告火力偏差情况，司令部根据战场情况，进行火力调整分配，决定是否继续实施打击。

联合火力支援并不是新的战术。例如，在“二战”的硫磺岛战役中，美军的舰炮火力以及航母上的飞机给予登陆部队极其有力的支援，美军登陆部队每个营都配有火力控制组，能够及时召唤舰炮火力的支援，而空中的校射飞机也发挥了巨大作用，准确测定日军炮火位置引导舰炮将其消灭。可以说，在太平洋战争历次登陆战中，舰炮火力支援从没有像硫磺岛登陆战那样有效，在舰炮火力的大力支援下，美军登陆部队艰难向前推进，一天美军就消耗127毫米以上口径舰炮炮弹38 550发，火力支援之强史无前例，最终取得了硫磺岛战役的胜利。

但回忆整个战役过程，在许多情况下，这种火力支援并不都是很有效的，这主要是受硫磺岛地形、火山烟雾和火山灰的影响。此外，火力控制组是以无线电语音方式进行目标和炮火调整指示，其信息的实时性和准确性也是制约火力支援有效性的重要因素。如果使用数据链系统，就可以安全、快速、准确地将目标态势的信息传送给火力单元，大大提升这种火力支援的效果。

5.5.3 在精确制导武器中的应用

精确制导武器（Precision Guide Weapon）这一术语起源于20世纪70年代中期，美国在越南战争中大量使用了精确制导炸弹。由于它具有精确的制导装置，在战场上取得了惊人的作战效果，因而引起人们的极大关注。精确制导武器是采用高精度制导系统，直接命中概率很高的导弹、制导炮弹和制导炸弹等武器的统称。通常采用非核弹头，用于打击坦克、装甲车、飞机、舰艇、雷达、指挥控制通信中心、桥梁和武器库等点目标。

精确制导武器具有命中精度高、作战效能高、射程远、作战效费比高等特点，从最近几十年来的局部战争来看，精确制导武器的使用比例在迅速增高。据美空军中央司令部空军分部（CENTAF）的报告显示，在“自由伊拉克行动”期间，美英联军在空袭中共使用了19 948枚制导弹药和 9 251 枚无制导弹药。联军使用的包括新型 CBU−107 无源攻击武器（Passive Attack Weapon）在内的制导弹药，占其航空武器的68%。从中可以看出精确制导武器在现代高科技战争、在精确打击中占据重要地位。

1）数据链在精确制导武器中的作用

给各类精确制导武器加装数据链使武器控制人员在武器发射之后仍然可以与制导武器实现数据的传输，从而实现对制导武器“人在回路”的超视距控制，这一技术的引入极大地提高了武器装备的作战能力。数据链在精确制导武器中的作用体现在：

（1）进一步提高了制导武器的打击精度和突防能力。

武器操作人员通过数据链可以向飞行中的制导武器发送控制指令，持续更新制导武器的瞄准信息，从而可以根据战场实时情况，不断修正制导武器的飞行弹道，进一步提高制导武器的打击精度和突防能力。

（2）增强了制导武器的目标识别能力，并能够提供毁伤效果评估。

陆海空联合作战使得战场情况非常复杂，战场上误伤己方人员的情况屡有发生。数据链使得制导武器在发射后仍然可以受操作人员的控制，即使在初始阶段瞄准己方目标的情况下，在武器击中目标之前仍有机会改变瞄准坐标数据，可以大大降低误伤的概率。此外，通过数据链可以将武器从发射一直到摧毁目标整个过程的视频、图像等数据传送给远方的操作人员，使己方获取战场情报，并能够进行武器的毁伤效果评估。

（3）提升了制导武器的机动性和灵活性。

加装了数据链的制导武器可以“先发射，后瞄准”。也就是将制导武器向目标区域大致方向发射，然后根据战场情况变化，通过数据链将最终目标数据传送给制导武器，这样可以大大缩小从发现到打击的时间窗口，显著提高针对“时间敏感”和“时间关键”目标的打击效果。

以美国“战斧”巡航导弹为例，其最大射程近 2 000 千米，采用复合制导，在海平面或沙漠等地形平缓的地方最低飞行高度可低至 15～20 米，可携带各种常规弹头或核弹头，对固定目标的打击精度可达 5 米。但是“战斧”巡航导弹飞行速度较低（巡航马赫数为 0.72），在打击远距离目标时需要长时间飞行，在科索沃战争中，塞尔维亚军队每隔几小时就要变换其 SA–3 导弹阵地的位置以避开“战斧”巡航导弹的袭击；而在后来的阿富汗战争中，美军从海上发射巡航导弹需要几十分钟甚至 1 小时以上的时间才能够到达目标，恐怖分子通过经常变换位置的方法成功地规避了打击。

“战斧”Ⅳ导弹在原来型号的基础上加装了数据链设备，实现了数据双向通信能力。其发射准备时间短，确定或改变攻击目标的时间仅需 1 分钟。导弹能够在飞行 400 千米到达战场上空后盘旋待机 2～3 小时，以等待接收攻击“高价值目标”的指令，在接到攻击命令后 5 分钟之内，根据侦察卫星、侦察机或岸上探测器提供的目标数据，可打击 3 000 平方千米内的任何目标，在飞行中能按照指令改变方向，攻击机动目标或随时发现的目标。

2）数据链在精确制导武器中的应用模式与系统组成

根据精确制导武器与作战任务情况，数据链在精确制导武器中的应用模式是多样化的。这里主要介绍两种模式：一是地对地远程精确制导武器的打击模式，二是防区外空对地（或海）精确制导武器的打击模式。

图 5–22 所示是一种地对地远程精确制导武器的打击模式。系统一般由弹载数据链设备、数据中继平台、地面数据链系统和战术指挥中心等组成。

战术指挥中心收集来自各种渠道的战场情报，并完成融合、分析等数据处理工作；完成攻击决策，形成加密、格式化的制导武器控制指令，并发往地面数据链系统；接收制导武器发回来的武器状态信息和侦察信息，并分发到相关系统中去；还可以作为专用数据链的系统节点实现与其他数据链和指挥系统的交连。

地面数据链系统属于地面业务站，包括有天线伺服馈送、信道、基带、监控、时统、测试标校和技术保障等分系统，主要完成中继平台跟踪，数据链系统设备管理，信息发送、接收，数据调制、解调，数据记录，情报生成、分发等功能。

中继转发平台为数据链通信提供中继转发，可以大大延长制导武器的受控距离和有效打击距离，其主要功能是完成信号功率放大、频率切换和信号转发。可供选择的数据中继转发平台较多，有预警机、无人机、高空气球和卫星等。在实际使用中，根据各种平台的特点、攻击任务的特点等因素来选择合适的转发平台。

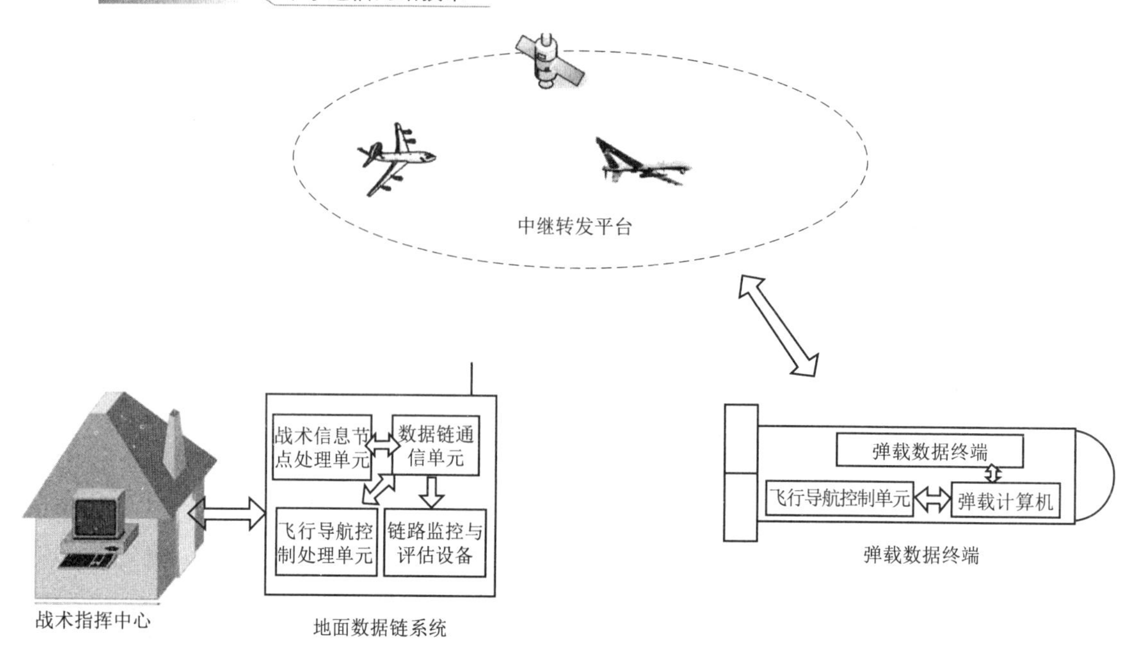

图 5–22 数据链与精确制导武器应用系统组成

弹载数据终端由弹载通信单元、链路控制单元、信息格式化单元、信息加解密单元组成，它与弹载计算机和导航控制部分相连，采用双向点对点、全双工通信工作模式，实现数据的接收和传送。

图 5–23 是一种防区外空对地（或对海）精确制导武器上的数据链应用模式。数据链的机载设备位于飞机下的吊舱里，通过机载数据总线与机载计算机及机舱显示设备相连，弹载数据链的各部分组成与第一种模式类似。在这种模式下，机载数据链吊舱和弹载数据终端可以实现双向数据传输，飞机上的武器操作员可以通过数据链向已经发射的制导武器发送控制指令，同时可以接收制导武器发回的视频数据。

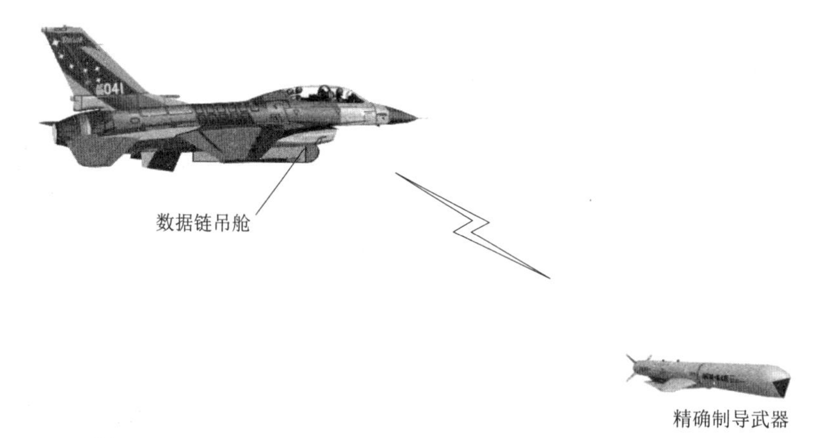

图 5–23 防区外空对地（或海）精确制导武器数据链系统组成

3）数据链在制导武器中的应用情况

美国在精确制导武器加装数据链方面走在了世界的前列，经过十多年的努力，各军种都已经建成具有数据链功能的各类精确制导导弹、炸弹和炮弹等的武器库，如空军的 AGM–158（JASSM–ER）、AGM–154A/B/C 联合防区外武器（JSOW）、AGM–142、AGM–130A/C、AGM–125B、AGM–65、GBU–15 等，海军的 AGM–84H（SLAM–ER）、AGM–62（Walleye Ⅱ）、AGM154、BGM–109C/D、联合直接攻击炸弹 JDAM、小直径炸弹 SDM 以及“战斧”式巡航导弹等，陆军的“爱国者”地空导弹等。

目前，美军用于航空制导弹药的武器引导数据链主要有 AN/AXQ–14 和 AN/AWW–13。

AN/AXQ–14 是休斯公司原为 GBU–15 滑翔炸弹开发的用于武器控制的 L（D）波段双向数据链，并用于 AGM–130（GBU–15 附加助推火箭的有动力版本）导弹上。这种数据链是以吊舱形式应用于作战飞机上，通过数据链吊舱与弹载数据终端实现机、弹之间的双向通信，一方面可以把控制数据传送给制导武器，另一方面可以接收来自制导武器光电或红外传感器的视频图像，并将数据送到武器操作人员的显示器上。该系统也能通过卫星上行保密链路，发送和接收往返于控制中心的近实时图像。AN/AXQ–14 的较新型号是 AN/ZSW–1。美空军 F–111、A–7、F–15、F–16 战斗机与 B–52 轰炸机，以及美海军 F/A–18 与部分非美国飞机都可装备 AN/AXQ–14。美空军 F–15E 战斗机上装备有 AN/AXQ–14 数据链吊舱，使用 GBU–15 光电制导炸弹、AGM–130 导弹和光电制导的 AGM–65“幼畜”空对地导弹时选配这种设备。

AN/AWW–13 先进数据链系统由雷声公司生产，也是以吊舱形式应用到战斗机上，数据吊舱直接与机载 MIL–STD–1553 总线相连，数据可以直接显示在座舱显示器上，通过双向数据传输，可以实现“先发射，后瞄准”功能。数据链吊舱还内置了一个视频磁带记录器，可全程记录制导武器发送的图像，直至击中目标。这些记录下来的视频可用于任务评估和训练等。AN/AWW–13 先进数据链可安装在 A–6、F/A–18、P–3C 和 S–3B 等飞机上，用于 AGM–62“白星眼”、AGM–84E“防区外对地攻击导弹”（SLAM）和 AGM–154“联合防区外武器”（JSOW）等制导武器。

这些应用到精确制导武器上的数据链已经实际投入战场使用。在 1999 年“盟军行动”期间，快速目标系统（RTS）将目标信息和图像直接发送到 F/A–18 战斗机的座舱中。飞机通过 AN/AWW–13 视频数据链吊舱接收 RTS 目标信息。驾驶员可以看到来自值守无人机（UAV）打印的报文、图表、U2 照片，甚至可以看到视频图像。当被重新分派任务时，飞机可以在途中利用图像进行任务规划。目标程序包一旦构建好，就利用高带宽的地面线路将程序包传送给地理上分散的通信中继站，在那里程序包通过上行链路传输给 F/A–18 飞机上经过特殊改进的 AN/AWW–13 吊舱。一旦上载成功，飞机后面座位上的武器军官就能够利用目标程序包中的信息进行任务规划。

具有数据链功能的“战斧”式巡航导弹在近几年的局部战争中更是取得了很好的战果。1998 年 12 月 17—19 日，美国在对伊的“沙漠之狐”行动中，共发射了 325 枚“战斧”导弹；1999 年在科索沃战争中，美国、英国共发射包括 AGM–86C 在内的巡航导弹 1 000 多枚，给南境内的重要设施造成了巨大破坏；2011 年 3 月 20 日，多国对利比亚的第一轮军事打击中，美国和英国的军舰和潜艇向利比亚海岸的 20 多个防空目标发射了 112 枚“战斧”式巡航导弹。“战斧”式巡航导弹装有红外成像导引头，用于记录击毁前的一帧图像，导弹上装备了 Link–16 数据链，可以从预警机、高空侦察机以及卫星上实时接收目标数据，实时修正航迹，实时进行到达时间控制，实时选择目标。此外，发射人员通过数据链传回来的图像对“战斧”式巡航导弹的毁伤效果进行评估。

思考与练习

1. 什么是数据链？早期数据链都存在哪些问题？

2. 请简述数据链的组成和每个组成部分的作用。

3. 请图示数据链拓扑类型和分类。

4. 数据链面向比特的格式化消息与面向字符的格式化消息，哪种更适合进行实时消息传输？为什么？

5. 简述数据链的特点、与战术互联网的区别。

6. 图示数据链参考模型，并进行简要说明。

7. 简述 Link–16 数据链的任务、功能与技术特点。

8. VMF 采用了面向比特、可变长消息格式，同时还具有有限面向字符的字段，这样所带来的优点是什么？

9. 给出数据链的一个战例或应用，并分析数据链在其中发挥的作用。

第 6 章

军事通信网络与特色军事通信

6.1　广域军事通信网络

6.1.1　军用电话与密话网

军用电话网是一个覆盖全军的通信网络。军用密话网是在军用电话网的基础上，采用多种安全手段保障军用通话信息安全的通信网络。

1）军用电话网

军用电话网的技术体制与公用电话交换网（Public Switched Telephone Network，PSTN）相同，不仅可提供高质量、高可靠性的话音通信，而且还具有多种业务附加功能。

军用电话交换网主要由终端设备、传输系统和交换设备，再配上信令及相应的协议和标准规范组成，如图 6–1 所示。

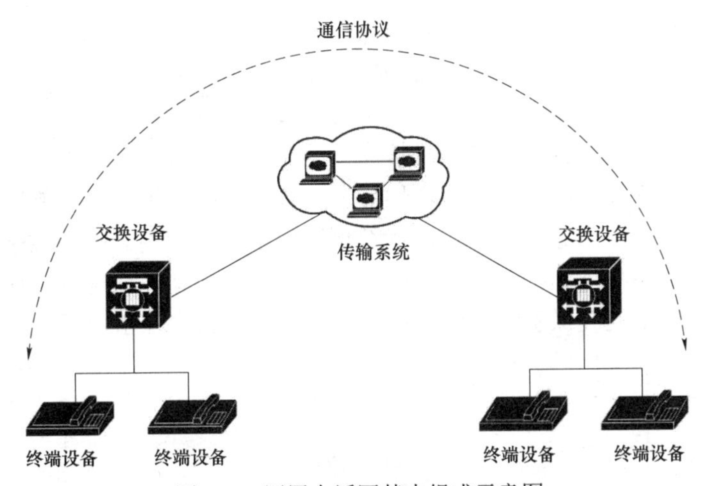

图 6–1　军用电话网基本组成示意图

其中，终端设备对应于各种应用业务。例如，对应于话音业务的移动电话、无绳电话、磁卡电话、可视电话，对应于低速数据业务的计算机、智能用户电报、传真扫描设备、网络电话（IP 电话）等；传输系统主要由传输设备和线缆组成，传输设备包括信道、变换器、复用/分路设备等，线缆以有线（电缆、光纤）为主，有线和无线（卫星、地面和无线电）交错使用，传输系统由 PDH 过渡到 SDH、DWDM；交换设备完成通信双方的选录与接续，PSTN 以电路交换设备为主；信令、协议和标准构成网络系统的准则，使用户和用户之间、用户和交换设备之间、交换设备与交换设备之间有共同的操作语言和连接规范，使网络能够正常运行，做到互联互通，实现用户之间的信息交互。

军用电话网在网络结构、编号方式等方面自成系统，主要技术体制表现在如下几个方面：

● 网络结构。从总部到部队驻地构成多级汇接节点从而构成辐射与网格状相结合的网络，并有一定数量迂回路由，从而提高网络的抗毁性，减少极长连接的概率，提高呼叫连通率和传输质量。

● 网同步方式。军用电话网的网络结构导致其信道安排和主要信息的流向是从中心向外呈辐射形分布，网同步与其相适应，采用等级主从同步。

● 交换方式。目前各国的军用电话网都已经基本实现了交换设备的程控化、数字化。程控数字交换机具有电路交换能力，可以完成 64 Kbit/s PCM 编码的话音交换和一些话音宽带内的非话音业务（例如三类传真、V 系列数据等）交换。

● 信令方式。目前各国都参照国际电联的相关标准，制定适合本国的军用电话网信令。

● 群路传输。以光缆传输系统、同轴电缆和对称电缆系统为主，应急的数字微波和卫星通信等无线数字传输为辅。

● 网络管理系统。一般采用分级、分区制，管理协议大多参照公用电话网或互联网管理协议。

2）军用密话网

军用密话网包括初期的模拟保密电话网、目前使用的数字保密电话网和数字保密电话自动交换网三种。

（1）模拟保密电话网。

模拟保密电话也称普通保密电话，是电话保密通信的最简单的形式，由普通电话和用户模拟保密机构成，利用话音频带调制或谱频扰乱原理实现保密，如图 6–2 所示。其工作原理是：发话时，将话音信号的频谱或时间分成小段，按预定的规律加以扰乱，使其变成密话信号送往线路；受话时，将收到的密话信号按原来的扰乱规律进行逆变换，恢复成话音信号。这种方式通常是先建立双方的正常联络，然后通过双方同时转换开关实施密话通信。模拟保密电话具有组织简单、使用方便等特点，在军事通信中普遍使用。随着数字保密技术的发展应用，这种通信方式逐步被高密级的数字保密电话网以及自动保密电话网所取代。目前，军事及政府机要部门使用的高保密性的保密电话设备都已是数字保密电话，但商用的低保密性

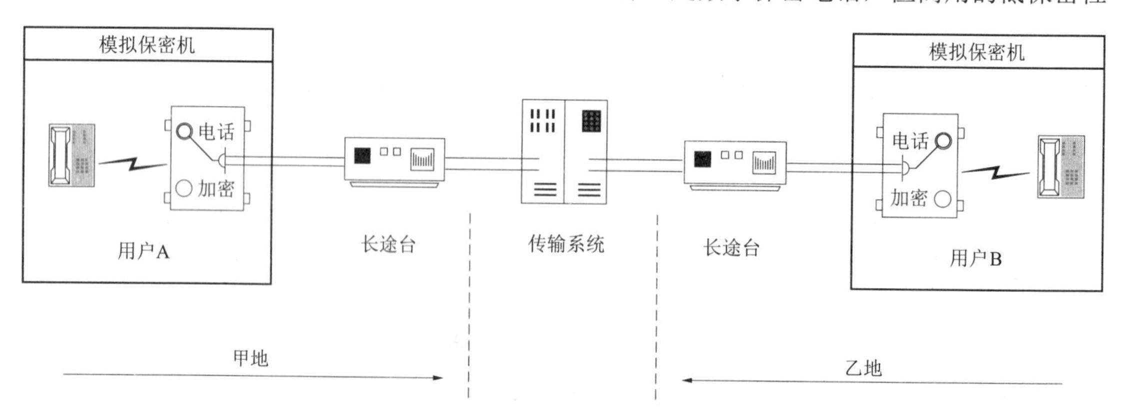

图 6–2　模拟保密电话通信示意图

的保密电话仍大量应用模拟保密电话技术，其原因是模拟保密电话可以利用现有的模拟电话信道。

（2）数字保密电话网。

在介绍数字保密电话网之前，对比一下模拟保密电话和数字保密电话在各方面的区别，如表 6–1 所示。

表 6–1 模拟保密电话与数字保密电话对比

	模拟保密电话	数字保密电话
处理语音	模拟处理，例如语音波形时域加密，首先把一个或几个音节的语音波形分割成若干小段，再应用换位方法，把这些小段搅乱重排，然后传输；到达接收端，进行相反的变换，即可还原语音信号波形。但是，若把信号分割得太“细”，就难以恢复较好的语音	数字处理，首先对模拟的语音信号进行采样、量化和语音压缩编码，得到数字化语音信号；然后，再对数字化语音信号进行数字加密。采样率越高，量化电平数目越多，也就是说，把语音波形分割得越“细”，通话音质越好，而对数字语音加密的保密性基本上没有影响
加密运算	模拟加密，采用置换和换位法	数字加密，例如流密码，是对明文消息按字符逐位地加密，这样，运算速度可以大大提高
窃听可靠度	经过专门训练的窃听者从模拟保密语音中可以听出某个音的音型。因为每个音的音型在保密处理后仍有区别，熟悉它们的特征就可获得消息	数字保密电话信号中音型的特点已经消灭，加密后听到的只是一片随机噪声
群路加密与单路加密	模拟加密一般是对单路信号加密	数字加密既可对单路信号加密，也可对群路信号加密
密钥量	由于受到语音处理、语音恢复、破密可懂度等条件的制约，模拟保密的密钥量有限	数字加密的密钥量理论上可以做到无限大
小型化	模拟器件规格化导致其无法集成化	数字器件较之模拟器件集成化、小型化
通用性	模拟加密一般只用于电话专线，或经普通电话交换机的公共电话线路上	对各种消息都可以进行数字加密，所以数字加密通信组网方便
频域运算	不展宽信号频谱	数字保密电话通信如果采用波形编码，一般要扩展信号频谱；如果采用参量编码，频谱可以压缩在一个话路频带中，但要损坏通话质量，设备也较复杂

数字保密电话网是专用电话网，采用数字处理和保密技术，使电话通信具有较高的保密度和可靠性，是当前通信中较为保密、可靠的手段之一。数字电话保密机是将语音信号变成数字信码，再经数字加密变换成密话信码的设备。其工作原理是：发话时，用模数转换技术把语音信号变成数字信码，再用约定的密码给信码加密，组成密话信码发往线路；受话时，用与发端相同的密码给密话信码解密，变成数字信码，再经数模转换恢复成话音信号。使用这种方法可以实施复杂的转换，进一步提高保密性。数字保密电话网由用户保密机、保密交换机、干线保密机以及传输信道等设备组成，其基本组成如图 6–3 所示。数字保密电话网中的系统设备采用 AM 调制技术，二次加密，保密度较高。利用电缆、光缆、卫星和微波等信

道传输，其用户传输速率为 16～32 Kbit/s 或 512～2 048 Kbit/s。数字保密电话网中通常设有自动维护、监控和管理中心等设施。

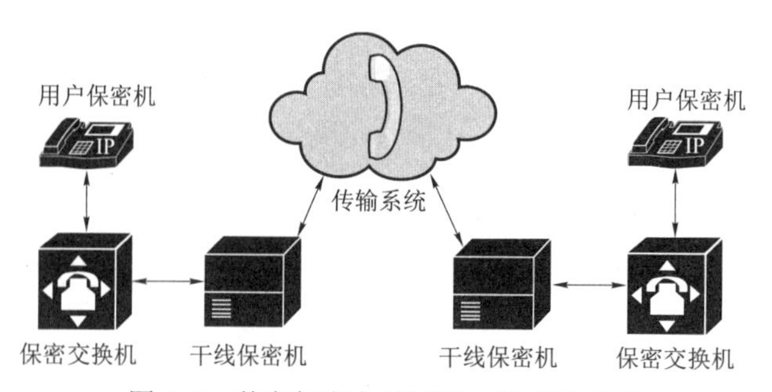

图 6–3　数字保密电话网基本组成示意图

数字保密电话网采用辐射式组网，即以总部为中心，分别向作战单位建立专用直达电路。作战单元之间的通话可有总部人工台接转，作战单元内部可由本区人工台接转。随着信息技术的发展，人工转接台逐渐被自动的程控转接台取代。

（3）数字保密电话自动交换网。

采用数字加密、数字传输和数字交换技术的自动电话网称为数字保密电话自动交换网。主要特点是：用户使用数字保密终端，实现端到端全程数字加密；用户密钥可采用自动分配方式；对干线可进行群路加密，具有很高的保密性能。数字保密电话自动交换网不仅能进行话音通信，也可提供保密的传真、数据和图像等综合业务。

数字保密电话自动交换网主要由保密终端设备、交换设备、密钥分配设备、网络管理设备、群路保密设备等组成，如图 6–4 所示。

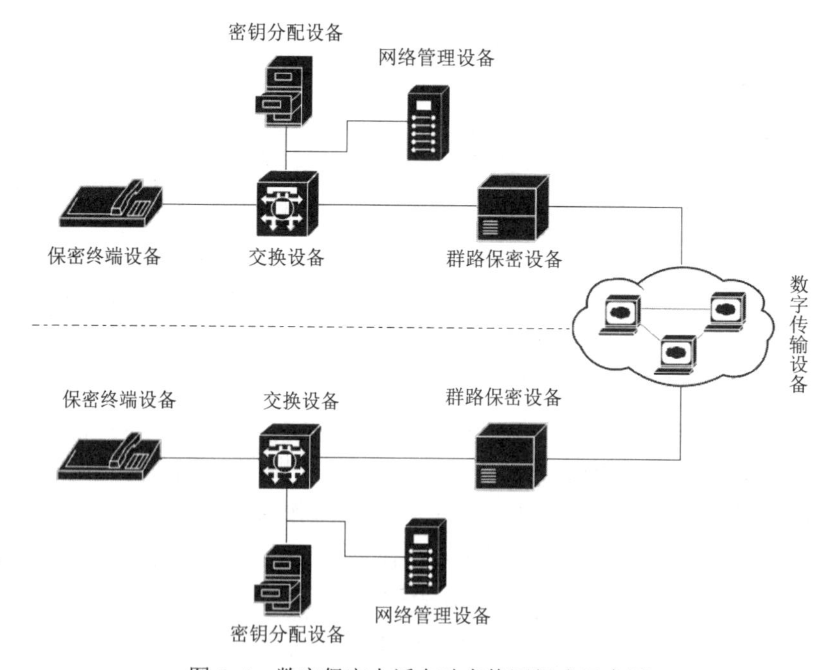

图 6–4　数字保密电话自动交换网组成示意图

在发端，保密终端设备将模拟信号数字化并进行加密处理，然后变换成适合信道传输的信号形式；在收端，保密终端设备将收到的信号进行解密处理，并还原为模拟信号。常用的保密终端设备有保密电话机、保密传真机、保密电报机和保密可视电话。也可将保密设备和终端设备分开，利用电话机、传真机和数据终端等设备配接保密设备完成数字加密、解密功能。交换设备汇集电话线路，完成用户间通话所需的电路接续，并可协助密钥分配设备自动分配用户保密终端的密钥。密钥分配设备完成对密钥的预分配和实时分配。其中，预分配的过程是由密钥分配设备预先叫通用户保密终端设备，并为其分配密钥，每当用户需要建立保密通信时均可使用预先分配的密钥进行加密处理；而实时分配过程是当一个用户向另一个用户发起呼叫时，密钥分配设备首先为这两个用户保密终端设备分配密钥，然后两个用户保密终端设备利用分配的密钥进行加密处理。这种方式每次通话都采用新的密钥，实现“一话一密”，能保证通话具有很高的保密性。群路保密设备对交换设备之间干线中的群信号进行加密，能完成用户信息的二次加密和网络信令加密，提高整个网络的保密性。

数字保密电话自动交换网通常采用一级汇接交换、二级长（途）市（内）合一和三级终端交换的三级交换体制，也可采用一级汇接交换、二级终端交换的两级交换体制，有些绝密区域甚至采用“多级汇接、多级终端”的汇接辐射形式。

1965 年美军开始筹建第一代保密自动电话网，1980 年启用。1985 年美军建成的第二代数字保密电话网，采用了数字交换、数字加密和数字传输技术。北大西洋公约组织的保密电话网始建于 1975 年，1985 年完成的第一期工程采用与话音交换网综合一体的体制；第二期工程为用户速率 64 Kbit/s 的综合业务数字网（ISDN），可通宽带保密话、窄带保密话、明话、电报和数据等业务。中国人民解放军从 20 世纪 80 年代中期开始研制数字保密电话网的设备，组织建立数字保密电话网，90 年代末投入使用。

随着信息技术快速发展，数字保密电话网将朝着信息化、智能化、宽带化和多密级的方向发展，以满足信息化条件下局部战争对保密通信系统的要求。

6.1.2　军用数据网

军用数据网的体制基本上与分组交换公用数据通信网（PSPDN）相同，现阶段主要是 X.25 分组网、帧中继网、分组无线网、数字数据网（DDN）。

1）X.25 分组网

（1）概述。

分组交换是将用户数据（电文）和控制信息按一定格式编成长度较短的有序的分组，在分组交换机上以分组为单位进行接收、存储、处理和转发。分组在网内不一定按顺序传送，但接收端则按顺序加以组合，恢复成原电文。在线路上采用动态复用传送各个分组，若发生传送差错，只需重发有错的分组，提高了传输效率。分组方式支持不同种类终端相互通信，能与公用电话网、用户电报及低速数据网、其他专用网互联互通。与信令在电路交换网中的作用相似，通信协议是分组交换网能正确高效运行的保证。通信协议可以分为两类，一类是与数据通信网有关的协议，包括网内节点与节点间，以及网与端系统间的协议，它们处于 OSI 模型的下三层；另一类是端系统与端系统之间的协议，它们是在前一类协议的功能基础上，为了实现端系统间的互通，达到一定的应用目的所必需的协议，它们处于 OSI 模型的高层。分组交换网的通信协议主要是 X.25 协议，因此分组网也叫 X.25 分组网。

分组交换采用面向连接的虚电路（逻辑）交换方式。虚电路交换在通信前需要建立一条端到端的虚电路，通信结束后拆除这条虚电路。一个端到端的通信往往要经过多个转接节点，即在分组网终端到终端所建立的虚电路一般由多个逻辑信道串接而成，并由这些串接的逻辑信道号（标记）来识别这条虚电路。

（2）X.25 协议。

分组交换网的通信协议主要是 X.25 协议，因此分组网也称为 X.25 分组网。X.25 协议各层在功能上互相独立，相邻层之间通过接口发生联系，每一层接收来自下一层的服务，并且向上一层提供服务。X.25 协议包括物理层、链路层和分组层三个协议层。与 OSI 模型的下三层一一对应，只是将 OSI 的网络层（第三层）改为分组层，其功能是一致的。

（3）军用 X.25 分组网。

军用 X.25 分组网采用公用交换分组数据网的技术与网络结构，是覆盖全军的大型网络，通常采用两级结构，根据业务流量、流向和地区设立一级和二级交换中心。节点的作用就是将分组送到目的地。为此，CCITT 专门制定了 X 系列建议，分组交换网用户与网络接口遵循 X.25 协议（简称 X.25），分组交换网之间的接口遵循 X.25 协议。

军用 X.25 分组网主要由标准终端、分组拆装设备及各种等级的分组节点交换机组成。基本采用商品设备，根据军用特点进行安全保密加固，并能接受军用通信网的统一管理。

2）帧中继网

（1）概述。

上一节介绍的 X.25 分组交换网通过广泛存在于网络节点间和端点间的差错控制和流量控制为数据通信提供一种极为可靠的传输环境，然而 X.25 网络在保证数据传输可靠性方面的开销太大，使其数据传输速率受到严重的制约（最高传输速率为 64 Kbit/s）。随着技术的不断进步，新的传输设备以及代替铜质电缆的光纤的广泛使用使得线路的可靠性大大提高，人们开始寻找一种能在较为可靠的链路上高速传输数据的技术，这最终导致了帧中继技术的产生。

帧中继（Frame Relay）是在 X.25 分组交换技术基础上发展而来的一种快速分组交换技术。帧中继在 OSI 第二层——数据链路层上使用简化的方式传送和交换数据的单元，仅完成 OSI 的物理层和链路层核心功能，将流量控制、纠错等功能留给智能化的终端设备去完成，这样大大地简化了节点之间的协议，从而简化了节点的处理过程，缩短了处理时间。帧中继在 OSI 七层模型中的位置如图 6–5 所示。

与 X.25 比较：

- 只有物理层和链路层，网内节点处理大为简化，处理效率高，网络吞吐量高，通信时延低，用户接入速率在 64 Kbit/s 至 2 Mbit/s，最高可达 34 Mbit/s。
- 帧信息长度长，最大可达 1 600 字节/帧。
- 在链路层完成动态复用、透明传输和差错检测。网内节点只检错不纠错，出错帧丢弃，无重传机制，额外开销小。

（2）主要技术原理。

① 帧中继协议。

帧中继有关协议由 ITU–T 及美国国家标准协会（ANSI）制定，协议结构如图 6–6 所示。帧中继协议分为控制面和用户面两部分，二者的物理层是相同的。控制面仅用于建立交换虚电路，其网络层协议是类似于 ISDN 公共控制信令协议的虚电路呼叫规程 Q.933，链路层协议

• 数据在到达终点之前，不会到达第二层
• 校验和确认只在终端进行

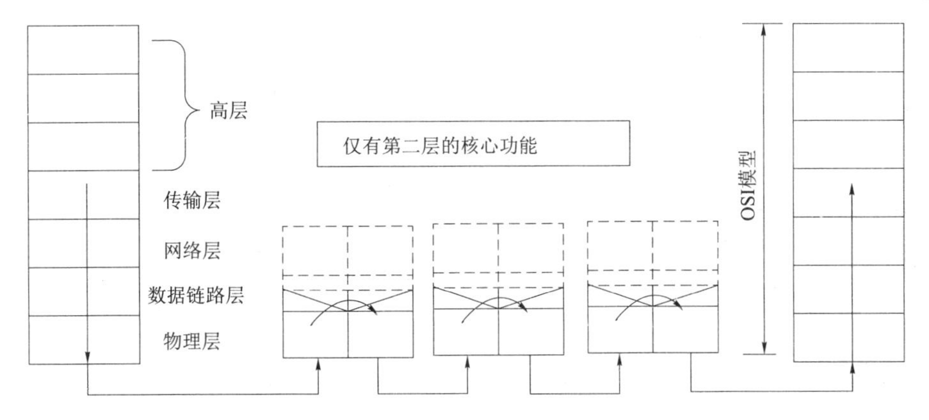

图 6–5　帧中继在 OSI 七层模型中的位置

是用于帧模式承载服务的链路访问规程 LAPF。用户面完成用户数据的传输，其链路层协议是 LAPF 核心功能。LAPF 核心功能去掉了链路层协议中的流控制和差错控制功能，使得帧的处理和转发变得非常简单。LAPF 核心功能主要包括：

	控制面	用户面
网络层	Q.933	
链路层	LAPF	LAPF核心功能
物理层	T1/E1或I.340/I.341	

图 6–6　帧中继协议结构

● 帧定界、对准和标志字段的透明传输，即将要传送的信息按照一定的格式组装成帧，并实现接收和发送之间的同步，还要有一定的措施来保证信息的透明传送；

● 用帧中的 DLCI 字段实现多路复用和解复用；

● 信息流的字节取整；

● 有效长度检测；

● 检测传输过程中的传输错误：帧格式错误和操作错误；

● 拥塞控制功能。

② 帧结构。

帧中继使用的帧格式也是由 LAPF 核心功能所定义的，它类似于 HDLC 帧，但没有控制字段和序号字段，因为它只携带用户数据，也不需要进行差错控制和流量控制。帧中继的帧由 4 个字段组成，即标志字段 F、地址字段 A、信息字段 I 和帧校验序列字段 FCS，如图 6–7 所示。

位数/bit	1	2～4	1～4 096	2	1
	标志	地址	信息	FCS	标志

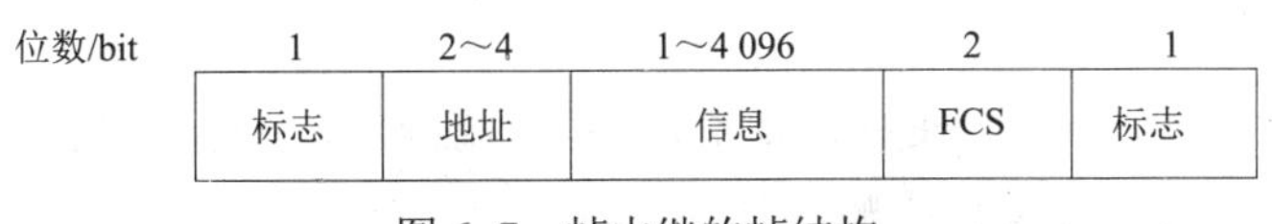

图 6–7　帧中继的帧结构

● 标志字段 F。标志（Flag）字段是一个特殊的 8 bit 的 01111110，它的作用是标志一帧的开始和结束。

● 地址字段 A。地址（Address）字段的主要用途是区分同一通路上多个数据链路连接，以便实现帧的复用和分路。

● 信息字段 I。包含的是用户数据，可以是任意的比特序列，它的长度必须是整数字节。

● 帧校验序列字段 FCS。帧校验字段是一个 16 bit 的序列，是将开始标志的最后一个比特到 FCS 的第一个比特之间的数据（不包括这 2 bit）进行校验检错。

③ 帧中继虚电路。

帧中继连接是一种虚电路连接，称为数据链路连接（Data Link Connection，DLC）。为了识别出同一链路中的不同 DLC，给每一个 DLC 分配一个逻辑标识，称为数据链路连接标识符（DLCI）。在网络中，不同链路上的 DLC 一段段连接起来，从而形成端到端的连接，称为虚电路。所谓虚电路是对应 TDM 的专用电路而言，虚电路不像 TDM 电路那样在网络中分配了固定的宽带资源，而是采用统计复用方式，只有当需要传递数据时，网络才会自动地分配宽带资源，具有吞吐量高、时延低、适合突发性业务等特点。

（3）帧中继在军事通信网中的应用。

帧中继在军事通信中主要用于数据通信，特别是与 IP 技术结合作为 IP 网的传输网络，帧中继网络能够高效、可靠地支持军事指挥、情报侦察、预警探测、武器控制、后勤保障等数据的传输，各国都将帧中继用于全军数据网、军兵种的专用数据网。

3）分组无线数据网

无线数据网包括低速率的广域移动数据网和小范围的高速无线局域网。这一节主要介绍前一类的军用专用型分组无线数据网（Packet Radio Network，PRN）。

（1）基本概念。

分组无线数据网就是在无线传输环境中，利用分组交换技术，向一定区域的多个无线用户提供数据通信的网络。分组无线数据网中的用户称为网络节点，一般由用户终端、数字控制器（Digital Control Unit，DCU）以及收/发信机（电台）三部分组成，如图 6–8 所示。

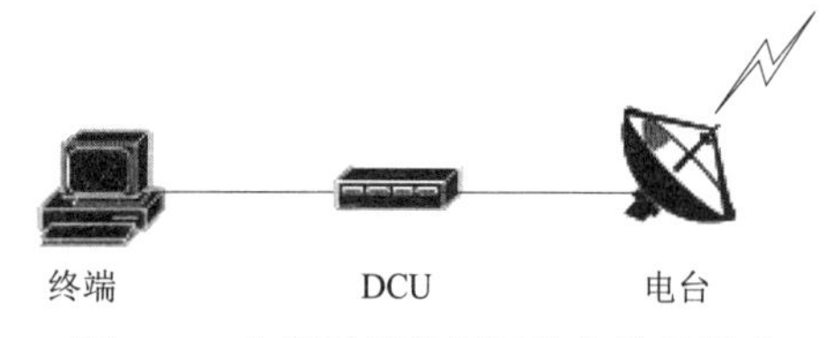

图 6–8 分组无线数据网节点设备组成

为增强网络抗毁性，各节点功能尽量相同，必要时完全可相互取代。按照收发信机工作频段，分组无线数据网可分为以下几种。

● 短波自组织分组无线网。工作于短波、采用自组织网络技术。数据速率一般为 1 200～2 400 bit/s；通信距离远（一般不小于几百千米）。典型的短波分组无线网有美国海军的 HF–ITF 系统和澳大利亚的 TPRN。HF–ITF 的节点数为几十个，通信距离为 50～1 000 km，信道多址采用 CDMA，网络结构为单跳链群结构。TPRN 的特色是移动节点可通过网关接入以光纤为传输媒体的 B–ISDN，实现无线网与宽带系统的互联。

● 超短波分组无线网。在战术环境下应用最多。典型的系统有美国的 Sincgars 电台分组无线网（SPRnet）、英国的 CNR 和挪威的 TADKOM 系统。

● 甚高频频段分组无线网。频段大都在 800 MHz 左右，其频带较宽，速率较高。

● 微波频段分组无线网。数据速率一般在几百千比特/秒以上。

（2）主要技术原理。

① 网络结构。

分组无线数据网的网络结构方式可以分为集中式、全分布式和分层分布式三种。

● 集中式。早期的 DARPA 分组无线网采用集中式结构，这种结构的抗毁性能最差。

● 全分布式。网络中的节点都具有相同的功能，不设中心控制台，每个节点有足够的数据处理和存储能力，可以随意加入网络和动态移动，独立收集并具有维护网络的足够信息。全分布式结构组网灵活、迅速，便于设计、生产和维修，但在网络拓扑结构变化较频繁的场合，路由计算开销大，需要占用较多的网络资源，用于数据传输的有效容量减小，传输时延增加，网络的稳定性较低，一般只适合用户节点不太多的网络。

● 分层分布式。是一种集中和分布相接合的网络结构，一定数量的节点构成一个小组（群），群有群首，再由群首构成更上一层的群，以此类推。群内采用全分布结构，节点只计算本群内相关节点的路由，资源开销小；与群外的路由信息从群首处得到。因此，群首的工作量至少是普通节点的一倍。为了提高网络的抗毁能力，每个节点可以属于多个群。

② 协议体系结构

国际上还没有统一的军用分组无线网标准可遵循，各国根据自己的情况制定专用协议。在 OSI 参考模型的下三层采用专用协议，因为它们与网络环境结合较紧密，而在网络层以上则提供标准接口，以利于直接使用已开发的多种应用软件。分组无线网的协议体系见表 6–2。

表 6–2　分组无线网的协议体系

层次	层的名称	协议体系
5～7	高层应用	现有各种应用软件（如 FTP）
4	传输层	ISO 8073 TP0/TP4（TCP）
3	网际子层 网内子层	ISO 8473　无连接（IP） 专用协议（含路由算法）
2	逻辑链路子层介质访问控制	无连接传送，无线 ATM 协议 ALOHA、CSMA 等专用协议
1	物理层	电台接口、调制解调、交织等

分组无线网采用信道多址协议用来协调网络中各节点发送数据的策略，通常有固定分配和随机访问两种类型，典型的固定分配协议有 TDMA、FDMA、CDMA 等。典型的随机访问协议有 ALOHA、CSMA 及忙音多址（BTMA）等。

路由算法的主要任务是为把数据分组从源节点转发到目的节点选择一条合适的路径。分组无线网路由选择困难的主要原因是算法要能适应网络拓扑的动态变化，已经提出的路由算法包括：固定路由、广播路由、分布式路由、定向广播路由、分层式路由等，它们有各自的应用场合。军用分组无线网选择路由算法应重点考虑可靠性和时延特性。英国 CNR 采用定向广播路由算法，美国的 DARPA 采用全分布式路由算法，SURAN 采用分层式路由算法，我国的分组无线网采用分层自适应路由算法。

（3）分组无线数据网在军事上的应用。

分组无线数据网在军事上可以应用于几个方面：作为野战地域网的补充与延伸，扩大其作用范围，满足机动性强、环境恶劣的较低级别部队或分队对数据通信的要求，如炮兵内部数据通信、信息系统的内部数据通信以及集团军内各兵种之间的协同通信等；用于海军舰群编队数据通信，可采用无中心自组织网络，提高舰队的整体作战能力；用于特种部队、快速反应部队的数据通信；作为战术 ATM 网络的补充；支持未来的数字化战场，用于情报侦察和装甲部队，可实现数据信息共享和自动化指挥，提高协同作战能力。

4）数字数据网（DDN）

（1）概述。

数字数据网（Digital Data Network，DDN）为用户提供专用的数字数据传输信道，或提供将用户接入公用数据交换网的接入信道，也可以为公用数据交换网提供交换节点间数据传输信道。DDN 是提供话音、数据、图像信号的半永久性连接电路的传输网络，传输链路包括光缆、数字微波和卫星信道等。通常，DDN 是依附在电信传输网上的一个子网，能在内、外时钟或独立时钟支持下运行。

（2）DDN 的基本原理及特点。

DDN 基于同步时分复用原理，不需要信令、编码，只要求网络同步。DDN 网管中心能与 DDN 节点交换信息，控制 DDN 节点的交叉连接及电路的自动调度等。DDN 采用简单的交叉连接与复用方式工作，由 DDN 节点、数字通道、网管维护系统（NMC）、网络接入单元（NAU）、用户接入单元（UAU）、数据业务单元（DSU）和用户设备（DTE）等组成，如图 6–9 所示。

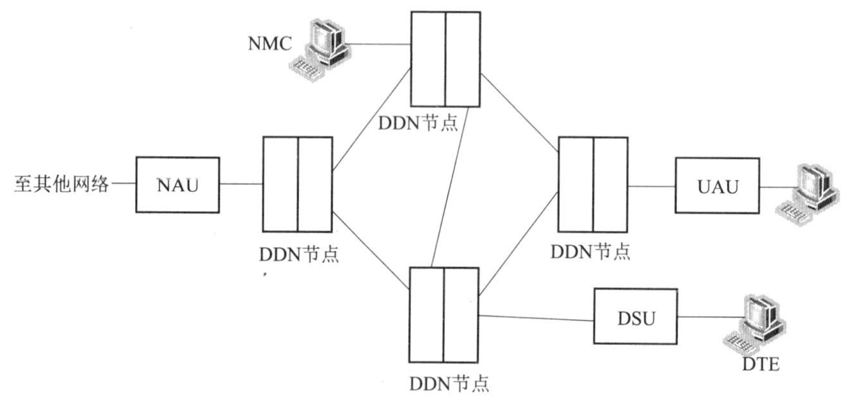

图 6–9　DDN 网络结构

DDN 不具备交换功能，用户接入方便，传输速率高，时延小，传输质量好，协议简单，应用灵活，网络可靠性高，但是要求全网的时钟系统保持同步。

（3）DDN 提供的业务和应用。

DDN 提供的业务有以下几类：

- 基本速率业务。DDN 可以向用户提供 2.4 Kbit/s、4.8 Kbit/s、9.6 Kbit/s、19.2 Kbit/s、N×64 Kbit/s（N=1～31）及 2 048 Kbit/s 速率的全透明专用电路，附加一定条件，还可以提供 82 Kbit/s、162 Kbit/s、322 Kbit/s、482 Kbit/s、562 Kbit/s 速率的全透明专用电路。
- 专用电路业务。与用户所传送业务宽带相适应的专用电路。
- 其他业务：

一点对多点业务。分为广播多点通信和双向多点通信。

话音/G3 传真业务。通过在用户入网处设置的话音服务模块（VSM）来实现 VSM 的主要功能。

VPN 业务。利用 DDN 的部分网络资源所形成的一种虚拟网络，在 DDN 网管中心的授权下，用户可以用自己的网络管理站，可以自己监控、管理部分电路参数，建立网络拓扑图，查看端口状态，显示网络运行情况。

帧中继业务。在 DDN 的 TDM 专用电路基础上引入帧中继模块（FRM）实现，它利用 DDN 误码率低的优点，支持客户的高速突发性传输，提高了传输线路的利用率，是局域网连接的理想手段。

DDN 克服了数据通信专用链路固定性永久连接的不灵活性和以 X.25 协议为核心的交换式网络处理速度慢、传输时延大等缺点，提供了较好的业务及应用。

- 提供数据传输信道。目前 DDN 可为公用数据交换网、各种专用网、高速数据传真、会议电视、ISDN 等提供中继或用户数据信道。
- 公用 DDN 的应用。DDN 可向用户提供速率在一定范围内可选的同步、异步传输或半固定连接端到端的数字数据信道。
- 网间连接的应用。DDN 可为帧中继、虚拟专用网、LAN 以及不同类型网络的互联提供网间连接等。
- 其他方面的应用。采用先进的设备和技术不断改造和完善 DDN，引入传输与交换、传输与接入等方面的变革，产生出具有交换型虚电路的 DDN 设备，积极开展增值网服务。

6.1.3　综合业务数字网

随着社会与科技的发展，人们对通信的要求也越来越高，除了原有的语音、数据、传真业务之外，还要求综合传输高清晰度电视、广播电视、高速数据传真等宽带业务。而计算机技术、微电子技术、宽带通信技术和光纤传输等技术的发展，为满足这些日益增长的通信需求提供了良好的基础。

在网络综合方面最早的尝试开始于 20 世纪 80 年代初期。首先提出了综合业务数字网（Integrated Service Digital Network，ISDN）的概念及技术。在 ITU 的建议中，ISDN 是一种在数字电话网 IDN（该网能够提供端到端的数字连接）的基础上发展起来的通信网络，ISDN 能够支持多种业务（包括电话业务以及非电话业务）。ISDN 的最重要特征是能够支持端到端的数字连接，并且可实现传统话音业务和分组数据业务的综合，使数据和话音能够在同一网络中传递。ISDN 与数字公用电话交换网（PSTN）有着非常紧密的联系，可认为是在 PSTN 上为支持数据业务扩展形成的。ISDN 的最基本功能与 PSTN 一样，提供端到端的 64 Kbit/s 的数字连接以承载话音或其他业务。在此基础上，ISDN 还提供更高带宽的 N×64 Kbit/s 电路交换功能。ISDN 的综合交换节点还应具有分组交换功能，以支持数据分组的交换。在信令结构上也与 PSTN 相同，采用 7 号信令系统，其用户部分为 ISUP 协议。

1）ISDN 的概念

ISDN 是一个数字电话网络国际标准，是一种典型的电路交换网络系统。CCITT 定义 ISDN 为这样一种网络：它由电话综合数字网（IDN）发展演变而成，提供端到端的数字连接，以支持一系列的业务（包括话音和非话音业务），为用户提供多用途的标准接口以接入网络。通信业务的综合化是利用一条用户线就可以提供电话、传真、可视图文及数据通信等多种业务。ISDN 有五个基本特性：

（1）端到端的数字连接。现代电话网络中采用了数字程控交换机和数字传输系统，在网络内部的处理已全部数字化，但是在用户接口上仍然用模拟信号传输话音业务。而 ISDN 是一个全数字化的通信网络，在 ISDN 中，用户环路也被数字化，不论原始信息是语音、文字，还是图像，都先由终端设备将信息转换为数字信号，再由网络进行传送。

（2）综合的业务。由于 ISDN 实现了端到端的数字连接，它能够支持包括语音、数据、图像在内的各种业务，所以是一个综合业务网络。从理论上说，任何形式的原始信号，只要能够转变为数字信号，都可以利用 ISDN 来进行传送和交换，实现用户之间的通信。

（3）标准的入网接口。各类业务终端使用一个标准接口接入。同一个接口可以连接多个用户终端，并且不同终端可以同时使用。这样，用户只要一个接口就可以使用各类不同的业务。例如，通信双方在通话的同时传送图片或向资料中心检索情报等。

（4）终端移动性。ISDN 的终端可以在通信过程中暂停正在进行的通信，然后在需要时再恢复通信。这一性能给用户带来了很大的方便，用户可以在通信暂停后将终端移至其他的房间，插入插座后再恢复通信。同时还可以设置恢复通信的身份密码。

（5）费用低廉。ISDN 是通过电话网的数字化发展而成的，因此只需在已有的通信网中增添或更改部分设备即可以构成 ISDN 通信网，ISDN 能够将各种业务综合在一个网内，以提高通信网的利用率，此外 ISDN 节省了用户线的投资，可以在经济上获得较大的利益。

2）ISDN 的网络构成与协议模型

通常，ISDN 网络由三个部分构成，即用户网、本地网和长途网。用户网是指用户所在地的用户设备和配线。指由用户终端至 T 参考点所包含的设备。在 ISDN 环境下，用户的进网方式比电话网用户要复杂得多，一般用户网可以采用下列三种结构：

（1）总线结构。

当同一用户拥有多种终端时，可以采用总线结构，这时多个终端被连接在一条无源总线上，享有相同的用户号码。该方式在一条 2BD 基本速率用户线上可以同时开通电话、数据、传真等多种业务，可以并接多达八个终端。因为无源总线方式的用户终端可以根据需要来配置，无须网络控制，所以这种方式具有连接电缆最短、能够实现多种功能等特点。

（2）星形结构。

星形结构是通过用户交换机，即 NT2，将多个 ISDN 终端直接通过 S 参考点接入网络的一种方式。这种方式适合话音与数据业务的综合，具有各种用户终端独立运用，集中控制、维护与管理，实时透明和网络扩展容易等特点，适用于机关、公司等有 ISDN 要求的集团用户的进网。

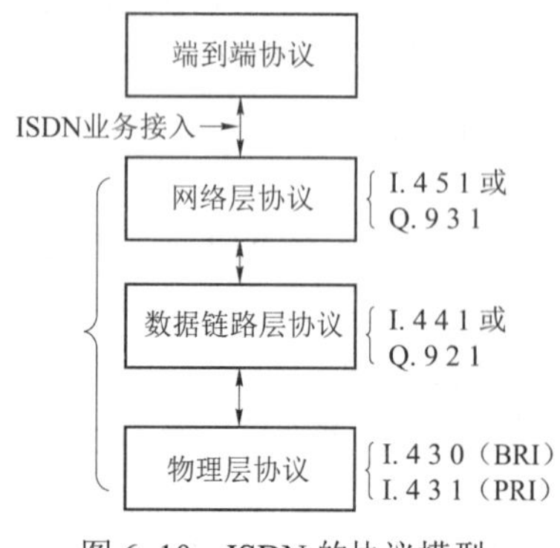

图 6–10　ISDN 的协议模型

（3）网状环形结构。

网状环形结构由一组环路数字节点和环路链路组成，具有网络接口简单、分散控制和容量均等分配、即使过负荷其系统功能也较稳定等特点。但是，某节点发生故障，将影响到整个系统的正常运行，而且即使系统负荷较轻，其平均时延也较长。所以目前这种方式仅限于 LAN 和 MAN 的运用。

ISDN 的协议模型如图 6–10 所示。

第一层：物理层，规定了 ISDN 各种设备的电气机械特性及物理电气信号标准；

第二层：数据链路层，完成物理连接间的数据成帧/解帧及相应的纠错等功能，向上层提供一条无差错的通信链路；

第三层：网络层，进行路由选择、数据交换等，负责把端到端的消息正确地传递到对端。

而其中的第四层描述进程间通信、与应用无关的用户服务及其相关接口和各种应用，这部分协议不在 ISDN 规定之内，由相关应用决定。

3）ISDN 的用户—网络接口

ISDN 的组成包括许多终端、终端适配器（TA）、网络终端设备（NT）、线路终端设备和交换终端设备。如图 6–11 所示，ISDN 终端分为标准 ISDN 终端（TE1）和非标准 ISDN 终端（TE2）。TE1 通过 4 根两对数字线路连接到 ISDN 网络。TE2 连接 ISDN 网络要通过 TA。网络终端也被分为网络终端 1（NT1）和网络终端 2（NT2）两种类型。图 6–11 中，R、S、T、U 等是 ISDN 组件之间的连接点，被称为 ISDN 参考点。

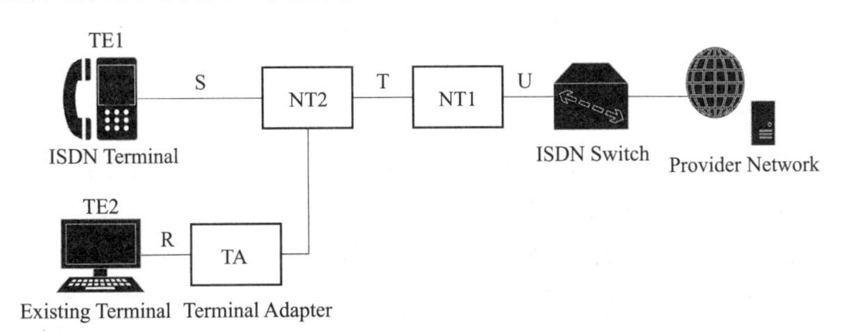

图 6–11　ISDN 基本组成

标准 ISDN 终端（TE1）：TE1 是符合 ISDN 接口标准的用户设备，如数字电话机、G4 传真机和可视电话终端等，接入 S/T 参考点。

非标准 ISDN 终端（TE2）：TE2 是不符合 ISDN 接口标准的用户设备，TE2 需要经过终端适配器（TA）的转换，才能接入 R 参考点。

终端适配器（TA）：完成适配功能，包括速率适配和协议转换等，使 TE2 能够接入 ISDN。

网络终端 1（NT1）：NT1 是放置在用户处的物理和电器终端装置，它属于网络服务提供商的设备，是网络的边界。通过 U 参考点接入网络，采用双绞线，距离可达 1 000 m。

网络终端 2（NT2）：NT2 又称为智能网络终端，如数字 PBX、集中器等，它可以完成交换和集中的功能。通过 T 参考点接入 NT1。T 参考点采用 4 线电缆。如果没有 NT2 就是一个住宅系统，此时 S 和 T 可以合在一起，称 S/T 参考点。

ISDN 用户—网络接口中有两个重要因素：信道类型和网络接口。

ISDN 主要有以下几种不同速率的信道：B 信道，64 Kbit/s；D 信道，16 Kbit/s 或 64 Kbit/s；H 信道，384 Kbit/s、1 536 Kbit/s 或 1 920 Kbit/s。

B 信道。B 信道是用户信道，用来传送话音、数据等用户信息，传输速率是 64 Kbit/s。一条 B 信道可以包含多个低速的用户信息，但这些信息必须传往同一个目的地。B 信道是电路交换的基本单位。B 信道上可以建立三种类型的连接：电路交换连接；分组交换连接；半固定连接。

D 信道。D 信道有两个用途：① 传送公共信道信令，用来控制同一接口上 B 信道的呼叫；② 当没有信令信息需要传送时，用来传送分组数据或低速（如 100 bit/s）遥控遥测数据。

H 信道。H 信道用来传送高速数据，可作为高速干线或时分复用信道。目前 H 信道有三种标准速率：H_0 信道，384 Kbit/s；H_{11} 信道，1 536 Kbit/s（适用于 PCM24 路系统）；H_{12} 信道，1 920 Kbit/s（适用于 PCM30/32 路系统）。H_{11} 和 H_{12} 又可统称为 H_1 信道。

ISDN 终端设备通过标准的用户—网络接口接入 ISDN 网络。N—ISDN 有两种不同速率的标准接口。

（1）基本接口。

基本接口是把现有电话网的普通用户线作为 ISDN 用户线而规定的接口，它是 ISDN 最常用、最基本的用户—网络接口。它由两个 B 通路和一个 D 通路（2B+D）构成。B 通路的速率为 64 Kbit/s，D 通路的速率为 16 Kbit/s。所以用户可以利用的最高信息传递速率是 64×2+16=144 Kbit/s。

这种接口是为最广大的用户使用 ISDN 而设计的。它与用户线二线双向传输系统相配合，可以满足千家万户对 ISDN 业务的需求。使用这种接口，用户可以获得各种 ISDN 的基本业务和补充业务。

（2）一次群速率接口。

一次群速率接口传输的速率与 PCM 的基群相同。由于国际上有两种规格的 PCM，即 1.544 Mbit/s 和 2.048 Mbit/s，所以 ISDN 用户—网络接口也有两种速率。

一次群速率用户—网络接口的结构根据用户对通信的不同要求可以有多种安排。一种典型的结构是 *n*B+D。*n* 的数值对应于 2.048 Mbit/s 和 1.544 Mbit/s 的基群，分别为 30 或 23。在此，B 通路和 D 通路的速率都是 64 Kbit/s。这种接口结构对于 NT2 为综合业务用户交换机的用户而言，是一种常用的选择。当用户需求的通信容量较大时（例如，大企业或大公司的专用通信网络），一个一次群速率的接口可能不够使用。这时可以多装备几个一次群速率的用户—网络接口，以增加通路数量。在存在多个一次群速率接口时，不必每个一次群接口上都分别设置 D 通路，可以让 *n* 个接口合用一个 D 通路。

那些需要使用高速率通路的用户可以采用不同于 *n*B+D 的接口结构。例如，可以采用 mH_0+D、H_{11}+D 或 H_{12}+D 等结构，还可以采用既有 B 通路又有 H_0 通路的结构：$nB+mH_0+D$。这里 $m×6+n≤30$ 或 23。在可以合用其他接口上的 D 通路时，$(m×6+n)$ 可以是 31 或 24。接口结构见表 6–3。

表 6–3　ISDN 用户—网络接口结构

接口类型	用户信道类型	信道结构	接口速率/（Kbit • s^{-1}）	D 信道速率/（Kbit • s^{-1}）
基本接口	B 信道	2B+D	192	16
一次群速率接口	B 信道	23B+D 30B+D	1 544 2 048	64
	H_0 信道	H_0 $3H_0$+D $5H_0$+D	1 544 1 544 2 048	
	H_1 信道	H_{11} H_{12}+D	1 544 2 048	
	B/H_0 混合信道	nB_1+mH_0+D	1 544 2 048	

4）ISDN 提供的业务

（1）承载业务。

承载业务是单纯的信息传送业务，其任务是将信息自一个地方“搬运”到另一个地方而不做任何处理，承载业务只说明网络的通信能力，而与终端设备的类型无关。承载业务包含了 OSI 的下三层功能。

承载业务又分为电路交换承载业务和分组交换承载业务。电路交换承载业务有 3.1 kHz 音频、64 Kbit/s 不受限的数字信息、话音等；分组交换承载业务含利用 B 通路电路交换方式接入的分组数据业务、利用 B 通路分组交换接入的分组数据业务和利用 D 通路进行的分组数据业务三种。

（2）用户终端业务。

用户终端业务是面向用户的各种应用业务，包含了网络的功能和终端设备的功能，是在承载业务提供下三层功能之上，选择 OSI 七层协议模型的上四层功能上的各种不同服务。

ITU–T I.240 定义了以下几种用户终端业务：数字电话（以 64 Kbit/s 的速率传送高保真 7 kHz 话音业务）、4 类（G4）传真（以 64 Kbit/s 的速率传送一页 A4 版面约需 3 s）、智能用户电报（可采用电路交换和分组交换两种方式）、混合通信、用户电报、可视图文、数据通信、视频业务、远程控制等。

（3）补充业务。

补充业务不能单独存在，总是与承载业务或用户终端业务一起提供。

ISDN 的补充业务分为以下七大类：号码识别类（直接拨入、多用户号码、主叫线号码显示、主叫线号码限制、被叫线号码显示、被叫线号码限制、子地址、恶意呼叫识别）；呼叫提供类（呼叫转换、呼叫传送、寻线）；呼叫完成类（呼叫等待、呼叫保持、对忙用户的呼叫完成）；多方通信类（会议呼叫、三方通信）；社团性类（封闭用户群、多级优先）；计费类（信用卡呼叫、收费通知）；附加的信息传递业务（用户—用户信令）。

需要说明的是，一般意义上的 ISDN 仍属于窄带范畴，业务范围受到很大限制，但对军用数字保密电话业务的发展，提供了一个非常容易实施的网络基础环境。

5）宽带综合业务数字网

宽带综合业务数字网，简称 B–ISDN，是在 ISDN 的基础上发展起来的，可以支持各种不同类型、不同速率的业务，不但包括连续型业务，还包括突发型宽带业务，其业务分布范围极为广泛。宽带即意味着高速的信息传输，N–ISDN 用户线路上的信息速率可达 160 Kbit/s，但 B–ISDN 用户线路上的信息传输速率则可高达 155.520 Mbit/s（或 622 Mbit/s）。

B–ISDN 区别于 N–ISDN 的并不只有信息传送速率，两者的技术本质也是不同的。B–ISDN 基于异步传输模式（Asynchronous Transfer Mode，ATM）技术，N–ISDN 主要基于电路交换技术，因而两种网络存在较大的差异。在 B–ISDN 中，用户完全可以做到在不同的时刻要求不同的带宽，并且可以在实时性和可靠性方面提出要求，即 B–ISDN 能在真正意义上支持各种不同的业务，尽管这些业务要求的传输速率、时延和可靠性相差悬殊。

（1）ATM 技术。

ATM 技术是实现 B–ISDN 的业务的核心技术之一。ATM 是以信元为基础的一种分组交换和复用技术。它是一种为多种业务设计的通用的面向连接的传输模式。它适用于局域网和广域网，它具有高速数据传输率和支持许多种类型，如声音、数据、传真、实时视频、CD

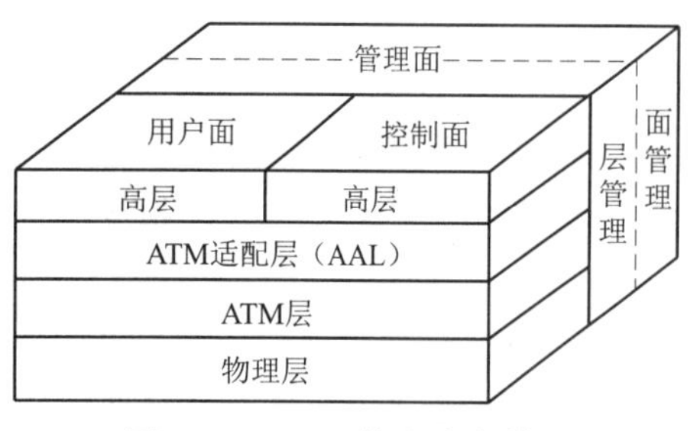

图 6–12 ATM 协议参考模型

质量音频和图像的通信。ATM 采用面向连接的传输方式，将数据分割成固定长度的信元，通过虚连接进行交换。ATM 集交换、复用、传输为一体，在复用上采用的是异步时分复用方式，通过信息的首部或标头来区分不同信道。

ATM 的协议参考模型如图 6–12 所示。

用户面功能：为用户信息的传输提供通路，负责传输错误修正及流量监控。

控制面功能：呼叫和连接控制功能，完成信令处理。

管理面功能：协调用户面、控制面之间的功能。

层管理：完成各层的操作、管理和维护（OAM）。

物理层进一步分成物理介质子层（PM）和传输汇聚子层（TC）；ATM 适配层可进一步分成汇聚子层（CS）和分段重组子层（SAR）。

（2）B–ISDN 的特点和技术。

① ATM 实现网络的综合化。在 N–ISDN 的用户—网络接口以时分方式对一条物理线路进行复用，提供电路交换/分组交换业务，并在网络一侧分别由电路交换网和分组交换网与之对应。在 B–ISDN 中能够利用 ATM 实现网络的综合化。在 B–ISDN 的用户—网络接口不仅实现物理线路的综合化，还能根据通信业务所需的带宽和用户利用的频度自由地确定数据通信线路及视频/音频线路的容量。因此，它不仅能支持多媒体通信所需的多种多样的通信速率，还因网络的综合化有效地均衡各个业务所需的通信宽带。

② 用户可使用的最高通信速率为 150 Mbit/s～600 Mbit/s。B–ISDN 用户—网络接口的通信能力是 N–ISDN 的 100 倍以上，通过一个宽带用户—网络接口（UNI）提供包括 HDTV 等宽带业务在内的各种宽带的业务。因此 B–ISDN 的用户线是高速数字光纤用户线。

③ 采用 SDH 体制提高了网络的灵活性、可靠性、互通性。B–ISDN 的传输网不采用 N–ISDN 和目前数字通信所采用的以 64 Kbit/s 为基础的复用体制（PDH 体制），而采用 SDH 体制，具有标准统一，上下业务方便，网络运行、维护、监控、管理功能强，网络灵活性强等一系列优点。

（3）B–ISDN 的业务。

B–ISDN 的业务分为窄带业务和宽带业务（含连续型宽带业务和突发型宽带业务）。包括速率不大于 64 Kbit/s 的窄带业务，如话音、传真等，这类业务是 B–ISDN 的窄带业务。B–ISDN 的宽带业务分为分配型业务和交互型业务两种。

分配型业务是由网络中的一个给定点向其他多个位置传送单方向信息流的业务。它又可分为两种：用户不参与控制的分配型业务和用户参与控制的分配型业务。

用户不参与控制的分配型业务。它属于广播业务，包括各种广播。

用户参与控制的分配型业务。它也属于广播业务。它是从中央源向大量用户分配信息。但这种信息是按循环重复的信息序列（例如帧）来提供的。因此，用户能个别接入循环分发的信息，并能控制信息出现的起始和它的次序。由于信息是循环重复的，故用户所选择的信息实体总是从头出现的。

交互型业务是在用户之间或用户与主机之间提供双向信息交换的业务。它又可分为三种：

会话性业务、消息性业务和检索型业务。

会话性业务是以实时（无存储转发）端到端的信息传送方式提供用户与用户或用户与主机间双向的通信。用户信息流可以是双向对称的，也可以是双向不对称的，而且在某些特殊情况下（例如视频监控），信息流甚至可以是单向的。信息由用户产生，供接收侧一个或多个通信对象专用。宽带会话性业务具有很广的应用范围，如可视电话、会议电视以及高速数据传输等。

消息性业务是由个别用户之间经过存储单元的用户到用户通信，这种存储单元具有存储转发、信箱式消息处理（如信息编辑、处理及变换）功能。与会话性业务相比，消息性业务不是实时的，因此它对网络的需求较少，而且不需要双方用户同时到位。宽带消息型业务的例子是消息处理业务（MHS）和用户活动图像、高分辨率图像与语音的邮件业务。

检索性业务是根据用户的需要向用户提供存储在信息中心供公众使用的信道。用户可以接入这一信息源，但不能决定信息流的分配是在哪一个时刻开始，也就是说，用户自己不能控制广播信息的起始时间和顺序。这种业务最常见的例子是电视与语音节目的广播业务。

（4）军用宽带综合业务信息网基本技术。

20 世纪 80 年代中期提出了综合业务数字网（ISDN）的概念，80 年代后期以异步传送模式（ATM）技术为核心的宽带综合业务数字网（B—ISDN）在军事通信中获得应用。世界发达国家的战略通信基础网络虽然名称各异，但基本技术途径都是走综合业务数字网的方法，并结合军用特点加强网络管理和安全保密。

① 网络的分层结构。

军用宽带网可分为传输层、网络层、业务层，如图 6–13 所示。

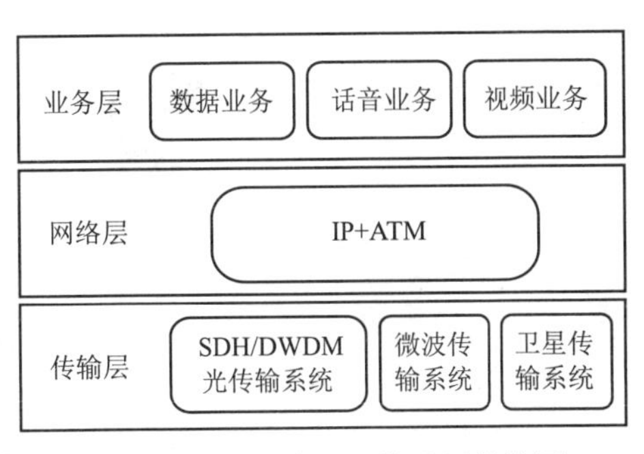

图 6–13　军用宽带网的分层结构图

传输层以光纤为主，以卫星和微波等多种传输手段为补充。宽带传输系统分为骨干传输系统、接入传输系统和用户网络传输系统。骨干传输系统连接宽带网骨干节点，采用 SDH、WDM/DWDM 光传输系统。接入传输系统将用户节点接入宽带网骨干节点，以 SDH 光传输系统和城域光纤网为主。用户网络传输系统以以太网为主。

网络层采用 IP+ATM 技术，提供 IP 路由、ATM 交换，并采用多协议标签交换（MPLS）技术扩充用户地址及安全保证。

业务层提供数据、话音、图像和多媒体等业务，数据业务由 IP 承载，对于话音、视频和多媒体等实时性要求较高的业务可采用 ATM 仿真电路或虚电路承载。

② 网络的物理结构。

一般按指挥层次分为多级的树形结构，如主干网、战区网、本地网和用户网。不同级别的交换节点的容量和传输带宽不同，网络管理、应用服务、安全保密管理等设备也不同。

（5）ISDN 的军事应用。

早在 20 世纪 90 年代初期，美陆军就进行了一些 ISDN 试验。其中最著名的是在阿拉巴马州的雷得斯通兵工厂进行的试验，在这里安装了当时计划中的 512 条 ISDN 线路中的近 300 条线路。ISDN 业务用来服务导弹司令部（MICOM）及其下属的诸多管理局，主要用于话音通信和 PC 机联网。美陆军还在 AERMICS 建立了 ISDN 应用研究试验床，其主要任务是寻找最佳方案，使 ISDN 更好地适应陆军的信息传输需要。美陆军的通信系统同民用通信系统一样，也经历着类似的演变，逐步向 ISDN 过渡。

为适应未来战争的需要，澳大利亚国防部队（ADF）研制了分布式窄带战术分组无线网（TPR-N），该网能为分散在战场上的指战员提供话音、图像和传真、X.400 报文、联机数据和文件传送、遥测数据等通信业务，并且还要与 B-ISDN 互联，所以研制了两网互联的网关 TPR-N-B・ISDN。这种网关能在两网之间映射协议实体，并能通过业务处理程序块转换用户业务。

可以预见，ISDN 在商业界迅速发展的同时，在军用通信网中的应用也将越来越广泛。

6.1.4 军用卫星通信系统

卫星通信就是地球上（包括地面、水面和低层大气中）的无线电通信站之间的利用卫星做中继站进行的通信。世界各地的战争部署、军事演习、武器试验、航天发射等军事信息，甚至战争实况都能够通过卫星通信进行信息传输。卫星通信有效补充了其他通信手段的不足。例如，在通信线缆未铺设到之处，或是通信传输系统中断等情况下仍能发挥不可替代的作用。随着信息技术的发展，卫星通信已经成为战争中信息传输的重要手段。

1）基本组成

卫星通信系统由通信卫星、地球站、测控和管理系统等组成，如图 6-14 所示。

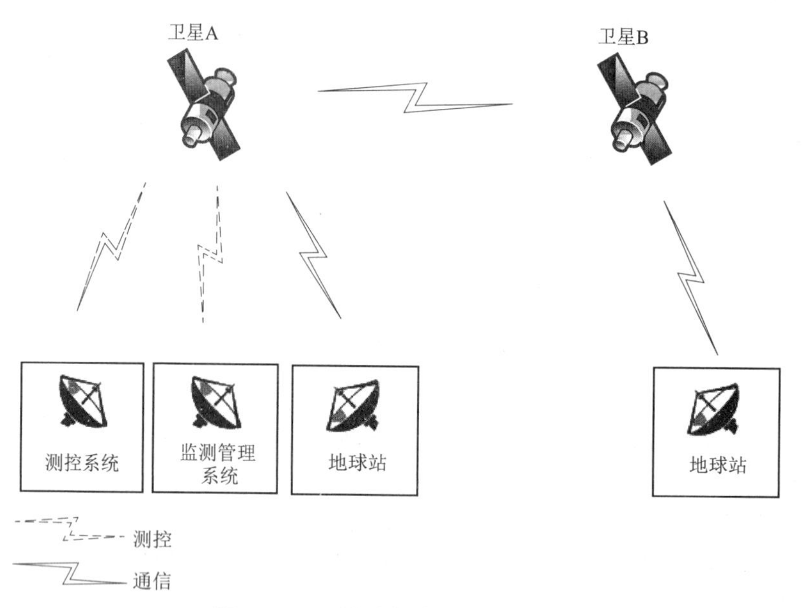

图 6-14 卫星通信系统的基本组成

通信卫星作为通信系统的中继站，把一端地球站送来的信号经变频和放大（或者还经过其他处理）再传送给另外的中继通信卫星，或者直接传送到另一端的地球站。中继卫星是用于转发地球站对中低轨道航天器的跟踪测控信号和中继航天器发回地面的信息的地球静止通信卫星，相当于把地面的测控站升高到了地球静止卫星轨道高度，可居高临下地观测到在近地空间内运行的大部分航天器。

地球站实际是卫星系统与地面通信系统的接口，地面用户将通过地球站接入卫星系统。为了保证系统的正常运行，卫星通信系统还必须有测控系统和监测管理系统配合。测控系统对通信卫星的轨道位置进行测量和控制，以维持预定的轨道。监测管理系统对所有通过卫星有效载荷（转发器）的通信业务进行监测管理，以保持整个系统安全、稳定地运行。

2）通信卫星

通信卫星作为通信系统的中继站，所有地球站发出的信号都要经过它，并由它转发出去。因此，除了要在卫星上配置收、发设备（合称转发器）和天线外，还要配备用以维护可靠通信的其他设备。通信卫星通常由天线系统、通信转发器系统、遥测指令系统、位置与姿态控制系统及电源系统五大部分组成，如图 6–15 所示。

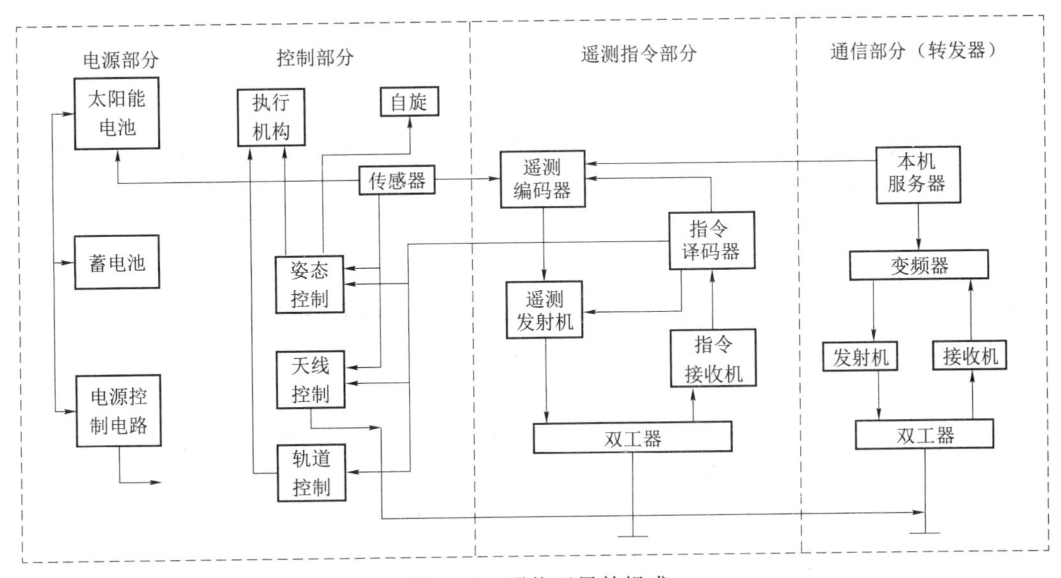

图 6–15　通信卫星的组成

（1）天线系统。

通信卫星的天线系统包括通信天线和遥测指令天线。对于通信天线，要求它有高的增益，但最重要的是应使它的波束始终指向地球上待覆盖的通信区域。卫星通信天线产生的波束有全球覆盖波束、区域覆盖波束、点波束、多点波束等类型。

（2）通信转发器系统。

卫星上的通信系统又叫卫星转发器，它是通信卫星的核心，其任务是把接收到的地球站的信号放大，并利用变频器变换成下行频率后再发送出去。它实质上是一部宽频带收、发信机。对转发器的基本要求是以最小的附加噪声和失真来放大和转发无线电信号。

（3）遥测指令系统。

用于将卫星各部件工作状态的数据及时发送给地面测控站，并接收和处理地面测控站发出的控制指令信号，使星上设备按指令动作。

（4）位置与姿态控制系统。

用于对卫星的姿态、轨道位置等进行必要的调节与控制，以保持卫星在轨道上的正确位置和姿态。

（5）电源系统。

用于提供卫星上设备工作所需的电能，包括太阳能电池、蓄电池和电源控制设备等。

3）地球站

地球站通常由天线系统、发送/接收设备、功率放大器、变频器、调制解调器、功率分配器、伺服跟踪系统、监控系统和电源系统等组成。由于卫星通信的传输线路包括由地球站至卫星的上行链路和卫星至地球站的下行链路，传输距离远，信号损失大。为了保证卫星收到合格的信号，就要求地球站能发出强大功率的信号；同时，要求地球站接收机必须采用低噪声高增益放大器，对信号进行处理。此外，为确保地球站天线始终对准卫星，一般需要有自动跟踪设备和伺服系统。这是因为就相对静止卫星而言，各种因素的影响也会使卫星偏离预定的轨道，有一定的漂移。

4）轨道与频段

（1）卫星轨道。

通信卫星采用的轨道形式直接决定了整个卫星通信系统的性能。卫星运动所在的轨道平面与地球赤道平面的夹角叫卫星轨道平面的倾角。

① 按照轨道平面倾角的不同，通常将通信卫星分为三类。

- 赤道轨道。卫星的轨道平面在赤道平面内，即倾角为零。
- 极地轨道。卫星的轨道平面通过地球的两极附近，即倾角近于 90°。
- 倾斜轨道。卫星轨道平面与赤道平面有一定的夹角。

② 按通信卫星在地面上的高度来分，又可以分为以下三类。

- 静止轨道（GEO）。高度约为 3 600 km 的赤道轨道。轨道上的卫星相对于地面固定观察点是静止不动的。利用 3 颗卫星可以覆盖全球，可使卫星通信系统得以简化，它是迄今应用最多的一种通信卫星轨道。
- 中高度轨道（MEO）。卫星高度在 10 000～20 000 km 范围内，覆盖全球需 10～15 颗星。
- 低高度轨道（LEO）。卫星高度在 1 500 km 以下，必须有 40 颗以上这种卫星才能覆盖全球。

中、低高度的两种轨道卫星与地面观察点有相对运动，又称非静止轨道。它因离地面较近，传输损耗小，故适用于小型移动地面终端的通信。

（2）卫星通信频段。

卫星通信过程中，在卫星天线波束覆盖地域内的各地球站通过卫星转发进行通信。卫星通信线路包括地球站的发送设备至卫星的上行线路、卫星转发器至地球站的下行线路和地球站的接收设备。电磁波在上行线路和下行线路的大气层及自由空间传播，空间传播环境对电磁波将产生吸收、衰减等作用，并对通信系统的性能和传输容量影响很大，具体影响与工作频率密切相关。工作频段的选择是卫星通信系统总体设计中的一个重要问题，直接影响到系统的传输容量、地球站和转发器的发射功率、天线的形式与大小及设备的复杂程度等。同时，大气层对不同频段电波传播的影响也不相同。表 6-4 给出了卫星通信常用的频段。

表 6–4　卫星通信的常用频段

频　　段	卫星通信常用频段（下行/上行）
UHF	250 MHz/400 MHz（军用）
	（L）1.5 GHz/1.6 GHz
SHF	（S）2 GHz/4 GHz
	（C）4 GHz/6 GHz
	（X）7 GHz/8 GHz（军用）
	（Ku）11 GHz，12 GHz/14 GHz
	（Ka）20 GHz/30 GHz
EHF	20 GHz/44 GHz（军用）

5）军事卫星通信的应用

军事卫星通信依据其作用、地位、功能及服务对象的不同，可大致分为两类，即战略卫星通信（如闪电–1、闪电–3 战略通信卫星）与战术卫星通信（如宇宙战术通信卫星）。战略通信卫星为全球战略指挥和控制提供通信和情报传输，通信终端通常是一些大型的固定地面站。战术通信卫星提供地区性战术通信，主要为军用飞机、舰船、车辆乃至小分队或单兵等作战个体提供通信服务，通信终端通常是一些小型的机动地面站，甚至是便携式通信收发机。目前，战略通信与战术通信正朝相结合的方向发展。而就应用规模、范围来看，可分为全球性卫星通信及区域性卫星通信。目前，世界上已有多个国家建立了多个军用卫星通信系统，其中美国具有代表性。

从军用卫星通信系统使用的频段看，美军现已使用了 SHF 频段，其中包括军事专用的 X 波段（8 GHz/7 GHz），也利用民用频段 C 波段（6 GHz/4 GHz）及 Ku 波段（14 GHz/11 GHz）。SHF 频段卫星主要供宽带用户使用，多用于群路传输中，今后也可能更多用于战术用途。对于战术/移动用户以及战略核部队用户，美军发展了 UHF 频段（400 MHz/250 MHz）的卫星通信系统。

近年来，随着低轨道小卫星在民用领域中利用的呼声逐渐增高，军队在这一方面也给予了相应的重视。如 ORBCOMM 军用卫星系统的开发打开了低轨道卫星的应用前景。

6.1.5　光纤通信网络

现代战争的成败很大程度上取决于通信，战况信息、指挥命令传达得越迅速、越保密的一方往往是占有很大优势的。而现代军事通信的信息处理交换、传输和存贮趋向一体化，网络管理趋向集中化和自动化，传输手段趋向数字化和宽带化，这就对军事通信传输介质的传输带宽、传输速率和网络容量提出了更高的要求。传统的军用通信系统以电缆为传输介质，在现在看来已经难以满足现代战争的需求了，它不仅在重量和价格方面不占任何优势，而且其保密性差。光纤通信网络能够提升现代军事通信战场通信链路的保密性和生存能力，而且光纤具有体积小、重量轻、带宽高的特点，能够大大提高通信系统的机动性和灵活性。现在，它已成为军事战略通信的核心平台，并广泛地应用到战术通信中。

1）光纤通信史回顾

光纤即光导纤维，是现代通信网中传输信息的主要媒质。早在 1966 年，英籍华人高锟就发表了关于通信传输新介质的论文，指出利用玻璃纤维来进行信息传输的可能性和技术途径，由此奠定了光纤通信的基础。光纤通信作为一项新兴的通信网络技术，显示出了无比的优越性。在短短 40 多年间，光纤通信取得了突飞猛进的发展。1969 年，日本研制出了第一根通信用光纤，损耗为 100 dB/km。1970 年，美国的康宁公司研制成功了损耗为 20 dB/km 的低损耗光纤，开启了光纤通信的时代。1974 年美国贝尔实验室采用改进的化学气相沉积法研制出了性能优于康宁公司的光纤产品。到 1979 年，掺锗石英光纤在 1.55 千米处的损耗已经降到了 0.2 dB/km。

在高锟早期的实验中，光纤的损耗约为 3 000 dB/km，采用的光源也是性能并不优良的发光二极管。今天，小于 0.4 dB/km 的光纤已经被广泛安装使用，而调制速率超过上千兆比特的近红外半导体激光器也已经商品化。低损耗光纤和连续振荡半导体激光器的研制成功，是光纤通信发展的重要里程碑。

进入 21 世纪以来，由于多种先进的调制技术、超强 FEC 纠错技术、电子色散补偿技术和偏振复用相干监测等新技术的发展和成熟，以及有源和无源器件集成模块的大量问世，出现了以 40 Gbit/s 和 100 Gbit/s 为基础的光波分复用（WDM）系统的应用。

光纤通信是我国高新技术中与国际差距较小的领域之一，经过我国科技工作者的不懈努力，我国的光纤通信与北美、日本、欧洲等发达地区的差距还不算太大。早在 20 世纪 80 年代，我国就研制出了长波长多模光纤、长波长激光器和光电检测组件，并投入商用。现在，我国已经有了一定规模的光纤通信产业，能生产光纤、光缆、光电器件、光端机和仪表，在自行研发的通信设备中，已经采用了最先进的光器件和光电器件。

2）光纤通信网络分类

（1）按网络性能分类。

根据网络覆盖范围可以分为广域网（WAN）、城域网（MAN）、局域网（LAN）。如图 6–16 所示。

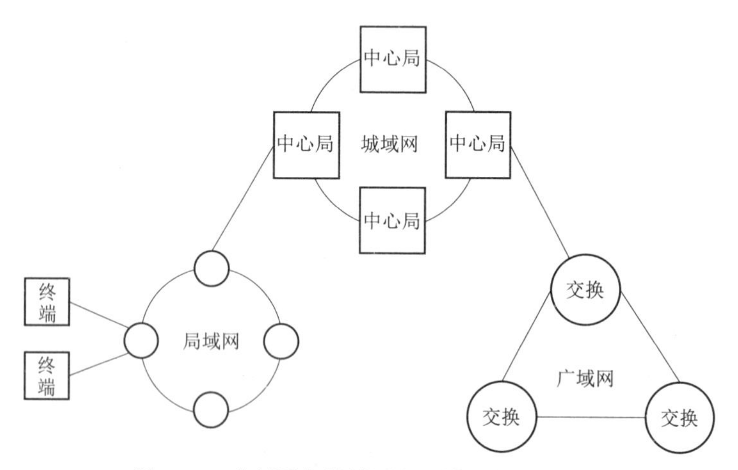

图 6–16　广域网与城域网和局域网的互联关系

广域网（WAN）所覆盖的范围从几十千米到几千千米，由许多交换机组成，交换机之间采用点到点线路连接，几乎所有的点到点通信方式都可以用来建立广域网，包括租用线路、光纤、微波、卫星信道。

城域网（MAN）是在一个城市范围内所建立的计算机通信网，采用具有有源交换元件的局域网技术，网中传输时延较小，其传输的最远距离可达到 100 km。这种网络通常可认为是夹在 WAN 和 LAN 之间的网络，可认为是到 WAN 的网关。它可包括电话本地网络、商业网络、CATV 用户和社区网络，以及在有限的区域内连接建筑物的专用商业网络。

局域网（LAN）是在一个局部的地理范围内（如一个学校、工厂和机关内），将各种计算机、外部设备和数据库等互相连接起来组成的计算机通信网，其范围最大为 10 km。局域网可以实现文件管理、应用软件共享、打印机共享、扫描仪共享、工作组内的日程安排、电子邮件和传真通信服务等功能。局域网从严格意义上讲是封闭型的，它可以由办公室内几台甚至成千上万台计算机组成。

（2）按技术特征分类。

一般是按网络的拓扑结构和媒质接入控制（MAC）子层的特征分类。按拓扑结构的不同，光纤通信网络可分为树形（Tree）、总线形（Bus）、星形（Star）和环形（Ring）四种，如图 6–17 所示。其中星形结构的网络是一种集中式管理的网络，在这种网络中所有节点都要通过耦合器才能将所要传输的信息送到目标节点。树形结构是星形结构的一种扩展形式，它的特点是网络内部的集线器具有星形结构网络中耦合器的交换功能，每个集线器可以连接一定数量的用户，组建自己的网络。总线形结构的网络是通过数据总线和若干交换设备（T 形耦合器）连接而成的一种网络；总线是信息传输的介质，T 形耦合器的作用是把节点的信息传到总线上或将总线的信息送至节点。环形结构的网络是通过传输介质将各节点连接而成的一种网络结构，各节点之间没有耦合器等交换设备，网络内部资源共享，传输速率高。

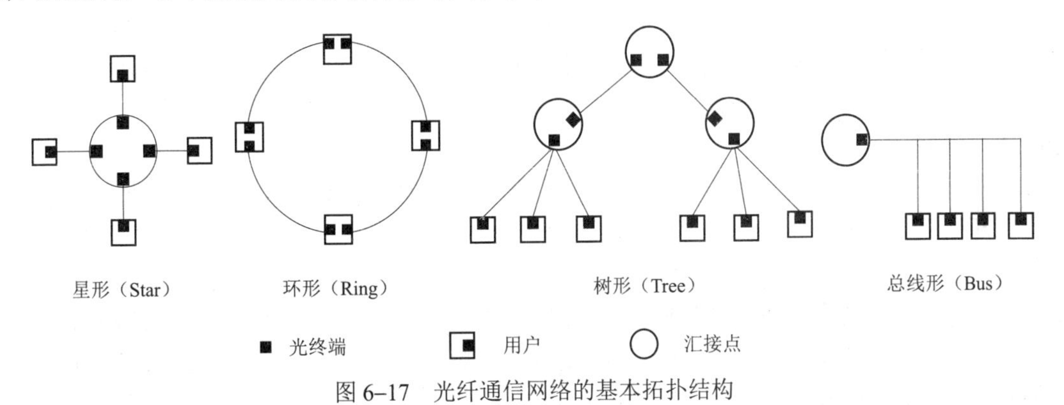

图 6–17　光纤通信网络的基本拓扑结构

光耦合器是一种对光功率进行分配的光无源器件，它能够将传输线路上的光信号耦合起来并进行再分配，它只将节点发来的信息传送到发出响应的节点。它一般是对同一波长光功率的分配，当需要从光纤的主传输信道中分出一部分光功率或者需要把不同端口来的多处光信号合起来送入一根光纤中传输时，都需要用到光耦合器。

按媒质接入控制（MAC）子层的特征分类。这一层的分类是最复杂的，包括不同的复接方式和交换方式。基本的复接方式有时分、波分（频分）、空分和码分四类。还可以采用混合复接方式，如波分/时分、波分/空分以及波分/副载波网络等。当前，光纤通信网络中采用最多的是时分复接方式，但是波分复接方式以及波分与时分、波分与微波副载波相结合的方式也得到了足够的重视，特别是在超高速网络中。

3）光复用技术

随着信息时代的到来，当前通信业务的信息量正在以几何级数增长。为了满足通信业务快速增长的需要，人们一方面铺设更多的通信光纤，另一方面充分利用现有光纤的带宽资源，提高光纤的传输容量。从经济上考虑，后者更符合现实的需要。

充分利用光纤带宽资源的方法通常有两种：一是提高通信速率。通信速率的提高可以使系统在有限的时间内传输更多的信息，从而缓解通信业务量大的压力。但是由于受到电子器件响应速度的限制，通信速率不能无限地提高。目前通信速率超过 40 Gbit/s 的系统就不易实现了。二是利用光复用技术对光纤进行扩容。这是光纤通信系统进一步扩大通信容量的较好方法，它对于降低成本，满足各种宽带业务对网络容量、交互性和灵活性的要求具有重大的意义。

利用光复用技术对光纤进行扩容的技术通常可分为光波分复用、光频分复用和光时分复用等技术。它们是将光波分别按照波长、频率和时间等物理量的不同而进行细分处理的技术。下面分别进行讨论：

（1）光波分复用（Wavelength–Division Multiplexing，WDM）技术。

光波分复用技术是在一根光纤中同时传输多个波长光信号的一项技术。在当前的光纤通信中，常用的光载波波长为 1.31 μm 和 1.55 μm。我们知道，通过对光的频分复用能够扩大传输容量，在同一根光纤上传输多个信道，是一种利用极大光纤容量的简单途径。在发射端多个信道调制各自的光载波，在接收端使用光频选择器件对复用信道解复用，就可以取出所需的信道。使用这种制式的光波系统就称作波分复用（WDM）通信系统。

在发送端的各个光发射机发出的不同波长的光信号通过复用器组合起来，并耦合到光缆线路中的同一根光纤中进行传输（在传输过程中，组合信号还可利用掺铒光纤放大器进行放大），在接收端通过解复用器的分解作用又重新恢复成原始的光信号，而后分别送入相应的光接收机进行处理。

光波分复用技术的主要特点是：可以充分利用光纤的带宽资源，使单根光纤的传输容量成百上千倍增加；同一光纤中传输信号的波长是彼此独立的，不会发生干涉现象，因而可以同时传输不同特性的信号，如数字信号、模拟信号等，而且能够完成各种不同业务信号的综合与分离；WDM 通道对传输数据的格式是透明的（与信号速率及电调制方式无关），是通信网络扩容的理想途径，也是引入宽带新业务的方便手段，若要传递新业务，只需增加一个附加波长的光载波即可。

（2）光频分复用（Frequency–Division Multiplexing，FDM）技术。

光频分复用技术与光波分复用技术在本质上基本相同，都是利用不同波长的光载波来传输信息，不同的是前者是在频域中描述光载波，二者所利用的光载波的波长间隔不同。在通常的情况下，光波分复用的光载波波长间隔大于 1 nm，而光频分复用的光载波波长间隔小于 1 nm。当多个光信道在光频域内密集地排列在一起，信道的波长间隔过小（由于光波的频率达 10^{14} Hz，即使 1 nm 的波长间隔，也有约 200 GHz 的频率间隔）而更适于用频率来表征时，就称为光频分复用。频分复用的频带间隔高达数百甚至数千 GHz，所以光频分复用技术的使用，可使光纤通信容量几百甚至几千倍地提高。

光频分复用的原理是：在信息的发送端，将各支路的信息以适当的调制方式调制到各个相应的光载频上，再经合波器将光载频信号耦合到一根光纤中进行传输。在接收端，虽然在原理上也可以采用波分复用的办法，利用分波器将光载波信号进行分离，但由于光载波间隔太小，排列得非常密集，因此用传统的光波分解复用器件难以区分不同的光载波，而必须采用高分辨率技术来选择所需的波长。当前，在密集频分的情况下，通常采用两种不同的调谐方法来实现各个光载频的分离：一是利用相干光纤通信中的可调谐本振激光与外差检测相结合的方法；二是利用常规光纤通信中的直接检测与调谐光纤滤波器相结合的方法。实际运用表明，两种方法都是可行的，前者接收灵敏度高（可延长中继距离），选择性好（可减小信道间隔，从而增加信道的路数），但设备复杂，成本较高；后者密集频分的路数较少，而成本较低，各有长处，可视具体情况而定。

光频分复用技术与光波分复用技术相比，光波分复用技术多用于通信沿线设置了光纤放大器的长途干线和海底光缆系统等广域网中；而光频分复用技术由于光器件的集成工艺还不能满足大规模生产的要求，而且光频分复用系统中光源的输出光功率很小，因此基于该技术的光纤通信系统适合短距离传输，目前主要用于光纤用户接入网（城域网）和综合光纤局域网中。

（3）光时分复用技术（Time–Division Multiplexing，TDM）。

光时分复用技术是指那些需要传送的各个信道的信号，在光纤的同一信道上占用不同的时间间隙而进行通信的一种复用技术。

各个支路（如信道 1 到信道 N）的信号均是低速低频光脉冲信号，在光纤中传输的是复用后的高速光脉冲信号。复用信道中的光脉冲信号是按照一定的帧结构进行传输的，帧周期为 T，帧与帧之间的时间间隔为 t，每一帧光信号所占的时域（$T–t$）被划分为 N 段相等的时间间隙，各信道的信号发送机发来的经调制过的基带光脉冲（如脉冲信号 1、2 等）占有相应的时隙，复用器将各信道的光脉冲在时域上复合成一帧一帧的高速脉冲流，并在同一根光纤中进行传输。在接收端，解复用器把高速脉冲流分拆成原来的低速光脉冲信号，再送到光接收机进行处理。

在采用光时分复用技术的光纤通信系统中，传输的是单波长的光载波；每个支路信号只能在自己的时隙内独占线路进行传输，所以信号之间不会互相干扰；在利用光时分复用技术的网络中，总（时间）带宽被各个节点平均分配。当网络节点数增加时，平均分配给每个网络节点的带宽下降，网络结构的规模就受到限制。因此，这种网络结构一般适合于局域网。但若把光波分复用技术与光时分复用技术相结合，利用它们各自的优点，可使通信容量更大。

4）光纤通信的特点

（1）频带宽。

频带的宽窄代表传输容量的大小。载波的频率越高，可以传输信号的频带宽度就越大。光纤的传输带宽比铜线或电缆大得多。单波长光纤通信系统由于终端设备的限制往往发挥不出带宽大的优势，因此需要技术来增加传输的容量，密集波分复用技术就能解决这个问题。

（2）损耗低，中继距离长。

目前，商品石英光纤和其他传输介质相比的损耗是最低的；如果将来使用非石英极低损耗传输介质，理论上传输的损耗还可以降到更低的水平。这就表明通过光纤通信系统可以减少系统的施工成本，带来更好的经济效益。

（3）抗电磁干扰能力强。

石英有很强的抗腐蚀性，而且绝缘性好。它还有一个重要的特性就是抗电磁干扰的能力很强，它不受外部环境的影响，也不受人为架设的电缆等干扰。这一点对于在强电领域的通信应用特别有用，而且在军事上也大有用处。

（4）无串音干扰，保密性好。

在电波传输的过程中，电磁波的传播容易泄漏，保密性差。而光波在光纤中传播，不会发生串扰的现象，保密性强。除以上优点之外，还有光纤径细、重量轻、柔软、易于铺设、原材料资源丰富、成本低、温度稳定性好、寿命长等优点。正是因为这些优点，光纤的应用范围越来越广。

5）光纤通信的军事应用

由于光纤通信的上述优点，其在军事通信中的应用越来越广泛，并有取代各类传统有线电缆的趋势。光纤通信系统在军事领域中最早应用于陆军战术通信系统，其在陆上的军事通信应用主要包括三个方面：

- 战略和战术通信的远程系统；
- 基地间通信的局域网；
- 卫星地球站、雷达等设施间的链路。

战场信息系统（BIS–2020）是支持美国陆军 21 世纪作战理论的未来陆军信息系统。在该系统中，光纤局域网，特别是光纤分布数据接口（FDDI）是关键技术之一。

美国三军联合战术通信系统（TRI–TAC）在海湾战争中发挥了重要作用，但也暴露出不少问题。美军根据暴露出的问题和未来的作战要求，从以下三个方面对 TRI—TAC 进行了技术改进：一是由空军负责 TAC–l 光缆系统，它将代替同轴电缆，装备分布在全球的美军 TRI—TAC 系统；二是由陆军负责野战光缆传输系统（FOTS），拟用 10 000 km 的光缆代替 CX–11230 型同轴电缆；三是由海军陆战队负责野战光缆系统（FOCS），用于连接数字交换机和无线电设备。

另外，美国海军和空军还都在建设采用异步传输模式（ATM）的宽带光纤通信网。在美国空军的 C^3I 系统项目中，用光缆作为作战控制中心、地区支援中心、导弹掩体和维护设施之间的互联线路，线路总长 15 000 km，连接 4 800 处有人和无人值守场所的 5 000 多台计算机。

6.2 特色军事通信

和民用通信相比，有些军事通信技术特点非常突出，具有非常鲜明的军事应用背景，下面各节介绍这些军事应用特点突出的通信网络技术。

6.2.1 最低限度应急通信

最低限度应急通信是指在敌方高强度（特别是核武器）打击下，生存下来的最低限度的战略通信手段。

通信设施是国家最重要的基础设施，军事通信设施更是维系国家安全的重要保障，一个国家的通信系统不仅能够经受常规战争考验，更重要的是还要能够在核战争情况下拥有生存下来的手段，以便指挥和控制国家战略反击力量给予回击。

在遭受高强度打击，特别是核打击的极端情况下，通信系统会遭受严重的破坏，难以维系正常工作。核爆产生的冲击波、光辐射、核辐射等效应造成的破坏极大，会损坏甚至摧毁通信设备及有关设施。核爆产生的核电磁脉冲，特别是 30 km 高空核爆炸产生的核电磁脉冲，场强高达 50 kV/m，波及范围极大，能够感应出大电流（电压）直接损害或破坏通信设备。此外，核爆炸效应引起大气的异常电离，对无线电波传播造成不利乃至破坏性影响，能够损害（干扰甚至中断）无线电通信，使之不能正常工作，甚至完全不能工作。

为了应付核爆炸对通信系统的破坏，维持最低限度的应急通信，需采取针对性应对措施，其中包括：

- 通信系统的抗毁加固，例如将通信站设在地下深处。
- 采取核电磁脉冲的防护加固，可进行良好的屏蔽、隔离与接地。
- 采用电波受核爆炸干扰小的工作频段、传输方式或传播途径。例如，使用 EHF 频段、散射方式或地波传播等。

通常，能在核战争环境下工作的最低限度应急通信方式主要有：

- 机载指挥所通信；
- 低频地波应急通信；
- 流星余迹通信；
- 地下通信等。

除此之外，能工作在核战环境中的应急通信手段还有对流层散射通信、EHF 频段卫星通信、对潜 VLF/SLF 通信等。

1）机载指挥所通信

地面通信设施容易受到物理摧毁和电磁破坏，如果将它们装载在机动性和隐蔽性较好的飞机上，其顽存性将会大幅度提高。国家最高指挥机构以及战略核部队司令部在核战条件下必须被确保生存下来，并执行自己的重大战略职能。机载指挥所可以最大限度地降低核打击造成的影响，而机载通信系统是其最重要的组成部分。

以美国为例，美国国家紧急空中指挥所（National Emergency Airborne Command Post，NEACP）是美国全球军事指挥控制系统（Worldwide Military Command and Control System，WWMCCS）中的三大指挥中心之一，同时又是 WWMCCS 的最低限度基本应急通信网（Minimum Essential Emergency Communication Network，MEECN）的首要组成部分之一。其主要任务是在美国本土遭受核打击期间和核打击之后，为国家指挥人员实施对美国战略核部队的指挥和控制、组织核反击提供空中指挥平台。

如图 6–18 所示，E–4B 型 NEACP 飞机是世界上最大的空中指挥平台，由波音 747 改装而成，机上配备了大量通信电子设备，有 50 多副天线，其中通信天线就有 30 多副，机舱内共有 13 种通信系统，其中主要的 5 种为：

- SHF 卫星通信系统；
- UHF 卫星通信终端；
- UHF/FDM 视距空空和空地通信分系统；
- VLF/LF 通信分系统；

● 机内通话分系统。

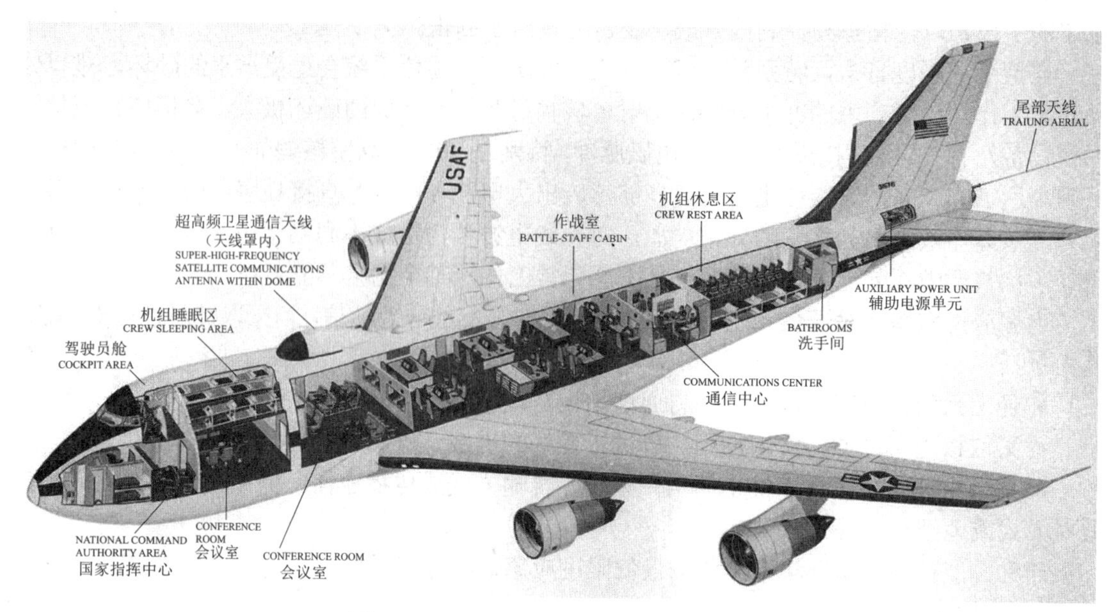

图 6–18 E–4B 美国国家紧急空中指挥所

这些系统的工作频率从 VLF 的 17 kHz 到 SHF 的 8.4 GHz，现在已经扩展至 44 GHz。E–4B 型飞机的各种频段的通信设备均比正常条件下的标准系统具有更强的发射功率，并采用最新的抗干扰手段。为了提高通信系统的抗毁性和可靠性，各种设备均针对核爆情况进行了加固，主要设备具备热备份能力。凭借机上的完善的通信系统，E–4B 可以与潜艇、飞机、卫星和地面各种通信设备进行保密、抗干扰的语音、电传和数据通信，亦可以进入民用通信和广播系统，使用民用通信设施。

此外，美国战略空军司令部还拥有设在 EC–135 型飞机上的核攻击后的指挥与控制系统（Post–attack Command and Control System，PACCS）和全球空中指挥所（Worldwide Airborne Command Post，WWABNCP）。PACCS、WWABNCP 是美国 MEECN 的重要组成部分。EC–135 飞机上配备了包括 VLF、LF、HF、VHF、UHF、SHF 和 EHF 等频段的通信设备。

2）低频地波通信

低频（Low Frequency，LF）无线电波是频率为 30～300 kHz，波长为 10 000～1 000 m 的电磁波，LF 的特点是紧贴地球表面传播，也就是说以地波方式传播。LF 有两个特点：一是其绕射能力强。这是因为根据物理学原理，波长与前进中遇到的障碍物的尺度相比越大，波的绕射能力越强，电波的能量衰减越小，所以可以传播很远；第二个特点是地波沿着地球表面传播必然会受到地面电特性的影响。

鉴于地波传输距离远以及信号稳定的突出优点，特别是与频率较高的射频信号或经过电离层反射传输电波相比较，LF 地波受到核爆炸效应（如核电磁脉冲）影响小很多。利用这一特点，再附加其他一些防范措施，可以构成低频地波应急通信系统。这种通信系统具有在核战争情况下顽强生存能力，是一种应对高强度热核战争的基本的应急通信手段。但是，由于是在低频段传输信息，这种系统设备比较庞大，通信容量也比较小。

美国从 20 世纪 70 年代开始筹划、80 年代研制建设、90 年代交付使用的低频地波应急通信网络（Ground Wave Emergency Network，GWEN）是一个典型的低频地波应急通信系统。GWEN 将美国的国家最高指挥机构与战略指挥中心和核报复力量连接在一起，组成一个能在核战条件下抗毁和持续工作的通信系统，是美国战略通信中必不可少的通信手段，也是其 MEECN 的重要组成部分。

GWEN 是一个地面战略通信系统，其组成如图 6–19 所示。网络中有大量抗核电磁脉冲加固的、分布在整个美国大陆的低频无人值守中继点（Relay Node，RN），其功能主要是完成信息传输的中继工作，输入/输出（I/O）站点完成的报文，单收（Receive Only，RO）站点只负责报文的接收，地波应急（通信）网维护报告中心（Ground Maintenance Notification Center，GMNC）监视网络性能、接收各个站点安全状态、配置以及维护等信息，TRS 站点负责对 GWEN 各个节点上传输安全加密设备就地或远地加注密钥。

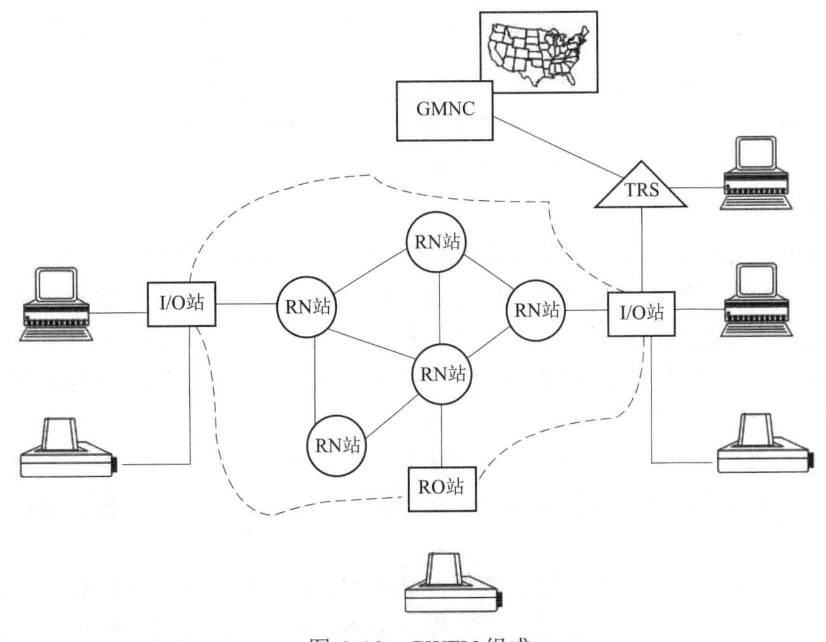

图 6–19　GWEN 组成

3）流星余迹通信

宇宙空间存在的物质碎片化尘埃数目非常多，它们一旦进入地球外层空间，受到地球引力作用，就会以高达 2～72 km/s 的运动速度向地球运动，在此过程中这些碎片就成为流星。流星在下降的过程中与大气发生剧烈摩擦，在 80～120 km 的高空中，产生一条细长的电离气体圆柱，称为流星余迹。流星余迹随时间扩散，余迹中的电子密度逐渐下降，直至消失。

利用流星电离余迹作为电波传播媒介进行散射通信的方式称为流星余迹通信。由于流星余迹的寿命极短，一次流星余迹消失后，要等待下一次适用的流星出现，因此这种通信方式具有间断性和突发性，又称为流星突发通信（Meteor Burst Communication，MBC），如图 6–20 所示，适合流星余迹反射和散射的信号频率为 30～60 MHz。流星余迹通信具有如下特点：

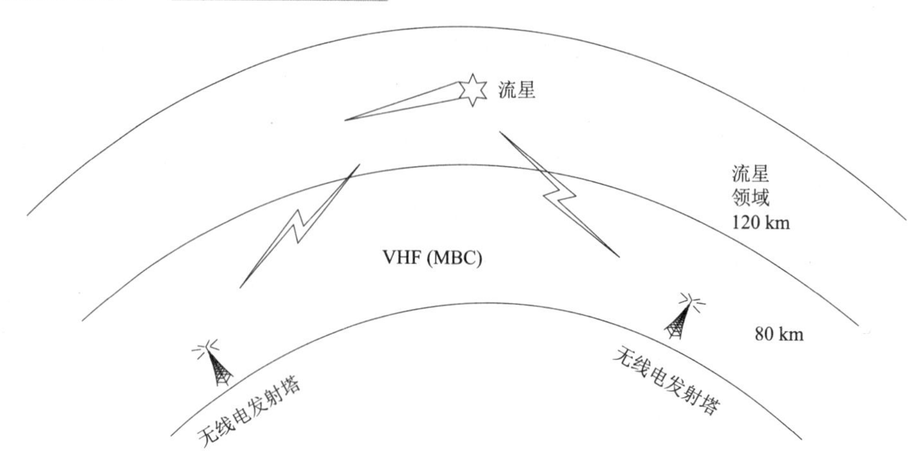

图 6–20 流星余迹突发通信原理

● 抗核爆能力强。在核爆炸后的 2～20 分钟，流星余迹通信接收信号比平时可增大约 32 倍；在 20～120 分钟，能正常工作，不受影响。核效应试验表明在核爆炸后，流星余迹通信依旧能正常工作，甚至信号增强，数据通过率可以提高 4～6 倍。因此，它也被称为“世界末日的通信手段”。

● 隐蔽性和抗截获性好。流星发生时间的突发性、偶然性，对无线电波反射的方向性以及投射地面区域的有限性，都使得流星余迹通信不易遭受到敌方的物理攻击、侦察和截获。

● 覆盖范围大、通信稳定性好。流星余迹通信距离一般可达 240 km 以上，当流星余迹距离地面 100 km 时，通信一跳距离最远可达到 2 000 km。流星余迹通信不会因气候变化和高空电离层骚扰而变化，克服了短波通信的缺点。

● 设备成本和维护费用低。流星余迹通信是天然的空分复用，每站只用一对频点，不需自适应选频，且不依赖动态变化的电离层，从而可以简化地面的接收设备、射频硬件、天线及网络设计，是一种低成本通信方式。

另一方面，正是由于流星余迹通信的偶然性和突发性，也使得传输信息的实时性差，而且由于流星的散射，信号衰减也比较大，对噪声敏感，所以流星余迹通信主要用于传输非实时性的短消息和报文。

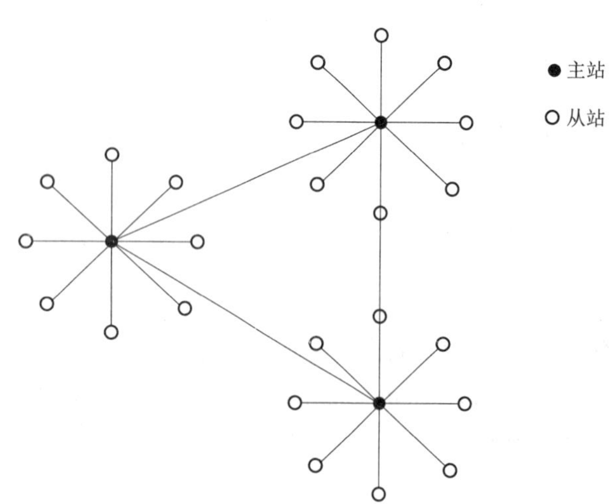

图 6–21 流星余迹通信网络拓扑结构

初期的流星余迹通信网络是简单的星形结构，由一个主站和若干个从站组成。由于不能预知流星余迹在何时、何方向生成，主站不断发送探测信号，一旦流星余迹形成，某个适合条件的从站接收到探测信号后，就立即向主站发送信息。

随着信息技术的发展，控制软件和天线不断改进，流星余迹通信网络的拓扑结构也发生了变化。如图 6–21 所示，形成了层次化的栅格网络，主站之间实现了点对点全双工传输，并具有网络控制、信息流量控制、信息段解释、多址信息处理、路由选择等功能，形成了由几个主站及若干个从站组成的两级通信，主站与主站之间全双工，主站与从站之间半双工，固定路由协议。

从 20 世纪 50 年代北约的第一代流星余迹通信系统，到 20 世纪 90 年代出现的第四代流星余迹通信系统，其数据通过率也从最初的几十个字节，到几百个字节，一直到几千个字节，流星余迹通信技术不断得到完善和发展。目前，已经可以支持多媒体业务传输，并且实现了具有高增益小型天线的小功率流星余迹通信终端，可用于汽车、舰船、飞机上跟踪定位的移动数据传输，并进行了语音通信实验。同时，采用这种终端，可形成星形接入网和栅格骨干网的网格体系，极大地扩展了流星余迹通信的应用领域。

4）地下通信

地下通信是指收发信设备及其天线全部设置在地下（开掘于地下或山体的坑道、地下室等）的无线电通信。需要说明的是，如果收发信的天线在地面之上，即使是通信设备在地下，也不属于地下通信范畴。

地下通信是核战争情况下的重要应急通信手段。由于地下通信系统的收发信设备及其天线和指挥机关一起设置在地下坑道内，依靠电波穿透地层来传递信息，只要指挥机关不被摧毁，就可以生存下去，用于传递最紧急、最重要的信息，确保通信联络不中断。

地下通信通常使用中长波波段，此波段的大气噪声电平很高，通信距离较远时信号容易被噪声淹没，使得窃听和干扰较为困难。地下通信的信息容量较低，当其他通信手段被摧毁和完全中断的情况下，就可以启动地下通信方法。这时，即使只能传输几个比特的信息，也将具有十分重要的军事价值。

（1）“透过岩层”模式。

如图 6–22 所示，地壳表层为覆盖层，厚度从几百米到十余千米，平均厚度为 1～2 km，这一层一般是沙土、黏土或沙质黏土，其中有很多孔隙，这些孔隙中充满了各种天然矿物的水溶液，因而其导电率较高；覆盖层的下面为花岗岩和玄武岩等不均匀岩层，由于其深度增大，内部压力随之增高，岩层结构紧密，含水量较小，因而导电率较低；随着深度继续增大，地温不断升高，岩层的电导率开始升高，位于地面 20～30 km 的区域为高电导率区域，这个

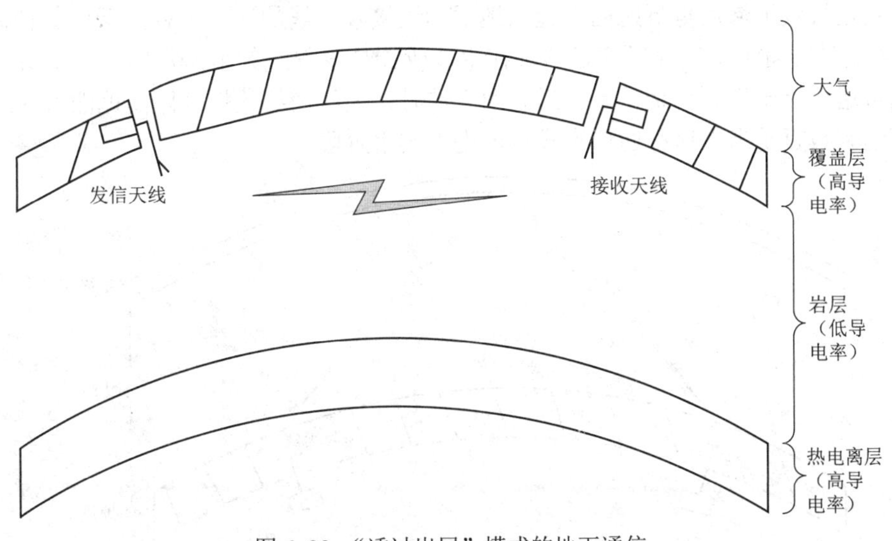

图 6–22 “透过岩层”模式的地下通信

区域与大气中的电离层相似，能反射电磁波，被称为“倒电离层”或“热电离层”。

透过岩层模式就是利用电波透过位于覆盖层以下的低电导率岩层来传递信息。为了使用这种方法，需要打几百米以上的深度竖井，将收发信天线置于低电导率岩层中。为了降低电波衰减，需要使用较低的频率，通常使用甚低频或低频。此模式的通信距离较近，100～200 W的发信功率，通信距离一般只有几千米。

（2）“地下波导”模式。

如图 6–23 所示，理论分析表明，若使用兆瓦级大功率和更低频率，且岩层电导率低于某个阈值，电波可在覆盖层下面与热电离层上面之间来回反射进行远距离传播，这种通信模式称为“地下波导”模式，通信距离可达 1 000～2 000 km。目前，此种模式处于探索研究阶段。

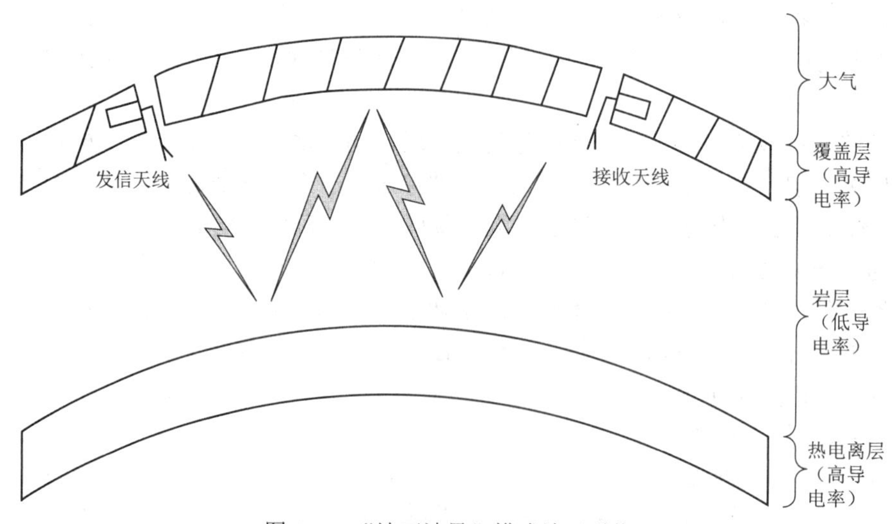

图 6–23 “地下波导”模式地下通信

（3）“上—越—下”模式。

如图 6–24 所示，这种模式是指电波自天线发射出来，首先向上穿出地层，然后折射沿地面传播，到达接收地域后再折射向下透入地层到达接收天线的通信过程。采用这种模式，天线应水平架设在坑道内，工作频率通常选在中波或长波波段，使用小功率或中功率的发信机，通信距离可达十余千米到百余千米。当利用天波时，天线需要浅埋（距离地面 1～2 m），通信距离可达到数百千米。这种通信模式早已进入实用阶段。

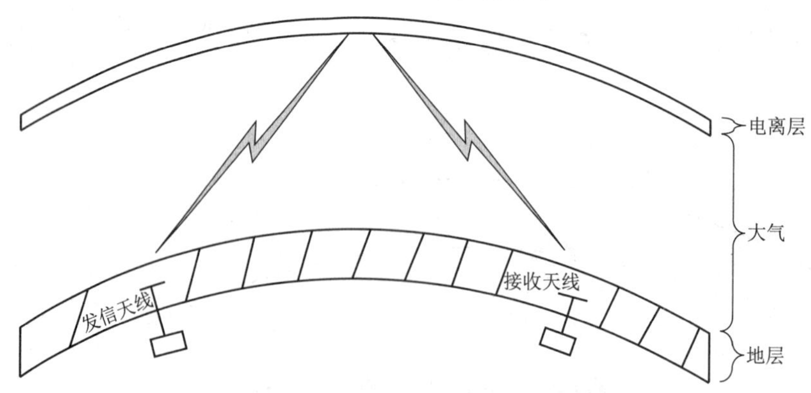

图 6–24 “上—越—下”模式地下通信

在上述三种地下通信模式中，前两种模式由于高导电率覆盖层的屏蔽，通信受外界干扰（天电、工业电磁、地面通信等）小，通信保密隐蔽、稳定可靠，其缺点是信号在岩层中传播衰减大，需要大功率发信设备，信号传输频率低、传输速率低；最后一种比前两种，在隐蔽性、可靠性和稳定性上稍差，但发信功率低、传输距离远。

6.2.2 陆军战术互联网

1）概念、历程与特点

战术互联网是战术无线电传输设备与计算机的有机集合，通过各种互联网络设备构成的多路由、自组织、自恢复、自适应的通信网络。换句话说，战术互联网就是将机动部队所拥有的机动电台通过互联网技术互相联系起来所形成的网络。

战术互联网作为数字化部队机动作战的信息基础设施，是诸军种、兵种进行联合作战时指挥控制、情报侦察、火力支援和电子对抗等电子信息分系统传输的公共平台，主要为作战地域内实施机动作战的各个要素提供战场态势、指挥控制、武器控制和战斗支援等信息的传输，将战场各种作战要素有机地纵横交错地互联在一起，使作战部队从依赖地理连接向依赖信息连接转移，保证指战员和武器平台之间的信息共享和密切协同，提高部队的快速反应能力和整体作战能力。

20 世纪末以来，美军和欧洲一些国家的军队都在进行战场数字化试验，战术互联网便是这些试验的直接产物。就美军而言，战术通信的总体结构包括从战区到机动部队的各级作战指挥通信。在战场网络的配置上，美军战术互联网分为上层战术互联网和下层战术互联网。上层战术互联网主要连接旅级以上的作战指挥单元。它包括计算机网［美陆军的 ATCCS（战术指挥控制系统）］和连接旅的传输网（移动用户设备和特高频数字无线电台等）；下层战术互联网用于连接旅和旅以下作战单元，同样包括计算机（旅和旅以下作战指挥系统）和无线电台［改进的甚高频电台、增强型位置定位报告系统（EPLRS）和全球定位系统］。

在国内相关资料中，战术互联网指的是应用于师、旅及旅以下部队的数据通信网络，相当于美军的下层战术互联网，其主要功能是实现数据业务的承载，完成战斗单元动态组网与协调通信。其特点如下：

- 由于网络和用户的移动性，要求网络具有动态拓扑变化和动态路由功能，实现数据和话音的“动中通”；
- 无线信道带宽有限，信息传输速率不高，业务容量小；
- 无线信道要求适应野战恶劣环境，要具有抗干扰和信息安全保密措施。

2）战术互联网协议结构

战术互联网协议结构分为五层，即物理层、链路层、网络层、传输层和应用层。每层都有独立的功能，并具有对上下层的接口，如图 6–25 所示。

战术互联网由多个自主系统组成，每个自主系统可以划分为一个或多个路由区。在一个自主系统中采用相同的路由策略。为了适应战术互联网拓扑结构的变化，在自主系统中采用优先开放最短路径协议 OSPFv2 与静态路由相结合的策略，提供路由服务。在自主系统之间采用边界网关协议 BGPv4，实现自主系统间的路由。由于 BGPv4 需要传输控制协议 TCP 的支持，所以必须在高速链路上使用；否则，低速链路会导致 TCP 协议的大量重传，而使得网络失效。OSPF 直接建立在 IP 协议之上，IP 可以提供面向非连接的服务，如果找到合适参数，

应用层	BGPv4	SNMP	OSPFv2		188–220B
传输层	TCP	UDP			
网络层	IP				
链路层	PPP		X.25	802.3	
物理层	RS423	RS422	X.21		

BGPv4—边界网关协议；SNMP—简单网络管理协议；OSPFv2—优先开放最短路径协议；
TCP—传输控制协议；UDP—用户数据报协议；IP—互联网协议；PPP—点对点协议；
188–220B—美军数字信息传输设备互操作标准

图 6–25　战术互联网协议结构

就可以在较低速的链路上使用。

3）战术互联网的拓扑结构

图 6–26 为美军使用战术互联网的典型拓扑结构，是一个层次化的树形结构，其中包括战术多网网关（Tactical Multi-net Gateway，TMG）、战术作战中心（Tactical Operation Center，TOC）、局域网（Local Area Network，LAN）、单信道地面与机载无线电系统（Single Channel Ground Airborne Radio System，SINCGARS，图中用 S 表示）、近期数字无线电（Near Term Digital Radio，NTDR）、增强型定位报告系统（Enhancement Position Location Reporting System，EPLRS，图中用 E 表示）、移动用户设备（Mobile Subscriber Equipment，MSE）、战术分组网（Tactical Packet Network，TPN）和互联网控制器（Internet Control，INC）等通信网络设备。

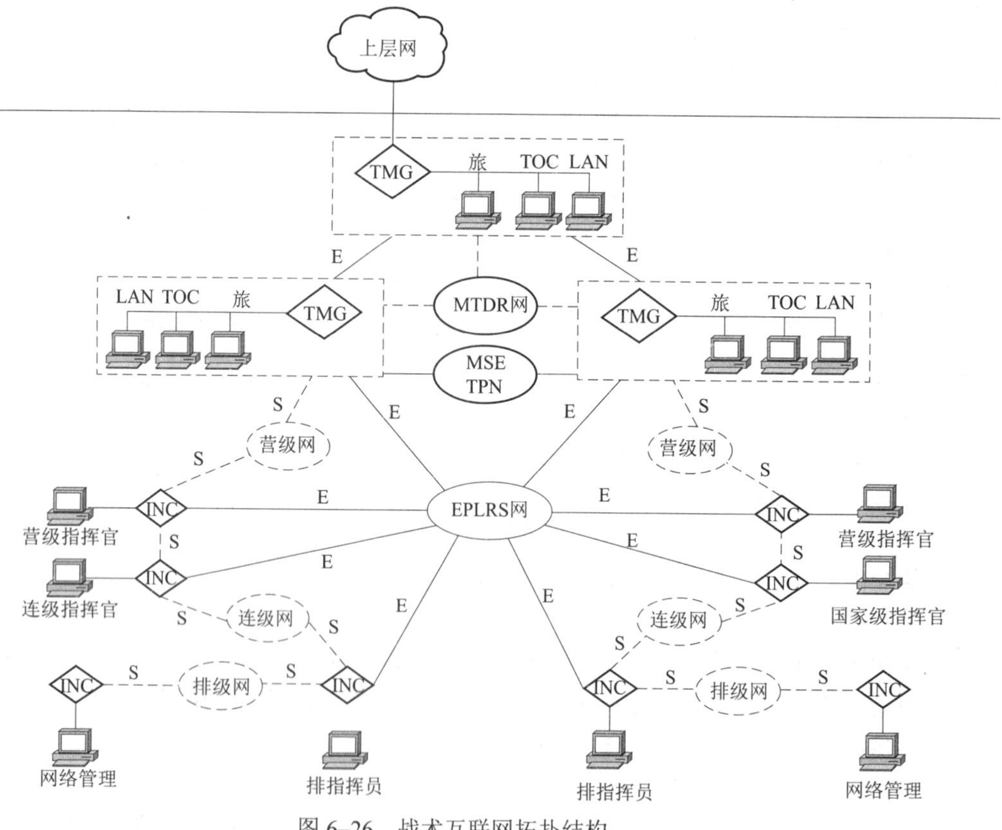

图 6–26　战术互联网拓扑结构

EPLRS 网络是旅级及旅级以下的骨干传输网络，为战术互联网提供广域链路，主要传输态势感知数据；而 SINCGARS 无线电网络主要传输指挥控制数据。

4）战术互联网运用

战术互联网主要用于陆军各个兵种、常规导弹部队、空降兵和海军陆战队等现役战术级作战部队。通常由战役、战术通信部门组织。其野战综合业务数字网属于相对固定的场合机动部署的机动通信网络，战役与战术级均可使用；战术电台互联网属于“动中通”的运动通信网，主要运用在战术级。战术互联网通过机动通信网络与运动通信网络集成与综合，相互补充，共同保障机动作战条件下战役、战术通信联络。如图 6–27 所示，在实际构建时，战术骨干网之间可以采用宽带卫星通信系统、无（有）人机无线中继实现互联，以扩大和延伸网络覆盖范围。

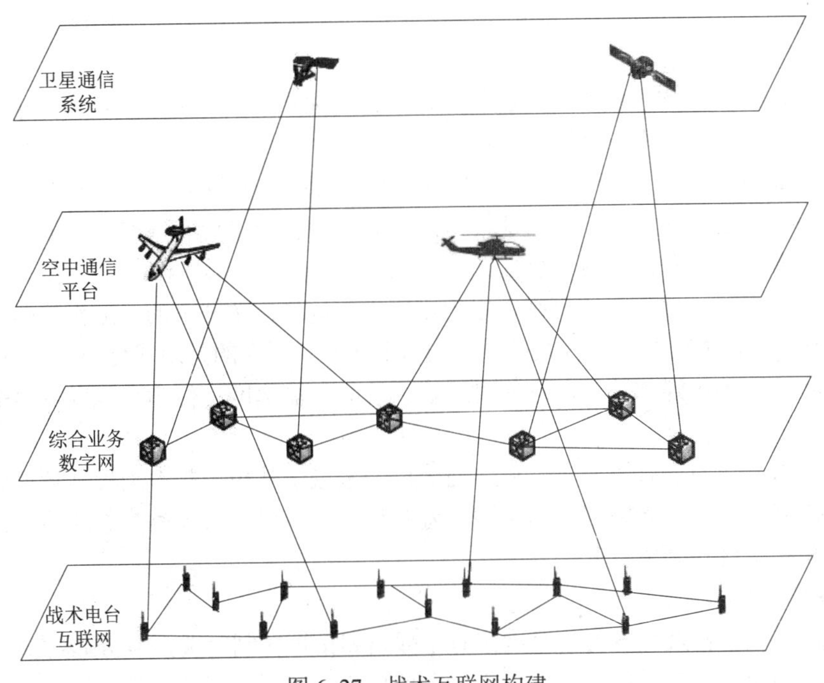

图 6–27　战术互联网构建

6.2.3　海军通信

1）概述

海军在国家安全防御与军事战略中担负特殊的使命，在海洋环境中（包括水下、水面和空中）执行作战等各类任务，使得海军对其所使用的通信系统明显地具有一系列的特殊要求。现代海军通信是一个能覆盖战区范围，并能够提供一种灵活通用的公共操作环境的信息传输平台和信息处理平台。海军的信息通信网络必须能够连接各级指挥中心、各类侦察与探测系统以及武器系统，具有完成一切近、中、远距离通信的能力，可以为岸上、水面、水下和空中提供性能稳定、可靠和可用的通信线路，并具备抗恶劣环境、抗电磁干扰和破坏的能力和手段。同时，为了能够保障与各军兵种协同作战，海军通信系统应具有很强的兼容性、互联互通的能力。所有这些都充分表明了海军通信系统的复杂性和多样性，具有鲜明的军事应用特点。

海军通信与海军作战指挥密切相关，其发展大致经历了三个阶段。第一阶段就是早期的古代海上通信，主要是以人的视觉、听觉信号为主。例如，手势、旗语、烟雾和灯语等视觉信号，以及号角、海螺、钟、鼓和汽笛等声音信号。有些方式即使到现在仍在使用。由于这些信号传播距离较近，又受到人的视觉、听觉的限制，这些通信方式的通信距离很短。第二阶段就是近代的舰船无线电通信阶段。1899 年意大利人马可尼在英国海军三艘军舰上安装了无线电通信设备，开创了海军无线电通信的新阶段。无线电通信引入海军通信中，摆脱了人类视觉和听觉能力的限制，实现了所谓的“超视距”海军通信。舰队编队内部多使用 VHF/UHF 频段，当距离较远时也使用 HF 频段，这个阶段通信传输的内容主要还是语音。第三阶段就是信息时代的海军通信。其显著特点是传输的主要内容已经不仅仅是语音，还包括探测、侦察、指挥和控制的各类数据，传输这些数据的通信技术主要是数据链技术，将水下、水上、空中和天上的各类军事系统紧密连接在一起。与其他军兵种通信相比，海军通信特点如下：

● 海军作战平台（水面舰艇、潜艇和飞机）机动性强，活动空间广阔，要求其通信系统也具有较好的机动通信能力，且通信覆盖范围大。

● 海军通信系统工作环境恶劣（高温、高湿、高盐、强震动与冲击），电磁环境复杂，这就要求通信装备适应能力强，并保证在水面舰艇、潜艇等平台有限空间中的各类频段通信设备和电子设备具有良好的电磁兼容性。

● 业务种类多样，通信对象复杂，组织难度大。信息化条件下的海上作战对信息传输有了更高的要求，其传输内容不仅仅是传统的电报和电话，更多的是现代化海战所需要的侦察、探测、指挥和控制等多媒体数据，这就对通信系统的传输速度、传输容量以及传输质量有了更高要求。

● 通信频段宽，设备技术复杂。海军通信已经覆盖了从极低频率到极高频率整个无线电频段，甚至扩展到蓝绿激光频域。为了满足海军在各种情况下与各类对象的通信，必须最大限度地开发和利用这些频率资源。

2）海军通信体系结构

海军通信体系结构及组成与一个国家海军战略和指挥体制有关，不同国家海军通信组成、规模、编配和功能都存在差别。总体来说，区域型或远洋型海军的通信一般包括三个部分，即战略通信、远程通信和战术通信，其体系结构如图 6–28 所示。

（1）海军战略通信。

战略通信的使命是保证国家指挥当局对海基核力量（包括海基弹道导弹、核动力潜艇部队）和远航执行战略任务的潜艇特混编队实施有效指挥和控制。作为战略威慑的潜艇部队，其最大的特点在于深海隐蔽，这造成了潜艇通信与水面、地面等常规通信手段有所不同。海军战略通信的岸基部分的功能由国家战略通信网提供。

（2）海军远程通信。

海军远程通信是由岸基通信站（海军或区域性通信站）为主体，连接海上作战平台的通信系统组成。它提供区域性远程和全球通信保障，实施岸与舰（飞机）间的双向或单向远程通信，传输指挥命令、任务计划、气象、海洋和水文等信息，以确保该地区作战指挥、舰队活动及后勤供应的进行。岸舰通信方式主要是向舰队通播，舰艇在通播区域内接收信号。通播的收发双方主要使用高频、中频和卫星信道，必要时也可使用低频、甚低频信道。

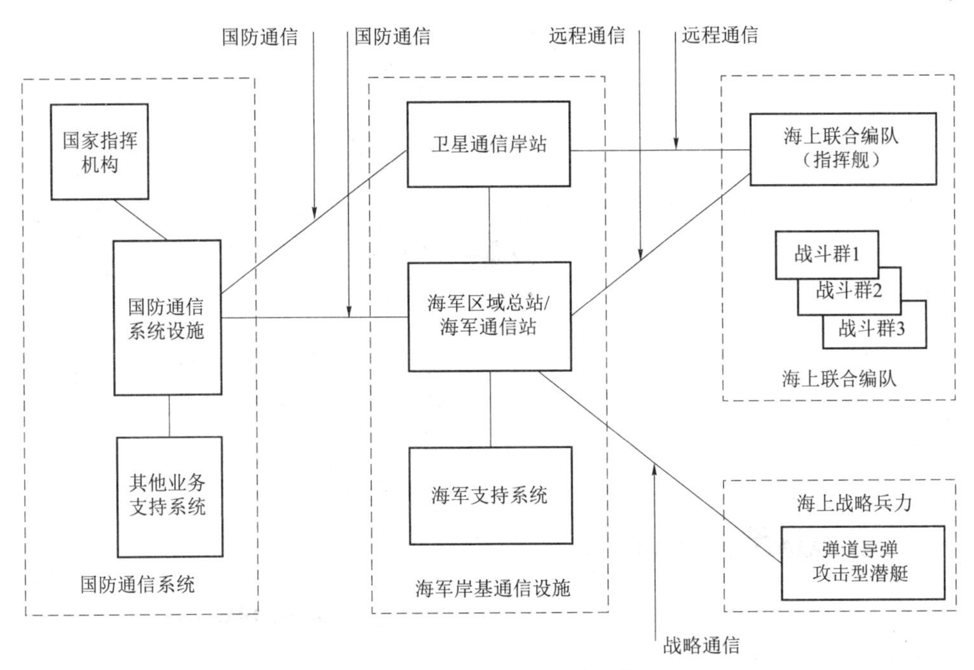

图 6–28　海军通信体系结构

（3）海军战术通信。

海军战术通信系统由水面舰艇、潜艇、航空兵和特种部队等所属的通信设备组成，用以完成舰队编队内部或编队之间的探测、指挥、协同、控制、报告和各类战术信息的传输，可实现舰—舰、舰—空、舰—岸、岸—空和空—空之间的通信。这样，各类舰载雷达、光电传感器、火控系统和电子战信息通过战术数据链在编队各平台之间进行交互，战术无线电话语音通信作为战术数据链的通信补充。战术数据通信主要依靠高频、甚高频、特高频和卫星信道。

由于海军通信网络种类繁多、技术复杂，下面只选取具有鲜明海军特色并与武器系统关联较紧密的海军通信网络和技术进行介绍。

3）海上编队通信网

（1）陆海空天潜一体化编队通信网。

海上编队通信网络是在编队执行海上作战任务期间，为编队内的水面舰艇、潜艇和飞机等作战平台，以及编队与编队之间提供指挥与通信联络。为此，海上编队通信网络必须是由能够支持各种作战任务的海上无线综合通信网络、编队战术数据网和武器协同数据链等多种网络与系统组成，能覆盖陆海空天潜各类作战平台，如图 6–29 所示。

海上编队由高度机动的战斗群组成，在战斗群队形密集的情况下，战斗群内部为视距内通信；当其部署范围扩大时（可达 500 km 左右），编队也需具有超视距通信能力。海上编队通信网以卫星通信为主要手段，并可以通过 HF 信道与岸基指挥所交换信息，构成岸舰信息传输网络，亦可以通过岸基利用 VLF 和 SLF 信道向潜艇转发信息，或通过 HF、VHF 信道向加入编队作战的潜艇发送信息。海上编队可利用 VHF 信道与加入编队作战的飞机交换作战信息。

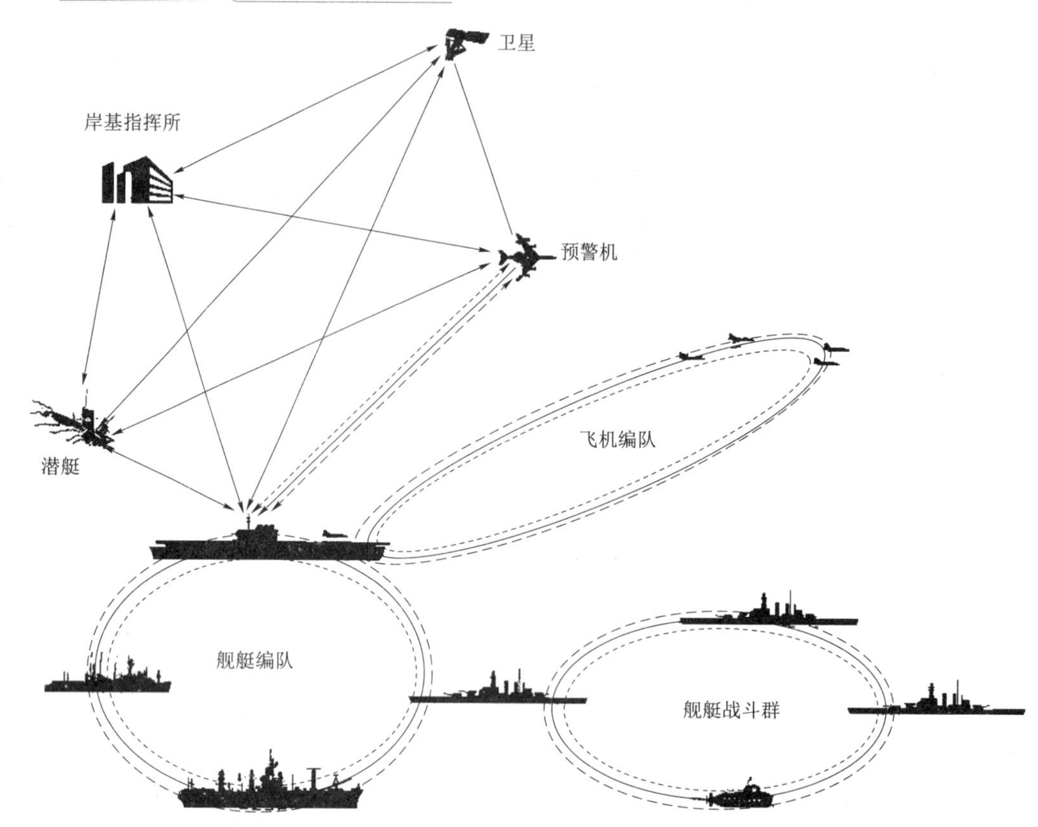

图 6–29　陆海空天潜一体化编队通信网的基本结构

（2）海上无线战术通信网。

支持海上舰队编队作战指挥，需要大量的无线战术通信网络，包括卫星信道构成的战术通信网络，利用 MF/HF 信道构成的超视距战术通信网络，以及利用 VHF/UHF 电台构成的视距战术通信网络。

美海军的战术卫星通信业务主要由 UHF 卫星提供。其卫星通信系统（SATCOM）包括：舰队卫星广播分系统、战术指挥信息交换分系统、潜艇用卫星信息交换分系统、战术情报分系统、战术数据信息交换分系统、保密电话分系统、公共用户数字信息交换分系统以及海军模块化自动通信分系统等。

（3）海军战术数据链。

海军的各种战术数据链设备分别通过 HF 或 VHF/UHF 信道将海上编队内各种作战平台的指挥和控制系统互联起来，实现作战情报的信息资源共享，增强作战平台的感知能力，扩大各个作战平台的探测范围，获取整个战场的态势，提高海上编队的指挥能力、协同作战能力、反应能力和打击能力。美海军常用数据链有 Link–4、Link–11 和 Link–16 等。有关数据链的详细内容请参见第 5 章。

4）水面舰艇通信系统

水面舰艇通信系统用于完成舰艇内部、舰艇之间、编队之间、同岸上各指挥部之间的指挥、协同、情报报知等通信任务。其基本构成如图 6–30 所示，主要分为两大部分，即舰艇内部通信系统和舰艇对外通信系统。

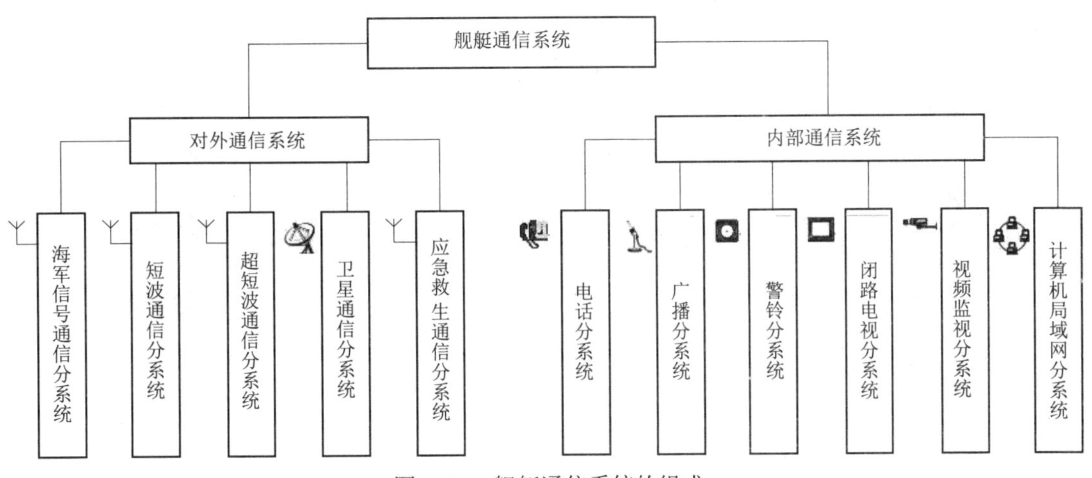

图 6–30　舰艇通信系统的组成

首先来介绍对外通信系统部分中的一些重要分系统。短波通信分系统由多台发信机、多台收信机、天线、终端及中心控制设备构成，担负舰艇远距离、多方向的电报、电话、数据、传真等通信业务，能完成远程战术通信和战略通信任务。超短波通信分系统由对海、对空和日常勤务等各类超短波电台及相应天线、控制设备及辅助互联设备构成，可担负舰艇编队内部或近距离的战术通信任务。对海、对空的各类超短波电台大都具有跳/扩频功能，可在电子对抗条件下工作，还可同民用船舶和外军军舰在一定的国际规则条件下达成互通。卫星通信分系统一般由战略卫星通信系统、战术卫星通信系统和国际海事卫星或舰载通信站及相应辅助控制等设备构成，可担负舰载远距离、大容量的电报、电话、数据、传真等战略通信和战术通信业务。通过舰载卫星通信站，利用有关军用或民用的通信卫星资源，可以达成全球范围内战术与战略通信。应急救生通信分系统一般由应急电台及相应天线、救生艇电台、应急无线电示位标、无线电话值班接收机、无线电报报警信号自动拍发器、无线电报报警信号自动报警器、中短波收发信机等设备构成，主要担负舰艇海上遇险等紧急情况下的救援通信和应急通信业务，在舰艇供电中断、海损事故、战斗中通信设备损坏等紧急情况下，替代主用通信系统，发出救援信号，实施舰艇救援中的通信保障。

在较早的内部通信系统中，各个分系统为各自独立的通信传输网络，甚至是点对点的通信系统，其顽存性、可靠性和抗电磁干扰等方面都存在一些问题，不利于分布式处理，由于每个分系统需要独立敷设电缆使得舰艇负荷急剧增加。目前，舰艇内部的通信系统主要利用局域网（LAN）技术，来连接各类传感器、指挥席位、武器系统，构成舰艇内部综合通信系统，在单个的网络上综合传输语音、数据和视频信号。例如，使用光纤分布式接口（FDDI）在提供高带宽通信的同时，还支持同步与异步数据传输，并提供冗余的环形通信链路。

图 6–31 为法国研制的 SNTI240 舰艇内部综合数字通信系统，此网络采用了冗余双环路的网络拓扑，即一个环工作一个备份，自动切换，不需要人工干预，提高了网络的可靠性。环上有工作站和主站，主站负责控制和管理整个系统，一般设有备份；工作站是用户进行通信的接入点，用户通过不同的接口实现与工作站的连接，每个工作站可以接入 16 个用户。此综合通信网络可实现点对点通信、会议通信、外部通信（可连接舰载电台，可与岸上公共电话网连接）、广播（语音、警报）以及自动电话功能。

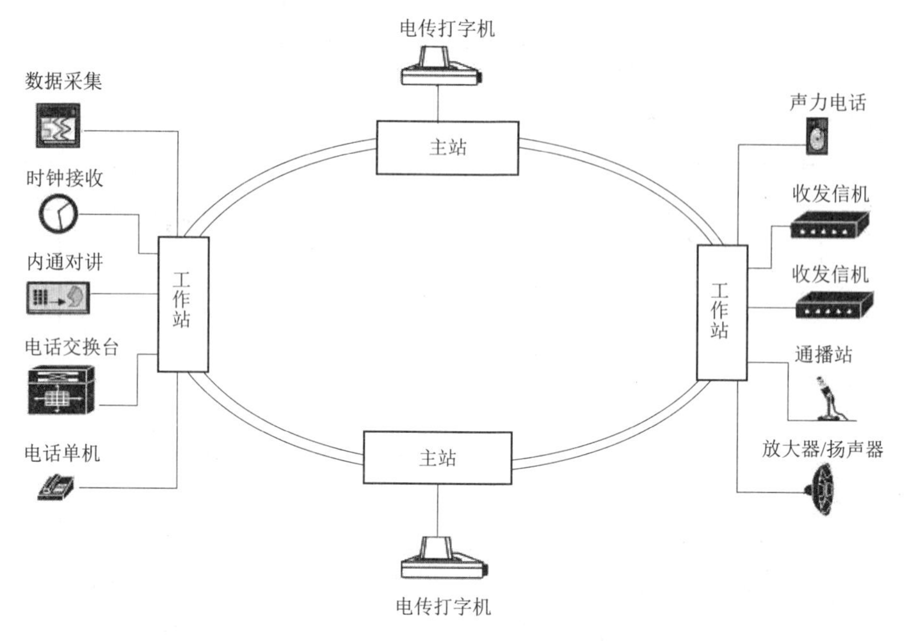

图 6–31　法国 SNTI240 综合数字通信系统

5）潜艇通信

潜艇作为一种水下的作战平台，其突出特点是隐蔽性，可以出其不意地攻击敌方目标，完成水面舰艇无法完成的任务。潜艇突出的特点决定了其通信系统的特殊性：

- 稳定、隐蔽、可靠。为了不暴露潜艇的位置，潜艇通信一般不发送信息，多采用非实时、单向、瞬间通信方式。在安全深度（50 m）以下，多采用浮力拖曳天线接收岸基/水面指挥所发送的甚低频（VLF）/极低频（ELF）报文指令。潜艇在潜望状态下可以接收高频或卫星的通播报文，亦可以通过高频和卫星信道向外单向发送瞬间快速信息。
- 多频段通信能力。不同海水深度下的通信，其特点和要求不同，这使得潜艇通信必须具有多种频段的通信能力［从超低频（SLF）/甚低频（VLF）到极高频（EHF）］。SLF/VLF 适合于深海通信，能穿透海水，衰减较小，传输稳定，但通信容量小。高频通信容量大，适合于潜望状态下的通信。
- 通信覆盖范围较大。潜艇尤其是核潜艇，往往用来执行一些特殊任务，潜航时间长，活动范围大，这要求其通信系统也必须具备相应的通信覆盖范围。
- 工作环境恶劣。水下作战平台要求通信装备要耐高温、耐高湿、耐高盐和能经受强震动冲击，舱外设备（天线等）还要耐压、耐腐蚀、具有良好的水密性。
- 电磁兼容性与抗干扰性要求高。由于潜艇结构特殊，空间狭小，舱内电子设备多，且距离很近，这就要求通信设施要具备良好的电磁兼容性，并具备一定的抗干扰能力。

潜艇通信像水面舰艇一样，也分为对外通信和内部通信两大部分。在浮出水面状态或者停靠码头的情况下，其对外通信特点与水面舰艇没有多少差别，例如使用 VHF/UHF 超短波通信电台在进出港时与港口指挥部门进行等视距通信联络。其突出特点或者说与水面舰艇通信的不同之处在于远洋、深潜状态下同外界的通信。因此，下面主要介绍潜艇深潜状态下的战略通信、浮标通信等具有鲜明潜艇对外通信特点的技术手段，并简要介绍最先进的潜艇通

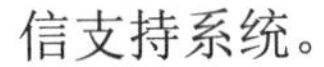
信支持系统。

（1）潜艇战略通信。

战略核潜艇是三位一体核打击力量的重要组成部分，由于其具有隐蔽性和海上顽存性，也是世界公认最具威慑力的第二次核打击力量。要保障战略核潜艇完成其使命，实施国家“核按钮”的指挥通信要求，就需要一种具备顽存能力的对潜通信方法和手段。潜艇战略通信就是要在核战争条件下，将国家最高军事指挥当局所下达的核战争计划、命令传递给弹道导弹核潜艇，并将执行命令的情况反馈回来。

电波能量在海水中衰减是影响对潜艇通信最大的问题之一，其在海水中的衰减程度与电波频率的平方根成指数关系。这样，和其他波段的无线信号相比，甚低频（VLF）、超低频（SLF）由于其对海水有较强的穿透能力，VLF 和 SLF 通信就成为海军战略通信的主要手段。图 6–32 所示为利用 VLF、SLF 所形成的三个海军战略通信系统，即甚低频通信系统、超低频通信系统和机载 VLF 中继通信系统。

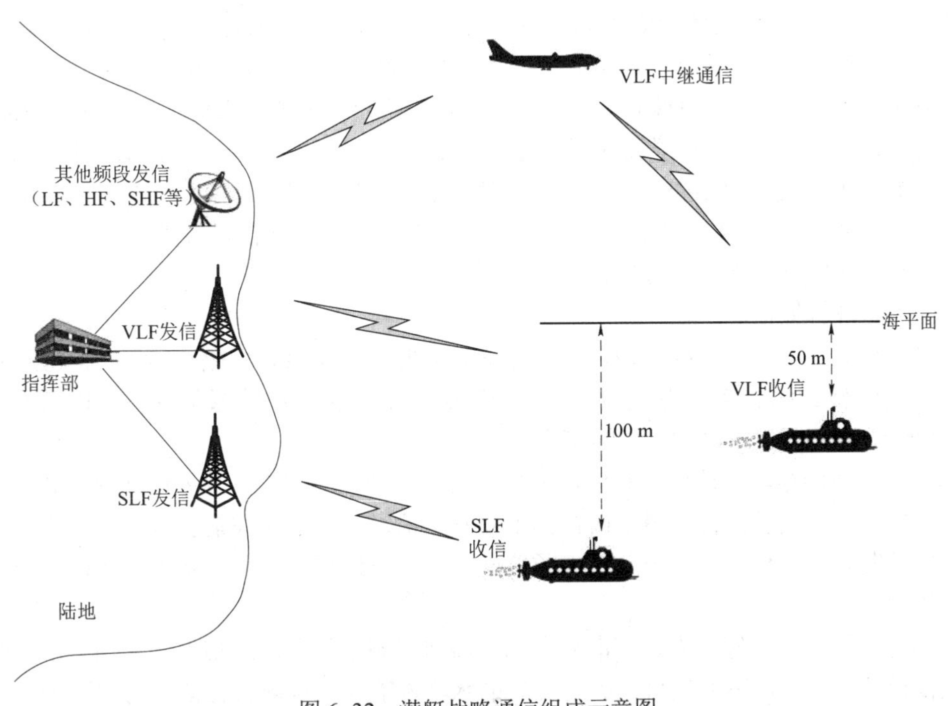

图 6–32 潜艇战略通信组成示意图

甚低频（VLF）无线电波波长 10^4～10^5 m（频率 3～30 kHz），在 VLF 频段通信又称为长波通信。其入水深度可达 20 m，主要用于对潜艇单向发信，其特点是：

- 传输稳定可靠。可利用地波传播，受电离层扰动和季节变化影响小，适宜在磁暴、太阳黑子爆发、核爆炸或极光情况下进行远距离通信。
- 衰减小。在空中传播衰减率为 2～2.5 dB/1 000 km，在海水中为 3 dB/m。
- 通信容量低。VLF 频带窄，只能传输低速电报，不能传输语音电话。
- 费用高，生存能力较低。VLF 要实现全球通信需要兆瓦级的大功率发信机和巨大天线，建造和运行费用都很高。其岸基通信站目标大，且潜艇通信时需要将天线浮至一定深度，从而降低了整个系统的生存能力。

为了发挥 VLF 的优点，克服其缺点，各国对 VLF 通信系统也在不断完善中。如采用陆基或空基的移动天线、隐身通信浮标技术，来不断改善系统的通信效果和生存能力。目前，VLF 通信仍然是各国海军对潜通信的主要手段之一。

超低频（SLF）无线电波波长为 10^5～10^6 m（频率 30～300 Hz），其在海水中的衰减仅为 VLF 的几十分之一，继承和放大了 VLF 通信的特点。例如，具有更深的水下通信能力，使得潜艇具有更好的生存能力。潜艇可以在水下 100 m 深度接收 SLF 信号，当采用先进的接收设备和天线时，可以在水下 400 m 深度接收该频段信号；抗核爆、抗干扰能力强；同时，VLF 通信容量更低，其陆基通信系统也非常庞大（天线最短也要数十千米）。为了取长补短，在实际 SLF 通信过程中，可以只让 SLF 通信发挥“振铃”作用，在需要的时候通知深水潜艇上浮，接收其他通信手段（长波、短波和卫星通信等）发来的信息，也可以采用发送短指令码方式及时传达和启动作战预案。采用 SLF 通信是目前解决潜艇深水通信唯一的现实有效手段，因而受到各个军事强国的高度重视。

VLF 与 SLF 通信均需要庞大的陆基通信站参与，这些陆基通信站容易被发现和被摧毁。为了保证与战略核潜艇的通信，还可以使用一种具有较高生存能力的机载 VLF 通信系统。例如，美国的 TACAMO 机载中继通信系统，其全套通信设备装载在大型运输机 EC–130Q 的舱内，采用一台 200 kW 的 VLF 发信机和一根 10 km 的天线，天线尾部带有稳定伞。需要发信时，飞机沿着小半径圆圈连续飞行，保证陆基通信站被摧毁时，国家仍然具备与核潜艇通信的能力。近年来，美国又将蓝绿激光通信机等一系列更先进的通信设备搭载在 E–6B 飞机上，可以实现水深 400 m 以上的潜艇通信。

（2）潜艇浮标通信。

潜艇接收天线主要有三种类型，即浮力拖曳天线、环形天线或磁性天线、拖曳浮标天线。其中的拖曳浮标天线通信能力较强，是当今各国海军竞相发展的通信项目。其基本原理如图 6–33 所示，其中的主要浮标类型如下：

● 综合通信浮标。由玻璃钢制作，上面安装有各个频段的收、发天线，内部装有多通道短波发信机、超短波发信机，用于向指挥中心发送信息；也有长波前置放大器，用于接收并放大指挥部发来的信号。浮标由几百米通信电缆与潜艇连接，并由潜艇上的控制台控制绞盘进行收放。

● 高速曳航通信浮标。为适应潜艇在高速潜航状态下使用的通信浮标，由一个流线型玻璃钢主体和天线组成，形似飞机，具有良好的水动性能和拖曳航行性能，可以随潜艇高速航行，并保障潜艇在快速潜航时对外通信。

● 应急通信浮标。这种浮标用于潜艇遇险时进行紧急通信，内部装有短波信标、氙灯信号器、水声定位信号发生器等各种报警通信装置。水面舰艇收到应急浮标发出的求救报警信号后，即可根据水声定位信号迅速确定遇险潜艇位置，并前往进行救援。

● 消耗型无线电浮标。这种一次性使用的浮标内部装有一部无线电发射机和预编的报文发射程序。从潜艇弹出后（不带连接电缆），可以立即或者延迟设定时间与水上信宿建立通信联系，通信完毕后可自行销毁。这种通信浮标的使用增加了潜艇的机动性，同时降低了潜艇被追踪打击的危险。

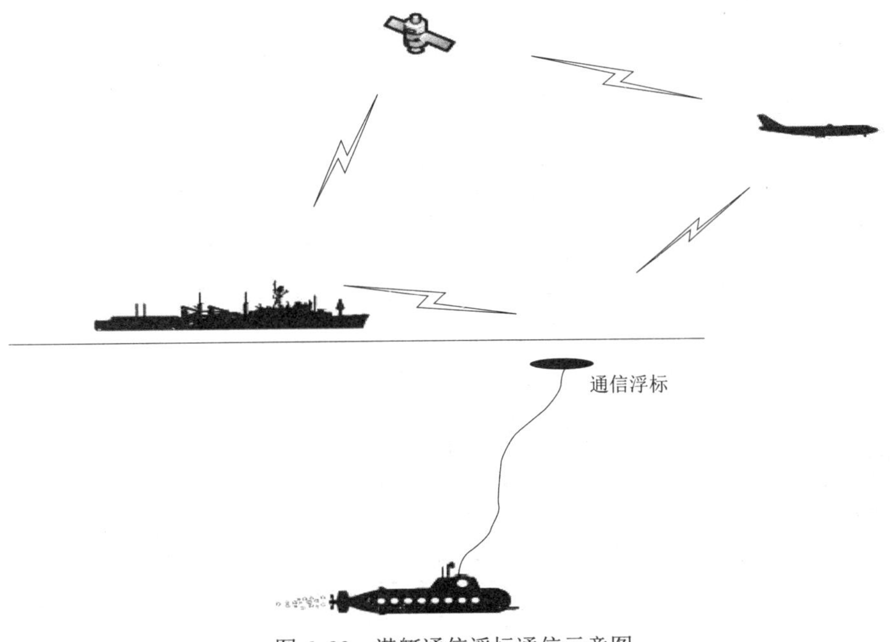

图 6–33　潜艇通信浮标通信示意图

- 潜艇卫星终端浮标。这种浮标内部装有卫星通信终端，可以使潜艇与卫星之间实现双向通信，且只要在卫星覆盖的海域都可以进行通信，具有通信容量大、方向性好、隐蔽与保密性强的优点。

还可将上述不同类型浮标功能综合起来，实现综合性、多功能的浮标通信。

（3）潜艇通信支持系统。

为了满足网络中心战等新的作战模式的需求，正在发展的潜艇通信支持系统在战术上要与其他水上、水下作战平台互联互通，并不断同空中以及地面作战平台交换大容量、多类型的数据，向着开放、多媒体、综合化以及多网合一的方向发展。在具体实施过程中，这样的通信系统可以实现与海上战斗群联合指挥信息系统的完全互通，用户与各种应用服务共享冗余、可靠的通信线路资源（节省布线重量，降低布线复杂程度），采用通用硬件和可重载软件，降低各类成本，并具有很好的扩展性。

图 6–34 为潜艇通信支持系统的结构，由射频、信道终端、系统控制与管理、指挥控制系统接口以及潜艇局域网接口等部分组成。

系统使用宽频、多功能、多频段的天线，来满足报文、话音和高速数据的通信要求；其管理控制部分将使潜艇的无线电舱室工作自动化，天线和设备的控制、交换、基带和射频信号的路由选择都由计算机控制系统完成；利用 ATM 技术开发的自动化数字网络系统（ADNS）具有综合集成信息包交换、网络协议、路由选择和集中设备管理等功能；系统还具有信息多级安全保障，通过可信标志器对输入报文进行密级标定，然后送到自动报文处理系统，自动报文处理系统与加密软/硬件结合，为通信数据提供加密保护。其局域网部分的详细情况可参考第 3.8 节。

以上只介绍了几种具有代表性的海军通信系统。与海军有关的通信系统还包括航空母舰综合通信系统、海军岸基通信系统和海军陆战队通信系统等。

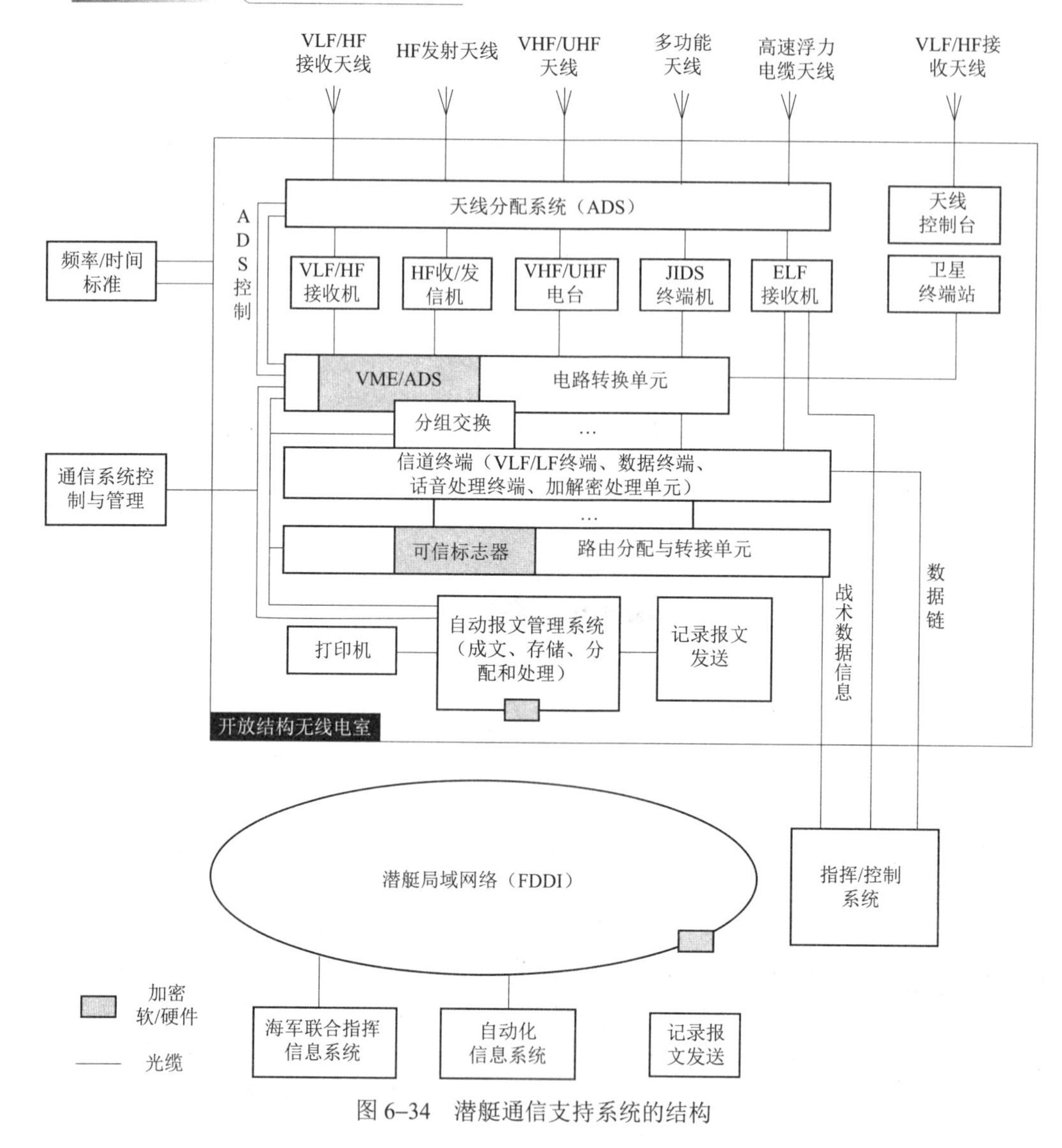

图 6–34　潜艇通信支持系统的结构

6.2.4　空军通信

1）概述

飞机是一种快速移动的作战平台，空军则是三军中机动性最强的军种。空军通信既有军事通信的共性，又有同陆军与海军不同的特点。由于现代高技术战争要实施高频度、高强度的空中对抗与空中打击，要求空军反应迅速，并能够同其他兵种协同作战，这一切都要求空军通信来保障。

空军通信使用的频段十分宽广，覆盖了从短波（HF）、超短波（VHF、UHF）以及微波（L 频段、S 频段、K 频段）等频段范围。但通常情况下，主要使用超短波通信，属于视距通信，通信距离一般在 350 km 以内。对于超视距远程作战飞机、直升机以及低空突防飞机，也使用短波通信。预警机、空中指挥机等大型飞机不但具有全频段的通信能力，还装有卫星通信设备。空军通信也是敌我双方电子对抗强度最高的领域，因此对空军通信的抗干扰和保密要求也十分突出。随着空军装备技术的发展，空军通信的内容已经不仅仅是话音，各类数据通信比例逐步上升，尤其是数据链通信已经成为空军作战过程中主要的通信手段之一。

从空军通信的功能角度来看，空军通信系统由地面通信、地—空通信、空—空通信以及空中交通管制通信等部分组成，如图 6–35 所示。

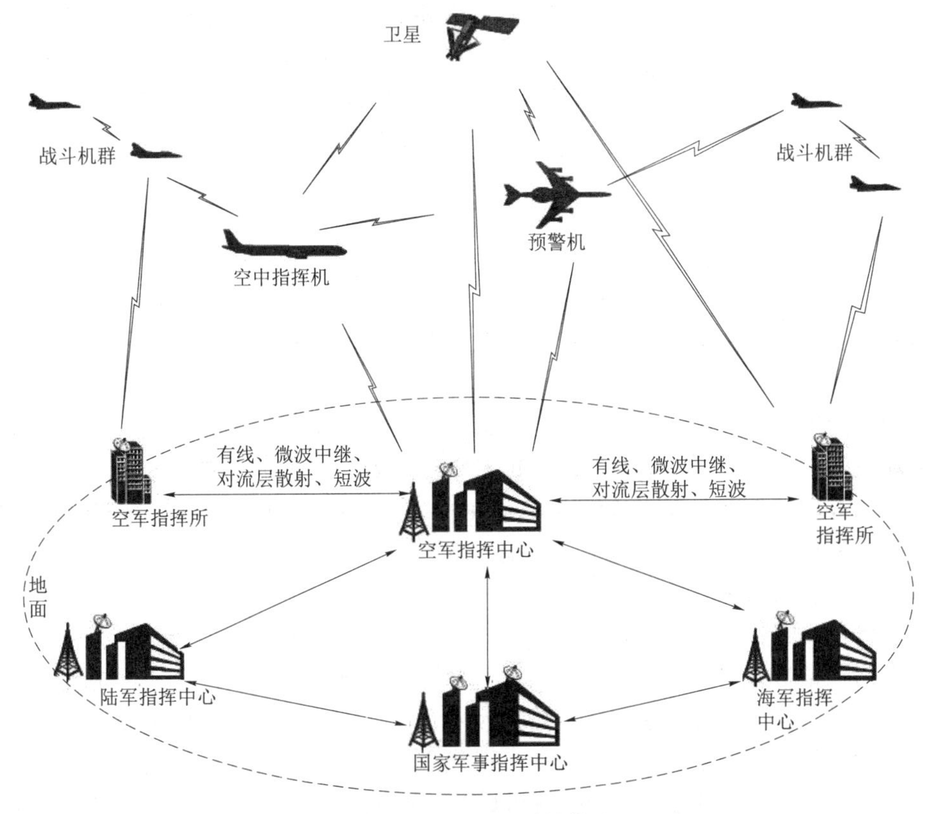

图 6–35　空军通信系统构成

（1）空军地面通信系统。

空军地面通信系统用于保障分布在广大领土范围内的各级空军部队之间的军事通信，例如，空军指挥中心与空军机场指挥所之间的通信，所传输的信息包括各类情报、指挥命令等。地面通信不但使用空军自己的专用通信网络，还要依靠国家的远程、战略国防通信网络。所使用的通信装备系统包括空军卫星通信系统、对流层散射通信系统、短波通信、有线通信等。

（2）地—空通信系统。

地空通信系统是保障空军作战、训练的主要通信系统，是空军装备数量最大和使用最广的通信系统，包括地—空远程通信和地—空近程通信，后者也称为地—空战术通信。地—空通信的任务包括：

- 空军各级指挥员对各种执行战术任务的飞机进行地—空和空—空的指挥通信。
- 保障空军的各种飞机与陆军（步兵、炮兵、坦克兵）和海军（各种舰艇）进行协同通信。
- 保障各种飞机实施陆上和海上救生通信。

一般情况下，地—空通信使用频率范围在 2～400 MHz，以话音为主、数据引导为辅，采用半双工收发同频方式成网工作，电台收发转换小于 0.5 s。

（3）空—空通信。

主要任务是保障空中指挥员对飞机及编队的指挥，以及飞行员与飞行员之间的协同。空—空通信以无线电语音为主，并兼有数据通信和简易信号通信。空—空通信通常利用地—空通信网络实施（有的把空—空通信归为地—空的一部分）。执行任务时，建立专门的空—空通信网，主要采用超短波（VHF，UHF）电台语音通信方式，根据需要使用短波电台、电话、电报以及数据传输方式。超短波电台通信采用收信、发信同频工作，网内电台较多时，容易造成相互干扰，需要各个电台严格遵守相关通信规定。

（4）空中交通管制通信。

无论在战时还是平时，为保障空中各类飞行器能安全、可靠、有序和有效地飞行，需要对空域以及空域中的飞行交通活动实施严密控制。一般情况下，一个国家有一个全国性的空域管理系统，负责保障国家的全部航路与飞行业务。在某些特定空域和航线上由空军负责管理与控制。

空管通信主要传输飞行计划、飞行活动以及气象等信息，空管人员与飞行员之间通过超短波电台和航管应答机进行通信联系，实现对空域的管理与控制，避免各类事故的发生。

除了上面介绍的空军主要通信构成外，和空军相关的通信还有地空导弹部队（防空部队）通信、空降兵野战通信以及陆军航空兵通信。下面主要介绍空军机载通信和预警机通信这两个更具有空军特色的通信系统。

2）空军机载通信

机载通信包括机载语音通信和机载数据通信这两大部分。机载语音通信是机载通信最早和最主要的方式，但伴随着军事科技、信息技术、作战模式以及作战理论的发展，机载数据通信正在成为机载通信的主要手段。例如，现代空战中的“静默攻击”模式就必须在机载数据通信支持下才能完成。实施攻击的战斗机进行“静默”，即此战斗机不进行语音通信，关闭探测雷达，只是通过机载数据链被动接收地面、预警机或者其他战斗机传来的战场和目标的数据，从而到达无线电隐身的目的，取得出其不意的攻击效果。而用途越来越多的各类战场无人机已经没有了语音通信，数据通信是其机载通信的唯一手段。

（1）机载语音通信。

机载语音通信是飞行员接受来自地面与空中的指挥引导、进行飞行与战斗协同并完成作战使命的主要通信方式之一。机载语音通信是依靠各类机载电台和卫星通信终端等设备完成，主要情况如表 6–5 所示。机载通信的超短波电台也称为战术电台，一般为半双工方式，要求通话过程简短并使用约定术语，技术上所呈现的发展趋势如下：

- 从单频段向多频段发展。例如美军在 20 世纪 50—80 年代的超短波电台都工作在 255～400 MHz 单频段；而到了 80 年代研制了 4 频带的机载电台（30～88 MHz、108～156 MHz、156～174 MHz、225～400 MHz），覆盖了陆、海、空三军战术电台使用的频段，能够较好地实现同陆军、海军之间的协同通信。
- 具有加密、抗干扰措施。目前机载电台基本上采用数字编码加密，可使用单独保密机或将保密单元嵌入电台，具有跳频、直接扩频、跳时混合抗干扰以及频率自适应等抗干扰措施。

● 由单一的话音电台向多功能的通信终端方向发展。近代大多数电台除了具有语音通信功能外，还具有数据通信功能，有的还可以作为战术数据链的端机。有的机载电台还具有自动定向（ADF）、归航等附加导航功能。

● 具有方便的总线控制设计。现代机载电台大都能接受 MIL–STD–1553B 总线控制，飞行员能方便地通过总线对电台进行全面设备状态控制及操作。今后，机载电台还将具有更先进的 MIL–STD–1773 总线接口。

表 6–5　机载语音通信设备情况

机载终端类型	适合的机种	通信距离	其他属性
超短波电台	各类执行近程任务的飞机（如歼击机、直升机等）	最大在 350 km	视距通信
短波电台	各类执行远程任务的飞机（如轰炸机、运输机和远程歼击机等）	几十千米到上千千米	通过大气电离层反射通信，通信稳定性较差
卫星通信终端	执行远程任务的大型飞机（如空中加油机、预警机、战略轰炸机、空中指挥所、大型侦察机等）	通信卫星覆盖的范围内	非视距通信，终端需要进一步小型化

（2）机载数据通信。

随着包括飞机在内的各类武器平台性能的提高，战场态势瞬息万变，战场上需要传输的探测、指挥和控制信息激增，单独的语音通信无论从所传输的信息形式、信息内容和信息容量等方面都远远不能满足作战的需求，因此机载数据链应运而生。机载数据链的基本作用是保证编队内各个作战单元之间、支持编队作战的单元与编队之间迅速地交换情报资料，共享编队各个单元以及支持编队作战的外部单元所掌握的情报，以使各个单元能够实时地监视战场态势，提高编队的相互协同能力和作战效能。常见的机载数据链如下：

● 传输各类战场情报和战术数据、共享资源为主的数据链。这种数据链要求较高的数据率和较低的误码率，电子侦察机和预警机多选用这种数据链。北约的 Link4 和 Link11 就属于这类数据链。

● 用于传输各类指挥命令、战情报告、请示报告以及勤务数据的数据链。这种数据链对数据率要求不高，但要求数据准确、可靠。歼击机、轰炸机和武装直升机一般选用此类数据链。

● 综合型机载数据链。这种数据链既具有情报、战术数据以及资源共享数据传输功能，也具有命令、战情、勤务数据以及指挥引导数据传输功能，甚至可以同时实时传输数字语音，并具有保密和抗干扰功能。例如，北约的 Link16 就属于此种数据链。

数据链在空军中的装备使用，促使飞机这种高机动性的武器平台发挥了最大的作战潜能，使得不论是地—空还是空—空的指挥协同的效率倍增，改变了现代空战的作战模式（例如，出现了静默攻击），使得探测、指控和打击可以在极短的时间内完成，极大地提高了飞机精确打击能力。

3）预警机通信系统

（1）概述。

预警机即空中指挥预警飞机（Air Early Warning，AEW），是指拥有整套远程警戒雷达系统，用于搜索、监视空中或海上目标，指挥并可引导己方飞机执行作战任务的飞机。由于地面雷达受到地球曲度限制，对低高度目标搜索距离有限，同时由于受地形干扰导致搜索效果受限。预警机将整套雷达系统放置在飞机上，利用飞行高度，自空中搜索各类空中、海上或者是陆上目标，提供较佳的预警与搜索效果，延长容许反应的时间与弹性。可以说空中预警机是现代空军的一种集探测、通信、指挥和控制于一体的空中平台，其机动性、飞行高度和先进的探测系统（雷达等）使得预警机具有其他平台所不具有的强大预警、探测能力和通信联络能力。

预警机的通信反映了现代空军通信的发展趋势，具有现代空军通信特点的代表性。就像图 6–35 所示那样，预警机上的先进的通信系统可以使其与地面指挥中心、海上指挥舰、地面协同作战部队（如高炮部队、地空导弹部队）、作战飞机以及友邻预警机等进行高效的通信，可以说预警机是空军战场通信网络中的一个至关重要的通信节点，对于保障空战胜利具有重要意义。

预警机通信系统的组成如图 6–36 所示，包括各类通信天线、超短波电台、短波电台、卫星通信终端、数据传输终端、交换机、通信自动管理计算机、显示控制台以及机内用户接口设备。

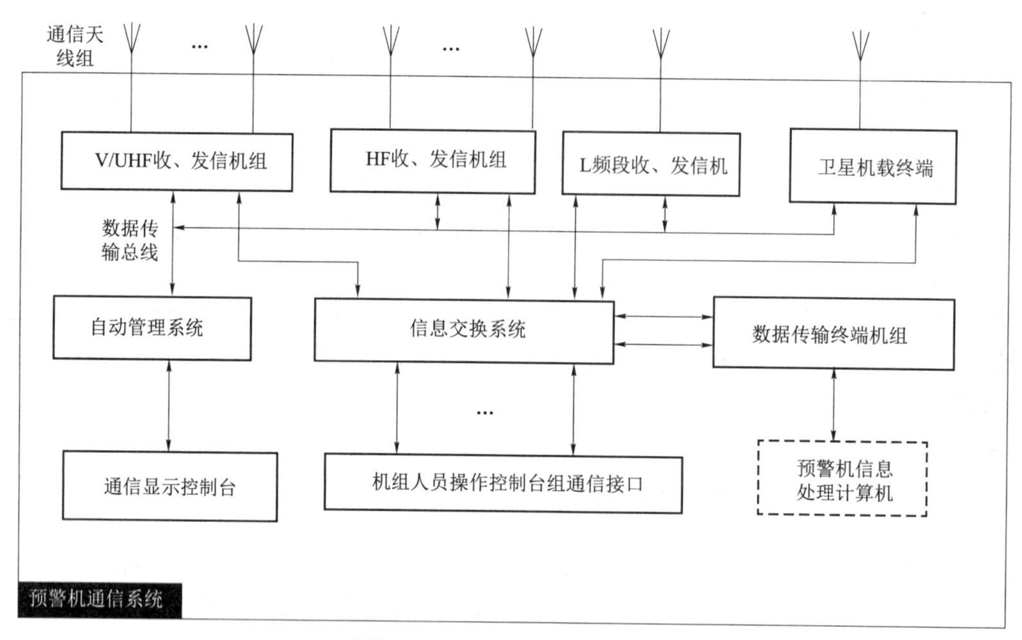

图 6–36　预警机通信系统组成

从系统组成可以看出，预警机的通信频段非常宽，不但包括超短波、短波，还包括 L 频段和卫星通信等频段，其较详细的频段使用情况见表 6–6；通信系统采用综合化的通信总线管理方式，对通信系统进行参数设置、系统配置、设备控制和综合维护；由于预警机需要同陆、海、空、天的多种对象进行通信，其通信链路数量和种类非常多，通信方式多种多样（点对点、一点对多点、广播以及组网)，传输的内容也非常复杂，其中不但包括预警机雷达探测到的目标情报数据（如目标类别、数量、编号、位置、航向和速度等)，还包括载机飞行数据、威胁警告数据、指挥命令、引导数据、中继信息以及地面雷达网的探测数据等；此外，不论是各类电台还是卫星终端设备都配备了加解密模块或终端，并采取了扩频等抗干扰技术。

表 6–6　预警机通信工作频段情况

工作频段	频率范围/MHz	通信距离	主要用途
HF	2～30	超视距	远距离传输语音和低速数据
VHF	30～88	视距	预警机与陆军之间传输语音和数据
	108～156	视距	预警机与机场塔台、指挥台以及民航飞机之间传输语音和数据
	156～174	视距	预警机与海军指挥舰之间传输语音和数据
UHF	225～400	视距	预警机与地面指挥中心及被引导的军用飞机之间传输语音及数据
L 频段	960～1 215	视距	联合战术信息分发系统使用，可传输大容量数据
卫星通信频段 UHF、SHF 或 EHF	根据各国通信卫星情况决定	超视距	预警机与地面指挥中心之间传送大容量数据和语音

（2）预警机通信的关键技术。

预警机通信既有现代军事通信领域的一些共性关键技术（例如，抗干扰、保密和自适应)，也有和飞机环境相关的特有关键技术（例如，设备小型化、集成化、电磁兼容和高速数据传输总线)。这里着重介绍预警机通信系统几个主要的技术。

- 超短波通信抗干扰技术。电子对抗是现代战争中的一维，不论何时何地电子对抗这种软杀伤形式的战斗都可能发生，而通信干扰与反干扰对抗则是其中的关键技术之一。航空超短波电台大多采用跳频和直扩/跳频混合体制，以美国的 E–3A 预警机上的电台为例，其安装了 Have Quick 跳频模块，跳频速度可以达到每秒 200 跳以上。
- 短波通信自适应技术。预警机作为一种飞行的机动平台，其短波通信的稳定性会受到多方因素的影响，其中包括电离层不稳定、多径效应和飞行造成的多普勒频移，这些因素会导致预警机的短波通信出现严重衰落。此外，可利用频带窄和各类干扰也会使通信质量变差。为了保障短波通信的稳定、顺畅，就必须使短波通信具有各种自适应功能，以克服外界环境对通信质量的影响。
- 数据链技术。预警机作为一种空军最重要的探测、指挥平台，以其为中心的空空、空地和空海之间的各类数据传递都依赖数据链技术。其中的数据链技术包括链路选择、链路建立、链路控制和链路协议转换等技术问题。
- 机载移动卫星通信技术。预警机的机载卫星通信终端不但可以大大延伸预警机的通信距离，还可以与短波通信互为补充和互为备份。机载的卫星终端涉及通信技术更加复杂，包括高增益的小型天线及跟踪伺服、多普勒频率补偿、固态功放、扩频抗干扰、纠错编译码和调制解调等技术和手段。

思考与练习

1. 军用电话网在网络结构、编号方式等方面自成系统，其主要技术体制是什么？
2. 数字密话网相对于模拟密话网的优势体现在哪些方面？
3. 什么是分组交换？分组交换有什么优点？
4. 什么是 ISDN？它的功能和特点是什么？
5. 简述 ISDN 的协议模型。
6. ISDN 用户—网络接口有几种信道？分别是什么速率？
7. 卫星通信系统由哪些部分组成？各组成部分的作用是什么？
8. 光纤通信系统由哪些部分组成？各组成部分的功能是什么？
9. 什么是最低限度应急通信？都有哪些最低限度应急通信方式？
10. 简述流星余迹通信的特点。
11. 战术互联网对于陆军地面作战战术行动有何种影响？
12. 简述区域型或远洋型海军的通信都由哪几部分组成。
13. 图示水面舰艇通信系统的组成，并进行简要说明。
14. 简述潜艇通信的特点。
15. 简述空军通信各个组成部分所要完成的主要任务。
16. 预警机通信系统有哪些关键的通信技术？

第 7 章

军事网络与通信安全技术

军事通信强调在复杂电磁环境下的可靠通信，复杂电磁环境是多方面造成的，其中造成复杂电磁环境的主要原因来自双方的电磁对抗。在电磁对抗中，一方会采取各种技术手段来截获、干扰另一方的通信；而另一方也会采取各种技术手段来保证自己的通信不被对方截获，并能够在对方干扰下进行可靠通信。这些技术我们称为通信安全技术，其中提高天线方向性、降低正常工作所需要的信号电平和采用猝发式通信等方法可以防止通信信号被截获；认证技术、访问控制技术和数据加密技术可以防止非法接入和内容破解；各类扩频、跳频技术可以有效对抗干扰。

7.1 认证与签名技术

认证技术是通过一定的验证技术，在确认使用者身份、所传输的信息以及所使用的硬件系统真实性的整个过程中采取的解决方法。认证分为信息认证和身份认证两个方面。信息认证是确定信息的完整性、唯一性和时间性，以对抗信息伪造、篡改和重放等攻击。身份认证技术是在通信网络中确认操作者身份的过程而采取的解决方法，其基本方法可以分为三种：第一种是根据你所知道的信息来证明你的身份（What you know，你知道什么）；第二种是根据你所拥有的东西来证明你的身份（What you have，你有什么）；第三种是直接根据独一无二的身体特征来证明你的身份（Who you are，你是谁）。身份认证可以使用身份证、ID 号、智能卡以及各类生物特征（指纹、掌纹和虹膜）等。

7.1.1 信息认证

在军用信息系统中，如果用户 A 发送给用户 B 一段信息，用户 B 在收到这段信息后，除了需要确定这段信息确实来自用户 A，同时还要确认这段信息在传输过程中未被非法篡改，而用户 A 也需要确认发送的信息是否已经正确地到达目的地。这些对信息的确认过程需要由验证技术来解决。信息认证技术能够实现三个目标：① 证实信息的发送源和目的地；② 确认信息内容是否受到了偶然的或有意的篡改；③ 确认信息的时间性和顺序号。换句话说，信息认证就是要确定信息的完整性、唯一性和时间性。可以采用四种机制来实现上述目标：公开密钥算法、对称密钥算法、密码校验函数和零知识技术。较普遍使用的是对称密钥算法。

1）信息完整性认证

信息的完整性（Integrity）认证基本途径有两条，一种是采用信息鉴别码（Message Authentication Code，MAC），另外一种是采用篡改检测码（Manipulation Detection Code，MDC）。

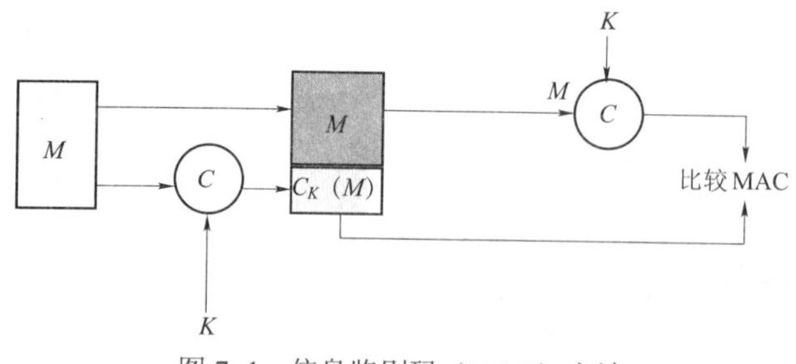

图 7-1 信息鉴别码（MAC）方法

MAC 方法如图 7-1 所示，MAC 是信息和密钥的公开函数，它是一个定长的值，以该值作为鉴别码，即 $MAC=C_K(M)$。其中 M 为可变长的消息，K 是收发双方共享的密钥，C 为认证函数。在信息传输过程中，鉴别码被附加到消息后，以 M/MAC 方式一并发送。收方亦通过与发送方同样的过程来计算鉴别码，然后将收发双方计算的鉴别码进行比较，如果两者相等，接收方认为：① 所接收的信息 M 未被篡改，信息是完整的；② 信息来自所声称的发送者，因为没有第三者知道共享密钥 K，也就不可能为信息 M 附加合适的 MAC；如果两者不等，说明信息已被非法篡改，或者不是来自所声称的发送者。

MDC 方法是利用一个认证函数 C，将要发送的信息明文变换成篡改检测码，并将其附在明文之后，然后对合在一起的信息进行加密发送（可以只对篡改检测码加密），以此来实现保密认证。

2）信息唯一性、时间性认证

信息的唯一性和时间性认证主要是阻止消息重放攻击，常使用变参数的方法来进行认证。时变参数有时间戳、顺序号和随机数等类别。在不同的应用场合，可以根据具体情况选择不同类别的时变参数，也可以同时选用几种时变参数。例如，同时选用时间戳和顺序号。

（1）时间戳。时间戳方法要求通信双方使用相同的参考时间，如格林尼治时间。接收方使用固定大小的时间窗口，认证者收到信息时间与信息认证码中所携带的时间戳之间存在一个差值，如果差值在时间窗口内，信息就被接收。通过对经过窗口的信息进行登记，当已经登记的信息第二次以后出现时，将被接收方拒绝，以此来控制信息的唯一性。

（2）顺序号。在顺序号验证方法中，收发双方要预先确定编号的特定方式，特定的编号信息只能被接收一次，且编号格式必须符合相关规定，否则，接收方就会拒绝接收。这种方法使得接收方可以检测信息重用，以此来控制唯一性。

（3）随机数。在随机数认证方法中，认证一方产生一个随机数，并发送给被认证一方，被认证者将该随机数加密后回传给认证者，认证者检测这一随机数是否为所发送的随机数。随机数认证可以防止重用攻击和交错攻击。

7.1.2 身份认证

身份认证是指对系统使用者合法性的验证技术。在通信领域，身份认证是一项重要的安全措施，利用身份认证可以实现通信双方的身份鉴别，以及控制对各类资源的访问权限。身份认证的主要方法有人机鉴别、通信实体鉴别和身份零知识证明。

人机鉴别可以实现对通信设备使用和操作人员的认证。通常采用口令、个人持证和生物特征等鉴别方法。口令（或通行字）是一种较简单和原始的方法。在实际使用中，应该根据安全要求来合理设置口令，达到易记忆、难猜测、抗分析的效果。一般来说，口令越长、各类字符（数字、字母、特殊字符）组合越复杂、更改越频繁，口令就越难以被破解；随着信息技术的发展，可以用来进行身份认证的证件类型越来越丰富，有磁卡、IC 卡和 USB-Key

等；基于生物特征身份认证的方法可利用的生物特征非常多，包括指纹、掌纹、声纹、虹膜、唇纹、血型、DNA 信息，等等。在实际使用生物特征的时候，不但要考虑算法的识别率，还要考虑特征提取的难易程度和响应时间等因素。

通信实体鉴别是要对进入通信系统的终端和设备进行鉴别，以此控制这些终端或设备对各类资源的访问权限、可享受的服务。在鉴别过程中，可以进行单向鉴别和相互鉴别，也可以借助于第三方参与鉴别过程。鉴别过程采用时间戳、顺序号和随机数等时变参数，来防止利用以前的鉴别信息进行重放攻击，

所谓零知识证明，指的是示证者在证明自己身份时不泄露任何信息，验证者得不到示证者的任何私有信息，但又能有效证明对方身份的一种方法。例如，有一个环形的长廊，出口和入口距离非常近（在目距之内），但长廊中间某处有一道只能用钥匙打开的门，A 要向 B 证明自己拥有该门的钥匙。采用零知识证明，则 B 看着 A 从入口进入长廊，然后又从出口走出长廊，这时 B 没有得到任何关于这个钥匙的信息，但是完全可以证明 A 拥有钥匙。

7.1.3　数字签名

电子签名是指数据电文中以电子形式所含、所附用于识别签名人身份并表明签名人认可其中内容的数据。通俗点说，电子签名就是通过密码技术对电子文档的电子形式的签名，并非是书面签名的数字图像化，它类似于手写签名或印章，也可以说它就是电子印章。

以往在各类纸质文档中，人们常常使用指纹印、各类印章和手写签字等方式实现文档产生者的身份证明，便于其他人对文档进行认证和核准。但在电子邮件系统、电子转账系统、办公自动化系统、电子商务系统以及作战指挥系统等信息系统中，就不能使用手写签字或印鉴，这些传送的签名在电子信息系统中不易进行输入、识别和鉴定，却很容易被非法复制。所以在信息系统中，要使用电子签名。

数字签名技术能够实现身份鉴别、数据源鉴别、发送源不可抵赖和接受者不可抵赖等安全目标。要做到这样，数字签名必须满足下述条件：

- 签名是不能伪造的。签署人的签名只有签署人自己才能产生，其他人不能伪造。
- 签名是可靠的。签名使电子文件的接收者相信文件上的签名是签署者慎重签上的。
- 签名是不可重用的。签名是电子文件的一部分，不可将签名移到另外的电子文件上。
- 签名文件是不可改动的。文件签名之后不能改变。
- 签名是不可抵赖的。签名以后，签名者不能声称他没有签过名。

数字签名是利用密码技术来达到上述条件的，通过将发送信息、签名密钥进行密码变换来实现数字签名。数字签名的使用过程分为签名过程和验证过程。近几十年来，有大量数字签名方案被提出和应用，在实际应用中人们通常使用公开密钥体制来获得数字签名。图 7–2 是使用公开密钥算法（RSA）的数字签名产生过程和数字签名验证过程。

在签名过程中，信息 I 经过单向压缩函数压缩编码为一定比特数的 I'_h I_h 再和签名密钥 S_K 经过 RSA 算法产生出针对信息 I 的签名 $S_{I'}$ 将 S_I 附加在信息 I 后面，组合后发送出去。

在验证过程中，首先将收到的信息分离出信息 I' 和签名信息 $S'_{I'}$ 将信息 I' 经过单向压缩函数编码成 $I'_{h'}$ 同时将 S'_I 和验证码 V_K 经过 RSA 的逆变换得到 V'_I，然后比较 I'_h 和 V'_I。如果二者相等，那么数字签名的验证通过；否则，验证失败，原因可能是信息已经被篡改，或者签名不是生成人的签名。

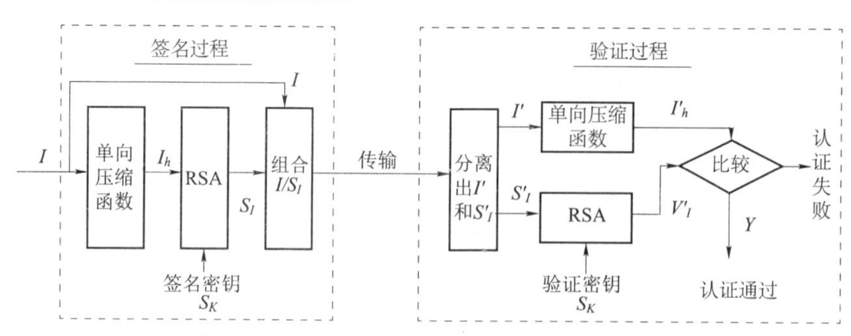

图 7–2 基于 RSA 算法的数字签名使用过程

当通信双方为数字签名的真伪发生纠纷时，就要借助于第三方公证机关。公证机关主要依靠时间戳和所发证书来进行仲裁。此外，公正机关还具有非对称密钥集的生成、储存、更换，证书生成和公开密钥分发等功能。

7.2 保密通信技术

7.2.1 保密通信系统与通信过程

通信双方采用保密通信系统可以隐蔽和保护需要发送的消息，使未授权者不能提取消息内容。发送方将要发送的消息称作明文，明文被变换成看似无意义的随机消息，称为密文，这种变换过程称作加密；其逆过程将密文恢复为明文，称为解密。一个密码系统的组成包括以下五个部分：

- 明文空间 M。它是全体明文的集合。
- 密文空间 C。它是全体密文的集合。
- 密钥空间 K。它是全体密钥的集合。其中每一个密钥 K 均由加密密钥和解密密钥组成。
- 加密算法 E。它是一组由 M 到 C 的加密变换，对于每一个具体的，则 E 就确定出一个具体的加密函数，把 M 加密成密文 C。
- 解密算法 D。它是一组由 C 到 M 的解密变换，对于每一个确定的，则 D 就确定出一个具体的解密函数。

保密通信过程如图 7–3 所示。发送方对信源数据 m 进行加密：

$$c = f(m,k_1) = E_{k_1}(m) \qquad \text{其中 } m \in M, k_1 \in K_1$$

加密后的信息 c 在信道上传输，接收方要进行解密，有：

$$m = D_{k_2}(c) \qquad \text{其中 } m \in M, k_2 \in K_2$$

对于密码分析员而言，可能会使用变换函数 h 对截获的密文 c 进行变换，得到一个明文 m'，如果 $m' \neq m$ 则分析失败；如果 $m'=m$ 则分析成功。

为了保护信息，抗击密码分析，保密系统要满足下述要求：

- 系统即使达不到理论上是不可破的，也应当为实际上不可破的。就是说，从截获的密文或已知的明文密文对，要决定密钥或任意明文在计算上是不可行的；
- 系统的保密性不依赖对加密体制或算法保密，而依赖密钥，即遵循 Kerckhoff 原则；

- 加密和解密算法适用于所有密钥空间中的元素；
- 系统便于实现和使用。

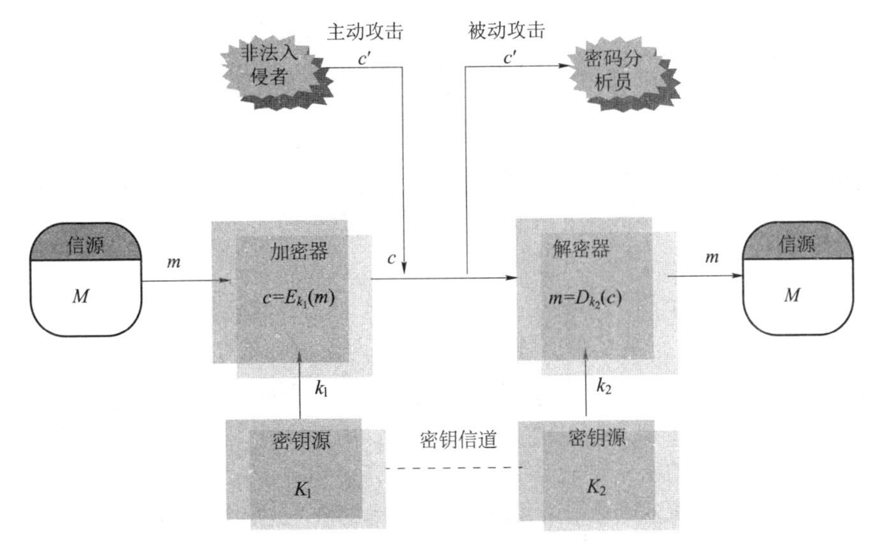

图 7–3　保密通信过程

在具体的实施中，保密通信系统主要有两种形式。一种形式是将加密器/解密器与通信设备（如发送终端）集成在一起，以线路加密的形式对数据在线路传输中进行保护，但不能提供全程保护（信源与发送设备之间以及接收设备与信宿之间是明文），如图 7–4（a）所示；另外一种方式是将加密器/解密器直接与信源和信宿计算机设备集成在一起，提供端到端的全程数据传输保护，如图 7–4（b）所示。

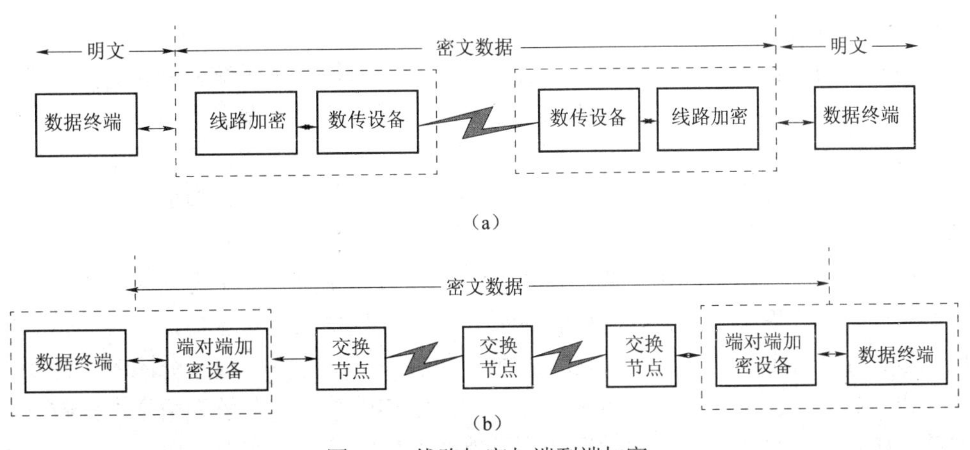

图 7–4　线路加密与端到端加密

线路加密是由通信网络设备完成的，在通信网络传输过程中，不但可以对用户数据提供加密保护，还可以对数据流向和流量等信息提供保密；端到端的加密只对用户数据提供加密保护，有关传输路由、控制协议以及数据格式等信息都是明文，容易受到流量和流向攻击。因此，在军用通信网络中，往往会采取线路加密与端到端加密相结合的二重加密方式进行通信，这样既可以为用户提供数据的全程加密保护，又可以提供信息的流向、流量的全程加密保护。

7.2.2 保密通信密码体制

根据密钥类型不同将密码体制分为两类。

1）对称密钥

这种加密方法是加密、解密使用同样的密钥，即 $K_1=K_2$，密钥由发送者和接收者分别保存，在加密和解密时使用，采用这种方法的主要问题是密钥的生成、注入、存储、管理、分发等很复杂，特别是随着用户的增加，密钥的需求量成倍增加。在网络通信中，大量密钥的分配是一个难以解决的问题。

例如，若系统中有 n 个用户，其中每两个用户之间需要建立密码通信，则系统中每个用户需掌握（$n-1$）个密钥，而系统中所需的密钥总数为 $n(n-1)/2$ 个。对于 10 个用户来说，每个用户必须有 9 个密钥，系统中密钥的总数为 45 个。对 100 个用户来说，每个用户必须有 99 个密钥，系统中密钥的总数为 4 950 个。这还是仅考虑用户之间的通信只使用一种会话密钥的情况。如此庞大数量的密钥生成、管理、分发确实是一个难处理的问题。

比较典型的对称加密算法有美国的数据加密标准 DES（Data Encryption Standard）算法、三重 DES、广义 DES，欧洲的 IDEA，日本的 FEAL N、RC5 等。

2）不对称密钥

不对称密钥称为公钥加密，加密、解密用的是不同的密钥，也就是 $K_1 \neq K_2$。一个密钥“公开”，即公钥，另一个自己秘密持有，即私钥，加密方用公钥加密，只有用私钥才能解密。每个用户有一个对外公开的加密算法 E 和对外保密的解密算法 D，它们必须满足条件：

- D 是 E 的逆，即 $D[E(X)]=X$；
- E 和 D 都容易计算；
- 由 E 出发去求解 D 十分困难。

从上述条件可看出，在公开密钥密码体制下，加密密钥不等于解密密钥。加密密钥可对外公开，使任何用户都可将传送给此用户的信息用公开密钥加密发送，而该用户唯一保存的私人密钥是保密的，也只有它能将密文复原、解密。虽然解密密钥理论上可由加密密钥推算出来，但这种算法设计在实际上是不可能的，或者虽然能够推算出，但要花费很长的时间而成为不可行的。所以将加密密钥公开也不会危害密钥的安全。

公钥体制是基于数学上的单向陷门函数，这些函数的特点是一个方向求值很容易，但其逆向计算却很困难。许多形式为 $Y=f(x)$的函数，对于给定的自变量 x 值，很容易计算出函数 Y 的值；而由给定的 Y 值，在很多情况下依照函数关系 $f(x)$计算 x 值十分困难。例如，两个大素数 p 和 q 相乘得到乘积 n 比较容易计算，但从它们的乘积 n 分解为两个大素数 p 和 q 则十分困难。如果 n 为足够大，当前的算法不可能在有效的时间内实现。

典型的公钥体制的算法有 RSA、背包、McEliece 密码、Diffe–Hellman、Rabin、零知识证明、椭圆曲线、EIGamal 等算法。公钥密钥管理比较简单，不存在对称加密系统中密钥分配保存问题，可以方便地进行数字签名和验证，但算法复杂，加密过程较慢。

7.2.3 虚拟专用网络

虚拟专用网络（Virtual Private Network，VPN）指的是在公用网络上建立专用网络的技术。之所以称为虚拟网，主要是因为整个 VPN 网络的任意两个节点之间的连接并没有传统专网所需的端到端的物理链路，而是架构在公用网络服务商所提供的网络平台上，如 Internet、ATM（异步传输模式）、Frame Relay（帧中继）等之上的逻辑网络，用户数据在逻辑链路中传输。它涵盖了跨共享网络或公共网络的封装、加密和身份验证连接的专用网络的扩展。VPN 主要采用了隧道技术、加解密技术、密钥管理技术和使用者与设备身份认证技术。VPN 具有如下特点：

- 安全保障。VPN 通过建立一个隧道，利用加密技术对传输数据进行加密，以保证数据的私有性和安全性。
- 服务质量保证。VPN 可以为不同要求的用户提供不同等级的服务质量保证。
- 可扩充、灵活性。VPN 支持通过 Internet 和 Extranet 的任何类型的数据流。
- 可管理性。VPN 可以从用户和运营商角度进行管理。

图 7–5 是 VPN 通信系统的基本组成，VPN 通道是由隧道启动器在公网上建立的，数据通过 VPN 隧道在公网上传送，到达信宿后由隧道终结器解析出来，进行正常的网络数据传输。VPN 的隧道启动器和终结器可以通过如下形式来实现：

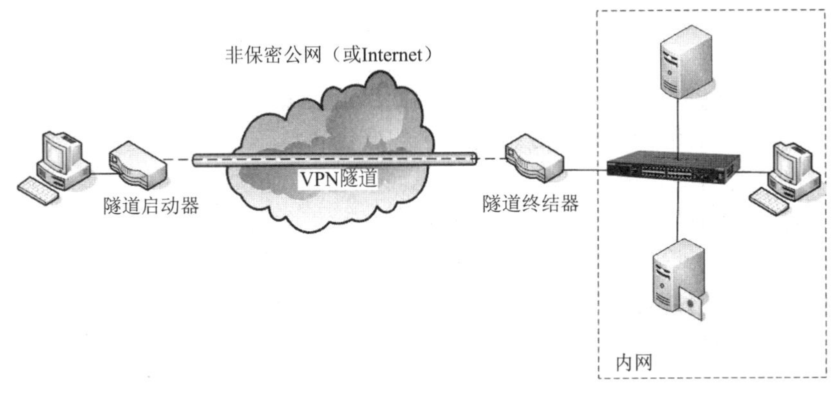

图 7–5　VPN 的基本组成

- VPN 服务器。在大型局域网中，可以在网络中心通过搭建 VPN 服务器的方法来实现。
- 软件 VPN。可以通过专用的软件来实现 VPN。
- 硬件 VPN。可以通过专用的硬件来实现 VPN。
- 集成 VPN。很多的硬件设备，如路由器、防火墙，都含有 VPN 功能，但是一般拥有 VPN 功能的硬件设备通常都比没有这一功能的要贵。

实现 VPN 最关键的部分是在公网上建立虚信道，而建立虚信道是利用隧道技术实现的。为创建隧道，隧道的客户机和服务器必须使用同样的隧道协议。IP 隧道可以在网络的不同层次上实现，包括链路层、网络层和传输层。第二层隧道主要是 PPP 连接，如 PPTP、L2TP，其特点是协议简单、易于加密，适合远程拨号用户；第三层隧道是 IP in IP，如 IPSec，其可靠性及扩展性优于第二层隧道，但没有前者简单直接；第四层隧道主要是由 SSL 协议来实现的，易于在实际应用中使用。

1）点对点隧道协议（PPTP）

PPTP（Point to Point Tunneling Protocol）是由包括微软和 3Com 等公司组成的 PPTP 论坛开发的一种点对点隧道协议，基于拨号使用的 PPP 协议使用 PAP 或 CHAP 之类的加密算法，或者使用 Microsoft 的点对点加密算法 MPPE。其通过跨越基于 TCP/IP 的数据网络创建 VPN，实现了从远程客户端到专用企业服务器之间数据的安全传输。PPTP 支持通过公共网络（例如 Internet）建立按需的、多协议的、虚拟专用网络。PPTP 允许加密 IP 通信，然后在要跨越单位 IP 网络或公共 IP 网络（如 Internet）发送的 IP 头中对其进行封装。

2）L2TP

L2TP（Layer Two Tunneling Protocol）是 IETF 基于 L2F（Cisco 的第二层转发协议）开发的 PPTP 的后续版本，是一种工业标准 Internet 隧道协议，其可以为跨越面向数据包的媒体发送点到点协议（PPP）框架提供封装。

PPTP 和 L2TP 都使用 PPP 协议对数据进行封装，然后添加附加包头用于数据在公共网络上的传输。PPTP 只能在两端点间建立单一隧道。L2TP 支持在两端点间使用多隧道，用户可以针对不同的服务质量创建不同的隧道。L2TP 可以提供隧道验证，而 PPTP 则不支持隧道验证。但是当 L2TP 或 PPTP 与 IPSEC 共同使用时，可以由 IPSEC 提供隧道验证。PPTP 要求公共网络为 IP 网络。L2TP 只要求隧道媒介提供面向数据包的点对点的连接，L2TP 可以在 IP（使用 UDP）、帧中继永久虚拟电路（PVCs）、X.25 虚拟电路（VCs）和 ATM VCs 网络上使用。

3）IPSec

IPSec（IP Security）隧道模式是由封装、路由与解封装等过程组成，其主要特征在于它可以对所有 IP 级的通信进行加密。隧道将原始数据包隐藏（或封装）在新的数据包内部。该新的数据包可能会有新的寻址与路由信息，从而使其能够通过网络传输。隧道与数据保密性结合使用时，在网络上窃听通信的人将无法获取原始数据包数据（包括原始的源和目标地址）。封装的数据包到达目的地后，会删除封装，原始数据包头用于将数据包路由到最终目的地。隧道本身是封装数据经过的逻辑数据路径，对原始的源和目的端，隧道是不可见的，而只能看到网络路径中的点对点连接。连接双方并不关心隧道起点和终点之间的任何路由器、交换机、代理服务器或其他安全网关。

4）SSL

SSL（Secure Sockets Layer）协议提供了数据私密性、端点验证、信息完整性等特性。SSL 协议可分为两层。SSL 记录协议（SSL Record Protocol）：它建立在可靠的传输协议（如 TCP）之上，为高层协议提供数据封装、压缩、加密等基本功能的支持；SSL 握手协议（SSL Handshake Protocol）：它建立在 SSL 记录协议之上，用于在实际的数据传输开始前，通信双方进行身份认证、协商加密算法、交换加密密钥等。

SSL 独立于应用，各种应用层协议（如：HTTP、FTP、TELNET 等）能通过 SSL 协议进行透明传输，任何一个应用程序都可以享受它的安全性而不必理会执行细节。SSL 置身于网络结构体系的传输层和应用层之间。此外，SSL 本身就被几乎所有的 Web 浏览器支持。这意味着客户端不需要为了支持 SSL 连接安装额外的软件。SSL 的这些特点使其被广泛应用于建立虚拟专用网络。

7.3 抗干扰通信

所谓抗干扰通信，就是在各种干扰条件或复杂电磁环境中保证通信正常进行的各种技术和战术措施的总称。常用的抗干扰通信有两大类，一类是基于扩频的抗干扰技术，一类是基于非扩频的抗干扰通信技术。

扩频技术是将信道的传输带宽进行扩展来达到抗干扰目的的方法，其中包括直接序列扩频、跳频扩频、跳时扩频、调频扩频和混合扩频等。基于非扩展频谱的抗干扰通信体制主要是指不通过对信号进行扩频而实现抗干扰的技术方法，主要有自适应滤波、干扰抵消、自适应频率选择、捷变频、功率自动调整、自适应天线调零、智能天线、信号冗余、分集接收、信号交织和信号猝发，等等。从技术特点来看，扩频技术主要在频率域、时间域以及速度域上来考虑信号的抗干扰问题；而非扩频抗干扰技术不但涉及上述三个领域，还在功率域、空间域、变换域以及网络域等方面下功夫，其涉及的知识更多、涵盖范围更广。

7.3.1　抗干扰通信理论基础

尽管抗干扰通信方法很多，但从本质上说，所有的技术方法都是以提高通信系统的有效信干比为目标的，以此来保证通信系统能够实现可靠的信息传输。其理论基础如下：

1）香农公式的工程意义

香农（Shannon）公式是近代信息论的基础，在通信领域被广泛应用，对于指导抗干扰通信具有重要意义。扩频通信的理论基础就是香农公式，对于高斯白噪声信道有：

$$C = W\log_2(1+S/N) \tag{7–1}$$

式中，C 为信道容量，单位为 bit/s；W 为传输信息所用带宽，单位为 Hz；N 为噪声平均功率，S 为信号平均功率，S/N 为信号与噪声功率之比，即信噪比。

从公式 7–1 可以看出，在信号功率 S 不变的情况下，信道容量 C 可以随带宽 W 增大，近似成线性关系增长；若带宽 W 不变，信道容量 C 与信号功率近似成对数关系，上升速度较缓慢；若信道容量 C 保持不变，带宽与信号功率可以互换，也就是说增大带宽 W，可以降低对信号功率（或信噪比）要求，或者说明显改善了信噪比。

2）处理增益

处理增益 G_p 指的是一个扩频单元或系统的输出信噪比与输入信噪比之间的比值，表示为：

$$G_p = \frac{(S/N)_o}{(S/N)_i} = \frac{S_o/n_o W_o}{S_i/n_o W_i} = W_i/W_o \tag{7–2}$$

通常以分贝形式表示为：

$$G_p(\mathrm{dB}) = 10\lg(W_i/W_o) \tag{7–3}$$

式 7–2 中，$(S/N)_o$ 为系统输出信噪比，$(S/N)_i$ 为系统输入信噪比，n_o 为高斯噪声功率谱密度，W_i 为系统的信号输入信号带宽，W_o 为系统的输出信号带宽。一般来说，输入信号功率 S_i 若在处理过程中没有损失，应该与输出信号功率 S_o 相等。

式 7–3 中的 G_p 表明扩频系统前后信噪比改善程度，体现系统有用信号增强，干扰受到抑制的能力。G_p 值越大，扩频系统的抗干扰能力越强。换句话说，扩频处理增益表示了系统解扩前后信噪比改善程度和敌方干扰扩频系统所要付出的理论代价，是系统抗干扰能力的理论指标。

3）干扰容限

处理增益是在系统处理过程无损失情况下系统抗干扰能力的理论值，为了描述系统实际抗干扰能力，量化扩频系统到底能容忍多大干扰还能正常工作，引入了干扰容限 M_j，其表达式为：

$$M_j = G_p - [L_s + (S/N)_{out}] \tag{7-4}$$

式中，$(S/N)_{out}$ 为接收机解调输出端所需的最小信噪比（超过这个值，系统无法复原信号），L_s 为扩频系统解扩解调的固有处理耗损，它是由扩频信号处理以及工程实现中的误差对信号造成的损伤而引起的。

从公式 7–4 可以看出，干扰容限与扩频处理增益、系统固有处理损耗和输出端所需的最小信噪比三个因素有关。扩频处理增益越大，系统固有处理损耗和输出端所需的最小信噪比越小，干扰容限就越大。所以应尽量提高处理增益，降低系统固有处理损耗和输出端所需的最小信噪比。

系统的处理增益主要与信息速率、频率资源、扩频解扩方式等因素有关。系统固有处理损耗和输出端所需的最小信噪比主要与扩频解扩方式、交织与纠错方式、调制解调性能、自适应处理、信号损伤、同步性能、时钟精度、器件稳定性、弱信号检测能力、接收机灵敏程度等指标有关。这些都是提高干扰容限的系统基本性能的切入点。一般来说，不同扩频体制的干扰容限的表现形式是不尽相同的。

7.3.2 扩频通信特点

扩频通信技术，即扩展频谱通信（Spread Spectrum Communication）技术，它的基本特点是其传输信息所用信号的带宽远大于信息本身的带宽。在扩频通信的过程中，发送端把要传送的数据进行伪随机编码调制，实现频谱扩展后在信道上传输，接收端采用相同的编码进行解扩和相关处理，恢复原始信息数据。

扩频通信按照工作方式可分为直接序列扩频（DS）、跳频（FH）、线性调频（Chirp）和跳时（TH）四种基本方式，其中直接序列扩频和跳频应用较为广泛。除了以上基本方式外，还可以把四种方式的两种或多种组合构成混合方式。扩频技术通信大大扩展了信号频谱，具有许多窄带通信难以替代的优良性能，所表现出的特点如下：

1）提高了无线频谱的利用率

由于无线应用领域非常广泛，从长波到微波都得到开发利用，无线频谱资源十分宝贵。要保障无线通信设备的正常运行，无线信道之间不能相互干扰。采用扩频技术通信，可以大大降低无线发送设备的发送功率（1～650 mW），且可以工作在信道噪声和热噪声背景下，这样就不会对其他通信造成较大的干扰，易于实现在同一地区重复使用同一频率，也可以与现今各种窄带通信共享频率资源。所以在美国及世界上的绝大多数国家，扩频通信不需要申请频率，任何个人可以无执照使用。

2）抗干扰性强，误码率与截获率低，隐蔽性好

图 7–6 为扩频通信过程中，数据、噪声和干扰信号的功率谱密度 $S(f)$（单位频率波携带的功率）随频率 f 的变化情况。在扩频前，要传输的数据信号分布在一个窄带范围内，且功率谱密度较大，如图 7–6（a）所示；扩频后，信号的功率密度明显下降，且信号分布在了一个很宽的频谱范围内，如图 7–6（b）所示；图 7–6（c）为扩频后的信号传输的情况，信道中存在白噪声和脉冲干扰；解扩后数据信号被重新还原为窄带信号，如图 7–6（d）所示。

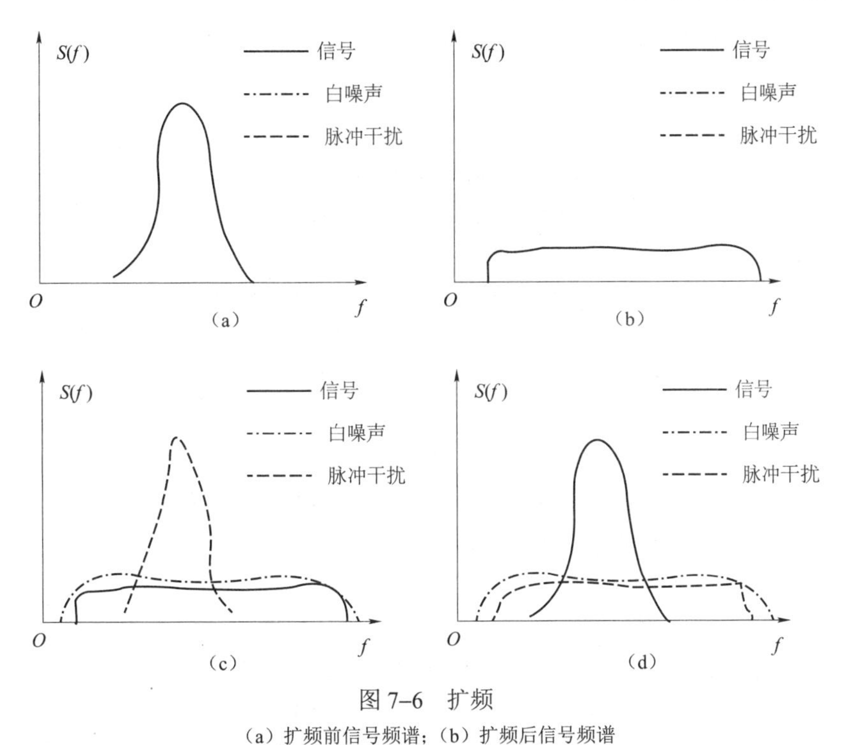

图 7–6　扩频

（a）扩频前信号频谱；（b）扩频后信号频谱

（c）解扩前信号、噪声与干扰频谱；（d）解扩后信号、噪声与干扰频谱

由于信号被扩频后的谱功率密度下降，较好情况下甚至小于白噪声的功率谱密度，也就是“湮没”在白噪声背景中，再加上数据信号是经过伪随机编码的，所以扩频通信的隐蔽性好，很难被截获。

从解扩过程我们可以看出，对于脉冲干扰，由于在信号的接收过程中，它是一个被一次“模 2 相加”过程，可以看成是一个被扩频过程，其带宽将被扩展，功率谱密度大幅下降；而有用信号却是一个被二次“模 2 相加”过程，是一个解扩过程，其信号被恢复为原始的窄带高功率密度，并远远高于被“扩频”干扰信号功率谱密度，这时通信接收系统具有较高的信噪比。因此，扩频通信抗干扰性强、误码率低（正常条件下可低到 10^{-10}，最差条件下约 10^{-6}）。

3）抗多径干扰

在无线通信中，抗多径干扰一直是难以解决的问题。利用扩频编码之间的相关特性，在接收端可以用相关技术从多径信号中提取分离出最强的有用信号，也可把多个路径来的同一码序列的波形相加使之得到加强，从而达到有效的抗多径干扰。

4）可以实现码分多址

由于扩频通信中存在扩频码序列的扩频调制，充分利用各种不同的码型的扩频序列之间优良自相关性和互相关特性，在接收端利用相关检测技术进行解扩，则在分配给不同用户码型的情况下，可以区分不同用户的信号，实现码分多址。

5）组网灵活

扩频设备一般采用积木式结构，组网方式灵活，方便统一规划、分期实施，利于扩容、有效地保护前期投资。

此外，扩频通信绝大部分是数字电路，设备高度集成，安装简便，易于维护，也十分小巧可靠，便于安装，便于扩展，平均无故障时间也很长。

7.3.3 直接序列扩频

直接序列扩频（Direct Sequence Spread Spectrum，DSSS）工作方式，简称直扩方式（DS方式），就是用高速率的扩频序列在发射端扩展信号的频谱，而在接收端用相同的扩频码序列进行解扩，把展开的扩频信号还原成原来的信号。

直接序列扩频方式是直接用伪噪声序列（Pseudo-noise Sequence，PN）对载波进行调制，要传送的数据信息需要经过信道编码后，与伪噪声序列进行模 2 和生成复合码去调制载波。伪随机噪声序列具有类似随机噪声的一些统计特性，但和真正的随机信号不同，它可以重复产生和处理。

图 7–7 给出了一个 DSSS 的例子，在本例中每位数据用 6 个片码来表示，调制方法是将数据流与 PN 流进行异或，解扩时用同样的 PN 流与收到的信号进行异或，即可恢复出来原始的数据流。

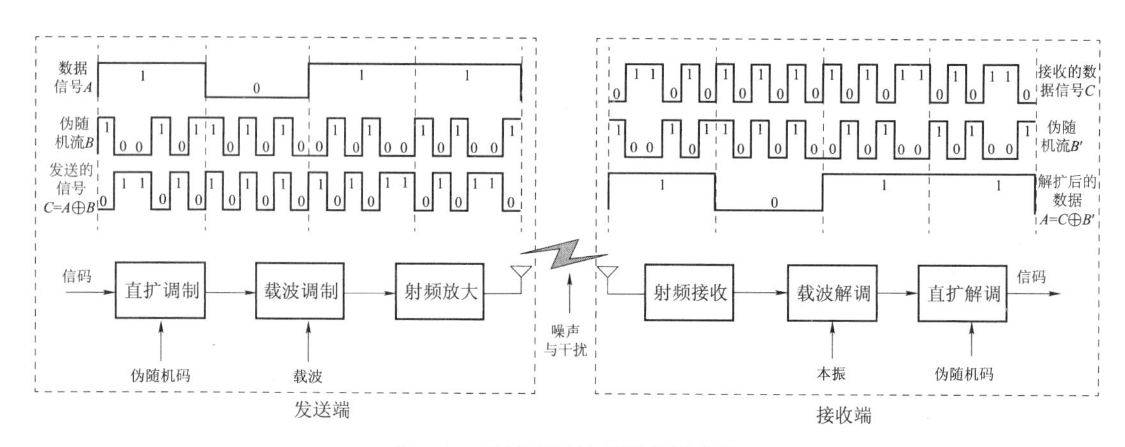

图 7–7 直接序列扩频通信示意图

直接序列扩频抗干扰能力是由接收机对干扰的抑制。在解扩过程中，有用信号与干扰信号都要经过接收机的伪噪声码解调，解扩的结果是干扰信号被扩频，其功率谱密度下降若干倍，而有用信号被解扩为窄带信息，增益提高了若干倍。此增益称为直扩处理增益 G_{DS}，反映了直接序列扩频系统的抗干扰能力，公式 7–3 在这里可表示为:

$$G_{DS}(dB)=10\lg(R_c/R_b) \tag{7–5}$$

式中，R_c 为直扩码速率，R_b 为信息码速率，其比率在数值上即为扩频码长度，也称为带宽扩频因子。图 7–7 所示的例子中，扩频因子为 6，直接扩频的增益 G_{DS} 为 7.78 dB。

7.3.4 跳频扩频

跳频扩频（Frequency-Hop SS）是最常用的扩频方式之一，其工作原理是收发双方传输信号的载波频率按照预定规律进行离散变化，也就是说，通信中使用的载波频率受伪随机变化码的控制而随机跳变。从通信技术的实现方式来说，“跳频”是一种用码序列进行多频频移键控的通信方式，也是一种码控载频跳变的通信系统。从时域上来看，跳频信号是一个多频率的频移键控信号；从频域上来看，跳频信号的频谱是一个在很宽的频带上以不等间隔随机跳变的。

跳频系统在每一个频率上的驻留时间的倒数称为跳频速率。当跳频速率高于信元码率时，称作快速跳频，此时系统在多个频率上依次传送相同信息；跳频速率低于信元码率时，称作慢速跳频，此时系统在每一跳时间内传送若干波特的信息。目前，大多数的跳频系统都是慢跳系统。

如图 7–8 所示，在跳频通信过程中，发送端的信源将要发送的信码送入调制器进行调制，然后将所得到的窄带信号送入变频器，在变频器中载有数据的窄带信号与频率合成器送来的跳变本振频率信号进行变频，产生宽带的跳频信号。本振频率信号是由伪随机序列产生器控制频率合成器产生的；接收端的变频器接收到跳频信号后，利用和发送端预定的同步伪随机序列信号控制的本振信号进行解调，然后由低通滤波器送入解调器，进行载波解调，恢复出和发送端一致的信码。

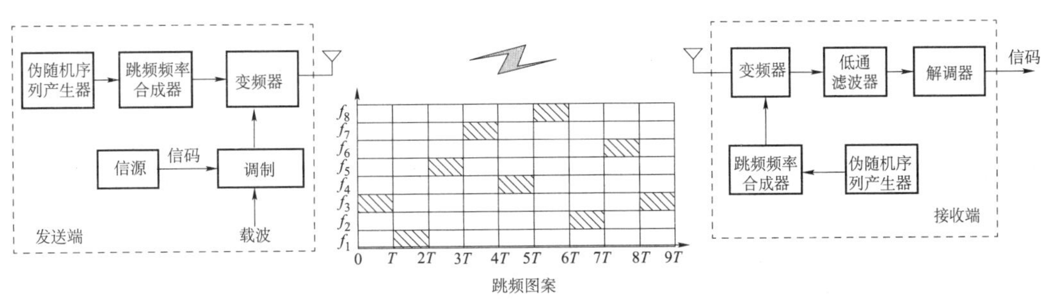

图 7–8　跳频通信系统的基本组成及工作过程示意图

由伪随机序列控制的频率跳变顺序称为跳频图案。图 7–8 所示的跳频图案有 8 个频率点，频率的跳变次序为f_3、f_1、f_5、f_7、f_4、f_8、f_2、f_6。实际应用中，跳频图案中的频率点数从几十个到数千个。一般认为跳频系统的处理增益就是跳频点数。跳频系统完成一次完整的跳频过程的时间很长，在每个跳变周期中，一个频率可能出现多次。跳频图案中两个相邻频率的最小频率差称为最小频率间隔。跳频系统中当前工作频率和下一时刻工作频率之间的频率差的最小值称为最小跳频间隔。在实际系统中，最小跳频间隔都大于最小频率间隔，以避免连续几个跳频时刻都受到干扰。

在跳频通信系统中，跳频控制器为核心部件，包括跳频图案产生、同步、自适应控制等功能；频合器在跳频控制器的控制下合成所需频率；数据终端包含对数据进行差错控制。

7.3.5　时间跳变扩频

与跳频相似，跳时扩频（Time Hopping, TH）是使发射信号在时间轴上跳变。首先把时间轴分成许多时片，在一帧内哪个时片发射信号由扩频码序列去进行控制。可以把跳时理解为：用一定码序列进行选择的多时片的时移键控。由于采用了窄很多的时片去发送信号，相对说来，信号的频谱也就展宽了。

如图 7–9 所示，在发送端，输入的数据先存储起来，由扩频码发生器产生的扩频码序列去控制通/断开关，经二相或四相调制后再经射频调制后发射。在接收端，当接收机的伪码发生器与发端同步时，所需信号就能每次按时通过开关进入解调器。解调后的数据也经过一缓冲存储器，以便恢复原来的传输速率，不间断地传输数据，提供给用户均匀的数据流。只要收发两端在时间上严格同步进行，就能正确地恢复原始数据。

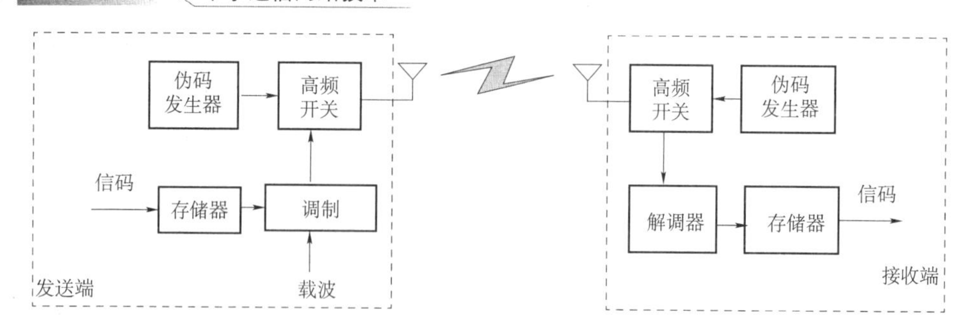

图 7–9　跳时扩频通信系统组成

跳时扩频系统也可以看成是一种时分系统，所不同的地方在于它不是在一帧中固定分配一定位置的时隙，而是由扩频码序列控制的按一定规律跳变位置的时隙。跳时系统能够用时间的合理分配来避开附近发射机的强干扰，是一种理想的多址技术。但当同一信道中有许多跳时信号工作时，某一时隙内可能有几个信号相互重叠，因此，跳时系统也和跳频系统一样，必须采用纠错编码，或采用协调方式构成时分多址。由于简单的跳时扩频系统抗干扰性不强，很少单独使用。跳时扩频系统通常都与其他方式的扩频系统结合使用，组成各种混合方式。

从抑制干扰的角度来看，跳时系统得益甚少，其优点在于减少了工作时间的占空比。一个干扰发射机为取得干扰效果就必须连续地发射，因为干扰机不易侦破跳时系统所使用的伪码参数。

跳时系统的主要缺点是对定时要求太严。

7.3.6　调频扩频与混合扩频

如果发射的射频脉冲信号在一个周期内，其载频的频率做线性变化（线性递增或线性递减），则称为线性调频。因为其频率在较宽的频带内变化，信号的频带也被展宽了，这种扩频方法被称为调频扩频（Chirp SS）。这种扩频调制方式主要用在雷达中，但在通信中也有应用。

以上四种基本扩频系统，各有优缺点。在系统中若仅使用一种基本调制方式，往往达不到使用性能要求，若将两种或多种基本的扩展频谱方式结合起来，结合各自的优点，就能得到单一扩频方法所不能够达到的性能，甚至可能降低系统实现的难度。常用的混合扩展频谱（Hybrid SS）方式有：跳频和直扩的混合调制（FH/DS）、调频和直扩的混合调制（Chirp/DS）、跳时和跳频的混合调制（TH/FH）、跳时和直扩的混合调制（TH/DS）。

7.4　网络安全防护技术

目前，网络安全防护技术可以划分为静态安全技术和动态安全技术。静态安全技术通过人工设定各种访问规则，来限定对目标的访问，以此达到保护系统、抵御入侵的目的。路由器访问控制列表（ACL）和防火墙（Firewall）都是这类技术的典型代表；动态安全技术通过对系统的主动检测、分析和响应等手段来保障系统的安全性。主要的动态安全技术包括入侵检测（Intrusion Detection）、在线风险分析（Online Risk Analysis）、安全漏洞扫描（Vulnerability Scan）和入侵响应等（Intrusion Response）。

以往人们大多采用的是静态安全技术，而在目前新的安全形势下，原来的网络访问控制、防火墙隔离等静态安全防御技术已经不能满足安全需求，网络安全的重要发展趋势是静态安全技术和动态安全技术相结合，集成不同功能、不同层次的安全系统，系统间功能相互补充、安全信息共享、协调互动，实现网络的动态、纵深防御。

目前，被网络安全领域所普遍接受的可适应信息安全防护体系（或称动态信息安全理论）的模型 P2DR 就是这一趋势的典型代表。如图 7–10 所示，此模型包含四个主要部分：Policy（安全策略）、Protection（防护）、Detection（检测）和 Response（响应）。在安全策略的指导下，防护、检测和响应组成了一个完整的、动态的安全循环，使系统从静态防护转化为动态防护，从而保证信息系统的安全。其主要思想是强调在安全策略的指导下，将各个相对独立的安全环节协调起来，进行全过程的整体防御，而不是单一的安全系统发挥作用。

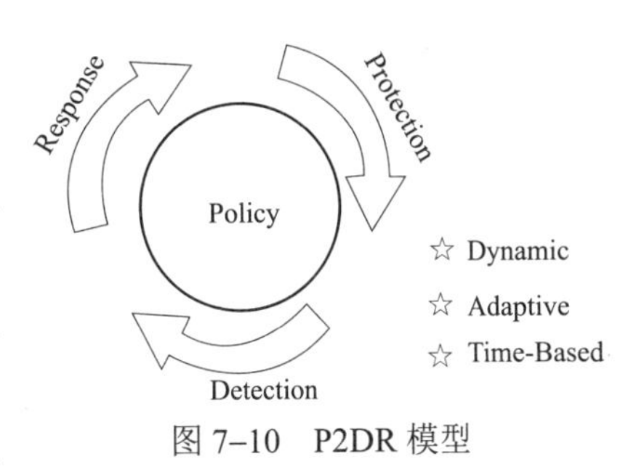

图 7–10　P2DR 模型

网络安全企业界最近所推出的入侵防御系统（Intrusion Prevention System，IPS）和入侵管理系统（Intrusion Management System，IMS）是上述网络安全技术发展趋势的具体体现，显示了各项动态安全技术的重要性和必要性。IPS 在入侵检测系统（Intrusion Detection System，IDS）中，使用了多重入侵检测机制和粒度更细的规则，增强了入侵响应机制。特别是 IMS，它以 IDS 为核心，联合防火墙、漏洞扫描、主机保护、安全审计、网管等安全与网络产品进行全局协调检测、响应，实现对系统的防御和保护。

7.4.1　防火墙技术

1）防火墙及其作用

当构筑和使用木制结构房屋时，为防止火灾的发生和蔓延，人们将坚固的石块堆砌在房屋周围作为屏障，这种防护构筑物被称为防火墙。在计算机网络中，人们借助于这个概念，使用防火墙来实现不同网络之间（或主机与网络之间）的访问控制和安全边界的逻辑隔离。

在逻辑上，防火墙是一个分离器、一个限制器，也是一个分析器。具体来说，防火墙是指设置在不同网络（如可信任的内部网和不可信的公共网，如图 7–11（a）所示）或网络安全域之间（如图 7–11（b）所示）或主机与网络之间（如图 7–11（c）所示）的一系列软件、硬件的组合，是不同网络、网络安全域或主机与网络之间信息的唯一出入口，能根据安全策略控制（允许、拒绝、监测）出入网络或主机的信息流，保证内网或主机的安全，且本身具有较强的抗攻击能力。它是提供信息安全服务，实现网络和信息安全的基础设施。其主要作用如下：

（1）实现网络安全边界的划分与隔离。

目前，众多类型的防火墙可以根据用户的安全需要，实现不同范围或粒度安全区域的划分和隔离，所划分的安全区域可以为一个大型网络，也可以是一个小型网络，甚至是一台主机。一个防火墙（作为阻塞点、控制点）能极大地提高一个内部网络的安全性，并通过过滤不安全的服务而降低风险。由于只有经过精心选择的应用协议才能通过防火墙，所以网络环境变得更安全。

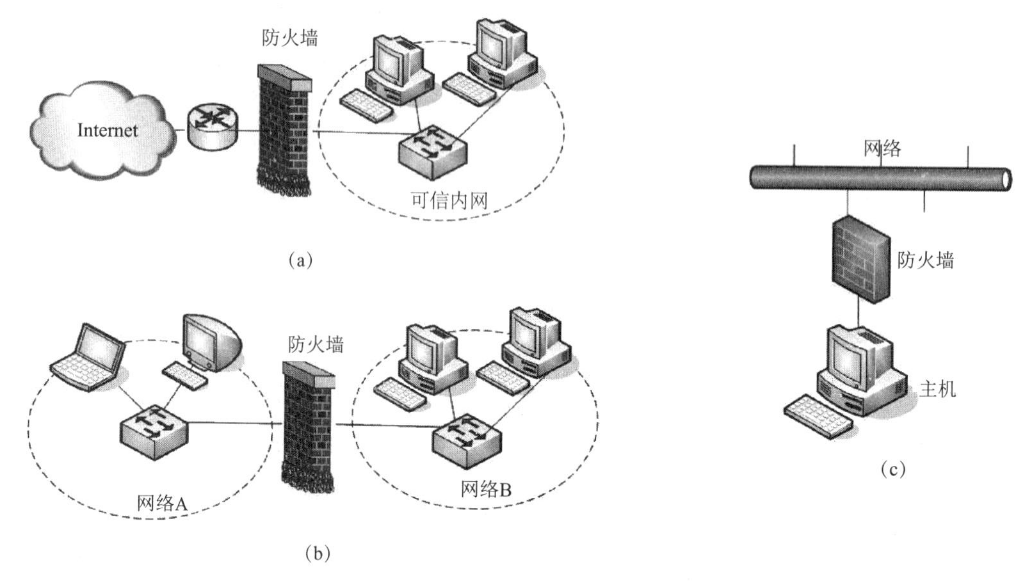

图 7-11　防火墙部署

（2）可对网络存取和访问进行监控审计。

防火墙所隔离的内外网之间的访问通信都要经过防火墙，防火墙可以记录下这些访问，并可以根据管理员的安全需求做出日志记录，从而可以对这些访问实施监控、审计。同时，也能提供网络使用情况的统计数据。当发生可疑动作时，防火墙能进行适当的报警，并提供网络是否受到攻击的详细信息。

（3）可以防止内部信息的外泄。

通过防火墙可实现内部网重点网段的隔离，可以掩盖内部网络结构和被保护主机的详细情况，防止外网用户对内网（或主机）的恶意侦测，从而限制了局部重点或敏感网络安全问题对全局网络造成的影响。

除了安全作用，通过防火墙的地址转换 NAT 功能，可以缓和现有 IP 地址空间不足的问题。有的防火墙还支持 VPN（Virtual Private Network）功能，可将企事业单位在地域上分布在世界各地的 LAN 或专用子网有机地连成一个整体。不仅省去了专用通信线路，而且为信息共享提供了技术保障。

2）防火墙的分类

（1）根据实现层次分类。

① 包过滤防火墙。包过滤或分组过滤防火墙（Packet filtering）作用在网络层和传输层，它根据分组包头源地址、目的地址和端口号、协议类型等标志确定是否允许数据包通过。只有满足过滤逻辑条件的数据包才被转发到相应的目的地出口端，其余数据包则被从数据流中丢弃。过滤的逻辑条件是管理员根据安全策略制定的。

由于此类防火墙过滤规则不十分复杂，不做内容过滤，容易通过硬件方式实现，所以过滤速度快。另外，因为它工作在网络层和传输层，与应用层无关，不用改动客户机和主机上的应用程序，对用户是完全透明的。和代理防火墙相比，其安全控制性能有限。这是由于其过滤判别的依据只有网络层和传输层的有限信息，不能控制应用层信息，因而各种安全要求不可能充分满足。黑客通过盗用合法 IP 很容易穿透防火墙，同时，没有用户级别的安全日志，很难发现黑客攻击记录。此外，其过滤性能受规则数目的影响。在许多过滤器中，过滤规则的数目是有限制的，且随着规则数目的增加，性能会受到很大的影响。这类防火墙通常和应用网关配合使用，共同组成防火墙系统。

② 代理防火墙。应用代理（Application Proxy）防火墙也叫应用网关（Application Gateway），作用在应用层，通过对每种应用服务编制专门的代理程序，实现监视和控制应用层通信流的作用。

此类防火墙能够理解应用层上的协议，可以做一些复杂的访问控制，具有较强的访问控制能力，它能够支持用户认证，并可以提供用户级别的日志信息，便于对黑客的追踪。但应用层网关对用户是不透明的，需要用户改变自己的行为，每种服务都需要有相应的代理服务器，实现起来比较复杂、困难。

③ 复合防火墙。由于对更高安全性的要求，常把基于包过滤的方法与基于应用代理的方法结合起来，形成复合型防火墙产品，实现两类防火墙各方面性能的互补。

（2）根据体系结构分类。

① 双宿主机结构防火墙。其结构如图 7–12 所示，防火墙由堡垒主机上配置双网卡来实现，两块网卡分别内网和外网相连，堡垒主机运行防火墙软件，使内外网用户不能直接通信，但内网用户可以与堡垒主机通信，外网用户也可以同堡垒主机通信，中间通过防火墙安全控制检查，最终实现内外网用户间的通信。其缺点是当黑客攻破堡垒主机后就可以自由对内网资源进行访问。

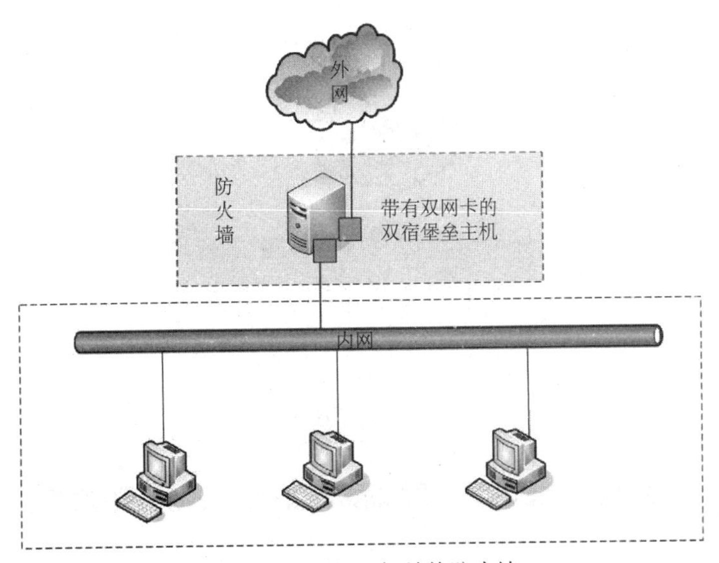

图 7–12　双宿主机结构防火墙

② 屏蔽主机结构防火墙。屏蔽主机防火墙由过滤路由器和堡垒主机组成，如图 7–13 所示。根据被保护网络的安全需求，在过滤路由器上设立过滤规则，并使堡垒主机成为从外网唯一可直接访问的主机，从而保证内网主机不被外网非法用户攻击。与双宿主机结构防火墙类似，当堡垒主机被外网用户攻破后，其内网就会受到很大威胁。

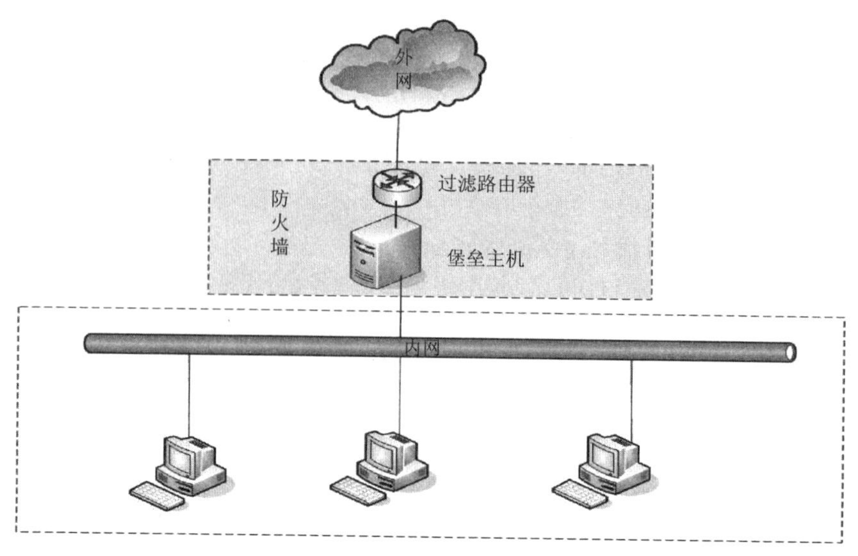

图 7–13 屏蔽主机结构防火墙

③ 屏蔽子网结构防火墙。屏蔽子网防火墙是由内部路由器、外部路由器和堡垒主机构成，如图 7–14 所示。外部路由器连接外网，内部路由器连接内网，中间的堡垒主机可作为外网用户的访问点。内、外路由器中间部分的网络被称为非军事区（Demilitarized Zone，DMZ）或隔离区。这样一种结构比前两种结构复杂，外部路由器管理所有外网用户对 DMZ 内资源的访问，并隔离外网非法用户的攻击，内部路由管理 DMZ 内资源实体（例如，堡垒主机）对内部网络上资源的访问。这样，外网的黑客必须通过三个不同区域（外部路由器、堡垒主机和内网路由器）才能到达内网，所以可以提供多层次和更安全的防护。

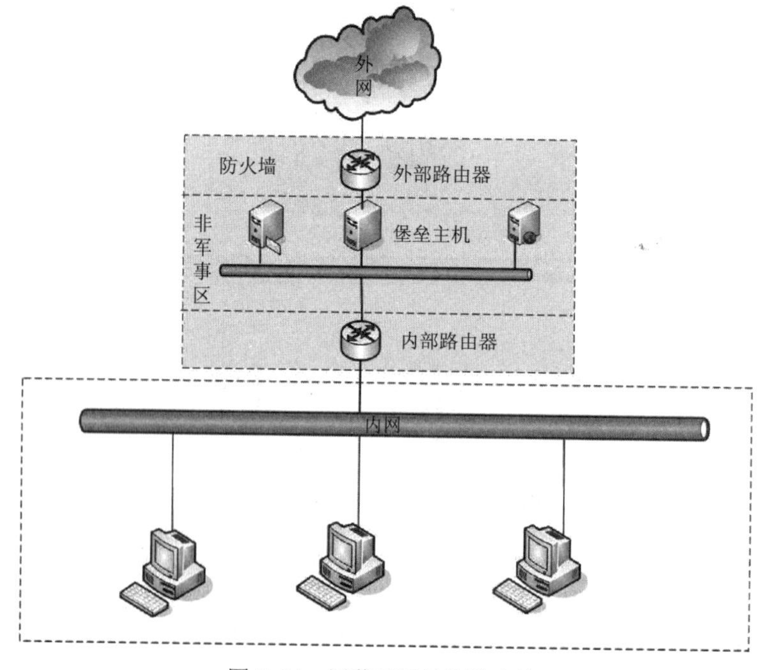

图 7–14 屏蔽子网结构防火墙

此外，按照防火墙存在形式，防火墙还可以分为软件防火墙和硬件防火墙；按照受保护对象和规模，又可分为主机级防火墙和网络级防火墙。

3）防火墙部署与使用

防火墙可以实现不同网络之间（或主机与网络之间）的访问控制和安全边界的逻辑隔离。一般防火墙有主机级防火墙、网络级防火墙。主机级防火墙通常位于被保护的主机上，对单台主机进行保护。这里重点阐述网络级防火墙的部署和使用。作为一种安全隔离或者安全域的划分设备，网络级防火墙通常位于所要隔离的两个网络之间，这两个网络一个是被保护网络（也称为信任网络或内网），一个是被隔离的网络（也称为非信任网络或外网），防火墙根据安全策略控制（允许、拒绝、监测）两网之间的网络信息流，保证内网或主机的安全。所以，防火墙就部署在两网进行信息交换的通道上，或者说部署在内网的出口处。

（1）非军事区部署。

目前，普遍使用的网络级防火墙多为子网屏蔽防火墙，一般有三类接口，即 WAN 口、DMZ 口和 LAN 口，WAN 口用于连接外网，DMZ 口用于连接那些向外网提供 Web、Ftp 和 Mail 等公共服务的服务器，LAN 口用于连接内网交换机。这样部署的原因如下：

这类防火墙会形成如图 7–15 所示的三个不同等级的安全区域。在这三个安全区域中，安全区域 1（内网）安全级别最高，安全区域 2（DMZ 区）次之，安全区域 3（外网）最低。这三个区域因担负不同的任务而拥有不同的访问策略。在配置一个拥有 DMZ 区的网络的时候，通常定义以下的访问控制策略，以实现 DMZ 区的非军事区作用。

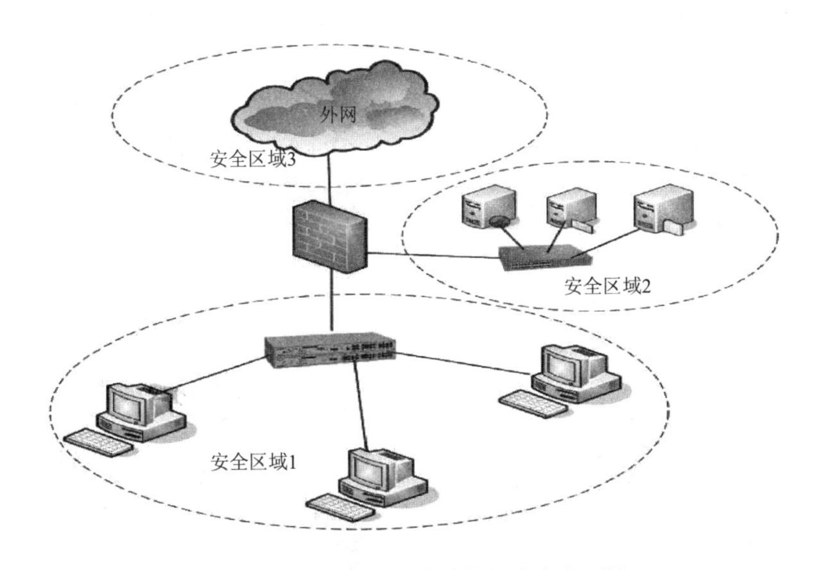

图 7–15　屏蔽子网防火墙的三个安全区域

● 内网可以访问外网。内网的用户需要自由地访问外网。在这一策略中，防火墙需要执行 NAT。

● 内网可以访问 DMZ。此策略使内网用户可以使用或者管理 DMZ 中的服务器。

● 外网不能访问内网。这是防火墙的基本策略，内网中存放的是内网用户内部数据，显然这些数据是不允许外网的用户进行访问的。如果要访问，就要通过 VPN 方式来进行。

● 外网可以访问 DMZ。DMZ 中的服务器需要为外界提供服务，所以外网必须可以访问

DMZ。同时，外网访问 DMZ 需要由防火墙完成对外地址到服务器实际地址的转换。

● DMZ 不能访问内网。一般来说，是否执行此条策略，要视情况而定。例如，当 DMZ 里的 Web 服务器需要访问内网数据库服务器提取相关数据时，就不能执行此条策略。但这时如果入侵者攻陷 DMZ 的 Web 服务器，内部网络将面临很大威胁。

● DMZ 不能访问外网。此条策略也有例外，比如在 DMZ 中放置邮件服务器时，就需要访问外网，否则将不能正常工作。

在没有 DMZ 的技术之前，当需要架设向外网用户提供服务的服务器时，用户必须在其防火墙上面开放端口（就是 Port Forwarding 技术）使外网用户访问其服务器，显然，这种做法会因为防火墙对外网开放了一些必要的端口降低了内网区域的安全性，外网黑客们只需要攻陷服务器，那么整个内部网络就完全崩溃了。

DMZ 区的诞生恰恰为需要架设外网服务器的用户解决了内部网络的安全性问题。按照上述部署和安全策略设定，在保证内网用户对外网资源的访问以及对 DMZ 服务器维护的同时，还可向外网用户提供公共服务，并可确保内网资源不会被外网用户非法访问。

（2）路由器与防火墙的相对位置。

在网络出口处，除了设置防火墙之外，一般都要安装路由器，完成内外网数据包的边界路由，那么路由器与防火墙的位置如何安排呢？一般有如图 7–16 所示的（a）（b）两种方案。这两种方案各有其优缺点。路由器实现网络间的互联，强调数据包的顺利转发和数据包路由的速度；防火墙实现网络之间的逻辑隔离，强调的是数据包转发的安全。由于路由器只需要在网络层进行数据包转发和过滤，其速度大大高于需要在网络层、传输层以及应用层等多层工作的防火墙。在实际使用中，需要视具体情况确定使用何种部署方法，以便在速度与安全之间进行取舍。

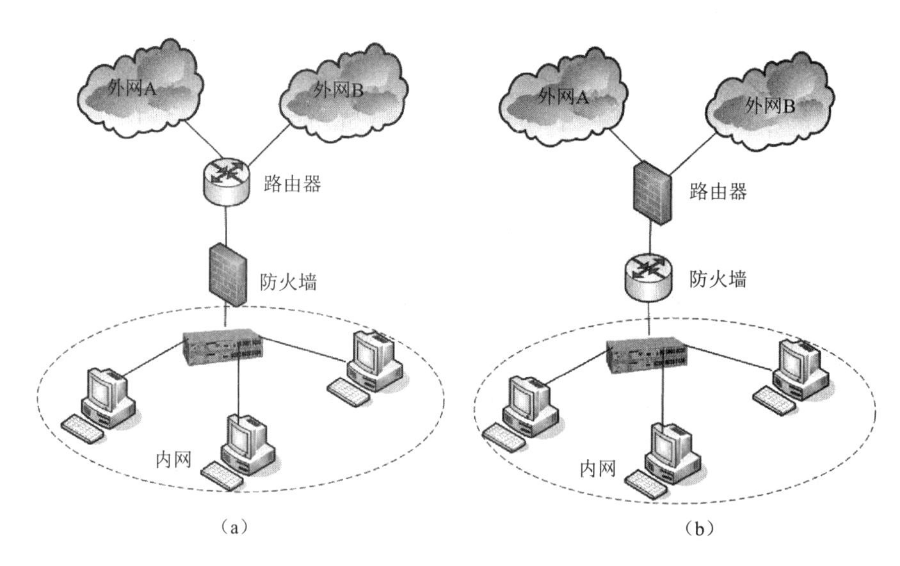

图 7–16　防火墙与路由器的相对位置

方案（a）强调的是速度，路由器在外，防火墙在里。这是目前大部分网络中普遍采用的防火墙与路由器的部署方法。路由器位于外面，使用访问列表就可以以较小的系统成本过滤端口扫描等许多恶意网络活动，并能快速实现网际的数据包转发，其后的防火墙只需要检查

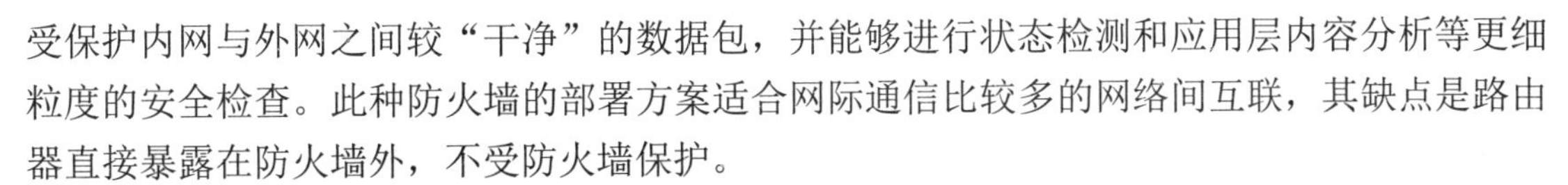

受保护内网与外网之间较“干净”的数据包，并能够进行状态检测和应用层内容分析等更细粒度的安全检查。此种防火墙的部署方案适合网际通信比较多的网络间互联，其缺点是路由器直接暴露在防火墙外，不受防火墙保护。

方案（b）强调的是安全，防火墙位于路由器的前面，可以将路由器也纳入其保护范围内，其安全性比方案（a）更好，但由于防火墙所通过的数据量（包括许多垃圾数据包）较方案（a）更大，会大大影响网络通信的速度。此种方案适合网际通信较少的网络互联。

4）防火墙存在问题

（1）防火墙“防外不防内”。

它既不能防范绕过它的攻击行为，也不能防范网络内部用户的非法行为。当入侵者通过网络中的后门（没有通过防火墙的通信连接）入侵，或者网络内部用户在内网从事非法操作，防火墙就无能为力了。

（2）防火墙一般不能防范病毒。

不能防止感染病毒的软件或文件在网络上传输。

（3）防火墙影响网络性能。

防火墙所带来的安全性的增加，往往会影响到网络服务多样性、通信速度和开放性。例如，由于防火墙位于网络的进出口处，当增加安全规则时，就会延长防火墙对信息的处理时间，过多的安全规则就可能产生通信瓶颈，影响到内外网之间的通信速度。

7.4.2　网闸技术

1）网闸及其特点

物理隔离网闸最早出现在美国、以色列等国家的军方，用以解决涉密网络与公共网络连接时的安全问题。随着我国互联网发展以及各类涉密网络的不断建设，对于网闸需求也在日益增多。网闸（GAP）全称为安全隔离网闸。安全隔离网闸是一种由带有多种控制功能的专用硬件在电路上切断网络之间的链路层连接，并能够在网络间进行安全适度的应用数据交换的网络安全设备。安全隔离网闸的硬件设备由三部分组成：外部处理单元（主机）、内部处理单元（主机）、隔离硬件。

由于防火墙是在网络层以上的一种逻辑隔离设备，本身存在防外不防内以及病毒防范困难等缺点，所以在很多方面还不能满足用户的一些特定的安全需求。网闸的出现弥补了防火墙的一些弱点，同时满足了一些用户要求网络间既有数据交换又可实现物理隔离等安全需求。网闸中内部处理单元与内网相连，外网处理单元与外网相连，通过对硬件上存储芯片的读写以及隔离硬件在两个被隔离的网络间进行切换，完成这两个网络间的数据交换。因此，网闸在安全方面具备其他网络安全设备所不具有或者很难做到的如下特性：

- 实现了可信网络与非可信网络的真正物理隔离，网闸在任何时刻都只能与非可信网络和可信网络之一相连接，而不能同时与两个网络连接。
- 数据在网闸传送过程中必须将 TCP/IP 协议剥离，使用自定义的私有协议（不同于通用协议）完成整个传送过程。
- 传送过程直接处理应用层数据，在网络之间交换的数据都是应用层的数据，对所传送的数据进行包括病毒检测在内的内容检查和控制。

上述安全特性使得支持传统网络结构的所有协议失效，从原理实现上就切断了所有的TCP连接，包括UDP、ICMP等其他各种协议，使大部分黑客攻击（例如木马攻击）无法通过安全隔离网闸进行通信。由于传送的是应用层数据，所以可以进行全面、细致的数据完整性和安全性检查（如病毒和恶意代码检查等），对病毒传播的阻断能力远远高于防火墙等网络安全设备。

尽管作为物理安全设备，安全网闸提供的高安全性是显而易见的，但是由于其工作原理上的特性，不可避免地决定了安全网闸存在一些缺陷：

● 只支持静态数据交换，不支持交互式访问。这是安全网闸最明显的一个缺陷。由于是真正的网络间物理隔离，它不支持诸如动态Web页面技术中的Activex、Java，甚至客户端的cookie技术，目前安全网闸一般只支持静态Web页、邮件文件等静态数据的交换。

● 适用范围窄。由于数据链路层被忽略，安全网闸无法实现一个完整的ISO/OSI七层连接过程，所以安全网闸对所有交换的数据必须根据其特性开发专用的交换模块，灵活性差，适用范围十分狭窄。

● 系统配置复杂，安全性在很大程度上取决于网管员的技术水平。在网闸传送数据过程中要进行病毒、木马过滤和安全性检查等，这都需要网管员根据网络应用的具体情况加以判断和设置。如果设置不当，比如对内部人员向外部提交的数据不进行过滤而导致信息外泄等，都可能造成安全网闸的安全功能大打折扣。

● 结构复杂，成本较高。安全网闸的三个组件都必须为大容量存储设备，特别在支持多种应用的情况下，存储转发决定了必须采用较大的存储器来存储和缓存大量的交换数据。另外，安全网闸由于处在两个网段的结合部，具有网关的地位，一旦宕机就会使两边数据无法交换，所以往往需要配置多台网闸设备作为冗余，使购置和实施费用不可避免地上升。

● 技术不成熟，没有形成体系化。安全网闸技术是一项新兴的网络安全技术，尚无专门的国际性研究组织对其进行系统的研究和从事相关体系化标准的制定工作。

● 带来网络通信的瓶颈问题。因为电子开关切换速率的固有特性和安全过滤内容功能的复杂化，目前安全网闸的交换速率已接近该技术的理论速率极限，可以预见在不久的将来，随着高速网络技术的发展，安全网闸在交换速率上的问题将会成为阻碍网络数据交换的重要因素。

但无论如何，网闸对其他网络安全设备是一个很好的补充，也是其他网络安全设备所无法替代的安全产品，近几年来在国内的各行业也已经获得了较好的应用。

2）网闸部署

网闸主要实现两个不同安全级别网络间的数据传送和物理隔离。网闸一般具有两个标准的百兆或者千兆网络端口（多为RJ45），一个端口连接安全级别高的网络的交换机，一个端口连接安全级别低的网络的交换机。主要的部署场合如下：

（1）涉密网络与非涉密网络之间。

涉密网络上存贮有很多机密信息，要求这些信息不能有任何泄露，同时又要求从非涉密网络传送一些数据进入涉密网络，这时候网闸就是一个较理想的选择，如图7–17所示。

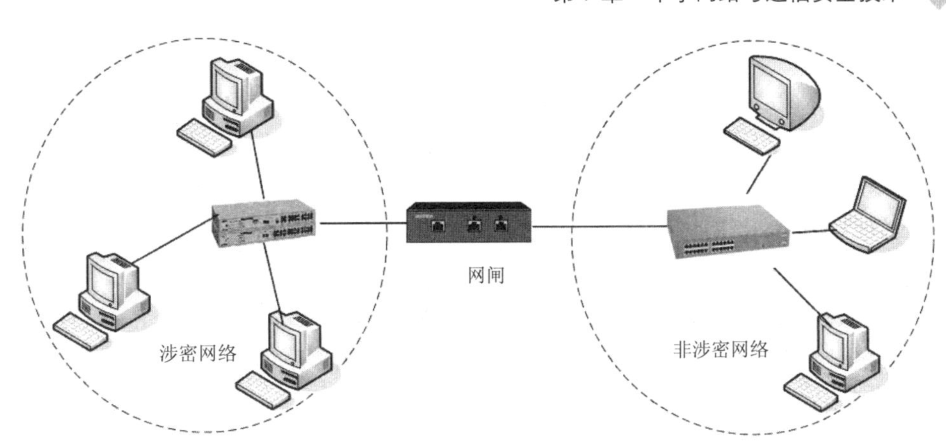

图 7–17　涉密网络与非涉密网络之间的网闸部署

（2）武器控制网络与普通军事信息网之间。

一般来说，武器控制网络与普通军事信息网络之间是严格进行物理隔离的。在特殊情况下，需要在这两类网络之间进行数据交换时，为了保障武器控制网络的安全性，应使用网闸技术进行这两类网络的互联。这是因为尽管普通军事信息网络也是保密网络，但其覆盖范围广、用户多、信息来源多样化，可能会引入各种病毒、黑客攻击，这些都会对武器控制网络造成很大威胁。部署网闸既可以实现这两类网络的物理隔离，又能做到实时的数据传输，能够有效保证武器控制网络不受外界病毒和黑客的侵扰，如图 7–18 所示。

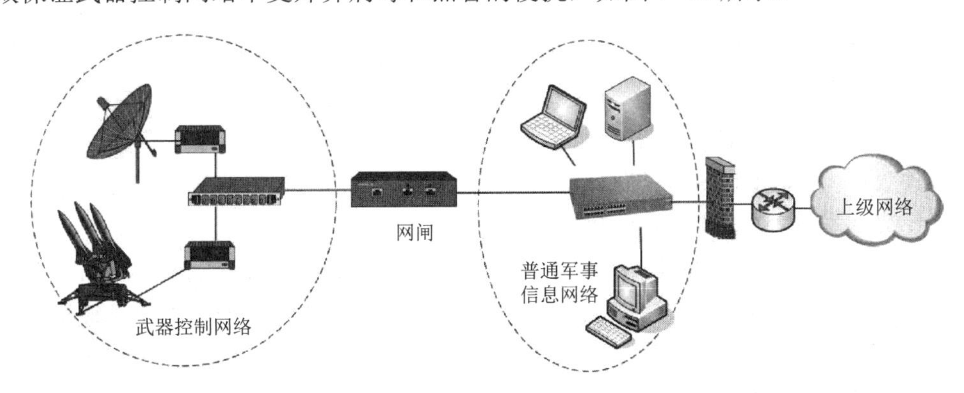

图 7–18　普通军事信息网络与武器控制网络之间的网闸部署

以上只是两种典型的网闸部署方案，随着各种军事网络不断建设和发展，必然会产生各种各样的安全需求，网闸应用也会越来越多。

7.4.3　入侵检测技术

1）入侵检测系统及其作用

人们对入侵检测技术的研究开始于 20 世纪 80 年代初，由 James Anderson 提交的《计算机安全威胁的监控与检测报告》被认为是第一篇提出入侵检测概念的文章，Anderson 将入侵定义为对信息非授权的访问、操作和导致系统不稳定、不可靠的行为。Denning 在 1987 年提出了一个入侵检测系统的抽象模型，首次将入侵检测的概念作为一种全新的与传统加密认证和访问控制完全不同的计算机系统安全防御措施而提出，该文被认为对入侵检测研究具有推动性作用。

目前，在网络安全领域对入侵普遍使用的定义是：入侵是指威胁或危害网络资源的完整性、机密性和可用性的行为集合。入侵检测技术就是在计算机网络系统中发现并报告包括入侵等各种违反安全策略行为的技术。入侵检测实质是一个分类问题，也就是针对各种主机日志、网络数据包等审计数据进行分类，以发现哪些数据是正常的（代表正常用户行为），哪些数据是异常的（代表异常用户行为）。

入侵检测系统（Intrusion Detection System, IDS）是一种计算机软件或软、硬件组合系统，它通过对被保护网络、主机数据的采集，并通过对采集到的数据进行分类和分析，发现入侵行为。入侵检测系统有如下主要作用：

- 审计系统的配置和存在的漏洞；
- 监测、分析用户和系统的活动；
- 评估系统关键资源和数据文件的完整性和一致性；
- 识别已知的攻击行为，统计分析异常行为；
- 发现正在进行的或已经实现的违反系统安全策略的活动；
- 对已经发现的攻击行为进行合适的响应。

2）入侵检测系统的分类

根据不同的分类标准，入侵检测系统可以分为很多不同的类别，这里主要介绍基于数据来源和基于检测方法的分类。

根据不同的检测数据来源，入侵检测系统可以分为基于主机的入侵检测系统（Host-based IDS，HIDS）和基于网络的入侵检测系统（Network-based IDS，NIDS）。基于主机的入侵检测系统安装并运行于被保护主机上，通过监视、分析主机的各种配置文件、审计记录和日志文件来发现入侵；基于网络的入侵检测系统位于被保护网络的关键路径上（如网络的进出口处），通过采集、分析网络分组流来发现可疑事件。

根据检测方法，入侵检测系统可以分为基于误用的入侵检测系统（Misuse-based IDS）和基于异常的入侵检测系统（Anomaly-based IDS）。基于误用的入侵检测系统是根据已知的系统漏洞和入侵模式特征，通过对被监视目标特定行为的模式匹配来检测入侵，所以误用检测又称为特征检测。基于异常的入侵检测系统首先根据历史数据建立被监视目标在正常情况下的行为和状态的统计描述，通过检测这些统计描述的当前值是否显著偏离了其相应的正常情况下的统计描述来进行入侵的检测。

用于误用检测的方法有表达式匹配（Expression matching）、状态转移（State transition analysis）、专用语言分析（Dedicated languages analysis）、基因算法（Genetic algorithms）和Petri 网等；用于异常检测的方法有统计模型分析（Statistical model analysis）、免疫系统方法（Immune system approach）、神经网络（Neural nets）、基于贝叶斯推理检测（Bayes-based analysis）和支持向量机（Support vector machine）等。目前，几乎所有机器学习和数据挖掘的方法都被人们尝试用于入侵检测，关于这些方法的细节，请参阅参考文献的内容。

此外，根据入侵检测系统的结构还可以分为集中式入侵检测系统、部分分布式入侵检测系统和全分布式入侵检测系统。还有根据系统设计目标、检测的实时性等标准进行入侵检测的分类，这里不进行详述。

需要着重说明的是，不同类型的入侵检测系统由于其检测数据源和检测方法的不同，各自具有不同的优点和缺点，在性能和检测结果上具有很好的互补性。

HIDS 和 NIDS 相比，HIDS 的优点是能够从高层监视入侵行为，确定入侵是否成功，可以有针对性地监视主机的重点安全部位，实施粒度更细的检测策略，可用于加密和交换环境，检测性能受网络流量的影响较小。HIDS 的缺点是占用被保护主机的资源，对数据源的选择敏感，基于特定的操作系统平台，可移植性差，检测速度较慢。NIDS 和 HIDS 相比，其优点是检测速度快，具有较好的隐蔽性，检测范围更宽，可以很好地检测到许多基于网络通信协议漏洞的攻击，可以安装运行在专用的主机上，与被保护主机的操作系统无关，且不占用被保护主机的资源。其缺点是在通信加密的环境下，难以实施有效的检测，而在交换网络环境下难以部署，检测性能受网络流量影响较大，且难以从高层监测入侵行为等。

基于误用的入侵检测系统能够准确地检测到已知特征的攻击，但无法检测未知的攻击行为，其漏报率（False Negative Rate）偏高；基于异常的入侵检测系统具有发现未知攻击行为的能力，但存在误报率（False Positive Rate）过高和效率较低的问题。

根据数据融合理论，不同传感器之间的差异性越大，对这些传感器检测数据进行融合后对检测性能的改善就越明显。不同类型入侵检测系统之间的这种检测方法、检测数据源和结构的差异性，以及性能和检测结果的互补性，为通过报警融合降低误报率和漏报率打下了很好的基础。

3）入侵检测系统的部署使用

入侵检测系统用于发现入侵行为，其部署方案要考虑检测对象、检测范围和检测数据来源等因素。为了及时发现入侵，入侵检测系统要么尽可能靠近攻击源，要么尽可能靠近受保护资源，这些位置通常是：

- 服务器区域的交换机上；
- Internet 接入路由器之后的第一台交换机上；
- 重点保护网段的局域网交换机上。

基于主机的入侵检测系统其检测数据来源于主机上的各种日志，其检测对象一般为被保护网络上的重要的主机或服务器，所以基于主机的入侵检测系统直接安装在被检测的主机上，所能够检测的范围限于所在主机，其部署方案相对简单。基于网络的入侵检测系统其检测数据来源于网络上的数据包，其接入和部署相对复杂，下面就重点介绍基于网络入侵检测系统的接入和部署的相关问题。

（1）基于网络的入侵检测系统的部署方法。

① 使用集线器（HUB）部署。集线器工作在物理层，集线器所构成的网络是一个冲突域（一组计算机集合，当其中任意两台计算机同时发送数据时就会产生冲突），连接到集线器的计算机共享集线器内部总线，网络上需要传送的数据包将被发送到集线器的每一个端口上。集线器这样一种工作方式，为入侵检测系统采集网络上的数据包创造了条件。以图 7–19 为例，其 IDS 检测范围取决于集线器网络所接入计算机的数量，也就是图中虚线内的范围，所部署的 IDS 可以抓取针对计算机 A、计算机 B 和服务器 A 的所有通信数据包，因此可以检测针对

这些计算机的所有入侵活动。

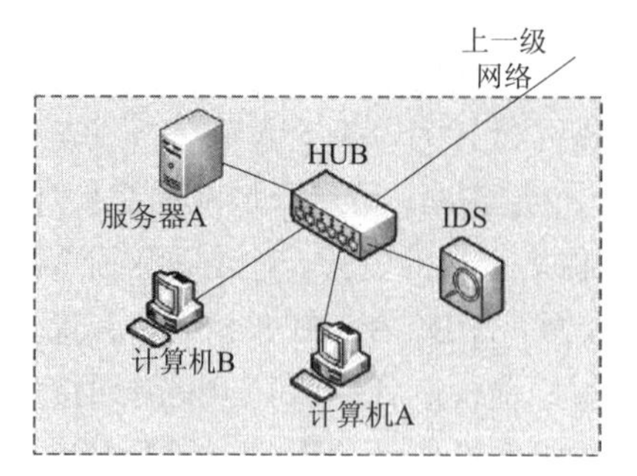

图 7–19　利用集线器进行入侵检测系统的部署

当图 7–19 所示的集线器为交换机时，变为图 7–20（a）所示的情况。在这种交换环境下，其检测范围如图中虚线所示，基于网络的 IDS 只能够接收到发送给自己的数据包，不能够接收到发送给其他计算机的数据包（除了广播包），因此无法检测针对其他计算机的入侵活动。这时，如果要检测重要服务器或主机上的入侵活动，一种方法是可以在被检测的服务器上直接安装入侵检测系统进行检测，但这种方法增加了服务器的负担，降低了服务器性能；另外一种方法是将基于网络的 IDS 与要检测的服务器接入同一个集线器中，如图 7–20（b）所示，这样 IDS 就可以检测所有针对服务器 A 的入侵活动了。

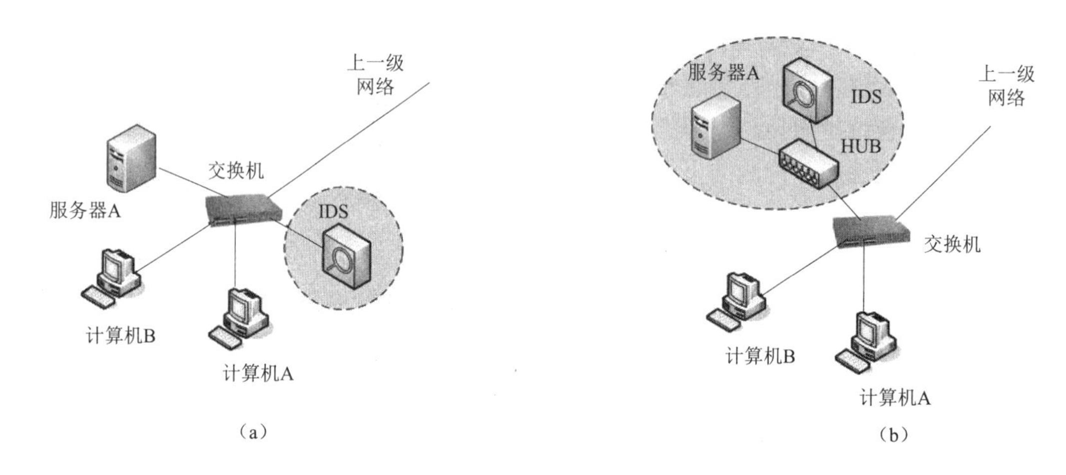

图 7–20　利用集线器在交换环境下进行入侵检测系统的部署

使用集线器方式进行入侵检测系统的部署方法简单、配置方便，而且花费少，在其接入计算机较少的情况下，不失为一种经济、方便的部署方案。由于集线器所组成的网络是以半双工方式、共享媒介方式工作，所接入的计算机在一个冲突域中，所以随着其接入计算机数量的增多，网络传输过程中的数据冲突就会增加，就会大大降低所检测网络的吞吐率，所以这种部署方法不适合网络流量较大的情况。此外，这种部署方法还存在容易被攻击者觉察、利用和可靠性较低的缺点。

② 使用交换机 SPAN 端口进行部署。一般来说，可网管的交换机都具有 SPAN（Switched Port Analyzer）端口或镜像（Mirror）端口。所谓端口镜像简单地说，就是把交换机一个（数个）端口（源端口）的流量完全拷贝一份，从另外一个端口（目的端口）发出去，以便网络管理人员从目的端口通过分析源端口的流量来找出网络存在问题的原因。将基于网络的 IDS 接入交换机的镜像或者 SPAN 端口，就可以获得在交换环境下，一个或者数个主机的网络流量，从而可以检测针对这些主机的入侵活动。SPAN 端口获得一个或者多个其他端口流量是通过网管软件系统进行配置，所以 IDS 检测范围取决于在 SPAN 上镜像端口的数量。

在图 7–21 所示的情况下，将端口 2 的网络流量复制到端口 8（8 为镜像端口），IDS 就可以检测针对连接到端口 2 的主机的入侵活动了。

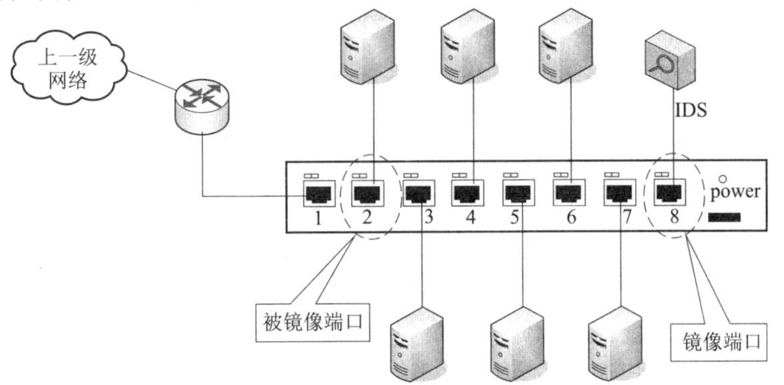

图 7–21　利用交换机 SPAN 端口进行 IDS 部署（一对一端口镜像）

图 7–22 所示的情况是一对多的端口镜像，端口 2、3 和 4 上的流量被复制到镜像端口 8 上，IDS 可以检测所有被镜像端口所连接的主机的入侵活动。

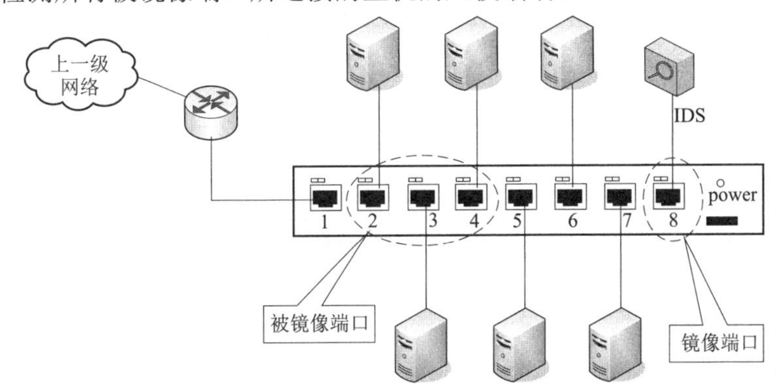

图 7–22　利用交换机 SPAN 端口进行 IDS 部署（一对多端口镜像）

图 7–23 是一种利用 SPAN 端口进行 IDS 部署的较典型的情况，和上一级网络连接的级连端口 1 数据流被镜像到端口 8，尽管只镜像了端口 1，但交换机连接的所有主机和外网的通信的数据流都被复制到了端口 8 上，所以外网攻击者针对这个子网所有主机的入侵活动都可以通过端口 8 所连接的 IDS 来发现。

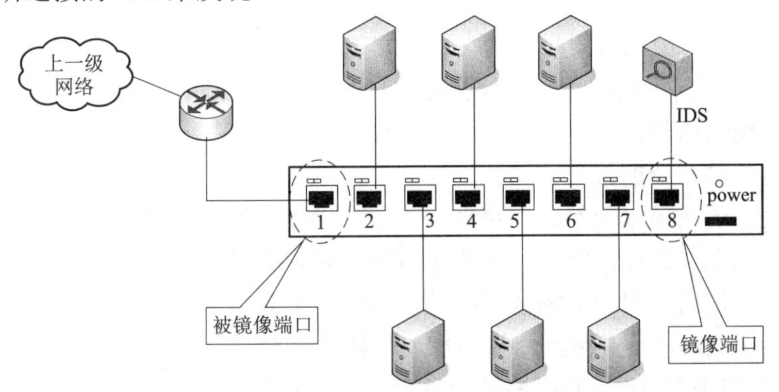

图 7–23　利用交换机 SPAN 端口进行 IDS 部署（对级连端口的镜像）

和集线器的部署方法相比，SPAN 端口的部署方法更加灵活，可以根据需要镜像不同端口的数据流；不会引进单点错误问题，因而更加可靠；也不会像集线器那样随着接入主机数量的增多，引起系统吞吐率的大幅下降；由于 SPAN 端口是单向的，所以 IDS 不会与外界建立双向通信，使得 IDS 的安全性更好，但同时也会给入侵响应带来困难。使用这种部署方法，一般只选择重要服务器所连接的端口或者和上级网络的级连端口与 SPAN 端口进行一对一镜像，不建议进行一对多的端口镜像，因为对流量的复制是一个非常耗费交换机内存的过程，在需要复制的数据流很大的情况下，会引起交换机性能的下降，当流量达到峰值时，交换机会停止向 SPAN 端口复制数据流，引起丢包现象，从而无法进行入侵检测。

③ 使用分路器进行部署。TAP 是 Test Access Point 的缩写，也叫分光器、分路器。TAP 的概念类似于“三通”的意思，即原来的流量正常通行，同时分一股出来供网络监测设备分析使用。TAP 接入的时候不需要改变任何网络设备的配置，只是简单复制通过的数据流，不会影响数据流。使用 TAP 部署 IDS，将 TAP 安装在网络的关键线路上，就可以获取所经过的数据流。在图 7–24（a）的部署方式中，IDS 可以对重要服务器上的入侵活动进行检测；当 TAP 部署在子网出口处时，就可以获得所有外网（或互联网）与内网的通信数据流，IDS 就具备了可以检测外网对内网所有主机入侵活动的条件，如图 7–24（b）所示。

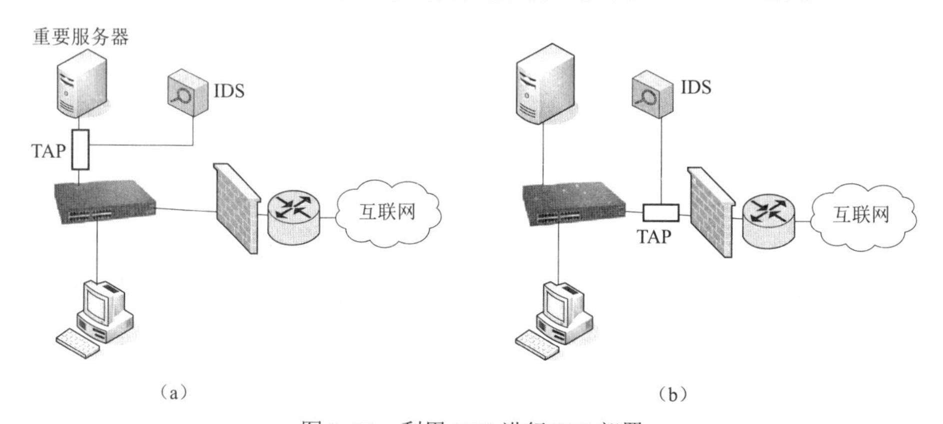

图 7–24 利用 TAP 进行 IDS 部署

TAP 是以一种无源连接方式工作的，即使其出现断电或是故障，所经过的数据流还会正常地传送到目的节点上去，所以与上两种部署方式相比，TAP 部署方式是最可靠的。同时，它既不会像 HUB 方式那样，随着接入计算机数量的增多而使得网络吞吐率下降，也不会像 SPAN 方式那样，随着镜像数据量剧增，影响交换机性能。此外，TAP 保证以线路速率利用整个网络流量，不参与网络的通信，对网络无打搅，并可以做到在网络中透明，从而保证 IDS 不会受到攻击。使用这种部署方式的缺点是 TAP 的价格太高。

（2）多入侵检测系统的部署方法。

随着网络技术的发展以及新的网络业务推出，网络带宽不断增加，网络攻击技术也不断发展和演化，这些都给入侵检测技术提出了挑战。在很多情况下，在网络上部署单一入侵检测系统已经不能满足用户的安全需求，必须在网络上部署多个 IDS 才能够收到良好的效果。在网络上部署多个 IDS，其需求具体体现在如下两个方面：

① 通过对来自多个 IDS 的报警进行融合等综合处理，可以提高入侵检测率，降低误报

率和漏报率，并有利于对各类协同式攻击方法的发现和研究。在多 IDS 部署情况下，各个 IDS 向报警处理中心发送报警消息，由报警处理中心进行统一的报警融合处理。从数据融合的角度出发，所部署的多个 IDS 差异性越大、互补性越强，融合后的效果就越好。因此，最好将不同厂家的 IDS 同时部署，将基于主机形式的 HIDS 和基于网络的 NIDS 同时部署，将基于特征的 IDS 和基于异常的 IDS 同时部署。

如图 7–25 所示，这些 IDS 部署的位置多选择在重要网络主干、DMZ 区域和重要服务器及其相连的链路上。在部署中可根据情况采用 HUB 接入、交换机 SPAN 端口接入以及 TAP 等接入方式。由于向报警处理中心传送报警消息会占用所检测网络的带宽，加重网络负担，有些 IDS 接入方式无法通过所检测的网络向处理中心发送报警消息。解决方法是在 IDS 部署本地首先进行报警消息聚合，减少网络传送的数据量，也可以将这些 IDS 与报警处理中心单独组网，例如组建一个独立于业务网的无线网络，来进行报警消息的统一传送和处理。此外，需要说明的是，NIDS 不能部署在加密链路上，因为 IDS 无法对加密的数据包进行检测。

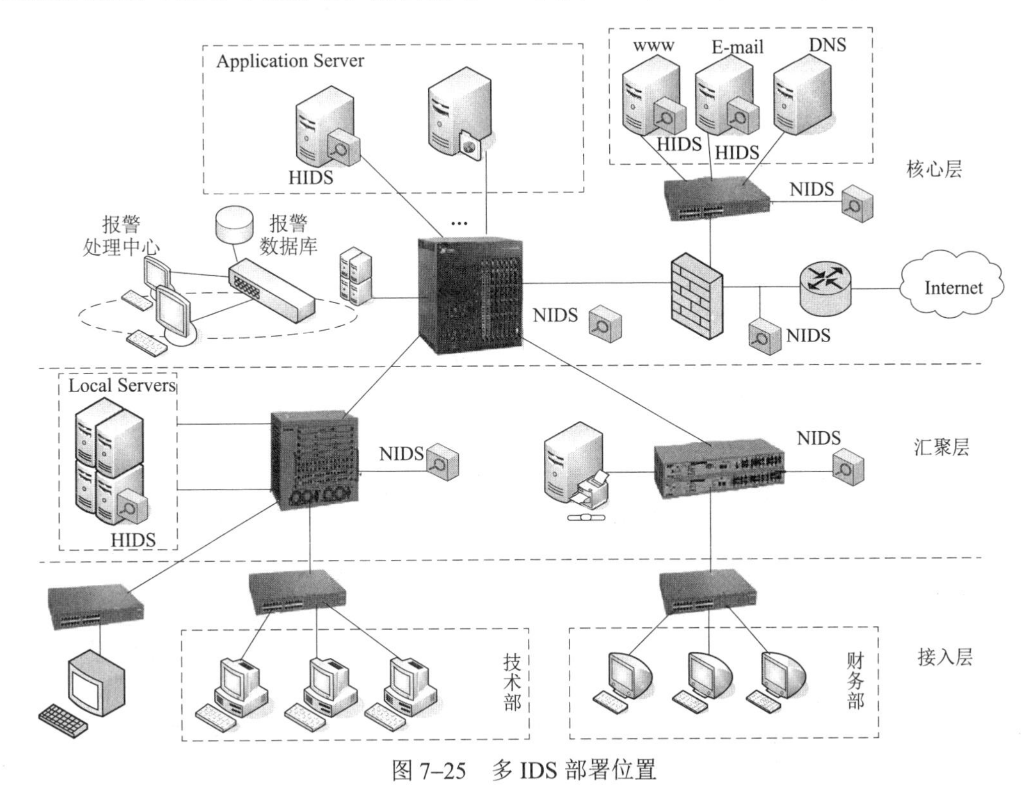

图 7–25　多 IDS 部署位置

② 高带宽、高流量网络要求。随着现代网络技术的迅猛发展，交换技术不断提高，千兆乃至万兆主干网络已经成为一种较普遍的解决方案。在这样的主干网上，数据流量非常大，一般持续流量可以达到标准流量的 70%～90%，并发连接数可达百万到千万级，而且并发连接数建立过程也非常快，通常要求在数秒内达到并发连接数的上限；另一方面，入侵检测系统检测算法都比较复杂，单个的 IDS 处理能力有限，必然会导致丢包和漏报现象的发生。要在这样高带宽、高流量及海量安全事件的环境下进行安全检测，使用单个 IDS 几乎是不可能完成的事情。

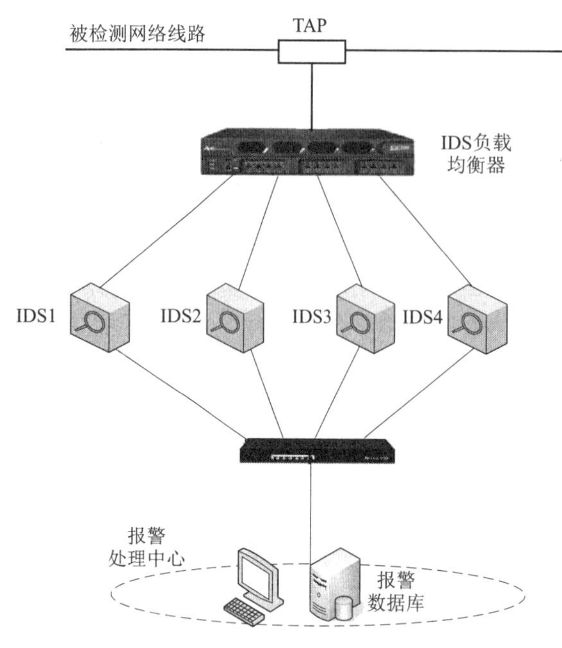

图 7-26 使用负载均衡器进行多 IDS 部署

部署多 IDS 进行分布式检测就是一种较好的解决方法。如图 7–26 所示，在这样的一个多 IDS 部署方法中，需要使用 TAP 接入方法，并使用 IDS 负载均衡器。IDS 负载均衡器负责将 TAP 获取的所有流量接收过来，然后分成若干组，传送给不同的 IDS 进行分布式的检测，最后，可将不同的 IDS 报警消息进行统一分析处理。

在入侵检测系统中，连接和会话数据的完整性是保证系统性能的重要因素。只有获得完整的一个连接中的所有数据，才能真正对整个连接过程进行实时检测。如果使用随机的方式进行分流，入侵攻击的数据就可能被分配到不同的检测设备中，这时检测设备就无法得到足够的数据来分析并检测此入侵行为并相应地产生报警消息。此外，为了提高检测速度和减少匹配链进行的协议分析也需要完整的连接数据包进行包重组和流重组。因此，IDS 的负载均衡器必须支持基于会话的负载均衡策略，保证每个分流中的会话的完整性，这是实现入侵检测的最低要求，也是实现负载均衡的最小粒度。

和使用 TAP 一样，负载均衡器的价格也是很高的，一般所检测的线路达到千兆才会考虑使用负载均衡器。

4）入侵检测系统存在的问题

入侵检测系统作为重要的网络安全工具，虽然经过了 20 多年的发展，但仍然处于发展阶段，还存在很多需要完善的地方。目前，存在的问题有如下几个方面：

● 误报和漏报严重。误报就是入侵检测系统误将网络或主机上所发生的正常事件识别为入侵事件并产生的报警；漏报是被保护系统上已经发生了入侵，而入侵检测系统没有检测到这样的事件。

● 海量信息难以分析。入侵检测系统会在短时间内产生成千上万条报警消息，数据量非常大，同时这些报警消息里面又掺杂着大量误报信息以及漏报导致的不完整信息，使得网络安全管理人员很难对这些信息进行分析，进行正确的响应决策。

● 难以同其他设备联动。当发生入侵时，目前绝大多数的入侵检测系统只限于发出报警消息，不能和其他安全系统（例如防火墙等）进行联动，对报警的分析以及对入侵的响应都由管理员手工完成。

● 难以部署。一般来说，基于主机的入侵检测系统都安装在被保护的主机上，这会加重被保护主机的负担，造成系统性能下降。基于网络的入侵检测系统要从网络中采集数据包进行检测分析。在交换环境下，NIDS 的部署位置既要保证检测到来自内网的入侵活动，同时也能检测到来自外网的攻击是一件较困难的事情。另外，如何在高带宽环境下保证不丢失数据包，也是目前 IDS 部署中面临的问题。

- 本身存在安全隐患。入侵检测系统所运行的平台和系统都会存在安全漏洞，即使没有漏洞，入侵检测系统的检测和报警机制也可能被入侵者利用，这些都是入侵检测系统的安全隐患。

7.4.4 入侵响应技术

1）入侵响应系统及其作用

入侵检测与入侵响应是紧密相关的问题，入侵检测报警是入侵响应决策的依据，同时入侵检测系统只有通过入侵响应才能有效地实现其安全目标。以前，人们往往将入侵响应系统作为入侵检测系统的一部分，实际上两者既紧密相关，又相对独立。两者在目标、功能上有明显的区分，在模型和实现方法也有很大不同，前者通过对原始数据的分类，目的是发现异常活动和入侵，后者通过对入侵报警的融合等处理回归真实入侵过程，然后对入侵过程进行合适的响应，达到保护目标系统的目的。

入侵响应（Intrusion Response）就是在发现或检测到入侵后针对入侵所采取的措施和行动，这些措施和行动是为了在发生入侵的情况下确保被保护目标的机密性、完整性和可用性。入侵响应系统（Intrusion Response System，IRS）就是实现入侵响应的软件或软、硬件组合系统。入侵响应的主要作用如下：

- 对入侵的告警。就是通知相关安全管理人员有入侵发生。告警的方式包括控制台报警显示、发送电子邮件和手机短信等。
- 对事件的记录。将报警安全事件及其相关数据进行记录，便于管理员对事件的分析与追查。
- 对入侵的隔离与阻断。对正在发生的入侵进行隔离与阻断，以阻止入侵进展，防止入侵对被保护系统造成更大的损失。隔离与阻断措施有基于主机的方法（如隔离被入侵主机、隔离被入侵服务、中断用户进程、锁定用户账户等），也有基于网络的方法（如 VLAN 隔离、路由阻断、防火墙阻断和交换机端口阻断等）。
- 对入侵者的主动反击。就是对被发现的攻击者实施警告、跟踪和反攻击。警告入侵者可以使其放弃攻击行为，达到保护系统的目的；而跟踪入侵者可以发现入侵者在网络中的位置；反攻击通常包括所有黑客攻击手段（例如，DOS 攻击）。反攻击措施受到法律与制度的约束，必须慎重使用。此外，响应的作用还包括对入侵所造成损失的评估与恢复、对入侵的取证等工作。

根据实施响应措施的自动化程度，入侵响应系统可以分为通知响应系统、手动响应系统和自动响应系统。通知响应系统除了发出入侵的报警消息，不采取其他响应措施；在手动响应系统中，管理员根据报警等情况进行响应决策，从事先编制好的响应程序集中选择合适的响应程序来执行；自动响应系统可以自己根据报警等情况进行响应决策，选择合适的响应措施来执行。自动入侵响应系统响应速度最快，是目前入侵响应系统的发展方向。自动入侵响应系统常常同入侵检测系统集成在一起进行部署使用。

2）入侵响应系统存在的问题

Curtis A. Carver Jr.曾经对 56 个入侵检测系统进行了调研，有 18 个系统有自动入侵响应机制。在这 18 个自动入侵响应系统中，14 个系统使用了简单的静态响应决策方法，只有 4

个系统根据多种相关因素进行决策推理，来决定采取合适的响应措施。目前，人们往往将入侵响应系统作为入侵检测系统的一部分，或将两者结合起来使用，这些响应系统通常只发出报警消息，响应分析和响应措施的实施由管理员手动完成，响应延迟时间较长，不能做到及时发现入侵及时响应。自动入侵响应系统是响应速度最快、最及时的响应系统，但目前自动入侵响应系统也存在误响应、漏响应问题，其响应决策模型多采用简单静态映射方法，缺乏推理，自适应能力差，不能均衡考虑响应的有效性与响应的负面效应之间的关系，不能运用响应策略来实现多种响应目的。

7.4.5 主动入侵防御

1）入侵防御系统

如以上各节所述，防火墙都是串行部署在被保护网络的入口处，提供 OSI 第 4 层以下的基本安全环境和高速转发能力，只可以拦截低层攻击行为，但对应用层的深层攻击行为无能为力。

IDS 是旁路并联在被保护网络的关键线路上，可以及时发现那些穿透防火墙的深层攻击行为，作为防火墙的有益补充。但入侵检测系统如没有入侵响应功能，是无法实时地阻断攻击的。

鉴于如上原因，人们很自然地需要一种既能够发现深层攻击，又能够及时进行阻断的安全产品。IDS 与防火墙联动是这种需求的一种体现，IPS（Intrusion Prevention System）是这种需求的另一种体现，也就是让入侵检测系统具有了入侵响应功能。Network ICE 公司在 2000 年首次提出了 IPS 这个概念，并于同年的 9 月 18 日推出了 BlackICE Guard IPS 产品。

IDS 和防火墙联动的方式是通过 IDS 来发现并通过防火墙来阻断。但由于迄今为止没有统一的接口规范，加上越来越频发的“瞬间攻击”（一个会话就可以达成攻击效果，如 SQL 注入、溢出攻击等），使得 IDS 与防火墙联动在实际应用中的效果不显著。

IPS 将 IDS 与防火墙功能相结合，它不但使用了常规的入侵检测方法（如基于特征的检测和基于异常的检测），还使用了更为先进的入侵检测技术（包括试探式扫描、内容检查、状态和行为分析等），它像防火墙那样是串联接入被保护网络进出口处，可以实时地对流经的攻击数据包进行阻断，其响应速度高于 IDS 与防火墙联动方式。

由于 IPS 位于网络进出口处，它要对所有进出网络的数据流进行深层次的检查，所以 IPS 的计算压力和系统负载远远高于单独的防火墙或者 IDS。为了解决这一问题，IPS 采用如下技术来提高系统的处理能力：

- IPS 的过滤器引擎集合了流水作业和大规模并行处理技术，并行过滤处理可以确保数据包能够不间断地快速通过系统，减少流量增大对处理速度造成的影响。
- 采用高性能硬件（FPGA、网络处理器和 ASIC 芯片），这些硬件多采用嵌入式指令和专用开发语言，将已知攻击行为的特征固化在电子固件上，来提升匹配的效率。

尽管如此，IPS 仍然存在如下问题需要在使用过程中加以注意：一是 IPS 所造成的瓶颈问题，二是误报和漏报问题。前一个问题是由于 IPS 是串联接入网络进出口处的，必须与数千兆或者更大容量的网络流量保持同步，尤其是当加载了数量庞大的检测特征库时，设计不够完善的 IPS 嵌入设备无法支持这种响应速度。此外，如果 IPS 出现故障可能会导致被保护网络与外网通信全部中断。要解决这个问题，IPS 应具有 fail open 功能，也就是在系统出现故障的情况下，即使不进行检测和阻断，也应该保持通信线路的畅通。另外，也可以在使用过程中设置多条冗余线路来解决。

第二个问题是由于 IPS 入侵检测方法与 IDS 的入侵检测方法没有本质区别，困扰 IDS 的误报和漏报的问题依然会困扰 IPS。所不同的是 IPS 误报所造成的负面影响远远大于 IDS 误报的负面影响，这是由于误报会造成误阻断，将合法用户的数据流也进行阻断。这是 IPS 要获得普遍应用所面临一个重要问题，解决的根本办法就是要降低误报率，并通过合理响应决策模型来实现合理的阻断。

2）入侵防御系统分类

IPS 部署方法与其类型密切相关，IPS 大致可以分为三类：

- 基于主机的 IPS。这类 IPS 依靠在被保护的系统中所直接安装的代理。它与操作系统内核和服务紧密地捆绑在一起，监视并截取对内核或 API 的系统调用，以便达到阻止并记录攻击的作用。
- 基于网络的 IPS。这类 IPS 是 NIDS 与防火墙的混合体，并可被称为嵌入式 IDS 或网关 IDS（GIDS）。基于网络的 IPS 设备可以阻止通过该设备的恶意信息流，是目前较为普遍使用的 IPS。
- 基于应用的 IPS。应用入侵防护系统 AIPS 是把基于主机的入侵防护扩展成位于应用服务器之前的网络设备。它被设计成一种高性能的设备，配置在应用数据的网络链路上，对具体的应用服务进行防护。

3）入侵防御系统部署

总起来说，IPS 属于边界安全控制设备，应该部署在被保护对象的边界点上。基于主机的 IPS 直接安装在被保护的主机上；基于应用的 IPS 一般部署在被保护应用的服务器前面；基于网络的 IPS 多部署在网络防火墙的后面。如图 7–27 所示，保护子网的 NIPS 被部署在防火墙后和内网核心交换机之间，所有进出被保护网络的数据流都要经过 NIPS，从而使内网得到保护；在 DMZ 区中，保护 Web 应用的 AIPS 部署在 Web 服务器之前，有针对性地防护各类常见的对 Web 应用的攻击，如蠕虫、跨站脚本、网页盗链、SQL 注入和网页篡改等。

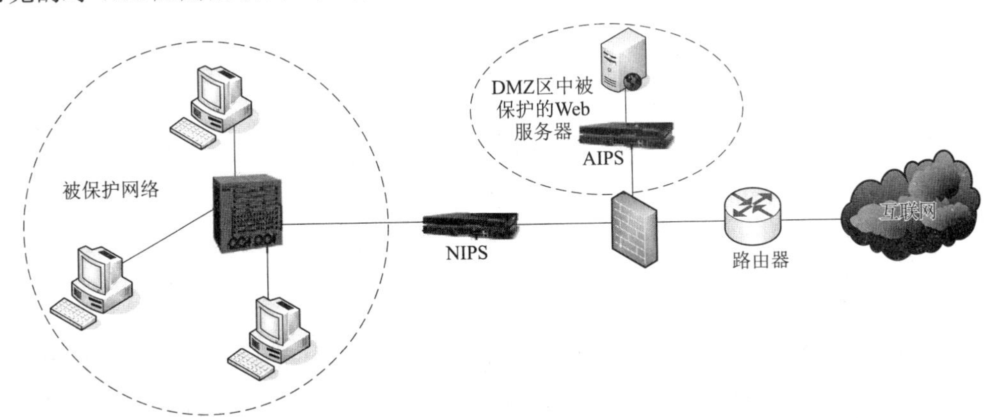

图 7–27　IPS 网络防御部署方案

针对 DNS（Domain Name Service，域名服务）的攻击也已成为最严重的威胁之一。DNS 是 Internet 的重要基础，包括 Web 访问、E-mail 服务在内的众多网络服务都和 DNS 息息相关，因此DNS的安全直接关系到整个电信业务能否正常开展。图7–28是某电信运营商的DNS服务器防护方案，方案使用基于应用的IPS来防御针对DNS的DDoS、DNS欺骗和DNS系统漏洞等攻击，防护方案进行线路的冗余设计，具有很高的可靠性。

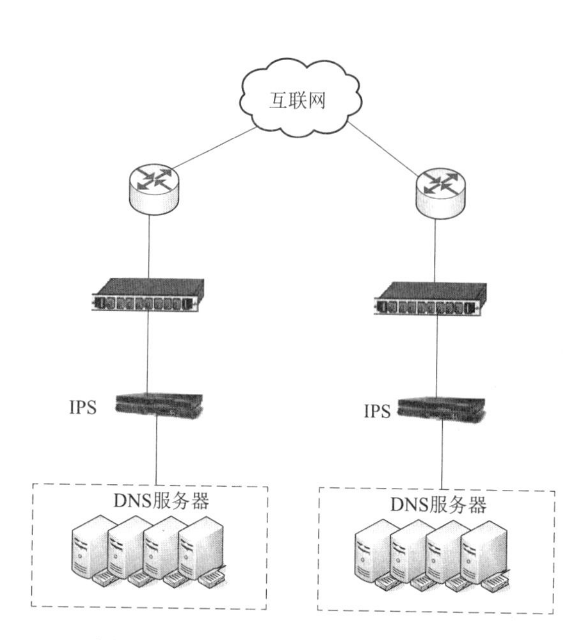

图7-28　具有冗余设计的IPS部署方案

在网络安全设备部署过程中，如何处理IPS与IDS以及防火墙之间的关系呢？IPS与IDS、防火墙的关系并非互相取代和互相排斥，而是相互协作、相互补充的关系，这种关系从如下两个方面可以体现出来：

首先是防火墙和IPS的关系。两者都是边界防护安全设备，一般防火墙只能对网络层或传输层进行检查，不能检测应用层的内容，IPS可以进行传输层或应用层流量的细粒度检测和控制，两者恰好形成了层次防护上的相互补充。此外，防火墙的过滤规则一般都是经过管理人员慎重考虑的静态规则，粒度较大，而IPS的阻断命令是自动产生的动态规则，粒度较小，两者在“动”与“静”和“大”与“小”方面又形成了相互补充的局面。

其次是IDS与IPS的关系。两者都可以进行入侵检测，但IPS更注重边界数据流的检测，而IDS可以在网络从中心到边界都可以进行部署和检测，由于两者接入方式的不同，IDS接入的负面风险远远小于IPS。在网络安全部署过程中，可以在不同的关键节点上首先部署IDS，通过IDS的报警来分析被保护网络安全状况，找出真正需要部署IPS的节点，再有的放矢地部署IPS，这样可以降低部署IPS的风险。此外，IDS可以对网络内部数据流进行检测，其报警数据有助于对内部违规操作和攻击活动的审计和跟踪，这些都是边界安全控制设备不能做到的。

就目前的IPS技术发展情况来看，安全专家们更倾向于基于应用AIPS的部署。AIPS这种安全防御方案不求大而全，但求细与精，由于只针对某一特定应用进行防护，可以有针对性地进行检测，且防护范围仅限于被防护的服务器，因此不但特征库的特征数量少，所检测的数据流量也相对较少，IPS系统计算负担较小，从而可以进行更细粒度和更精确的检测，能够较好地解决IPS瓶颈、误报和漏报等问题。

7.4.6　统一威胁管理

IDC于2004年9月提出了统一威胁管理（United Threat Management，UTM）的概念。UTM是指由硬件、软件和网络技术组成的具有专门用途的设备，它主要提供一项或多项安全功能，将多种安全特性集成于一个硬设备里，构成一个标准的统一管理平台。

UTM概念引起了安全领域研究人员的广泛重视，并推动了以整合式安全设备为代表的市场细分的诞生。很多网络安全设备生产厂家都推出了自己的UTM产品，不同程度地集成了防火墙、VPN、防病毒、内容过滤、入侵检测与防御、流量管理、安全审计等多种安全功能。

由于各个厂家的技术背景不同，这些 UTM 有的是从防火墙衍生出来的，有的是从防病毒技术衍生出来的，还有的是从入侵检测与防御技术衍生出来的。但总体来说，UTM 属于网络边界防御产品，具有如下的优点：

相对于单一的安全产品，UTM 具有更强的边界防护能力。UTM 目标是提供 2～7 层（数据链路层到应用层）的多层防护能力，除了传统的访问控制机制外，还能够防御病毒，抵御各类跨层次的网络入侵（例如，混合式攻击），进行内容过滤，消除网页、URL 和网页控件的威胁，进行垃圾邮件的过滤，等等。

具有较好的可管理性和可维护性。由于 UTM 集成了多种网络安全功能，这样省去了部署和管理多个安全设备的麻烦，由一个厂家生产的 UTM 会采用统一的模块和接口设计，这使得管理人员在实际使用 UTM 时更加简单，UTM 内部的多个模块的自动协同工作，减少了人为误操作的可能性，UTM 还可以在线动态下载各类特征库，这些都降低了对维护人员技术水平的要求，减轻了维护人员的工作强度。此外，UTM 强大的应用层控制功能，使得管理人员可以很容易地控制一些高耗费带宽应用程序（如 BT 等）的使用。

较好的经济性。由于 UTM 具有多种安全和网络功能，这样就节省了购买多种安全产品的费用。一些厂家对 UTM 的模块化设计，使企业可以根据自身的安全需要购买模块，并可以分期购买，这样就可以有效控制成本，达到较好的经济性。

尽管 UTM 具有上述优点，UTM 从研发、部署到使用仍然面临许多挑战，包括：

瓶颈问题。UTM 与防火墙或 IPS 一样，都是串联接入网络的进出口位置，UTM 要比单一安全设备提供更加深入和细粒度的安全检测和防护，在进出网络流量比较大的情况下，UTM 的计算负载非常大，如果软件优化和硬件处理速度不够，将严重降低网络通信的速度，形成瓶颈。为了克服这一问题，许多厂家采用了 AP 和 ASIC 硬件进行加速处理，选用多核处理器进行数据流的并行处理，来提高 UTM 的整体处理速度。尽管如此，将 UTM 应用于电信级的主干网络上，仍然有些勉强。UTM 部署的最佳网络主要是中小型网络，使用过程中应逐渐开放运行 UTM 的各种安全功能，最后能够在安全性能与网络通信性能之间找到一个很好的平衡点。

误报及漏报问题。这个问题对于 UTM 也是一个极大的挑战，UTM 不但要检测入侵，还要检测病毒，进行不良信息的内容检测，一旦误报率过高，不但会加重瓶颈问题，还会对合法信息进行阻断，产生严重的负面效应。为了解决这一问题，各个厂家采用了不同的方法来增加检测的准确度。有的采用基于特征与基于异常相结合的检测方法，从而使两种方法可以优势互补，达到检测范围的最大覆盖；有的厂家根据漏洞利用代码的原理，来提高对混合病毒和攻击的检测能力；将防病毒、防火墙和入侵检测系统等子模块产生的各类报警安全信息进行关联，来降低系统的误报率。

过度集成问题。集成的系统数量较多时，会大大增加系统开发的复杂性，复杂性的增加使得系统稳定性下降和 Bug 增加，如果只进行多项功能简单叠加，集成得不好，还会相互冲突，导致系统瘫痪。要解决这一问题，不仅需要在硬件平台上下功夫，还要考虑所集成的各项安全技术的深度融合，并进行系统的整体优化。此外，从系统架构上来看，UTM 将原来多个安全设备共同组成的多点防御系统，变为一个集多项功能于一体的单点防御，一旦出现问题就会导致网络所有安全防御功能失效。所以，在 UTM 的部署过程中必须考虑冗余线路。

网络内部的安全防御问题。UTM 是一个网络边界安全防御产品，对于来自网络内部的威胁就无法发挥作用了，所以以网关型防御为主的 UTM 目前还不是解决网络安全的万能药，在网络内部还是要采取其他安全措施，才能达到网络的全面防御。

7.4.7 漏洞扫描技术

漏洞是在计算机系统的硬件、操作系统、应用软件和各种协议的设计、安装、配置以及使用过程中所产生的安全缺陷，借助于漏洞，入侵者可以违反计算机系统的安全策略，非法访问、破坏目标各种资源。漏洞扫描系统就是用于检测和发现这些漏洞的软件、硬件系统。不同的漏洞扫描系统采取了其中一种或多种漏洞扫描技术，漏洞扫描技术的分类如图 7–29 所示。

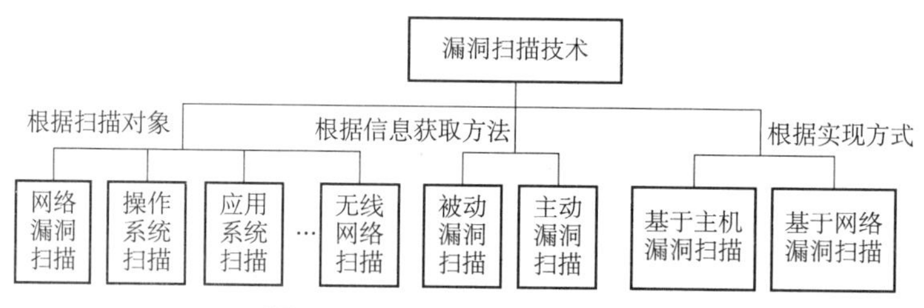

图 7–29 漏洞扫描技术的分类

首先根据扫描对象的不同，漏洞扫描技术可以划分为：

● 网络漏洞扫描技术。网络漏洞扫描技术是针对网络设备（包括防火墙、交换机、路由器等）漏洞的扫描技术。

● 操作系统扫描技术。扫描对象为主机的操作系统上的漏洞（包括 Windows 系列操作系统、Unix 系列操作系统等）。

● 应用系统扫描技术。其扫描对象为各种网络应用系统（包括 Web 服务、Ftp 服务和 Database 服务等网络应用系统）上的漏洞。

● 无线网络扫描。所针对的扫描对象为各种无线网络上的漏洞。

漏洞扫描针对不同的扫描对象所采取的扫描技术特点是不同的。同时，针对不同的扫描对象，扫描系统具有相对应的漏洞库。根据在扫描过程中信息的获取方法，漏洞扫描技术可以划分为：

● 被动漏洞扫描。被动漏洞扫描不主动向扫描目标发送信息，而是通过被动接收相关信息（如网络数据包），来检测目标漏洞。

● 主动漏洞扫描。主动漏洞扫描主动向被扫描目标发送相关信息，然后通过目标的反馈信息来检测目标漏洞。

被动扫描技术的优点在于其扫描活动不易被发现，容易掩盖其扫描踪迹，而且也不易受到防火墙等访问控制系统的影响。其缺点是扫描速度慢，准确性较差。主动扫描技术的优点是扫描速度快，准确性较高。其缺点容易暴露其扫描踪迹，从而被对方发现，并且扫描效果容易受到防火墙等安全系统的影响。根据扫描技术的实现方式，漏洞扫描技术可以划分为：

● 基于主机的扫描技术。基于主机的扫描是从被扫描主机用户的角度来检测目标主机上的漏洞。其实现方式需要在主机上安装 Agent，通过此 Agent 访问主机上的资源（包括主机上的文件、注册表、用户配置以及进程等）获取相关信息，然后发送到中央扫描服务器，扫描服务器通过对这些信息的分析来发现其中的漏洞。

- 基于网络的漏洞扫描技术。此类技术是基于各种网络技术来远程检测目标漏洞的技术，它是从一个外部攻击者的角度来实现漏洞扫描的，通常通过执行一些脚本文件来模拟对系统的攻击，通过记录目标的反应来检测目标漏洞。

基于主机的扫描技术的优点是扫描的漏洞多，易于集中化管理，网络流量负载小。其缺点是基于此类技术的扫描器价格较高，技术复杂，在主机上安装 Agent 容易带来新的安全问题，扫描响应速度受到扫描范围的影响。基于网络的扫描技术的优点是技术上容易实现，维护简单，价格便宜，扫描速度较快。其不足是其扫描效果容易受到各种访问控制机制（如防火墙）的影响。

目前，大多数的漏洞扫描系统是基于网络漏洞扫描技术的。基于网络漏洞扫描技术的系统，其技术核心包括端口扫描技术和漏洞扫描技术等。端口扫描技术是一项自动检测本地和远程目标系统端口开放情况的方法，它通过向目标主机服务端口发送探测数据包，并通过反馈信息来判断端口的开放情况，以此获取端口提供服务的情况。通过端口扫描所获得的信息可以帮助分析目标的漏洞情况。漏洞扫描技术是建立在端口扫描技术的基础上的，它通过两种方法来检测目标主机上的漏洞：

- 漏洞库方法。将端口扫描所获取的相关信息和漏洞扫描系统的漏洞数据进行比较，以发现是否存在相匹配的漏洞。
- 通过对目标进行模拟攻击，并根据攻击的反馈信息来发现漏洞。例如对 Ftp 进行模拟弱口令攻击，如果攻击成功，则此 Ftp 服务器存在弱口令漏洞。

漏洞扫描技术是一种主动防御技术，它可以在入侵发生之前进行实施，发现漏洞后通过各种安全手段进行弥补（例如，对漏洞程序打补丁）。但由于操作系统、应用软件系统类型和版本繁多，软件更新速度也较快，及时更新漏洞扫描系统的漏洞库和模拟攻击脚本就面临很大的挑战，所以漏洞扫描系统也很容易产生漏洞的漏扫和误扫等问题。

7.4.8　其他网络安全防护技术

除了上述安全技术和安全设备，其他一些网络设备（如交换机、路由器）尽管不是专用的网络安全设备，但通过对这些网络设备进行安全配置和部署，实现网络安全区域的划分、安全边界隔离、安全访问控制和安全传输，可以大大增加网络的安全防护能力。

1）VLAN 的划分与使用

正如本书在局域网技术一章中所述，通过 VLAN 的划分，提高了管理效率，控制了广播风暴的发生，改善了网络性能，增强了网络的安全性。VLAN 可以对网络不同区域进行逻辑隔离，将原来的一个安全域划分成多个安全域，不同安全域（或 VLAN）之间可以相互访问，但必须经过三层路由来实现，受到路由过滤规则的限制，这样就可以满足不同安全域不同的安全需求。此外，通过网管软件可以对闯入每个 VLAN 的非法用户进行报警，VLAN 还可以有效地隔离蠕虫病毒的传播，减小对受感染服务器可能造成的危害，这样就大大增加了整个网络的安全性。

2）访问列表 ACL

访问控制列表（Access Control List，ACL）是一种应用于路由器中的包过滤流控制技术。访问控制列表通过把源地址、目的地址及端口号作为数据包检查的基本元素，可以规定符合条件的数据包才允许通过。ACL 通常应用于局域网络的出口控制上，能够有效地部署进出网策略，控制对局域网内部资源的访问能力，进而来保障这些资源的安全性。

ACL 适用于所有的被路由协议，如 IP、IPX、AppleTalk 等。这张表中包含了匹配关系、条件和查询语句，表只是一个框架结构，其目的是对某种访问进行控制。目前的路由器一般都支持两种类型的访问表，即基本访问表和扩展访问表，两者特点如下：

基本访问表控制基于网络地址的信息流，且只允许过滤源地址。

扩展访问表通过网络地址和传输中的数据类型进行信息流控制，允许过滤源地址、目的地址和上层应用数据。

基本 ACL 可以阻止来自某一网络的所有通信流量，或者允许来自某一特定网络的所有通信流量，或者拒绝某一协议簇（比如 IP）的所有通信流量。例如：

access-list 1 deny host 196.168.56.4

access-list 1 permit any

访问控制列表 access-list 1 中的这两条语句就可以使路由器拒绝从源地址 196.168.56.4 来的报文，并且允许从其他源地址来的报文。

扩展 ACL 比基本 ACL 提供了更广泛的控制范围。例如，网络管理员希望做到“允许外来的 Web 通信流量通过，拒绝外来的 FTP 通信流量”。基本 ACL 不能控制得这么精确，使用扩展 ACL 则可以达到这个目的。例如：

access-list 101 permit tcp any host 198.78.46.3 eq www

access-list 101 deny any any eq ftp

第一条语句允许来自任何主机的 TCP 报文到达指定的主机 198.78.46.3 的 www 或 http 服务端口（80）；第二条语句将阻止任何外网主机对内网主机的 FTP 访问。

在进行 ACL 部署时，一般以减少网络不必要的通信流量为原则。所以在一个由多个路由器组成的网络中，网管员应该尽可能地把 ACL 放置在靠近被拒绝通信流量的来源处。

此外，需要说明的是路由器的 ACL 与防火墙的包过滤功能是有区别的，其一是两个设备产生的背景和目的不同，路由器是为了数据包的路由而产生，关心的是网络的畅通和数据的传输，防火墙是为了满足网络的安全需求而产生的，关心的是能否有效阻挡非允许的数据包。其二是两者实现的核心技术不同，路由器 ACL 是基于简单包过滤技术，关心的是包的来龙去脉，防火墙则是基于状态包过滤，更关心包的内容。其三是两者安全策略制定的复杂程度不同，路由器的默认配置对安全性的考虑不够，需要一些高级配置才能起到防范攻击的作用。安全策略的制定绝大多数都是基于命令行的，其针对安全性的规则的制定相对比较复杂，配置出错的概率较高，而防火墙的默认配置既可以防止各种攻击，达到即用即安全，而且安全策略的制定可以使用基于 B/S 方式的管理工具，其安全策略的制定人性化、配置简单、出错率低。其四是对网络通信性能的负面影响不同，由于路由器主要用于数据包的转发，软硬件产品不是专门针对安全过滤设计的，随着 ACL 中条目的增多，对路由器性能的负面影响增大。防火墙使用专门设计的包过滤硬件系统，其软件也进行了有针对性的优化，所以随着过滤规则增多，对通信性能的影响较小。其五是两者在用于网络安全方面性价比是不同的。路由器通过软、硬件升级是可以具有防火墙功能的，具有防火墙功能的路由器成本大于单独的防火墙加路由器成本，而且安全功能和扩展性不如部署单独的路由器加上防火墙。其六要说明的是，路由器安全日志功能远不如防火墙那样强大，所以其安全审计功能也不如防火墙。

综上所述，路由器和防火墙是侧重点不同的网络设备，最好同时使用并单独部署，路由器中的 ACL 可以作为防火墙过滤的一个补充，在不影响路由器性能的基础上，进行粗粒度的过滤，使其成为网络防御的第一道关口。

3）网络地址转换技术

网络地址转换（Network Address Translation，NAT）是一种将私有（保留）IP 地址与合法 IP 地址进行相互转换的技术。目前，这一技术已经成为一个 IETF 标准，并被广泛应用于各种类型的 Internet 接入方式和各种类型的网络中。

如图 7–30 所示，内部网络使用了一段私有（保留）地址 192.168.100.*x*/24，通过 NAT 设备映射为申请到的合法 IP 地址 202.104.100.129/29，从而实现和互联网之间通信。实现 NAT 转换有如下三种方式：

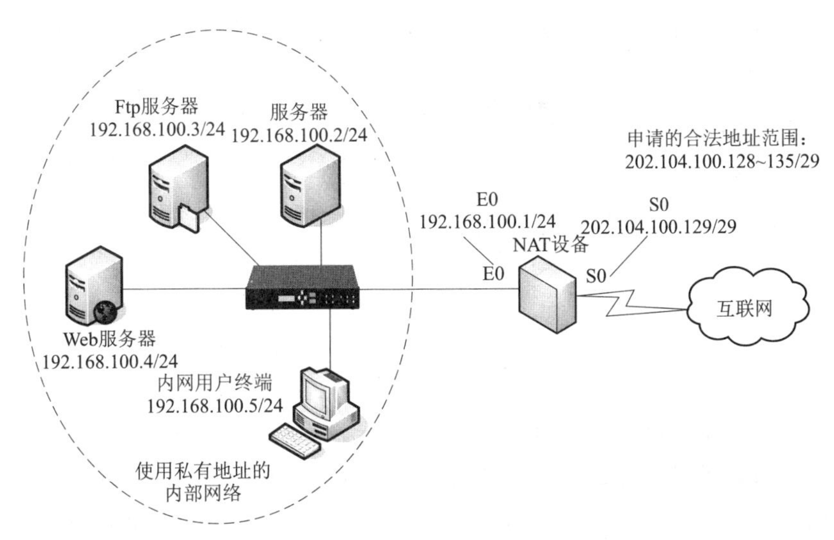

图 7–30　网络地址转换

- 静态转换（Static NAT）。将内部网络的私有 IP 地址转换为公有 IP 地址，IP 地址对是一对一的，是固定不变的，某个私有 IP 地址只转换为某个公有 IP 地址。借助于静态转换，可以实现外部网络对内部网络中某些特定设备（如服务器）的访问。
- 动态转换（Dynamic NAT）。将内部网络的私有 IP 地址转换为公用 IP 地址时，IP 地址是不确定、随机的。当内网用户访问互联网时，私有 IP 地址可随机转换为任何指定的合法 IP 地址。也就是说，只要指定哪些内部地址可以进行转换，以及用哪些合法地址作为外部地址时，就可以进行动态转换。动态转换可以使用多个合法外部地址集。当合法 IP 地址略少于网络内部的计算机数量时，可以采用动态转换的方式。
- 端口多路复用（Port Address Translation，PAT）。这种地址转换方式将一组内部网络地址及其对应 TCP/UDP 端口翻译成单个外网网络地址及其对应 TCP/UDP 端口。这样，内部网络的所有主机均可共享一个合法外部 IP 地址实现对 Internet 的访问，从而可以最大限度地节约 IP 地址资源。

使用 NAT 方法接入互联网最大的好处主要体现在两方面：一是有效地解决了企业 IP 地

址短缺问题，利用 NAT 技术能够实现多个内网用户共同使用一个合法的 IP 地址连接互联网；二是增加了网络安全性，能在一定程度上防范网络攻击的发生，隐藏了 LAN 内部网络结构，NAT 可以将内部 LAN 与外部 Internet 隔离，使外部网络用户无法了解内部 IP 地址的分配情况。

NAT 功能通常被集成到路由器、防火墙、ISDN 路由器或者单独的 NAT 设备中。在实际使用过程中，NAT 不能嵌套，其部署位置需要慎重考虑。以图 7–31 为例，防火墙与路由器都具有 NAT 功能，那么是在防火墙上实现 NAT，还是在路由器上实现 NAT 呢？

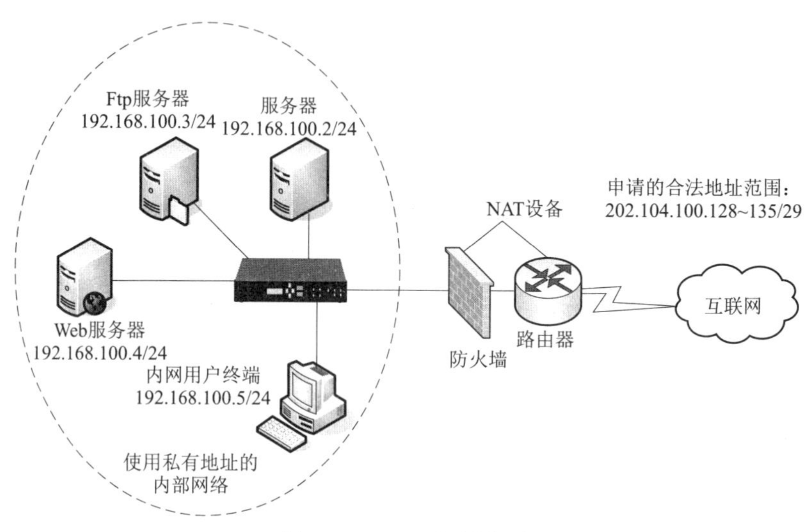

图 7–31　NAT 部署位置

在这种情况下，我们建议将 NAT 部署在防火墙上。其原因如下：对于从内网到外网出去的数据流，NAT 要改变数据包的源地址和源端口；对于从外网进入内网的数据流，NAT 要改变数据包目的地址和目的端口。一般来说，防火墙是为了防止外界非法数据流进入内网，所制定的各类过滤规则都是针对外部网络用户的，而如果将 NAT 部署在路由器上，外部数据流经过 NAT 后，其数据包目的地址被修改，防火墙的所有安全过滤规则也必须修改，增加了复杂性；而如果将 NAT 部署在防火墙上，防火墙能够提供对网络访问与地址转换的双重控制功能，增加了安全性。

此外，这样的部署还有利于 VPN 的部署和使用。如图 7–32 所示，一个单位的两个异地网络互联，使用虚拟专用网（Virtual Private Network，VPN）通过互联网进行通信，VPN 技术保证单位内网数据在互联网传输过程中的完整性和机密性。具体实现方法是将 NAT 部署在防火墙上，在路由器上部署基于 IP 安全协议（IPSec）来构造一个 VPN 隧道。如果将 NAT 和 VPN 部署的位置互换，VPN 就不能起到保护数据的作用，因为 NAT 需要改动 IP 报头中的地址域，而在 IPSec 报头中该域是无法被改变的，当 IP 地址被改变了，那么 IPSec 的安全机制也就失效了。

需要说明的是，在 NAT 的实际部署和使用过程中还存在一些问题。许多 Internet 协议和应用依赖真正的端到端网络，在这种网络上，数据包必须完全不加修改地从源地址发送到目的地址。例如，IP 安全架构不能跨 NAT 设备使用，因为包含原始 IP 源地址的原始包头采用

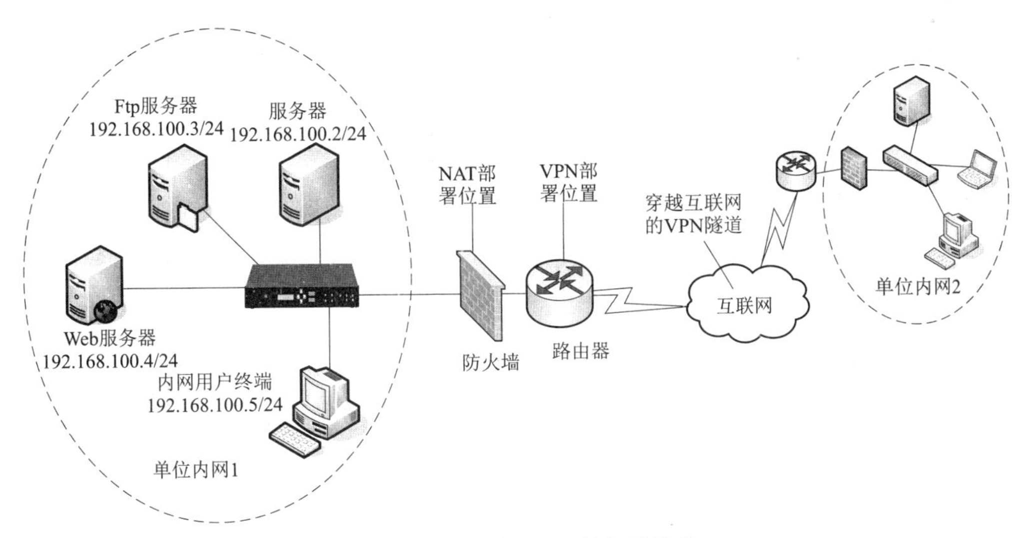

图 7–32 NAT 与 VPN 的部署关系

了数字签名。如果改变源地址的话，数字签名将不再有效。NAT 还向我们提出了管理上的挑战。尽管 NAT 对于一个缺少足够全球唯一 Internet 地址的单位来说是一种不错的解决方案，但是当重组、合并或收购发生后，需要对两个或更多的专用网络进行整合时，它就变成了一种障碍。即使在组织结构稳定的情况下，如果存在 NAT 系统多层嵌套，也会给数据包路由造成很大的问题。

4）安全交换机

随着各类网络在军事上的应用不断扩展，网络安全问题也越来越突出，网络基础设备与安全设备的融合已经成为一个趋势，用户的网络安全需求也已经从单一的边界防御，向从核心到边界的全面安全需求转变。在这种背景下，原来位于网络中心的各种交换机如果只具有交换功能，则不能满足这种用户需求，不能适应网络业务的发展。为此，各个网络设备制造厂商都开始研发并推出了各自的安全交换机产品。传统的以太网交换机工作在 OSI 参考模型第二层，所以安全交换机一方面采用一些安全措施增加二层交换的安全性，如采用安全认证、VLAN 的划分、端口安全和端口流量控制等手段；另一方面，将网络安全设备在三层甚至四层所采取的一些安全防御技术集成到交换机上，如访问控制列表、防火墙和入侵检测等技术。一些主要的具体措施如下：

（1）基于 802.1x 协议的安全接入认证。

802.1x 协议起源于 802.11 协议，后者是 IEEE 的无线局域网协议，制定 802.1x 协议的初衷是解决无线局域网用户的接入认证问题。802.lx 就是 IEEE 为了解决基于端口的接入控制（Port-Based Network Access Control）而定义的一个标准。此协议工作在数据链路层，提供了一种对连接到局域网的用户进行认证和授权的手段，达到了接受合法用户接入、保护网络安全的目的。整个 802.1x 的实现分为三个部分：

- 客户端。一般安装在用户的工作站上，当用户有上网需求时，激活客户端程序，输入必要的用户名和口令，客户端程序将会送出连接请求。
- 认证系统。就是认证交换机，其主要作用是完成用户认证信息的上传、下达工作，并根据认证的结果打开或关闭端口。

● 认证服务器。通过检验客户端发送来的身份标识（用户名和口令）来判别用户是否有权使用网络服务，并根据认证结果向交换机发出打开或保持端口关闭的状态。

在开启了 802.1x 协议认证的网络中，用户只有通过了合法认证才可以正常使用网络，否则，从该用户发送的任何数据帧都会被交换机拒绝并丢弃。

（2）流量控制。

安全交换机的流量控制技术把流经端口的异常流量限制在一定的范围内，避免交换机的带宽被无限制滥用。安全交换机的流量控制功能能够实现对异常流量的检测和控制，避免网络堵塞，并可防止网络受到 DDoS 攻击的威胁。

（3）虚拟局域网。

虚拟局域网是安全交换机必不可少的功能，VLAN 可以在二层或者三层对局域网实现广播域划分，从而达到提高管理效率、控制广播风暴和增加网络安全性的目的。

（4）基于访问控制列表的数据包安全过滤。

安全交换机采用了访问控制列表 ACL 来实现包过滤安全功能，增强安全防范能力。访问控制列表以前主要在路由器中使用。在安全交换机中，访问控制过滤措施可以基于源/目标交换槽、端口、源/目标 VLAN、源/目标 IP、TCP/UDP 端口、ICMP 类型或 MAC 地址来实现。ACL 不但可以让网络管理者用来制定网络策略，针对个别用户或特定的数据流进行允许或者拒绝的控制，也可以用来加强网络的安全屏蔽，让黑客找不到网络中的特定主机进行探测，从而无法发动攻击。

（5）入侵检测与入侵响应。

安全交换机的入侵检测功能可以根据上报信息和数据流内容进行检测，在发现网络安全事件的时候，进行有针对性的操作，并将这些对安全事件的响应发送到交换机上，由交换机来实现精确的端口断开操作。这样一种机制就是入侵检测与入侵响应在交换机上的实现，需要交换机能够支持认证、端口镜像、强制流分类、进程数控制、端口反查等功能。

安全交换机的出现，使得网络在交换机这个层次上的安全能力大大增强。将安全交换机部署在核心还是边缘应该统筹考虑，应根据安全需要进行设计。受价格等因素的限制，目前大部分安全交换机都部署在网络的核心，其好处是充分利用核心交换机上的强大的处理能力，并可以统一配置安全策略，做到集中控制，而且方便网络管理人员的监控和调整。把安全交换机放在网络的接入层或者汇聚层是另外一个选择。在各个边缘就开始实施安全交换机的动能，把入侵和攻击以及可疑流量堵在边缘之外，确保全网的安全。为满足这种安全需求，很多厂家已经推出了各种边缘或者汇聚层使用的安全交换机。

除了上述安全交换机功能外，通过网络管理系统还可以实现其他一些安全管理功能，例如，在交换机上进行 Mac 地址、端口和 IP 地址的绑定，就可以防止 IP 欺骗等攻击，许多交换机生产厂家也推出了一些独特端口安全功能，这里就不详细阐述了。

目前，许多安全交换机都是模块化设计，用户可以根据自己的安全需要选择合适的安全模块进行配置，同时有些安全功能还需要与其他安全设备一起使用才能发挥其作用。

7.4.9 小结

现有攻击手段越来越复杂，混合式攻击、分布式攻击以及协同式攻击等较高级的入侵手段越来越多，这些攻击利用网络不同层次漏洞和弱点进行入侵。从入侵防御的角度来说，防御措施与攻击手段在一个层次上，进行防御的效果和效率是最理想的。例如，对于 SYN Flood，在网络层进行连接数的限制效果较好，其他层次的措施就很难起到作用；又如，群发邮件型蠕虫，通过电子邮件进行传播，不进行应用层的内容检查，就很难进行阻断。图 7–33 是不同安全设备和措施工作的主要 OSI 层次及对各层的一些典型的攻击。

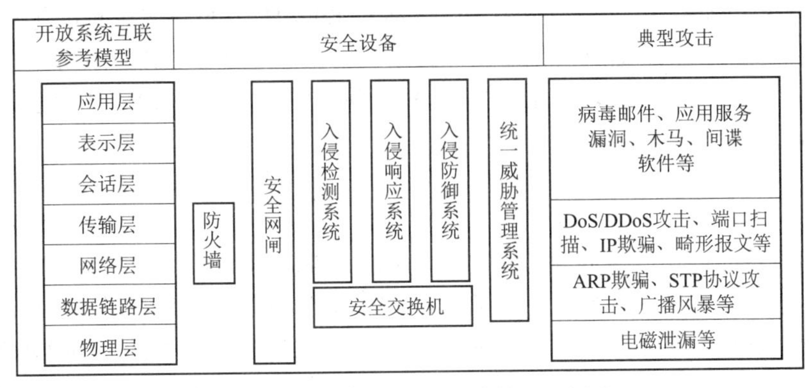

图 7–33　网络安全设备工作的 OSI 层次

每种安全设备工作在 OSI 的不同层次上，即使是工作在相同层次上，安全产品安全防御的技术和侧重点也不同，如何选用和部署合适的安全产品对网络安全设计非常重要。网络安全设备的选择需要考虑的因素较多，有网络的安全目标、安全设备的功能、安全设备的可管理性、安全设备的经济性和安全设备运行过程中对网络性能的影响，等等。对于用户来说，最安全的网络系统不一定是最好的系统，因为最安全的系统往往意味着其安全设备费用昂贵，业务性能（网络的通信状况、服务器的访问速度等）较差，有时甚至是不可用的系统。因此，在选用安全设备时，要整体考虑每个安全设备在网络系统中的作用，在满足安全目标的基础上，综合考虑各种因素，达到一个合理的平衡。

总之，每种安全措施只是一块安全防御的砖，仅凭一两块砖是构筑不了安全防御的万里长城的，必须根据防护需要，根据制定的安全防护策略，将各类安全设备进行综合运用，才能构筑有效、坚固的网络防护体系。

7.5　网络管理

7.5.1　网络管理概念

19 世纪末到 20 世纪 60 年代，通信网络主要是电信网络，包括各种规模的电话网和电报网。对这些网络的管理主要是靠人工来完成，各类通信设备的维护基本上都是手工现场完成，自动监测与维护十分有限。从 20 世纪 60 年代末到 80 年代中期，计算机数据通信网络开始出现。这时还是认为，不同的网络管理是各自的事情，为此造成了各种网络的管理从体制到细节都有很大差异，不同的网管系统之间不能互相操作，没有一个通用的网络管理系统可以管理不同厂商的网络设备，这为网络的发展带来了很大的困难。从 20 世纪 80 年代中期开始，随着各类通信网络规模和业务的不断扩大，用户需求也变得多样化，技术复杂性日益增长，网络安全需求也逐渐增加，通信设备维护与故障处理面临挑战，原有网络管理（简称网管）手段和工具已经不能满足要求，只有采用先进、通用的网络管理系统，才能够保证通信网络正常运行和维护，进而为用户提供所需的、高质量的服务。为此，国际标准化组织（International Organization for Standardization，ISO）、国际电信联盟电信标准局（International Telecommunication Union-Telecommunication Standardization Sector，ITU–T）以及互联网工程任务组（Internet Engineering Task Force，IETF）等致力于网络标准化的组织在网络管理标准化上做了大量工作。现在世界上流行的主要有两种网络管理标准：第一种是 ISO/CCITT/NMF 的 CMIP 系列标准，主要用于电信网络的管理；第二种是 IETF 制定的 SNMP 系列标准，主要针对互联网的 TCP/IP 协议所设计，用于互联网的管理。

网络管理是指网络管理员通过网络管理程序对网络上的资源进行集中化管理的操作，包括配置管理、性能和记账管理、问题管理、操作管理和变化管理等。一台设备所支持的管理程度反映了该设备的可管理性及可操作性。简单地来说，网管就是维护网络正常地、高效率地运行。以计算机网络交换机为例，为了让网络管理员可以有效维护和管理交换机，交换机厂商都提供管理软件或满足第三方管理软件要求。一般的交换机满足 SNMPMIBI/MIB Ⅱ统计管理功能，而复杂一些的交换机会增加通过内置 RMON 组（mini-RMON）来支持 RMON 主动监视功能。有的交换机还允许外接 RMON 探监视可选端口的网络状况。网络管理涉及管理体系结构、模式、协议以及软硬件平台，在下面的各节中分别介绍。

7.5.2 网络管理系统组成与结构

一个网管系统由网络管理系统（Network Management System，NMS）、管理协议（Management Protocol）、被管设备上驻留的管理代理（Agent）和管理数据库（Management Information Base，MIB）组成，如图 7–34 所示。在大部分网络管理系统中，被管设备上要嵌入管理代理软件，由其来搜集网络通信数据和网络设备数据，并将这些信息存入管理数据库中。当某个统计数据超过规定阈值，则向网管工作站的管理实体告警。管理实体也可以向被管设备进行轮询，以检查某个统计值。管理实体与代理之间的数据交换通过网络管理协议来实现。

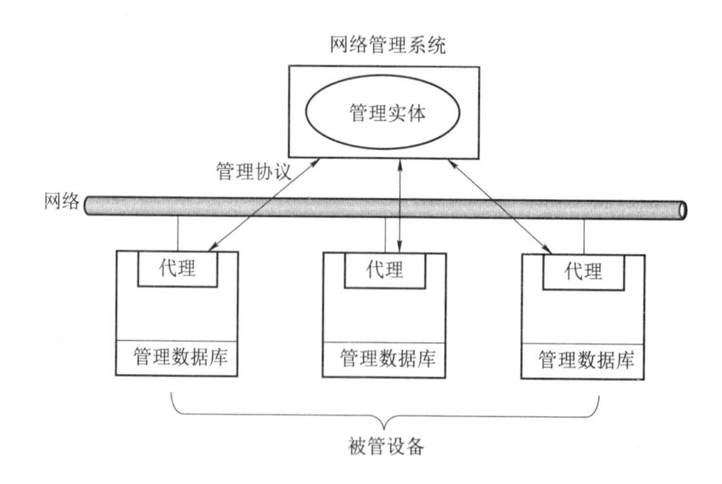

图 7–34 网络管理系统组成

随着网络规模的不断扩展，为了管理较大型的网络，出现了如下一些使用不同实现方案和结构的网络管理系统：

1）集中式结构

如图 7–35 所示，这是最常用的一种网络管理结构，它是一个单独的管理者负责整个网络的管理工作。管理者处理与被管网络单元的代理之间的通信，提供集中式的决策支持和控制，并维护管理者的管理数据库。这种结构适合系统规模较小、电子设备地理分布集中、要求集中控制、网络管理人员少以及行政管理要求集中的场合。其缺点是机动性差、对管理中心过分依赖以及管理负荷随网络规模扩大呈现非线性增长。

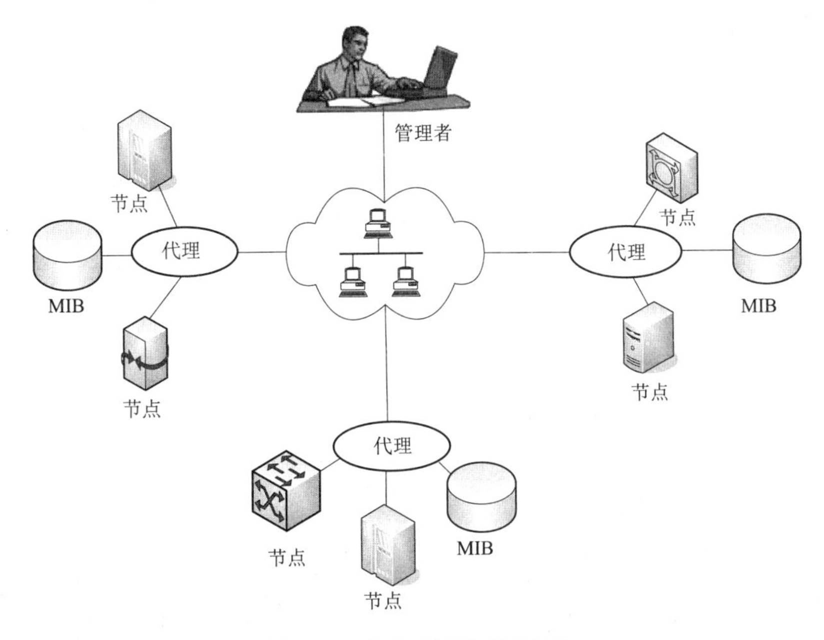

图 7–35　集中式网络管理结构

2）分布式结构

如图 7–36 所示，与其他分布式管理域相似，网络的分布式管理结构使用了一个以上的管理者，甚至可以在每个管理域中设置一个管理者，很适合多域的大型网络。当需要另一个域的管理信息时，管理者通过同级的系统通信来获取。这种结构扩展性好，对网络管理中心的压力相对较小，对管理网的通信压力小，这对于信道通信不好的情况，尤其有意义。但分布式管理结构显然需要更多的管理者，且跨域的信息获取也增加了系统的复杂性，并延迟了系统响应时间。

3）分层式结构

如图 7–37 所示，分层结构也应用了在每个管理域中配置管理者的模式。每个管理者只负责本域的管理，不关心网络内的其他域的情况。所有管理者的管理系统（Manager of Manager，MoM）位于更高层次，从各个域管理者处获取管理信息。与分布式结构不同，域管理者之间并不交换管理信息。这种结构容易扩展，并且增加一个以上的 MoM，可以在各个 MoM 之上建立上层 MoM，形成多级分层组合。

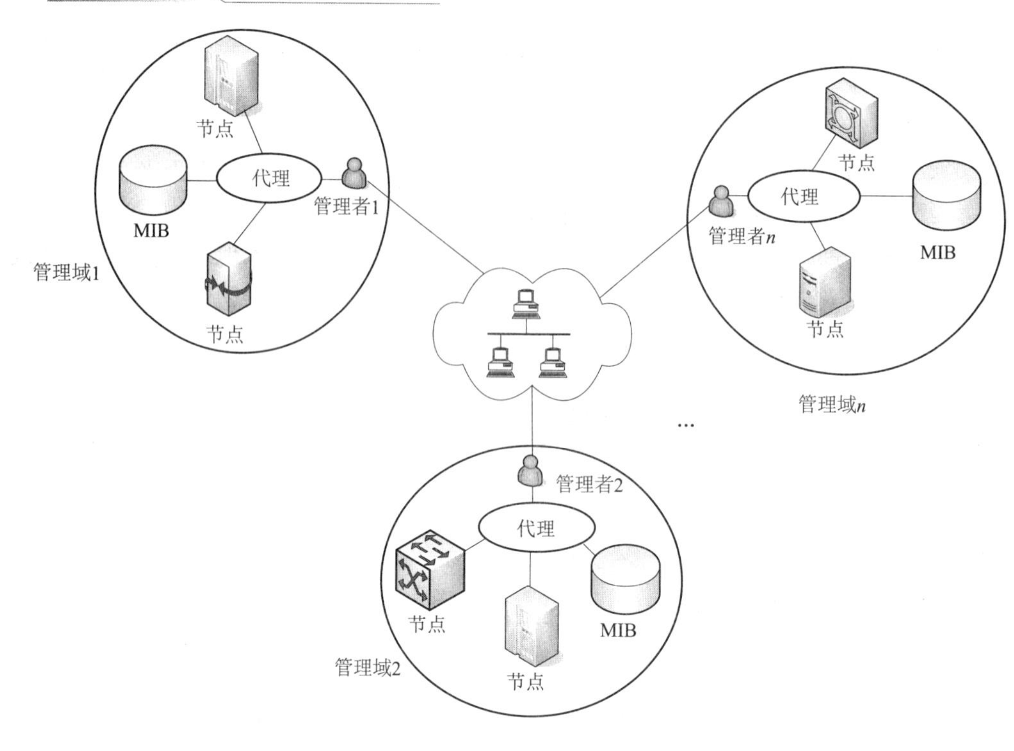

图 7–36 分布式网络管理结构

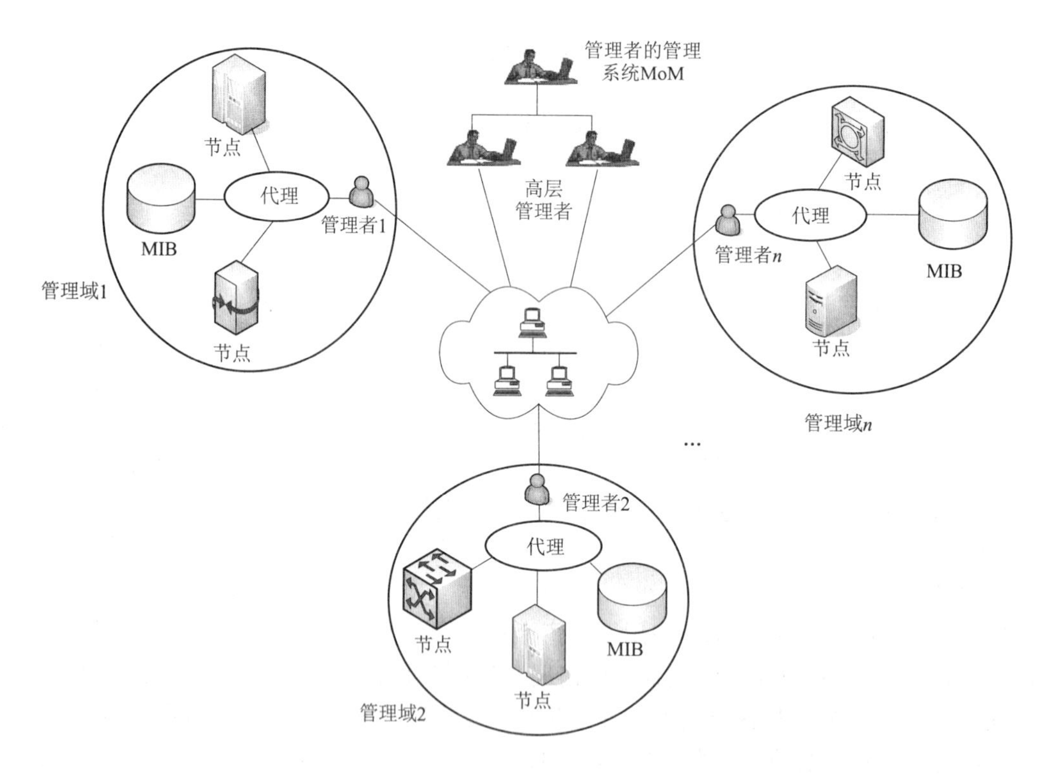

图 7–37 分层式网络管理结构

7.5.3　OSI 管理框架

ISO 在网络的标准化方面做了大量工作，涉及网络管理方面有三个标准：ISO 7498–4 定义了开放系统互联网管理体系结构，其中定义了系统管理、层管理和层操作三种不同的管理信息交换形式；ISO 9596 定义了公共管理信息协议（Common Management Information Protocol，CMIP）；ISO 9595 定义了公共管理信息服务（Common Management Information Service，CMIS），这是一个应用层管理程序。对 ISO 所制定的 OSI 管理框架概念、管理功能以及管理信息交换的介绍有助于对网络管理技术的理解。

1）OSI 管理功能域

网络管理的第一个工作草案中已经包含了管理功能，这些功能逐步演化成现在的 OSI 五个网络管理功能域，这五个功能域简称为 FCAPS。

（1）故障管理。

为维持一个复杂网络的正常工作状态，必须确保网络的整体性，并使每个网络构件正常有序地运转。当故障发生时，需要尽快地做到：

- 准确地确定故障在何处发生；
- 将网络其余部分与发生故障的部分隔离开，使网络能够不间断地继续运转；
- 重新配置或修正网络，减少故障对网络的影响；
- 修复或替换失效的网络构件，将网络恢复到原来的正常状态；
- 记录故障检测及其结果。

故障管理就是指网络差错检测，隔离故障，恢复网络正常状态。在很多情形中，由于引起故障的因素很多，且各个因素之间的关系很复杂，特别是故障是由多个网络组成共同引起的，很难做到隔离故障。此时可以先将网络恢复，然后分析故障原因，防止类似故障再次发生。

（2）配置管理。

配置管理的目的是监控网络和系统的配置信息，以便跟踪和管理不同版本的硬件和软件对网络的影响。例如一台网络上的计算机的可能的配置信息包括：

- 操作系统及其版本；
- 网络接口类型及其版本；
- TCP/IP 软件及其版本；
- 串行通信控制器及其版本；
- SNMP 软件及其版本。

（3）性能管理。

性能管理的主要目的是度量和管理网络运行的各个方面，从而使互联网络性能保持在一个适当的水平。性能管理包括网络吞吐量、用户响应时间和线路利用率。性能管理包括以下三个方面：

- 收集网络管理员指定的性能变化数据。
- 分析数据，确定正常（基线）标准。
- 确定每个重要性能变量的临界值，一旦超过此值，就表明网络出现问题，需要引起注意。

管理实体不断地调控性能变量的临界值，一旦超过此临界值，系统便产生一个报警信号，并将其送到网络管理系统中。

上述步骤只是建立反馈系统的一部分。当性能变量超过了用户设定的警戒值时，网络系统发出一个信息，做出迅速反应。但性能管理还可以采用更积极的方法，例如可以模拟网络增长对性能的影响，以提醒网络管理员注意即将发生的问题，并及时采取必要的防范措施。

（4）记账管理。

记账管理的目的是通过测量网络资源利用率，适当调节网络资源的利用状态。这种调节可以确保网络故障的发生率最低（因为网络资源可以根据资源容量进行分配），每个用户对网络的访问最公平合理。与性能管理相同，记账管理的第一步是测量所有重要资源的利用率，通过分析这些利用率，可以发现问题，提供现有模式的判断标准，并为达到最佳访问状态做必要的修正。此后，记账管理不断测量资源利用情况，以使网络资源的利用率持续保持最佳状态。

（5）安全管理。

安全管理的目的是根据局部规则来控制对网络资源的访问，以使网络不会受到有意或无意的破坏，并防止非授权外部用户访问机密信息。例如一个安全管理子系统可以监控用户登录的网络资源，拒绝那些非法的访问者访问网络。

安全管理子系统将网络资源划分为授权区和非授权区。对于没有授权的外部用户来说，访问任何授权区的网络资源都是非法的。安全管理子系统具有识别机密网络资源（包括系统、文件和其他实体）、确定机密网络资源同用户的映射关系、监控机密网络资源的访问点、登录对机密网络资源的非法访问等功能。

2）OSI 系统管理功能

OSI 网络框架将网络管理按其特定的任务和功能划分为五个管理功能域之后，ISO 国际标准组织开始着手对每一个管理功能域制定管理协议，但随后注意到大多数管理功能域协议需要一些公共的基础管理功能支持，于是工作小组决定停止进一步推进五个网络管理功能域协议的制定，转而将工作重点集中于定义基本管理功能。这些基本管理功能被称为系统管理功能（System Management Functions，SMF），系统管理标准文本 ISO 10164 中给出了 16 种系统管理功能，其余的一些功能仍在起草之中。

管理功能域与系统管理功能是紧密联系的，每一个管理功能都是由若干个系统管理功能支持实现的。在一个网络管理系统中，网络管理人员看到的是 OSI 管理框架定义的五种网络管理功能，而这五种管理功能是通过调用特定的系统管理功能来实现的。要透彻了解网络管理功能必须要了解系统管理功能。下面简单地介绍系统管理标准文本 ISO 10164 中所定义的 16 种系统管理功能。

（1）对象管理。

对象管理功能规定了管理对象的定义，描述了可以对管理对象进行的操作，定义了对管理对象进行操作的具体规则。

（2）状态管理功能。

状态管理功能定义了被管对象的状态模型。状态模型是协调管理进程（Manager）管理代理（Agent）和被管对象的依据。被管对象在接收到管理信息后要按状态模型进行动作，管理进程和管理代理也要按照状态模型来解释管理对象的动作。该标准把被管对象的状态分为两大类：管理控制状态和运营状态。在运营状态下，被管对象可以处于“忙”“活动”“可运营”

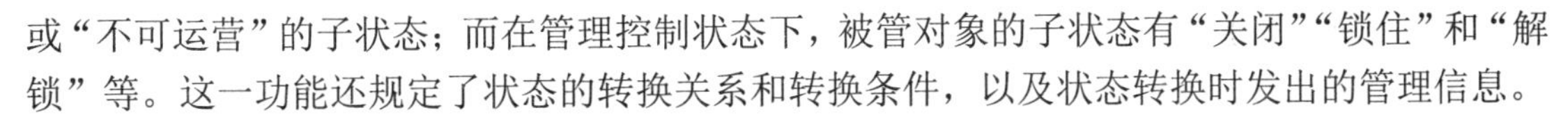

或“不可运营”的子状态；而在管理控制状态下，被管对象的子状态有“关闭”“锁住”和“解锁”等。这一功能还规定了状态的转换关系和转换条件，以及状态转换时发出的管理信息。

（3）关系管理功能。

标准文本 ISO 10164 定义了被管对象之间的关系，它们之间的关系有：

- 直接指向关系：一个对象的某个参数包含的信息直接指向另一个对象。
- 间接指向关系：由两个或两个以上直接指向关系的级联而导出的指向关系。
- 对称关系：两个对象之间的交互规则是相同的。
- 不对称关系：两个对象之间的交互关系是不同的。

该文本中还规定了如何管理对象之间的关系。例如，具有直接指向关系的对象，如果其“父”对象被删除，则被该对象指向的对象也可能自动删除。反过来，被指向的对象如果被删除，则必须修改其“父”对象的指向关系。

（4）告警报告功能。

文本定义了五种基本差错类型，这些差错类型是：

- 通信类；
- 服务质量类；
- 处理类；
- 设备类；
- 环境类。

除了这五种差错类型以外，告警功能还提供一些其他信息，如告警原因、告警的严重级别、备份设备的状态、各种门限值、建议的修复动作、被管对象的告警状态，等等。

（5）事件报告管理功能。

这里主要涉及远地事件的报告和本地事件的处理。标准文本定义了若干“分拣器”，每个“分拣器”完成与事件报告有关的不同功能。比如事件转发“分拣器”负责按照指定的准则判断一个事件是否要向管理进程或管理代理报告。为了完成这些工作，“分拣器”采用一些结构以建立起门限和其他规则，满足这些规则的事件才向上级管理进程报告。

（6）日志控制功能。

日志控制功能定义了网络管理系统日志的控制操作。标准文本中规定了怎样保存事件和管理对象的操作日志，也规定了什么时候要保存日志，什么时候可以恢复日志操作和什么条件下需要将日志挂起。另外还定义了日志记录的提取和删除操作，以及创建日志记录准则的修改等。

（7）安全告警报告功能。

标准文件为管理安全问题的用户规定了接到各种管理对象的安全告警后的通报过程。文件中已定义了五种安全告警：

- 完整性不符指示：指明信息流中可能有入侵现象，部分信息可能被非法删除、修改，或被插入其他信息。
- 非法操作指示：指明由于功能异常或错误使用而使得请求的服务不能得到。
- 物理非法指示：指明检测到物理资源的分流，如线路被挂接了其他支线。
- 安全服务非法操作：检测到网络中的一些安全设备受到了安全攻击。
- 时间非法指示：指出收到了一些超出时间允许范围的事件。

（8）安全审计追查功能。

这个功能与日志控制功能类似，只不过这里提供的安全审计追查功能是与安全措施有关的历史事件的记录。它提供了一些审计信息，这些信息是与记费、安全利用率、断连、建连和其他操作有关的。

（9）访问控制的对象和属性。

本标准的目的是给网络管理机构提供安全保障措施，以防止未经授权的用户访问某些被管对象。它所提供的访问控制机理是以用户预定义文件为基础的，同时定义了如何拒绝访问特定对象的规则。

（10）计账表功能。

标准文本定义了网络中如何确定用户对资源的使用、核算费用和交费问题。此外，还提供了一些措施设定费用门限，即当某个用户对某些被管对象的使用费用超过门限时，禁止其继续使用这些对象。

（11）工作负载监视功能。

标准文本中定义了对网络负荷（业务量）的监测模型，建立起一个反馈过程，使用户能够预测被管对象性能变化趋势，可以度量早期告警和严重告警的门限值。文本中还定义了如何度量资源的利用率、如何清除被管对象的各种告警条件、状态指示等，还提供了定义各种与告警有关的量规（Gauge）、门限和计数器等参量的手段。

（12）测试管理功能。

标准文本中描述了用户对远程测试管理系统的需求，建立起一个测试模型，该模型将负荷监视功能所提供的一些服务与一些定义联系起来，规定了测试的开始、报告和结束等一系列过程，并给出测试协议和句法定义。

（13）总结功能。

总结过程是应用一定的算法对被管对象的属性等信息进行处理以产生概要信息。可以提取信息的被管对象包括表示资源情况的对象、日志等可观测对象。总结过程包括收集信息、处理信息、产生总结信息和发出总结信息等几个步骤。该标准文本中定义了若干总结工具（如对象扫描工具），并定义了总结功能的一系列服务。

（14）确信和诊断测试类。

确信和诊断测试是很有用的，它可以使用户确信某个资源能够完成分配给它的功能，如通信系统能够在多个开放系统之间建立连接并可靠地传输数据。可以验证协议是否完整，查看提高资源利用率后同时所带来的副作用，并可以提供查找故障原因的手段。文本中描述了测试类的模型，规定如何考察网络。这些测试类包括内部资源测试、连通性测试、数据完整性测试、闭环测试、回环测试、协议完整性测试。标准中还定义了与上述测试类相对应的测试类管理对象。文本中规定了每一种测试的目的、测试内容、测试的开始、测试的报告和测试的终止。

（15）调度功能。

调度功能主要用来协调多个被管对象的活动顺序或一个内部各个操作的活动时间，也能用于规划特定对象的特定操作过程，可以由用户设定调度活动的持续时间。文本规定了调度功能的工作模型，其中包括内部调度机理和外部调度机理、用操作实现调度等类型。

（16）知识管理功能。

参与系统管理会话的开放系统需要知道对等开放系统的特定信息才能与其建立会话，完成分布式管理的功能。管理知识的作用就是要求不用访问特定的对象就能知道它的各种功能信息，标准文本中将管理知识分为三类：

- 管理对象实例信息：给出当前存在于管理信息库 MIB 中的信息，例如有哪些管理对象存在。
- 功能信息：有关对被管对象能够进行操作的能力的信息，这些操作能力分为三个子类：类别支持能力，支持的对象类；功能支持能力，支持的系统管理功能；名字捆绑约束。
- 定义信息：即各种（对象类、名字捆绑约束等）定义的样例。

标准文本中还定义如何管理开放系统的管理知识，规定了管理知识的管理模型。模型中，管理知识是以“管理知识对象”的属性值来存储的，有两个机理可以用来描述和访问这类对象，它们是 OSI 系统管理服务和 OSI 目录服务。

3）管理信息的交换

网络管理是一个分布式信息处理活动，其核心是网络管理信息的交换。OSI 参考模型中已经确定了三种管理信息交换方式，即系统管理（System Management）、应用管理（Application Management）和层管理（Layer Management）；但确定管理信息如何交换传输时，负责设计管理框架的 SC21/wg4 工作小组决定不用应用管理，而只用系统管理和层管理。

（1）系统管理。

在应用层上完成的管理活动称为系统管理。OSI 参考模型给出系统管理的初始定义，其最重要的两个性质是：

- 系统管理与 OSI 各个层的资源管理有关；
- 系统管理的协议驻留在应用层。

之所以通过应用层协议来传送管理信息，一方面是基于如下观点，即管理信息应该按与其他网络信息相同的方式交换；另一方面应用层协议是最“强有力”的协议类型，单个应用层协议便能够传送多种管理信息。对于开放式系统，只有系统管理能够对多层进行管理，而且只定义一个有效的网络管理协议明显优于制定多个低效的网络管理协议。另外，由低层提供的服务不一定能充分满足网络管理的需要。例如，如果要交换一个大的路由表，可能会需要 OSI 每一层的协议功能参与。又如，差错检测、差错恢复、拆分、重组，等等。

应用层协议是建立在可靠的、面向连接的服务基础上的，信息交换模型的核心是系统管理实体（System Management Application Entity，SMAE），系统管理实体驻留在应用层中，涉及系统管理的一些通信是通过系统管理实体进行的。

（2）层管理。

OSI 管理框架除了确定系统管理来交换管理信息，还允许层管理（Layer Management）作为管理信息交换的另外一种途径。层管理具有如下的性质：

- N 层管理支持 N 层被管对象的监视、控制和协调；
- N 层管理协议由 N–1 层以及 N–1 以下层的协议来支撑。

上一条表明层管理的被管对象，下一条表明 N 层管理信息是如何交换的。系统管理与 N 层管理的一个重要区别是：系统管理用表示层服务来交换管理信息，而 N 层管理只用到 N–1 层服务。网络管理框架中限定层管理只用于系统管理不适用的情形。例如，层管理通常用于交换路由信息。在很多情形下，路由信息必须在一个路由选择域（Routing Domain）内做广播。因为表示层服务没有广播的功能，所以此种情形下无法采用系统管理，已经有几种路由策略是建立在层管理基础上的。

（3）层操作。

负责管理信息交换的最后一种方式是层操作。OSI 管理框架中定义了层操作，但 OSI 参考模型中并未提及。层操作的功能是监视和控制单个通信实例，对于面向连接服务，这一单个通信实例是一个单连接；而对于无连接服务，则是一次请求与响应。与 *N* 层管理相似，*N* 层操作也是用 *N*–1 层协议来交换管理信息。

7.5.4 简单网络管理协议

20 世纪 80 年代后期，Internet 发展迅速，急需引入标准化管理。SNMP（Simple Network Management Protocol，简单网络管理协议）就是为了满足 Internet 的发展，针对 TCP/IP 协议族而制定的应用层上的网络管理协议。

SNMP 由 Internet 工程任务组 IETF 制定，与国际标准组织工作重点不同，IETF 更注重协议的发展和实施，而不是网络管理结构，所以没有在 Internet 管理结构方面制定更多的标准，只是将网络管理协议和网络管理信息库标准化了。SNMP 体系结构是围绕如下四点进行设计的：

- 连接网络的各种系统都应能用 SNMP 来管理；
- 为现有网络引入网络管理所增加的费用应很小；
- 应能很容易地扩充现有的网络管理能力；
- 网络管理应具有稳健性（Robust），即使在出现故障情形时，也能维持一定的管理能力。

为了能够管理连接网络的各种系统，就必须保持 SNMP 的独立性，不能依赖具体的计算机、网关和网络传输协议。为了使引入网络管理所增加的费用很小，SNMP 管理的具体做法是尽可能地使管理代理变得简单，降低管理代理的软件成本，而所有的决策性工作都由管理站完成。网络 MIB 是基于抽象语法注释 1（ASN.1）设计建立的，与具体的网络管理协议无关，这一点使得能够很容易扩充现有的网络管理能力。当增加新的管理对象时，只需修改 MIB 即可。与 CMIP 要求可靠的面向连接服务不同，SNMP 只要求最基本的无连接服务，它是基于 TCP/IP 的传输层的 UDP 协议之上的。面向连接服务是按“全部或没有”的途径设计的，即要么收到全部的数据，要么一点没有。如果数据不能接收到，则释放连接。而无连接服务是按“最佳效果”途径设计的，即使在出现故障的情形下，一部分数据也有可能被传送到目的地。由于这一点，SNMP 管理能具有一定程度的稳健性。

SNMP 管理的发展很成功。标准制定后不到几年，大多数的数据通信设备都能被 SNMP 管理，它成为事实上的数据通信网标准。在应用过程中，SNMP 仍暴露出一些缺陷。SNMPv1.0 是最初的版本，1992 年，推出了一个改进的版本 SNMPv2.0。目前最新的版本是 SNMPv3.0，其重点是安全、可管理的体系结构和远程配置。

1）SNMPv1.0

（1）SNMP 管理模型。

如图 7–38 所示，SNMP 的管理模型主要由三大部分组成，即网络管理系统、被管设备和管理协议。

网络管理系统是由网络上选定的计算机安装网管软件来构建的，该计算机被称为网管工作站。网管软件中的管理者（Manager）驻留在网管工作站上，经过各类操作原语（Get、Set、

Trap 等）向上与管理应用程序，向下经过 UDP/IP 及物理网与被管理设备进行通信。绝大多数网管应用程序为管理员提供了基于标准图形（GUI）的良好的人机界面，管理员通过这个人机界面可以很方便地进行网络监控活动，实现性能、配置、故障、计费、安全的网络管理功能。

被管设备（包括主机、集线器、交换机、路由器、防火墙、网桥、通信服务器等）必须支持 SNMP 协议，这些设备分布在网络上的不同位置。驻留在被管设备上的代理（Agent）实现对被管设备自身的管理，监测所在设备及其周围局部网络的工作状况，收集有关网络信息。Agent 响应网络管理系统（NMS）中管理者的定期轮询、接受管理者的指令变量以及在某些紧急事件发生时主动向 NMS 发起 Trap（陷阱）报警。MIB 通常位于相应的 Agent 上，所有相关的被管对象的网络信息都放在 MIB 上。

被管设备与 NMS 间通过 SNMP 简单网络管理协议相互通信，SNMPv1.0 规定了五种协议数据单元（PDU）。基于 Internet 标准的网络管理结构假定了一种远程检测范例，在该范例中，被管设备应 NMS 要求，维护着一系列的变量和报告。例如，虚电路状态和数量、特定类型的错误信息的数量、出入设备数据包个数、最大输出队列长度、发送和接收的广播信息、活动与不活动的网络接口。

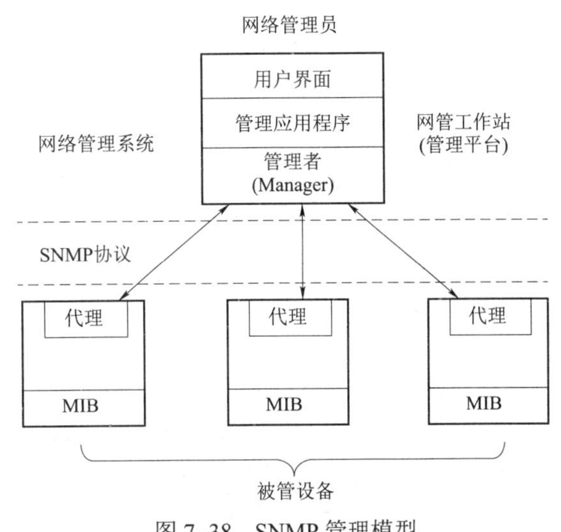

图 7–38 SNMP 管理模型

（2）SNMP 协议操作命令类型。

假如一个 NMS 要控制一个被管设备，可以向被管设备发出一个消息，改变被管设备一个或者多个变量的值来实现对被管设备的控制。被管设备响应如下四种类型的命令：

- 读——NMS 利用该命令从被管设备中读取变量，以此来监视被管设备；
- 写——NMS 使用该命令将变量写入被管设备，实现对被管设备的控制；
- 移动——NMS 将信息收集到变量表中，以此来判断被管设备支持那些变量；
- 陷阱——被管设备用该命令来向 NMS 异步报告某种事件发生。

（3）管理信息库 MIB。

MIB 是一个包含被管对象数据的数据库。MIB 可以被描述为一棵树，树叶为不同的数据项，并使用目标标识符来标识目标。目标标识符以分级的形式组成，顶级的 MIB 对象标识符由国际标准化组织/国际电工联盟来分配，而低级的对象标识符则由相关机构分配。

几个 MIB 树的主要分支如图 7–39 所示。此树可以根据经验和专用分支进行扩展。例如，设备厂商可以为自己的产品定义专用分支，而那些未被标准化的 MIB 则通常位于经验分支上。

每个被管设备上的代理（Agent）包含一个 MIB，代理通过 MIB 来存储被管设备的各种配置信息和状态信息。代理接收管理者的请求，并进行响应，读取或者修改 MIB 中的有关变量。代理也可以监测本地网络设置或状态，在事件发生时（例如，超过某个变量的触发阈值），发出 Trap 报文。

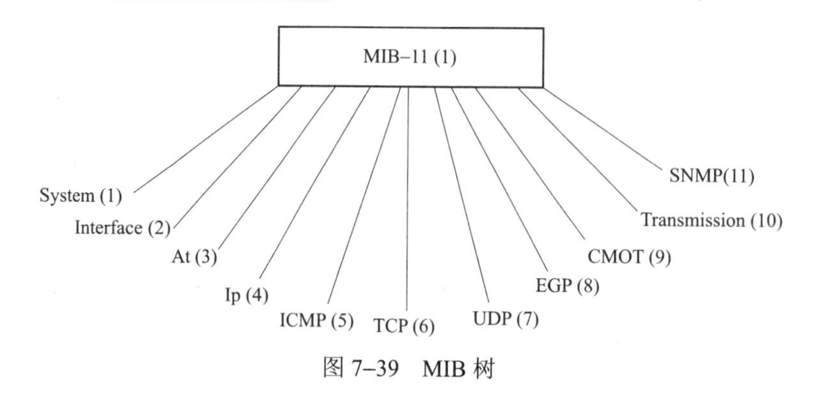

图 7-39　MIB 树

网络管理系统 NMS 可采用轮询方法管理网络上的可管网络设备，通过与被管设备上的代理的通信，就可以访问被管设备的 MIB 库所有类型的变量值，从而掌握被管设备信息，并可以对所获取的信息进行统计、智能分析，从而实现对网络的管理。

2）SNMPv2.0

SNMPv2.0 在管理信息结构、协议操作性、管理体系结构和安全性等方面较 SNMPv1.0 都有了大的改进。此协议在可管理资源、可传输的数据大小以及可运行的环境等方面提供了更大的灵活性。

（1）管理信息结构。

SNMPv2.0 增加了几种新的数据类型，增强了 MIB 对网络设备的描述能力，引入了“信息模块”的感念，并定义了三种信息模块。

（2）增加了两种 PDU。

SNMPv2.0 增加了两种新的协议单元操作：

- Inform Request。该原语允许一个管理者向另一个管理者发送 Trap 消息，并请求应答，从而使管理者与管理者之间通信成为可能，这对于分布式的管理结构很有意义。
- Get Bulk Request。该原语允许管理者查找批量块的数据，例如在一个表格中查找多个行。此原语是对 Get Next Request 的改进，使其提高了通信效率。

（3）管理体系结构。

SNMPv2.0 除了支持 SNMPv1.0 的集中式网络管理结构外，还支持分布式管理结构和层次化的结构。在集中式的管理结构中，只有一个管理者来管理多个代理，缺乏层次性，不适合大规模网络。在分布式的管理体系中，网络管理系统功能可以由多个分布式的管理者共同管理；在层次化的体系中，管理者可以分层次。在 SNMPv2.0 协议体系中，中间管理者具有管理者和代理者的双重角色，作为代理身份可以从上级管理者那里接受命令，这些命令既可以访问本地的 MIB，也可以要求其下一级代理提供信息。中间管理者既可以发送 Trap 给上级管理者，也可以以管理者身份管理下级代理。

（4）安全体系。

SNMPv1.0 缺乏确认能力，这使得安全性受到威胁，采用安全措施会增加网络的通信流量。SNMPv2.0 为改善安全性，提供了三种消息格式：

- Nonsecure——非安全消息，没有采取任何安全措施的消息。
- Authenticated but not private——授权但不私有的消息，采用发送端和接收端都知道的密码来确认发送端。发送端在消息格式中增加了一个仅仅接收端知道的密码，以一定的编码方式发送出去；接收端对此密码进行验证，确认后接收消息。

- Private and authenticated——私有且授权的消息，消息本身被加密，并需要确认。

7.5.5　网络管理平台

1）平台构成

大型网络往往有多个厂商的网络设备，而网络设备的种类和数量也非常之多，不但包括用户使用的计算机（各类服务器、PC 机）和打印机等设备，还包括各类网络与通信设备（网桥、集线器、交换机、路由器、WAN 的通信设备），以及网络安全设备（防火墙、入侵检测系统等）。各个网络厂商开发的产品都有一套自己特有的网络管理系统，并开发了各自的网管应用程序。如何把不同厂商、不同类型的网络设备整合在一起，实施统一管理，需要有一种标准和方法，这就是层次化的网络管理平台，其层次结构如图 7–40 所示。

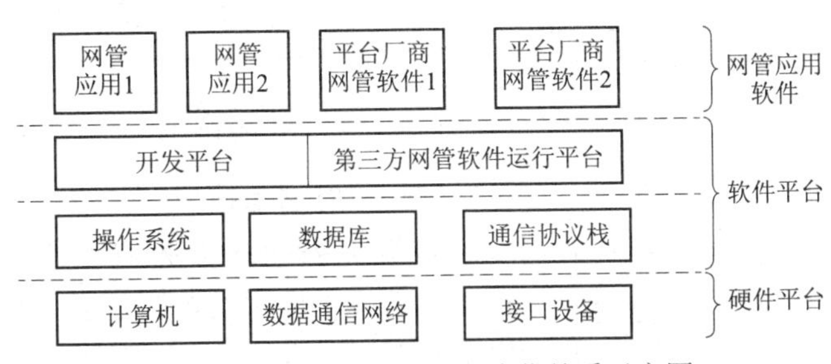

图 7–40　网络管理平台层次化关系示意图

（1）硬件平台。

主要包括运行网管软件的计算机设备、数据通信网络和用于连接被管设备的接口设备等。

（2）软件平台。

软件平台分为两个层次，即基础类软件和应用支持类软件。

- 基础类软件包括操作系统（如 Windows 系列、Unix 等）、数据库（如 Microsoft SQL Server、Oracle、Sybase 和 DB2 等）和用于支持通信的 TCP/IP、IPX 等各类协议栈。
- 网管应用支持类软件包括支持网络管理活动的第三方网管运行平台（如 HP Open View、Sunnet Manager、 IBM Netview 和 CiscoWorks 2000 等）和开发平台（如 VERTEL 的 Telecore、DSET 公司的 DSET、Sun 公司的 SEM 和 IBM 的 Workbench 等），这类软件（包括操作系统）可以为网络管理软件开发提供各类开发工具和 API。需要说明的是，许多开发平台也是网管软件运行平台。

（3）网管应用软件。

网络管理员在进行网络管理时，使用的就是各个厂商提供的网管软件和用户开发的网管应用软件。这些应用管理软件一般只是针对特定网络设备进行纵向管理，完成特定的网络管理任务。这些网管应用软件经过 API 接口进入软件平台进行横向交互配合，利用软件平台提供的数据库、图形工具和资源集成，形成了一个更高层的统一管理方案。

网络管理平台的运行模式随着计算机网络的发展也经历了四个阶段，即主机终端模式、文件服务器模式、客户机/服务器（C/S）模式和浏览器/服务器（B/S）模式。目前，B/S 模式比较普遍，是许多管理平台的首选模式。

2）被管设备接入方式

被管设备接口就是管理设备与被管设备之间的物理接口，其种类很多，通常因设备的不同而不同，以下为常用的几种被管设备接口和采用的接口设备。

（1）并行监测点接口。

如图 7–41 所示，网络设备通过对被管设备内主要模块所设置的检测点进行实时监控，检测点设置在能够检测到被监测模块故障的特定部位上，检测参数多为一个开关量，即采用高低电平来代表模块的工作状态，其接口设备是多路数据 I/O 卡。

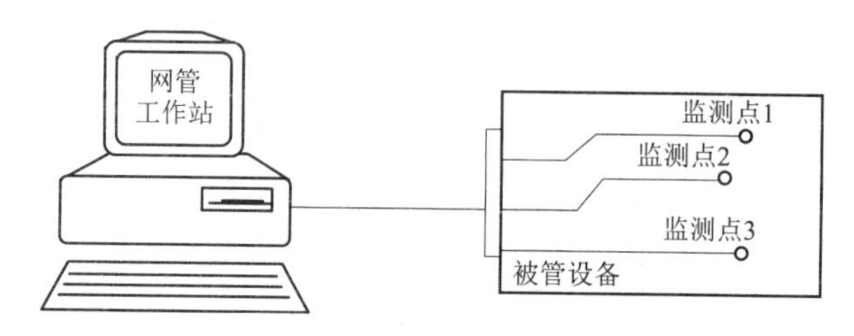

图 7–41 并行监测点接口连接方式

（2）串行通信接口。

如图 7–42 所示，网管设备通过串行通信接口设备完成与多个被管设备的连接，每个被网管的设备采用 RS–232 或 RS–422 物理接口标准，网管设备与被管设备通过基于物理层之上的专用通信协议或标准通信协议完成管理信息的交互，从而实现管理功能。

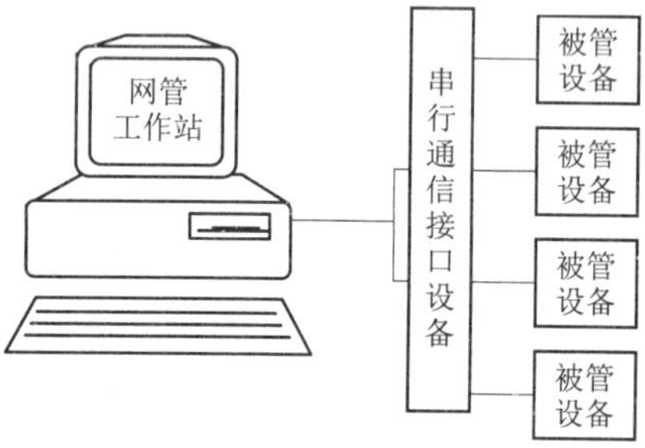

图 7-42 串行通信接口连接方式

3）串行总线接口。

串行总线接口通常选用 RS–485 接口，其连接关系如图 7–43 所示。各个被管设备通过一条总线连接到网管设备上，并以半双工方式工作，这样网管设备通常采用轮询方式，即查询到哪个设备，哪个设备应答。否则，就会在总线上发生碰撞。采用此种通信接口，需要在高层通信协议中规定地址码，以此区分被管设备。其连接被管设备的数量视接口驱动能力而定，并可以采用多串口扩展设备。

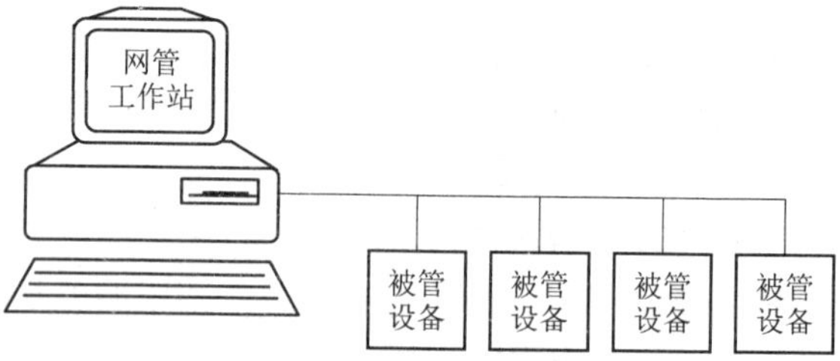

图 7-43 串行总线接口连接方式

（4）网络接口。

如图 7–44 所示，网管设备和被管设备都连接在网络上，其业务通信数据和网管数据都通过这个网络进行传输，这样只要网络覆盖到的地方均可以采用此类接口，通信协议和网络管理协议处在传输层以上，这样就可以使用标准的通信协议和网管协议（如 SNMP 协议）。实现网管设备网络接口的最常用设备就是网卡。

从管理控制信息传输信道来看，网络管理可分为带外管理（out-of-band）和带内管理（in-band）两种管理模式。在带外管理模式中，网络的管理控制信息与用户网络的承载业务信息在不同的逻辑信道传送，其优点是不受业务网络通信情况的影响，也不会为业务网造成负担，即使在业务网发生故障的情况下，也能够实施网络管理，但其需要额外的管理通信线路或网络，管理距离受限，通用性较差。上述的前三种接入接口适合带外管理。带内管理是指网络的管理控制信息与用户网络的承载业务信息通过同一个逻辑信道传送，其优点是通用性好、有利于网络的互联互通、管理距离远。其弱点是管理信息会给业务网络带来额外的负担，当业务网络发生故障时，网络管理也会受到影响甚至终止。网络接口的接入方式适合带内管理，是目前最常用的网络管理设备接入方式。

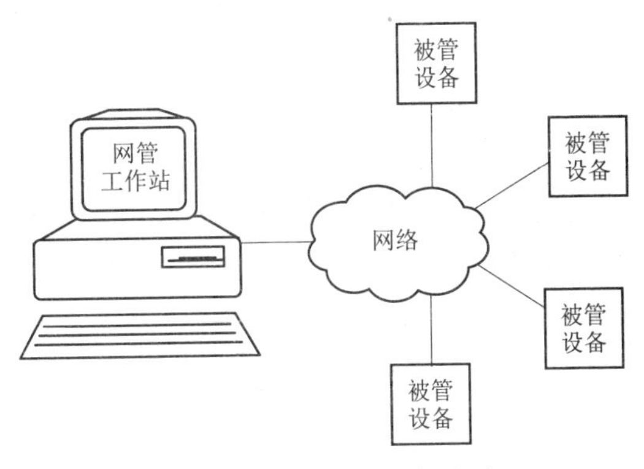

图 7-44　网络接口连接方式

7.5.6　军事通信网络管理

1）军事通信网管理的特点

军事通信网管理第一个特点是体现为与民用通信网管理的要求不同，由于军事通信网络的特殊使用和使用环境，其网络管理系统除了具备一般的网络管理功能外，为了满足军事需求，还要满足以下几方面的要求：

- 管理功能。除了 OSI 规定的五个基本管理功能，还应具备网络动/静态规划设计、无线频率规划与管理、密钥管理、通信资源及人员管理、通信事务管理等特殊功能。
- 辅助决策支持。针对军事通信网络动态变化大，实时性要求高的特点，网络管理系统应具有智能化、自动化手段对网络进行快速、准确的支持，辅助通信指挥人员进行决策。
- 抗毁性。网络管理系统应具备抗敌人打击、干扰以及不可预测的破坏的能力，抗毁采用的措施有设备及管理信息传输备份、管理中心相互支援、数据库分布式设计和备份等。
- 机动性。军事通信网络经常进行机动，因此网络管理设备装载通用化设计应便捷、体积小、质量小及配线简洁，以满足机动要求。
- 环境适应性。军事网络往往工作在恶劣环境下，因此军事网络管理设备应在抗高（低）温、冲击、震动、潮湿、干扰，以及电磁兼容、适应不同供电环境等方面具备相应能力。
- 互通能力。军事通信网络管理系统通常应具备与上下级系统或与其他种类军用网络和民用网络管理系统的互联互通能力，以实现多通信网络的协调一致管理。
- 可靠性、维修性。军事通信网络管理系统应具备较高的无故障工作能力和快速维修能力，以适应战时需要。
- 安全性。军事通信网络管理系统的安全非常重要，应采取措施加强网络管理系统中体系结构各个层次上的安全保密能力。

第二个特点体现在体系结构与管理协议方面。军事通信网络管理系统一般综合集中式和分布式网络管理结构的特点，采用集中控制下的分级、分布式管理组织结构，以及在行政上尽量承袭军用通信指挥的分级指挥、集中控制的特点，即在行政上分级管理、技术上分层管理的机制；在战略级、固定型、带宽充裕、处理能力强的网管系统中，通常首选国际标准管理协议，如 SNMP、CMIP 等，以提高网络管理的通用性，以及对大规模网络管理的适应性，同时要适应被管对象的既有协议。而在战术（役）网络管理中，由于网络动态变化大、多采用无线通信，以及由于处理能力与环境适应性需要折中等原因，通常使用占用资源少、协议处理简单的专用或私有协议，甚至在某些场合可直接采用数据库接口。在一些情况下，标准协议和专用协议也可以同时采用。

第三个特点体现在网管平台开发方面。目前，国际上网络管理系统基本上都采用“商用网络管理平台+各种专用管理模块+二次开发”的方法进行建设。采用商用网络管理平台对于军事网管系统来说，存在着一定的安全隐患，同时这些商用产品也不全部适合军事通信网络管理系统，因此建设自主知识产权的军事通信网络管理开发平台是非常必要的。从下面介绍的战术（役）通信网管理来具体看看上述特点是如何体现的。

2）战术（役）通信网管理

这里主要介绍欧洲通信组织（EUROCOM）的军事网管理标准。欧洲通信组织的这一标准是用于欧洲部分国家（北欧）的战术通信系统方面的标准，我军在制定野战综合通信系统标准时也参考了此标准。

战术（役）通信网管理的任务是：在战役准备和战役实施的各个阶段，以最佳的方案计划和组织集团军的野战综合通信系统，并通过不间断的监控和调整（包括系统受威胁或被破坏情形下的恢复），使系统保持正常的工作状态，持续稳定地为战役集团提供有效可靠的通信保障。

战术（役）通信系统的管理一般采用集中和分层管理相结合的管理体制。集中管理是指：凡是影响到系统建立和工作的主要活动，都由集团军通信部门集中统一指挥和控制。之所以采用集中管理，一方面是因为野战综合通信系统包含了若干通信网、多种通信手段、各种各样的交换传输设备以及终端设备，需要众多不同专业、不同层次的人员操作、维护，如果不集中管理，则难以形成一个有机的整体，发挥整体效应。相反，还会造成设备、资源的相互制约，甚至导致系统功能的紊乱。另一方面，现代条件下的战役作战，要求通信联络具有较高的时效性、灵活的快速反应能力。而野战综合通信系统一般是展开、配置在几千平方千米的作战地域内，只有对系统进行集中控制和管理，协调一致，才能适应战役通信的要求。

分级管理是指：将系统的全部管理工作划分为不同的层次和相应的范围，由对应级别的管理部门负责实施管理，形成合理的管理分工。而各级管理部门都在上一级管理部门指导监督下，进行灵活有效的实时管理。对系统进行分级管理，是基于野战综合通信系统本身构成的复杂性。另外，由于团以上各级、各类指挥所均经入口节点进入地域通信网，双工无线电移动用户终端配置到团及少数重要的营，有线用户终端配置到营及少数连，系统内拥有几千个用户，系统管理的范围广、工作量大，需要通过分级管理来分担落实。其次，对于节点众多的地域通信网，如全部采用集中式管理，会使控制管理中心负担过重，造成硬件和软件方面的困难，影响到通信的实时性和可靠性。

按照欧洲通信组织标准的建议，在一个军的地域范围内，通常有一个三级网络管理的分层组织（见图 7–45）。

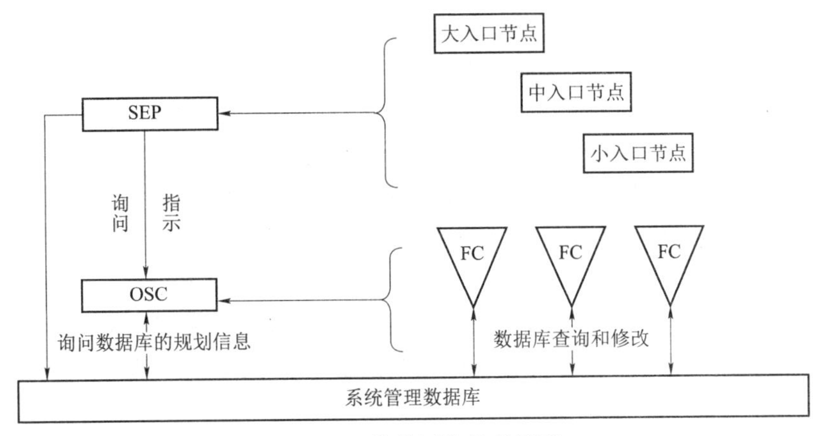

图 7–45　战役网络管理模型

（1）系统执行和规划（SEP）。这是一个通信参谋小组，负责整个系统的通信规划和资源分配，通过操作系统控制设备发布通信指示并进行控制。它通常配置在军的指挥所。

（2）操作系统控制（OSC）。根据 SEP 的指示，拟定出具体详尽的命令以及设备控制器的具体实施步骤。它通常设置在师指挥所，负责一个师范围内的通信网的技术控制、工程规划和资源管理。

（3）设备控制（FC）。根据 OSC 的命令，拟定出具体的执行命令。它负责对节点的设备和链路等进行技术控制。通常设置在每个干线节点或个别入口节点上。

按照这种网络管理体系，SEP 管理若干个 OSC，OSC 下辖若干个 FC。这样的分级管理结构能够适应部队和通信系统展开移动的需要，满足作战对通信的要求。

思考与练习

1. 简述信息认证技术能够实现的目标。
2. 简述基于公开密钥算法 RSA 的数字签名产生过程和数字签名验证过程。
3. 在保密通信过程中，什么是加密、解密？一个密码系统是由几部分组成的？
4. 简要解释什么是对称密钥和不对称密钥，这两类体制的优缺点是什么。
5. 什么是 VPN？其特点是什么？实现方法有哪些？
6. 请说明香农公式中抗干扰通信中的工程意义。
7. 扩频通信有哪几种基本方式？扩频可以为通信带来哪些优点？
8. 请举例说明直接序列扩频通信过程。
9. 图示跳频通信系统的基本组成，并进行简要说明。
10. 什么是跳时扩频？如何实现？
11. 请简述可适应信息安全防护体系 P2DR 模型的基本思想。
12. 计算机网络中防火墙的主要作用是什么？根据体系结构有哪些类型？
13. 请阐述路由器与防火墙的相对位置的两种方案各自的特点。
14. 防火墙在网络安全防御方面存在哪些问题？
15. 什么是网闸？其主要特点是什么？网闸满足了什么样的网络安全需求？

16. 什么是入侵检测系统？入侵检测系统的主要作用是什么？

17. 阐述基于数据来源和基于检测方法的入侵检测系统的分类情况。

18. 简述入侵检测系统的部署方法以及现有入侵检测系统存在的问题。

19. 解释什么是入侵响应，并列出现有入侵响应措施。

20. 请从多个方面来比较入侵防御系统（IPS）与入侵检测系统（IDS）的异同之处。

21. 相对于单一网络安全产品，统一威胁管理系统有何特点？

22. 简述入侵扫描技术的分类情况。

23. 现有 NAT 转换有哪几种方式？使用 NAT 技术可以为网络安全带来哪些好处？

24. NAT 功能一般在网络出口处（或两个网络的互联设备上）实现，如何进行 NAT 部署使之不会影响到 VPN 的部署和使用？

25. 基于 802.1x 协议的安全接入认证是在哪一层上实现的？其安全目的是什么？实现分为哪几部分？

26. 图示常见网络安全设备工作的 OSI 层次。

27. 解释什么是网络管理，并图示几种常见的网络管理系统的结构。

28. 简述 OSI 五个网络管理功能。

29. 什么是 SNMP？ 为什么 SNMP 要使用委托代理？

30. 图示 SNMP 管理模型，并进行简要说明。

31. 什么是网络管理中的带外管理与带内管理？各自的优缺点是什么？

32. 简述军事通信网络管理特点。

参 考 文 献

[1] 冯玉珉，郭宇春. 通信系统原理（第二版）[M]. 北京：北京交通大学出版社，2011.

[2] 张辉，曹丽娜. 现代通信原理与技术（第三版）[M]. 西安：西安电子科技大学出版社，2013.

[3] 叶西苏，南庚. 军事通信网分析与系统集成 [M]. 北京：国防工业出版社，2005.

[4] 于全. 战术通信理论与技术 [M]. 北京：电子工业出版社，2009.

[5] [美] David L Adamy. EW103：通信电子战 [M]. 楼才义，等，译.北京：电子工业出版社，2010.

[6] 苏锦海，张传富. 军事信息系统 [M]. 北京：电子工业出版社，2010.

[7] 杨小牛. 通信电子战：信息化战争的战场网络杀手 [M]. 北京：电子工业出版社，2011.

[8] 中国军事通信百科全书编审委员会. 中国军事通信百科全书 [M]. 北京：中国大百科全书出版社，2009.

[9] [美] Richard A Poise. 通信电子战原理 [M]. 聂皞，等，译. 北京：电子工业出版社，2013.

[10] [美] George F Elmasry. 战术无线通信与网络：设计概念与挑战 [M]. 曾浩洋，田永春，等，译.北京：国防工业出版社，2014.

[11] 范冰冰，邓革. 军事通信网 [M]. 北京：国防工业出版社，2000.

[12] 张冬辰，周吉. 军事通信—信息化战争的神经系统（第 2 版）[M]. 北京：国防工业出版社，2008.

[13] 童志鹏，刘兴. 综合电子信息系统（第二版）[M]. 北京：国防工业出版社，2008.

[14] 冯博琴，陈文革，吕军，程向前，李波. 计算机网络（第二版）[M]. 北京：高等教育出版社，2008.

[15] 张尧学，王晓春，赵艳标. 计算机网络与 Internet 教程 [M]. 北京：清华大学出版社，1999.

[16] [美] Douglas E Comer. 计算机网络与因特网（第六版）[M]. 范冰冰，等，译. 北京：电子工业出版社，2015.

[17] [美] Raymond Greenlaw, Ellen Hepp. 因特网和万维网的基本原理与技术 [M]. 郭振波，译. 北京：清华大学出版社，1999.

[18] [美] James F Kurose, Keith W Ross. Computer Networking A Top-Down Approach. Fourth Edition（影印版）[M]. 北京：高等教育出版社，2009.

［19］［美］Andrew S Tanenbaum. 计算机网络（第三版）［M］. 熊贵喜，等，译. 北京：清华大学出版社，1998.

［20］［美］Mani Subramanian. Network Management Principles and Practice（影印版）［M］. 北京：高等教育出版社，2001.

［21］ 支超有. 机载数据总线技术及其应用［M］. 北京：国防工业出版社，2009.